개념원리 RPM
중학 수학 2-2

Love yourself 무엇이든 할 수 있는 나이다

공부 시작한 날	년 월 일
공부 다짐	

발행일	2023년 4월 15일 2판 2쇄
지은이	이홍섭
기획 및 개발	개념원리 수학연구소

사업 총괄	안해선
사업 책임	황은정
마케팅 책임	권가민, 정성훈
제작/유통 책임	정현호, 조경수, 이미혜, 이건호
콘텐츠 개발 총괄	한소영
콘텐츠 개발 책임	오영석, 김경숙, 오지애, 모규리, 김현진, 송우제
디자인	스튜디오 에딩크, 손수영

펴낸이	고사무열
펴낸곳	(주)개념원리
등록번호	제 22-2381호
주소	서울시 강남구 테헤란로 8길 37, 7층(역삼동, 한동빌딩) 06239
고객센터	1644-1248

개념원리 **RPM**

중학 수학 2-2

한눈에
보이는
정답

document id: 9788961335522

0464 8 cm 0465 11 cm 0466 ④ 0467 8 cm

0468 36 cm² 0469 24 0470 ⑤

0471 6 cm 0472 $\frac{12}{5}$ cm 0473 4 cm

0474 75 cm² 0475 $\frac{25}{2}$ cm 0476 4 cm 0477 ④

0478 $\frac{35}{4}$ cm 0479 $\frac{15}{2}$ cm 0480 ①, ③

0481 ③, ⑤ 0482 4 : 1 0483 ② 0484 76분

0485 57 cm³ 0486 ④ 0487 ① 0488 54 cm

0489 $\frac{16}{3}$ cm 0490 18 0491 3 cm

0492 24 m 0493 ④ 0494 ⑤ 0495 3 cm

0496 8π cm 0497 50 cm² 0498 12 0499 15 cm

0500 8 : 1 0501 ② 0502 $\frac{32}{5}$ cm

06 평행선과 선분의 길이의 비

0503 $\frac{64}{3}$ 0504 24 0505 × 0506 ○ 0507 3

0508 8 0509 6 0510 $\frac{40}{3}$ 0511 15 0512 8

0513 14 0514 6 0515 20 0516 $\frac{25}{4}$ 0517 $\frac{9}{4}$

0518 $\frac{17}{2}$ 0519 1 : 2 0520 3 : 2 0521 8 0522 11

0523 (가) ∠ADE (나) ∠A (다) AA (라) $\overline{BC}$

0524 $\frac{16}{3}$ cm 0525 $\frac{50}{3}$ 0526 39 0527 10

0528 2 0529 16 0530 18 0531 6

0532 4 cm 0533 $\frac{15}{8}$ cm 0534 ③, ⑤

0535 $\overline{DE}$ 0536 ②, ⑤ 0537 5 cm

0538 (가) ∠AEC (나) ∠ACE (다) ∠ACE (라) 이등변 (마) $\overline{AC}$ (바) $\overline{DC}$

0539 16 cm² 0540 18 0541 $\frac{32}{7}$ cm 0542 ②

0543 $\frac{16}{3}$ cm 0544 6 cm 0545 12 cm

0546 (가) ∠AFC (나) ∠ACF (다) ∠ACF (라) $\overline{AC}$ (마) $\overline{CD}$

0547 16 cm² 0548 7 cm 0549 21 cm 0550 15 cm 0551 ②

0552 9 0553 ② 0554 21 0555 $\frac{36}{5}$ 0556 32

0557 19 0558 4 cm 0559 $\frac{24}{5}$ cm 0560 ④

0561 12 cm 0562 24 cm 0563 $\frac{24}{5}$ cm

0564 10 cm 0565 8 cm 0566 30 cm² 0567 9 0568 ③

0569 30 cm 0570 ④ 0571 ④ 0572 24 cm²

0573 30 cm 0574 96 0575 7 0576 ③

0577 8 cm 0578 x=10, y=11 0579 $\frac{36}{5}$ cm

0580 9 cm 0581 $\frac{9}{4}$ cm 0582 72 cm

07 삼각형의 무게중심

0583 80 0584 8 0585 10 0586 12

0587 7 cm 0588 4 cm 0589 11 cm 0590 3 cm

0591 10 cm² 0592 12 cm² 0593 x=3, y=4

0594 x=6, y=10 0595 x=4, y=6

0596 x=8, y=18 0597 6 cm² 0598 3 cm²

0599 6 cm² 0600 12 cm² 0601 29 0602 ⑤

0603 16 cm 0604 18 0605 36 0606 18 cm

0607 2 cm 0608 14 cm 0609 18 cm 0610 28 cm

0611 30 cm² 0612 3 cm 0613 $\frac{3}{2}$ 0614 10 cm 0615 7 cm

0616 6 cm² 0617 30 cm² 0618 5 cm 0619 4 cm²

0620 8 cm 0621 21 0622 27 cm 0623 6 cm 0624 ④

0625 9 cm 0626 ③ 0627 ③ 0628 ② 0629 4 cm

0630 20 cm² 0631 (1) 4 cm² (2) 16 cm²

0632 6 cm² 0633 54 cm² 0634 6 cm 0635 12 cm 0636 36 cm

0637 (1) 4 cm² (2) 16 cm² 0638 ② 0639 18 cm

0640 3 cm 0641 ③ 0642 ③ 0643 4 cm 0644 5 : 3

0645 (가) 2 (나) △AMN (다) $\overline{BC}$ (라) 1 : 2 (마) $\frac{1}{2}\overline{BC}$

0646 12 cm 0647 ㄱ, ㄷ, ㄹ 0648 20 cm 0649 ④

0650 2 0651 ③ 0652 4 cm² 0653 10 cm 0654 4 cm

0655 ④ 0656 18 cm 0657 6 cm² 0658 35° 0659 80 cm²

08 피타고라스 정리

0660 5 0661 8 0662 17 0663 20

0664 x=12, y=15 0665 x=30, y=50

0666 (가) SAS (나) △LBF (다) □BFML (라) ∠LMGC (마) $\overline{BC}^2$

0667 ㄴ, ㄷ, ㄹ 0668 둔각삼각형

0669 직각삼각형 0670 예각삼각형

0671 둔각삼각형 0672 예각삼각형

개념원리 RPM

중학 수학

2-2

많은 학생들은 왜

개념원리로 공부할까요?

정확한 개념과 원리의 이해,

수학의 비결

개념원리에 있습니다.

수학의 자신감은
개념과 원리를 정확히 이해하고
다양한 유형의 문제 해결 방법을 익힘으로써
얻어지게 됩니다.

이 책을 펴내면서

수학 공부에도 비결이 있나요?

예, 있습니다.
무조건 암기하거나 문제를 풀기만 하는 수학 공부는 잘못된 학습방법입니다.
공부는 많이 하는 것 같은데 효과를 얻을 수 없는 이유가 여기에 있습니다.

그렇다면 효과적인 수학 공부의 비결은 무엇일까요?

첫째. 개념원리 중학수학을 통하여 개념과 원리를 정확히 이해합니다.
둘째. RPM을 통하여 다양한 유형의 문제 해결 방법을 익힙니다.

이처럼 개념원리 중학수학과 RPM으로 차근차근 공부해 나간다면 수학의 자신감을 얻고 수학 실력이
놀랍게 향상될 것입니다.

구성과 특징

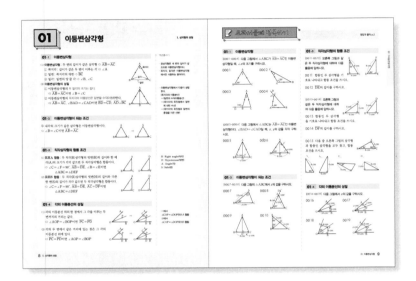

01 개념 핵심 정리

교과서 내용을 꼼꼼히 분석하여 핵심 개념만을 모아 알차고 이해하기 쉽게 정리하였습니다.

02 교과서문제 정복하기

학습한 정의와 공식을 해결할 수 있는 기본적인 문제를 충분히 연습하여 개념을 확실하게 익힐 수 있도록 구성하였습니다.

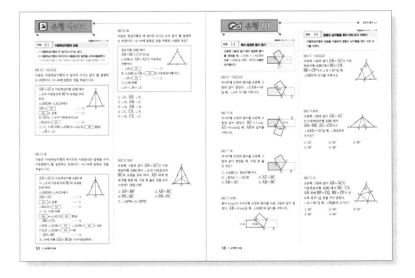

03 유형 익히기 / 유형 UP

문제 해결에 사용되는 핵심 개념정리, 문제의 형태 및 풀이 방법 등에 따라 문제를 유형화하였습니다.

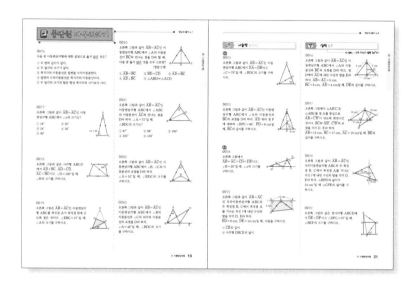

04 중단원 마무리하기

단원이 끝날 때마다 중요 문제를 통해 유형을 익혔
는지 확인할 수 있을 뿐만 아니라 실전력을 기를 수
있도록 하였습니다.

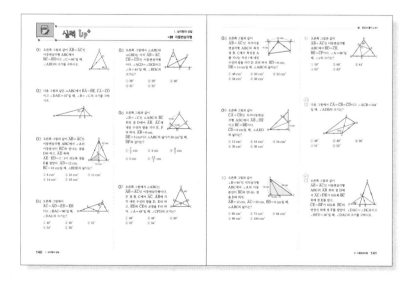

05 실력 UP⁺

중단원 마무리하기에 수록된 실력 UP 문제와 유사
한 난이도의 문제를 풀어 봄으로써 문제해결능력을
향상시킬 수 있도록 하였습니다.

○ 차례 ○

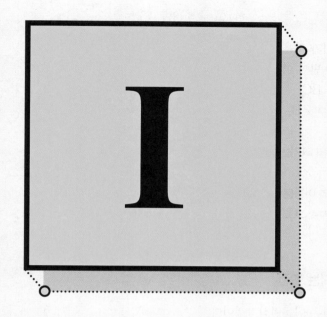

삼각형의 성질

이등변삼각형

01-1 이등변삼각형

(1) **이등변삼각형** : 두 변의 길이가 같은 삼각형 ⇨ $\overline{AB}=\overline{AC}$

① 꼭지각 : 길이가 같은 두 변이 이루는 각 ⇨ ∠A

② 밑변 : 꼭지각의 대변 ⇨ $\overline{BC}$

③ 밑각 : 밑변의 양 끝 각 ⇨ ∠B, ∠C

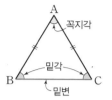

(2) **이등변삼각형의 성질**

① 이등변삼각형의 두 밑각의 크기는 같다.

⇨ $\overline{AB}=\overline{AC}$이면 ∠B＝∠C

② 이등변삼각형의 꼭지각의 이등분선은 밑변을 수직이등분한다.

⇨ $\overline{AB}=\overline{AC}$, ∠BAD＝∠CAD이면 $\overline{BD}=\overline{CD}$, $\overline{AD}\perp\overline{BC}$

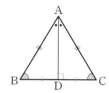

○ 개념플러스

- 정삼각형은 세 변의 길이가 같으므로 이등변삼각형이다.
- 꼭지각, 밑각은 이등변삼각형에서만 사용하는 용어이다.

- 이등변삼각형에서 다음이 성립한다.
  (꼭지각의 이등분선)
  ＝(밑변의 수직이등분선)
  ＝(꼭지각의 꼭짓점에서 밑변에 내린 수선)
  ＝(꼭지각의 꼭짓점과 밑변의 중점을 이은 선분)

01-2 이등변삼각형이 되는 조건

두 내각의 크기가 같은 삼각형은 이등변삼각형이다.

⇨ ∠B＝∠C이면 $\overline{AB}=\overline{AC}$

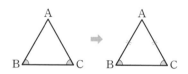

01-3 직각삼각형의 합동 조건

(1) **RHA 합동** : 두 직각(R)삼각형의 빗변(H)의 길이와 한 예각(A)의 크기가 각각 같으면 두 직각삼각형은 합동이다.

⇨ ∠C＝∠F＝90°, $\overline{AB}=\overline{DE}$, ∠B＝∠E이면

△ABC≡△DEF

(2) **RHS 합동** : 두 직각(R)삼각형의 빗변(H)의 길이와 다른 한 변(S)의 길이가 각각 같으면 두 직각삼각형은 합동이다.

⇨ ∠C＝∠F＝90°, $\overline{AB}=\overline{DE}$, $\overline{AC}=\overline{DF}$이면

△ABC≡△DEF

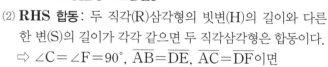

- R : Right angle(직각)
  H : Hypotenuse(빗변)
  A : Angle(각)
  S : Side(변)

01-4 각의 이등분선의 성질

(1) 각의 이등분선 위의 한 점에서 그 각을 이루는 두 변까지의 거리는 같다.

⇨ ∠AOP＝∠BOP이면 $\overline{PC}=\overline{PD}$

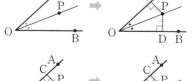

(2) 각의 두 변에서 같은 거리에 있는 점은 그 각의 이등분선 위에 있다.

⇨ $\overline{PC}=\overline{PD}$이면 ∠AOP＝∠BOP

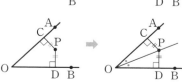

- (1)에서
  △COP≡△DOP(RHA 합동)
  (2)에서
  △COP≡△DOP(RHS 합동)

01-1 이등변삼각형

[0001~0004] 다음 그림에서 △ABC가 $\overline{AB}=\overline{AC}$인 이등변삼각형일 때, ∠$x$의 크기를 구하시오.

0001
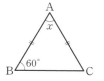

0002
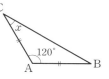

0003

0004

[0005~0006] 다음 그림에서 △ABC는 $\overline{AB}=\overline{AC}$인 이등변삼각형이다. ∠BAD=∠CAD일 때, x, y의 값을 각각 구하시오.

0005

0006
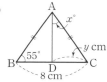

01-2 이등변삼각형이 되는 조건

[0007~0010] 다음 그림의 △ABC에서 x의 값을 구하시오.

0007
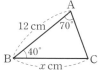

0008

0009
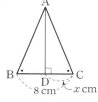

0010

01-3 직각삼각형의 합동 조건

[0011~0012] 오른쪽 그림과 같은 두 직각삼각형에 대하여 다음 물음에 답하시오.

0011 합동인 두 삼각형을 기호로 나타내고 합동 조건을 쓰시오.

0012 $\overline{DE}$의 길이를 구하시오.

[0013~0014] 오른쪽 그림과 같은 두 직각삼각형에 대하여 다음 물음에 답하시오.
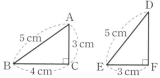

0013 합동인 두 삼각형을 기호로 나타내고 합동 조건을 쓰시오.

0014 $\overline{DF}$의 길이를 구하시오.

0015 다음 중 오른쪽 그림의 삼각형과 합동인 삼각형을 모두 찾고, 합동 조건을 쓰시오.
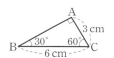

ㄱ.

ㄴ.

ㄷ.
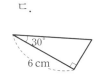
ㄹ.

01-4 각의 이등분선의 성질

[0016~0019] 다음 그림에서 x의 값을 구하시오.

0016
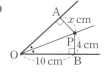

0017
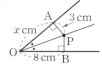

0018

0019
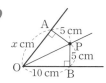

유형 익히기

개념원리 중학수학 2-2 11쪽

유형 | 01 이등변삼각형의 성질

(1) 이등변삼각형의 두 밑각의 크기는 같다.
(2) 이등변삼각형의 꼭지각의 이등분선은 밑변을 수직이등분한다.
→ 삼각형의 합동 조건을 이용하여 이등변삼각형의 성질을 설명할 수 있다.

0020 ●대표문제

다음은 '이등변삼각형의 두 밑각의 크기는 같다.'를 설명하는 과정이다. (가)~(라)에 알맞은 것을 써넣으시오.

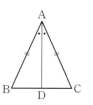

$\overline{AB}=\overline{AC}$인 이등변삼각형 ABC에서 ∠A의 이등분선과 $\overline{BC}$의 교점을 D라 하자.
△ABD와 △ACD에서
$\overline{AB}=$ (가) ······ ㉠
(나) 는 공통 ······ ㉡
또 $\overline{AD}$는 ∠A의 이등분선이므로
∠BAD= (다) ······ ㉢
㉠, ㉡, ㉢에 의해 △ABD≡△ACD ((라) 합동)
∴ ∠B=∠C

0021 중

다음은 '이등변삼각형의 꼭지각의 이등분선은 밑변을 수직이등분한다.'를 설명하는 과정이다. (가)~(마)에 알맞은 것을 써넣으시오.

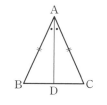

$\overline{AB}=\overline{AC}$인 이등변삼각형 ABC에서 ∠A의 이등분선과 $\overline{BC}$의 교점을 D라 하자.
△ABD와 △ACD에서
$\overline{AB}=\overline{AC}$ ······ ㉠
(가) 는 공통 ······ ㉡
∠BAD= (나) ······ ㉢
㉠, ㉡, ㉢에 의해
(다) ≡△ACD ((라) 합동)
∴ $\overline{BD}=\overline{CD}$ ······ ㉣
그런데 ∠ADB= (마) , ∠ADB+ (마) =180°
이므로 ∠ADB= (마) =90°
∴ $\overline{AD}\perp\overline{BC}$ ······ ㉤
㉣, ㉤에 의해 $\overline{AD}$는 $\overline{BC}$를 수직이등분한다.

0022 중

다음은 '정삼각형의 세 내각의 크기는 모두 같다.'를 설명하는 과정이다. (가)~(다)에 알맞은 것을 차례로 나열한 것은?

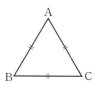

정삼각형 ABC에서
$\overline{AB}=\overline{BC}=\overline{CA}$이므로
△ABC는 $\overline{AB}=\overline{AC}$인 이등변삼각형이다.
∴ ∠B= (가) ······ ㉠
또 △ABC는 $\overline{CB}=$ (나) 인 이등변삼각형이다.
∴ ∠B= (다) ······ ㉡
㉠, ㉡에 의해
∠A=∠B=∠C

① ∠C, $\overline{AB}$, ∠A
② ∠A, $\overline{AB}$, ∠C
③ ∠A, $\overline{AB}$, ∠A
④ ∠C, $\overline{CA}$, ∠A
⑤ ∠A, $\overline{CA}$, ∠C

0023 상중

오른쪽 그림과 같이 $\overline{AB}=\overline{AC}$인 이등변삼각형 ABC에서 ∠A의 이등분선과 $\overline{BC}$의 교점을 D라 하자. $\overline{AD}$ 위에 한 점 P를 잡을 때, 다음 중 옳은 것을 모두 고르면? (정답 2개)

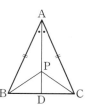

① $\overline{AP}=\overline{BP}$
② $\overline{AB}=\overline{BC}$
③ $\overline{PD}\perp\overline{BC}$
④ $\overline{PB}=\overline{PC}$
⑤ ∠APB=2∠BPD

유형 | 02 이등변삼각형의 성질 (1) − 밑각의 크기

이등변삼각형의 두 밑각의 크기는 같다.
⇨ △ABC에서 $\overline{AB}=\overline{AC}$이면
  ∠B=∠C

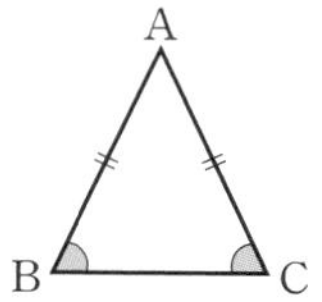

0024 ◆ㅡ대표문제

오른쪽 그림과 같이 $\overline{AB}=\overline{AC}$인 이등변삼각형 ABC에서 $\overline{BC}=\overline{BD}$이고 ∠A=40°일 때, ∠ABD의 크기는?

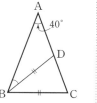

① 20° ② 25°
③ 30° ④ 35°
⑤ 40°

0025 하

오른쪽 그림과 같이 $\overline{AB}=\overline{AC}$인 이등변삼각형 ABC에서 ∠C=62°일 때, ∠A의 크기를 구하시오.

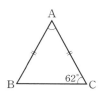

0026 하

오른쪽 그림과 같이 $\overline{BA}=\overline{BC}$인 이등변삼각형 ABC에서 ∠ABD=130°일 때, ∠C의 크기는?

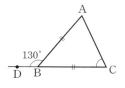

① 40° ② 48° ③ 56°
④ 65° ⑤ 72°

0027 중 하

오른쪽 그림과 같이 $\overline{AB}=\overline{AC}$인 이등변삼각형 ABC에서 ∠B=2∠A일 때, ∠x의 크기를 구하시오.

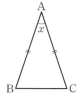

0028 중 ◆ㅡ서술형

오른쪽 그림과 같이 $\overline{AB}=\overline{AC}$인 이등변삼각형 ABC에서 꼭짓점 A를 지나고 $\overline{BC}$에 평행한 반직선 AD를 긋고, $\overline{BA}$의 연장선 위에 점 E를 잡았다. ∠DAC=67°일 때, ∠EAD의 크기를 구하시오.

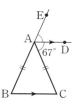

0029 중

오른쪽 그림과 같이 $\overline{AB}=\overline{AC}$인 이등변삼각형 ABC에서 $\overline{BC}=\overline{BD}$이고 ∠BDA=106°일 때, ∠ABD의 크기를 구하시오.

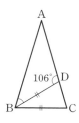

0030 중

오른쪽 그림과 같은 직사각형 ABCD에서 $\overline{BE}=\overline{DE}$, ∠BDE=∠EDC일 때, ∠DEC의 크기를 구하시오.

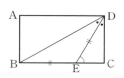

0031 상 중

오른쪽 그림과 같은 △ABC에서 $\overline{BA}=\overline{BE}$, $\overline{CD}=\overline{CE}$이고 ∠B=52°, ∠C=34°일 때, ∠AED의 크기를 구하시오.

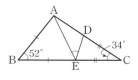

중요

개념원리 중학수학 2-2 11쪽

유형 03 이등변삼각형의 성질 (2) — 꼭지각의 이등분선

이등변삼각형의 꼭지각의 이등분선은 밑변을 수직이등분한다.

⇨ △ABC에서 $\overline{AB}=\overline{AC}$, ∠BAD=∠CAD이면 $\overline{AD}\perp\overline{BC}$, $\overline{BD}=\overline{CD}$

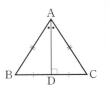

0032 대표문제

오른쪽 그림과 같이 $\overline{AB}=\overline{AC}$인 이등변삼각형 ABC에서 ∠A의 이등분선과 $\overline{BC}$의 교점을 D라 하자. ∠BAD=36°, $\overline{DC}$=5 cm일 때, $x+y$의 값을 구하시오.

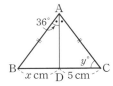

0033 중 하

오른쪽 그림과 같이 $\overline{AB}=\overline{AC}$인 이등변삼각형 ABC에서 ∠A의 이등분선과 $\overline{BC}$의 교점을 D라 하자. $\overline{BC}$=16 cm일 때, 다음 중 옳지 않은 것은?

① ∠B=∠C ② ∠BAD=30° ③ $\overline{BD}$=8 cm
④ ∠ADC=90° ⑤ △ABD≡△ACD

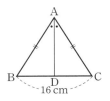

0034 중 하 서술형

오른쪽 그림과 같이 $\overline{AB}=\overline{AC}$인 이등변삼각형 ABC에서 $\overline{BD}=\overline{CD}$이고 ∠B=75°일 때, ∠CAD의 크기를 구하시오.

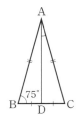

0035 중

오른쪽 그림에서 △ABC는 $\overline{AB}=\overline{AC}$인 이등변삼각형이고 $\overline{AD}$는 ∠A의 이등분선이다. $\overline{BC}$=12 cm이고 △ABD=24 cm^2일 때, $\overline{AD}$의 길이를 구하시오.

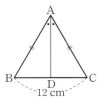

중요

개념원리 중학수학 2-2 12쪽

유형 04 이등변삼각형의 성질의 응용 — 이웃한 이등변삼각형

(i) 이등변삼각형 ABC에서
(∠A의 외각의 크기)
=∠x+∠x=2∠x

(ii) 이등변삼각형 CDA에서
∠D=∠CAD=2∠x

(iii) △DBC에서
(∠DCB의 외각의 크기)=∠x+2∠x=3∠x

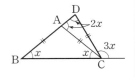

0036 대표문제

오른쪽 그림에서 $\overline{AB}=\overline{AC}=\overline{CD}$이고 ∠BAC=100°일 때, ∠DCE의 크기를 구하시오.

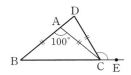

0037 중 하

오른쪽 그림과 같은 △ABC에서 $\overline{AD}=\overline{BD}=\overline{CD}$이고 ∠B=34°일 때, ∠$x$의 크기를 구하시오.

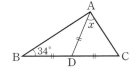

0038 중

오른쪽 그림과 같이 $\overline{AB}=\overline{AC}$인 이등변삼각형 ABC에서 $\overline{DA}=\overline{DC}=\overline{BC}$일 때, ∠ADC의 크기를 구하시오.

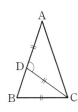

0039 상 서술형

오른쪽 그림에서 $\overline{AB}=\overline{AC}=\overline{CD}=\overline{DE}$이고 ∠FDE=80°일 때, ∠$x$의 크기를 구하시오.

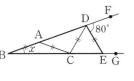

유형 | 05 이등변삼각형의 성질의 응용 − 각의 이등분선

(1) $\angle B = \dfrac{1}{2} \times (180° - \angle A)$이므로

$\angle DBC = \dfrac{1}{2} \angle B$

$= \dfrac{1}{4} \times (180° - \angle A)$

(2) $\angle DCE = \dfrac{1}{2} \angle ACE$

$= \dfrac{1}{2} \times (180° - \angle C)$

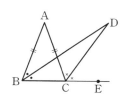

0040 ◉대표문제

오른쪽 그림에서 $\triangle ABC$와 $\triangle CDB$는 각각 $\overline{AB} = \overline{AC}$, $\overline{CB} = \overline{CD}$인 이등변삼각형이다. $\angle A = 40°$, $\angle ACD = \angle DCE$일 때, 다음을 구하시오.

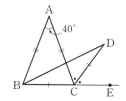

(1) $\angle ACD$의 크기

(2) $\angle CDB$의 크기

0041 중

오른쪽 그림과 같이 $\overline{AB} = \overline{AC}$인 이등변삼각형 ABC에서 $\angle B$의 이등분선과 $\angle C$의 외각의 이등분선의 교점을 D라 하자. $\angle DCE = 60°$일 때, $\angle BDC$의 크기는?

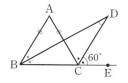

① $20°$ 　　 ② $25°$ 　　 ③ $30°$

④ $35°$ 　　 ⑤ $40°$

0042 상 중

오른쪽 그림과 같이 $\triangle ABC$는 $\overline{AB} = \overline{AC}$인 이등변삼각형이다. $\angle A = 28°$, $\angle ABD = \angle DBC$, $\angle ACD : \angle ACE = 1 : 4$일 때, $\angle D$의 크기를 구하시오.

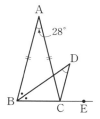

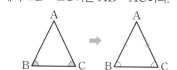

유형 | 06 이등변삼각형이 되는 조건

두 내각의 크기가 같은 삼각형은 이등변삼각형이다.

⇨ $\triangle ABC$에서 $\angle B = \angle C$이면 $\overline{AB} = \overline{AC}$이다.

0043 ◉대표문제

다음은 '두 내각의 크기가 같은 삼각형은 이등변삼각형이다.'를 설명하는 과정이다. (가)~(마)에 알맞은 것을 써넣으시오.

오른쪽 그림과 같이 $\angle B = \angle C$인 $\triangle ABC$에서 $\angle A$의 이등분선과 $\overline{BC}$의 교점을 D라 하자.

$\triangle ABD$와 $\triangle ACD$에서

$\boxed{(가)}$ 는 공통　　$\cdots\cdots$ ㉠

$\angle BAD = \boxed{(나)}$　　$\cdots\cdots$ ㉡

삼각형의 세 내각의 크기의 합은 $180°$이고

$\angle B = \boxed{(다)}$ 이므로

$\angle ADB = \boxed{(라)}$　　$\cdots\cdots$ ㉢

㉠, ㉡, ㉢에 의해

$\triangle ABD \equiv \triangle ACD$ ($\boxed{(마)}$ 합동)

$\therefore \overline{AB} = \overline{AC}$

0044 중 하

다음은 오른쪽 그림과 같이 $\overline{AB} = \overline{AC}$인 이등변삼각형 ABC에서 $\angle B$와 $\angle C$의 이등분선의 교점을 D라 할 때, $\triangle DBC$는 이등변삼각형임을 설명하는 과정이다. (가)~(다)에 알맞은 것을 써넣으시오.

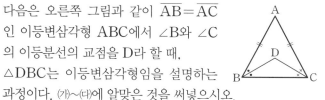

$\triangle ABC$에서 $\overline{AB} = \overline{AC}$이므로

$\angle ABC = \boxed{(가)}$

$\therefore \angle DBC = \dfrac{1}{2} \boxed{(나)} = \dfrac{1}{2} \angle ACB = \boxed{(다)}$

따라서 두 내각의 크기가 같으므로 $\triangle DBC$는 이등변삼각형이다.

중요

개념원리 중학수학 2-2 13쪽

유형 07 이등변삼각형이 되는 조건의 응용

두 내각의 크기가 같은 삼각형은 이등변삼각형임을 이용하여 문제를 해결한다.

0045 대표문제

오른쪽 그림과 같이 $\overline{AB}=\overline{AC}$인 이등변삼각형 ABC에서 $\angle B$의 이등분선이 $\overline{AC}$와 만나는 점을 D라 하자.
$\angle A=36°$, $\overline{BC}=6$ cm일 때, $\overline{AD}$의 길이를 구하시오.

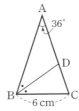

0046 중

오른쪽 그림과 같은 $\triangle ABC$에서 $\angle B=\angle C$, $\overline{BC}=8$ cm이다. $\triangle ABC$의 둘레의 길이가 26 cm일 때, $\overline{AB}$의 길이는?

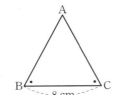

① 7 cm ② 8 cm
③ 9 cm ④ 12 cm
⑤ 16 cm

0047 상 중

오른쪽 그림과 같이 $\angle ACB=90°$인 직각삼각형 ABC에서 $\overline{AD}=\overline{CD}$이고 $\angle B=30°$, $\overline{AC}=10$ cm일 때, $\overline{AB}$의 길이를 구하시오.

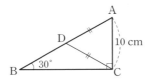

0048 상 중

오른쪽 그림과 같이 $\angle B=\angle C$인 $\triangle ABC$의 $\overline{BC}$ 위의 점 P에서 $\overline{AB}$, $\overline{AC}$에 내린 수선의 발을 각각 D, E라 하자. $\overline{AB}=14$ cm이고, $\triangle ABC$의 넓이가 63 cm^2일 때, $\overline{PD}+\overline{PE}$의 길이를 구하시오.

개념원리 중학수학 2-2 19쪽

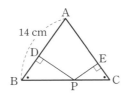

유형 08 직각삼각형의 합동 조건

(1) RHA 합동: 빗변의 길이와 한 예각의 크기가 각각 같은 두 직각삼각형은 합동이다.

(2) RHS 합동: 빗변의 길이와 다른 한 변의 길이가 각각 같은 두 직각삼각형은 합동이다.

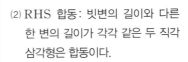

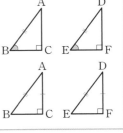

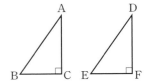

0049 대표문제

다음 중 오른쪽 그림과 같은 두 직각삼각형 ABC와 DEF가 합동이 되는 조건이 아닌 것은?

① $\angle A=\angle D$, $\overline{AC}=\overline{DF}$
② $\overline{AB}=\overline{DE}$, $\overline{AC}=\overline{DF}$
③ $\angle B=\angle E$, $\overline{AB}=\overline{DE}$
④ $\angle A=\angle D$, $\angle B=\angle E$
⑤ $\overline{AC}=\overline{DF}$, $\overline{BC}=\overline{EF}$

0050 중 하

다음 **보기**의 직각삼각형 중 서로 합동인 것을 모두 고르시오.

보기

ㄱ.

ㄴ.

ㄷ.

ㄹ.

ㅁ.

ㅂ.

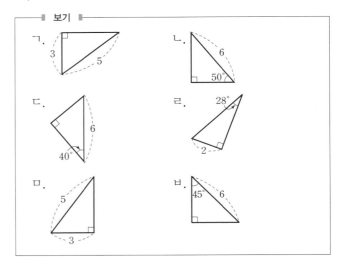

0051 중 하

오른쪽 그림과 같은 두 직각삼각형 ABC와 DEF에서 $\overline{DF}$의 길이는?

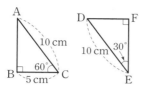

① 4 cm
② 4.5 cm
③ 5 cm
④ 5.5 cm
⑤ 6 cm

0052 중

다음은 '빗변의 길이와 다른 한 변의 길이가 각각 같은 두 직각삼각형은 합동이다.'를 설명하는 과정이다. ㈎~㈐에 알맞은 것으로 옳지 <u>않은</u> 것은?

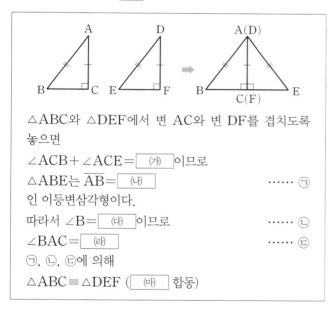

△ABC와 △DEF에서 변 AC와 변 DF를 겹치도록 놓으면

∠ACB+∠ACE= $\boxed{㈎}$ 이므로

△ABE는 $\overline{AB}=$ $\boxed{㈏}$ ...... ㉠

인 이등변삼각형이다.

따라서 ∠B= $\boxed{㈐}$ 이므로 ...... ㉡

∠BAC= $\boxed{㈑}$ ...... ㉢

㉠, ㉡, ㉢에 의해

△ABC≡△DEF ($\boxed{㈒}$ 합동)

① ㈎ 180°
② ㈏ $\overline{AE}$
③ ㈐ ∠E
④ ㈑ ∠EAC
⑤ ㈒ SAS

중요 **유형 | 09** **직각삼각형의 합동 조건의 응용 − RHA 합동**

두 직각삼각형의 빗변의 길이가 같을 때, 크기가 같은 한 예각이 있으면

⇨ RHA 합동

0053 ●◄ 대표문제

오른쪽 그림과 같이 $\overline{AB}=\overline{AC}$인 직각이등변삼각형 ABC의 꼭짓점 C, B에서 꼭짓점 A를 지나는 직선 l에 내린 수선의 발을 각각 D, E라 하자. $\overline{CD}=4$ cm, $\overline{BE}=3$ cm일 때, $\overline{DE}$의 길이는?

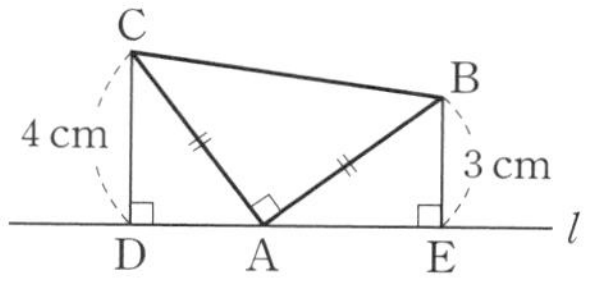

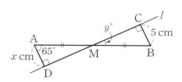

① 6 cm
② 7 cm
③ 8 cm
④ 9 cm
⑤ 10 cm

0054 중 하

다음 그림과 같이 $\overline{AB}$의 양 끝 점 A, B에서 $\overline{AB}$의 중점 M을 지나는 직선 l에 내린 수선의 발을 각각 D, C라 하자. $\overline{BC}=5$ cm, ∠A=65°일 때, $x+y$의 값을 구하시오.

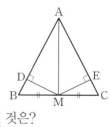

0055 중

다음 중 오른쪽 그림과 같이 $\overline{AB}=\overline{AC}$인 이등변삼각형 ABC에서 $\overline{BC}$의 중점을 M이라 하고, 점 M에서 $\overline{AB}$, $\overline{AC}$에 내린 수선의 발을 각각 D, E라 할 때, $\overline{MD}=\overline{ME}$임을 설명하는 과정에서 필요한 조건이 <u>아닌</u> 것은?

① ∠B=∠C
② $\overline{BD}=\overline{CE}$
③ $\overline{BM}=\overline{CM}$
④ ∠BDM=∠CEM
⑤ △BMD≡△CME

0056 중

오른쪽 그림과 같은 △ABC에서 점 M은 $\overline{BC}$의 중점이고, 점 D, E는 각각 점 B, C에서 $\overline{AM}$과 그 연장선에 내린 수선의 발이다. $\overline{AM}=16$ cm, $\overline{EM}=4$ cm, $\overline{CE}=8$ cm일 때, △ABD의 넓이는?

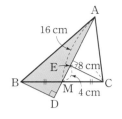

① 68 cm²   ② 72 cm²   ③ 76 cm²

④ 80 cm²   ⑤ 84 cm²

0057 상 중

오른쪽 그림과 같이 $\overline{AB}=\overline{AC}$인 직각이등변삼각형 ABC의 꼭짓점 B, C에서 꼭짓점 A를 지나는 직선 l에 내린 수선의 발을 각각 D, E라 하자. $\overline{BD}=7$ cm, $\overline{CE}=5$ cm일 때, △ABC의 넓이를 구하시오.

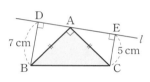

0058 상 중 ●서술형

오른쪽 그림과 같이 $\overline{AB}=\overline{AC}$인 직각이등변삼각형 ABC의 꼭짓점 B, C에서 꼭짓점 A를 지나는 직선 l에 내린 수선의 발을 각각 D, E라 하자. $\overline{BD}=12$ cm, $\overline{CE}=5$ cm일 때, $\overline{DE}$의 길이를 구하시오.

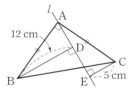

중요

유형 | 10   **직각삼각형의 합동 조건의 응용 − RHS 합동**

두 직각삼각형의 빗변의 길이가 같을 때, 빗변을 제외한 나머지 변 중에서 길이가 같은 한 변이 있으면

⇨ RHS 합동

0059 ●대표문제

오른쪽 그림과 같이 ∠C=90°인 직각삼각형 ABC에서 $\overline{BC}=\overline{BE}$이고 ∠DEB=90°일 때, 다음 중 옳지 <u>않은</u> 것은?

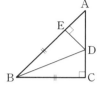

① ∠BDC=∠BDE   ② $\overline{DC}=\overline{DE}$

③ △DBC≡△DBE   ④ $\overline{AC}=\overline{BC}$

⑤ ∠CBD=∠EBD

0060 중 하

오른쪽 그림과 같이 ∠C=90°인 직각삼각형 ABC에서 $\overline{AB}\perp\overline{ED}$이고 $\overline{AD}=\overline{AC}$이다. ∠B=32°, $\overline{CE}=7$ cm일 때, $y-x$의 값을 구하시오.

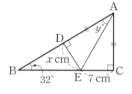

0061 중

오른쪽 그림과 같은 △ABC에서 $\overline{BC}$의 중점을 M이라 하고, 점 M에서 $\overline{AB}$, $\overline{AC}$에 내린 수선의 발을 각각 D, E라 하자. $\overline{MD}=\overline{ME}$, ∠A=56°일 때, ∠BMD의 크기를 구하시오.

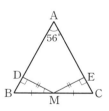

0062 상 중

오른쪽 그림과 같이 ∠C=90°인 직각삼각형 ABC에서 $\overline{AC}=\overline{AD}$이고, $\overline{AB}\perp\overline{DE}$이다. $\overline{AB}=10$ cm, $\overline{BC}=8$ cm, $\overline{AC}=6$ cm일 때, △BED의 둘레의 길이를 구하시오.

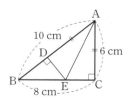

유형 11 각의 이등분선의 성질

개념원리 중학수학 2-2 21쪽

(1) $\angle XOP = \angle YOP$이면
$\triangle AOP \equiv \triangle BOP$(RHA 합동)
$\therefore \overline{PA} = \overline{PB}$

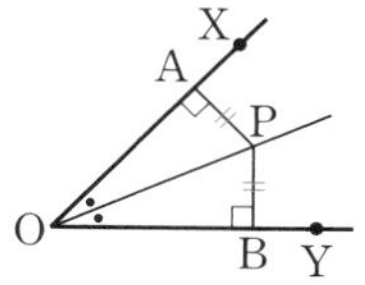

(2) $\overline{PA} = \overline{PB}$이면
$\triangle AOP \equiv \triangle BOP$(RHS 합동)
$\therefore \angle XOP = \angle YOP$

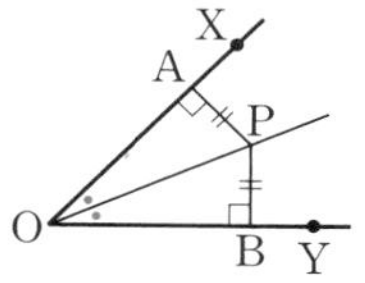

0063 대표문제

다음은 '각의 이등분선 위의 한 점에서 그 각을 이루는 두 변까지의 거리는 같다.'를 설명하는 과정이다. (가)~(마)에 알맞은 것을 써넣으시오.

$\angle XOY$의 이등분선 위의 한 점 P에서 두 변 OX, OY에 내린 수선의 발을 각각 A, B라 하면
$\triangle AOP$와 $\triangle BOP$에서
[(가)] $= \angle PBO = 90°$ …… ㉠
[(나)]는 공통 …… ㉡
$\angle AOP =$ [(다)] …… ㉢
㉠, ㉡, ㉢에 의해
$\triangle AOP \equiv \triangle BOP$([(라)] 합동)
$\therefore \overline{PA} =$ [(마)]

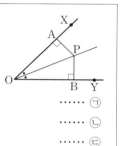

0064 중

오른쪽 그림에서 $\overline{PA} = \overline{PB}$, $\angle PAO = \angle PBO = 90°$일 때, 다음 **보기** 중 옳은 것을 모두 고른 것은?

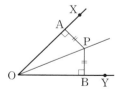

보기

ㄱ. $\overline{AO} = \overline{BO}$　　ㄴ. $\angle APO = \angle BPO$
ㄷ. $\angle AOB = \angle APB$　　ㄹ. $\overline{AB} = \overline{OB}$
ㅁ. $\angle AOP = \frac{1}{2}\angle AOB$

① ㄱ, ㄷ　② ㄱ, ㄹ　③ ㄴ, ㄹ
④ ㄱ, ㄴ, ㄹ　⑤ ㄱ, ㄴ, ㅁ

중요 유형 12 각의 이등분선의 성질의 응용

개념원리 중학수학 2-2 21쪽

(1) 각의 이등분선 위의 한 점에서 그 각을 이루는 두 변까지의 거리는 같다.
(2) 각을 이루는 두 변에서 같은 거리에 있는 점은 그 각의 이등분선 위에 있다.

0065 대표문제

오른쪽 그림과 같이 $\angle B = 90°$인 직각삼각형 ABC에서 $\angle A$의 이등분선이 $\overline{BC}$와 만나는 점을 D라 하자. $\overline{AB} = 6$ cm, $\overline{AC} = 10$ cm, $\overline{BD} = 3$ cm일 때, $\triangle ADC$의 넓이를 구하시오.

0066 중

오른쪽 그림과 같이 $\angle B = 90°$인 직각삼각형 ABC에서 $\angle C$의 이등분선이 $\overline{AB}$와 만나는 점을 D라 하자. $\overline{AC} = 15$ cm, $\triangle ADC = 30$ cm^{2}일 때, $\overline{BD}$의 길이를 구하시오.

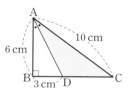

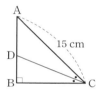

0067 중

오른쪽 그림에서 $\overline{PA} = \overline{PB}$, $\angle PAO = \angle PBO = 90°$이고, $\angle AOB = 40°$일 때, $\angle APO$의 크기를 구하시오.

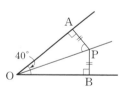

0068 상 중

오른쪽 그림과 같이 $\overline{CA} = \overline{CB}$인 직각이등변삼각형 ABC에서 $\angle A$의 이등분선과 $\overline{BC}$의 교점을 D, 점 D에서 $\overline{AB}$에 내린 수선의 발을 E라 하자. $\overline{DC} = 4$ cm일 때, $\triangle BDE$의 넓이를 구하시오.

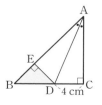

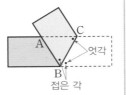
유형 UP

개념원리 중학수학 2−2 11쪽

유형 | **14** **합동인 삼각형을 찾아 각의 크기 구하기**

이등변삼각형의 성질을 이용하여 합동인 삼각형을 찾아 각의 크기를 구한다.

개념원리 중학수학 2−2 13쪽

유형 | **13** **폭이 일정한 종이 접기**

오른쪽 그림과 같이 폭이 일정한 종이를 접었을 때, ∠ABC=∠ACB이므로 △ABC는 AB=AC인 이등변삼각형이다.

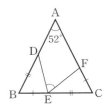

0069 ◀●대표문제

직사각형 모양의 종이를 오른쪽 그림과 같이 접었다. ∠CAB=54°일 때, ∠x의 크기를 구하시오.

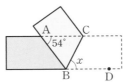

0073 ◀●대표문제

오른쪽 그림과 같이 AB=AC인 이등변삼각형 ABC에서 BD=CE, BE=CF이고 ∠A=52°일 때, ∠DEF의 크기를 구하시오.

0070 중

직사각형 모양의 종이를 오른쪽 그림과 같이 접었다. BC=7 cm, AC=8 cm일 때, AB의 길이를 구하시오.

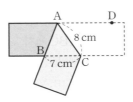

0074 상 중

오른쪽 그림과 같이 AB=AC인 이등변삼각형 ABC에서 AB=BE, AC=CD이고 ∠AED=70°일 때, ∠BAD의 크기는?

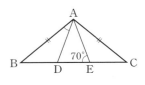

① 12°　　　　② 24°　　　　③ 30°
④ 36°　　　　⑤ 48°

0071 중

직사각형 모양의 종이를 오른쪽 그림과 같이 접었을 때, 다음 중 옳은 것은?

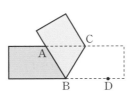

① △ABC는 정삼각형이다.
② ∠BAC=∠ACB　　③ AC=BC
④ AB=AC　　　　　⑤ AB=BC

0075 상

오른쪽 그림과 같이 AB=AC인 이등변삼각형 ABC에서 BC, CA, AB 위에 BP=CQ, BR=CP가 되도록 점 P, Q, R를 각각 잡았다. ∠A=56°일 때, ∠PQR의 크기는?

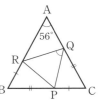

① 56°　　　　② 59°　　　　③ 62°
④ 65°　　　　⑤ 68°

0072 상 중

폭이 6 cm인 직사각형 모양의 종이를 다음 그림과 같이 접었다. AB=9 cm일 때, △ABC의 넓이를 구하시오.

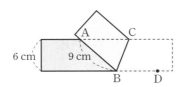

중단원 마무리하기

0076

다음 중 이등변삼각형에 대한 설명으로 옳지 <u>않은</u> 것은?

① 두 변의 길이가 같다.
② 두 밑각의 크기가 같다.
③ 꼭지각의 이등분선은 밑변을 수직이등분한다.
④ 밑변의 수직이등분선은 꼭지각의 이등분선이다.
⑤ 두 밑각의 크기의 합은 항상 꼭지각의 크기보다 크다.

0077

오른쪽 그림과 같이 $\overline{AB}=\overline{AC}$인 이등 변삼각형 ABC에서 ∠$x$의 크기는?

① 18°   ② 20°
③ 24°   ④ 26°
⑤ 30°

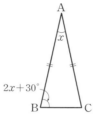

0078

오른쪽 그림과 같은 사각형 ABCD에서 $\overline{AD}\,/\!/\,\overline{BC}$, $\overline{AD}=\overline{CD}$, $\overline{AC}=\overline{BC}$이다. ∠D=100°일 때, ∠B의 크기를 구하시오.

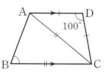

0079

오른쪽 그림은 $\overline{AB}=\overline{AC}$인 이등변삼각형 ABC를 꼭짓점 A가 꼭짓점 B에 오도록 접은 것이다. ∠EBC=27°일 때, ∠A의 크기를 구하시오.

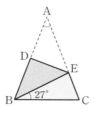

0080

오른쪽 그림과 같이 $\overline{AB}=\overline{AC}$인 이등변삼각형 ABC에서 ∠A의 이등분선이 $\overline{BC}$와 만나는 점을 D라 할 때, 다음 중 옳지 <u>않은</u> 것을 모두 고르면?

(정답 2개)

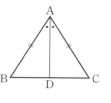

① $\overline{AB}=\overline{BC}$ ② $\overline{BD}=\overline{CD}$ ③ $\overline{AD}=\overline{BC}$
④ $\overline{AD}\perp\overline{BC}$ ⑤ △ABD≡△ACD

0081

오른쪽 그림과 같이 $\overline{AB}=\overline{AC}$인 이등변삼각형 ABC에서 ∠ABC의 이등분선이 $\overline{AC}$와 만나는 점을 D라 하자. ∠A=72°일 때, ∠BDC의 크기는?

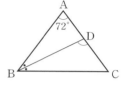

① 97°   ② 99°   ③ 100°
④ 102°   ⑤ 105°

0082

오른쪽 그림과 같이 $\overline{AB}=\overline{AC}$인 이등변삼각형 ABC에서 ∠B, ∠C의 이등분선의 교점을 D라 하자.
∠A=52°일 때, ∠BDC의 크기를 구하시오.

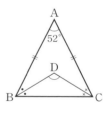

0083

오른쪽 그림과 같이 $\overline{AB}=\overline{AC}$인 이등변삼각형 ABC에서 ∠B의 이등분선과 ∠C의 외각의 이등분선의 교점을 D라 하자.
∠A=48°일 때, ∠BDC의 크기를 구하시오.

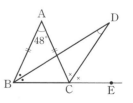
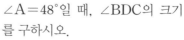

0084

오른쪽 그림과 같은 △ABC에서
∠B=∠C, ∠BAD=∠CAD이다.
$\overline{AB}$=6 cm, $\overline{CD}$=2 cm일 때,
△ABC의 둘레의 길이를 구하시오.

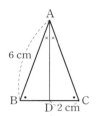

0085

다음 그림과 같은 두 직각삼각형 ABC와 DEF가 합동이
되는 조건이 <u>아닌</u> 것을 모두 고르면? (정답 2개)

 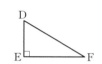

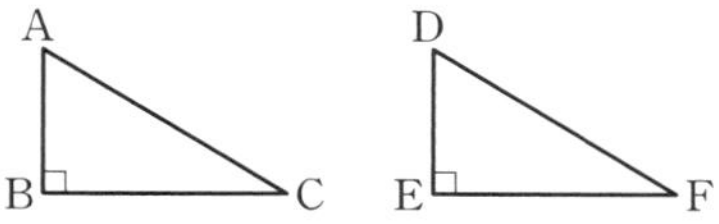

① $\overline{AC}$=$\overline{DF}$, $\overline{AB}$=$\overline{DE}$ ② ∠A=∠D, ∠C=∠F
③ $\overline{AB}$=$\overline{DE}$, $\overline{BC}$=$\overline{EF}$ ④ $\overline{AC}$=$\overline{DF}$, ∠A=∠D
⑤ $\overline{AB}$=$\overline{DE}$, $\overline{AC}$=$\overline{EF}$

0086

오른쪽 그림과 같이 $\overline{BA}$=$\overline{BC}$인 직
각이등변삼각형 ABC의 두 꼭짓점
A, C에서 꼭짓점 B를 지나는 직선
에 내린 수선의 발을 각각 D, E라
할 때, 다음 **보기** 중 옳은 것을 모두 고르시오.

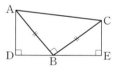

┤ 보기 ├

ㄱ. ∠ABD=∠ACB   ㄴ. ∠BAD=∠CBE
ㄷ. $\overline{AD}$=$\overline{BE}$ ㄹ. $\overline{DB}$=$\overline{BE}$
ㅁ. △BAD≡△CBE

0087

오른쪽 그림과 같은 △ABC에서
$\overline{AB}$의 중점을 M이라 하고, 점 M
에서 $\overline{BC}$, $\overline{AC}$에 내린 수선의 발을
각각 D, E라 하자. $\overline{MD}$=$\overline{ME}$이
고 ∠A=28°일 때, ∠C의 크기를 구하시오.

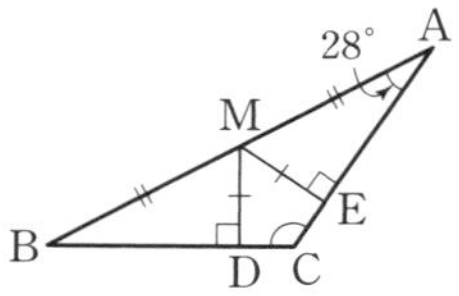

0088

오른쪽 그림과 같이 ∠C=90°인
직각삼각형 ABC에서 $\overline{AB}$⊥$\overline{DM}$,
$\overline{AM}$=$\overline{BM}$, $\overline{DM}$=$\overline{DC}$일 때,
∠B의 크기를 구하시오.

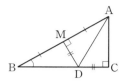

0089

오른쪽 그림과 같이 ∠AOB의 이등
분선 위의 한 점 P에서 두 변 OA,
OB에 내린 수선의 발을 각각 C, D
라 할 때, 다음 중 옳지 <u>않은</u> 것은?

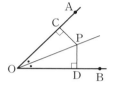

① ∠PCO=∠PDO   ② ∠COP=∠DOP
③ $\overline{PC}$=$\overline{PD}$ ④ △COP≡△DOP
⑤ $\overline{OC}$=$\overline{OP}$=$\overline{OD}$

중요
0090

오른쪽 그림과 같이 ∠C=90°인
직각삼각형 ABC에서 $\overline{AD}$는
∠A의 이등분선이다. $\overline{AB}$=26 cm,
$\overline{DC}$=8 cm일 때, △ABD의 넓이
를 구하시오.

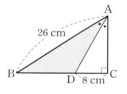

0091

오른쪽 그림과 같이 폭이 일정한
종이테이프를 접었다.
$\overline{AB}$=8 cm, $\overline{BC}$=6 cm일 때,
△ABC의 둘레의 길이를 구하시
오.

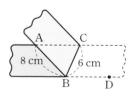

서술형 주관식

0092

오른쪽 그림과 같이 $\overline{AB}=\overline{AC}$인 이등변삼각형 ABC에서 $\overline{DA}=\overline{DB}$이고 $\angle C=70°$일 때, $\angle BDC$의 크기를 구하시오.

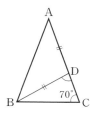

0093

오른쪽 그림과 같이 $\overline{AB}=\overline{AC}$인 이등변삼각형 ABC에서 $\angle A$의 이등분선과 $\overline{BC}$의 교점을 D라 하자. $\overline{AD}$ 위의 점 P에 대하여 $\angle BPC=90°$, $\overline{PD}=8$ cm일 때, $\overline{BC}$의 길이를 구하시오.

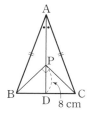

0094

오른쪽 그림에서 $\overline{AB}=\overline{AC}=\overline{CD}=\overline{DE}$이고, $\angle B=20°$일 때, $\angle x$의 크기를 구하시오.

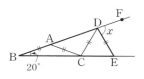

0095

오른쪽 그림과 같이 $\overline{AB}=\overline{AC}$인 직각이등변삼각형 ABC의 두 꼭짓점 B, C에서 꼭짓점 A를 지나는 직선 l에 내린 수선의 발을 각각 D, E라 하자. $\overline{BD}=8$ cm, $\overline{DE}=14$ cm일 때, 다음을 구하시오.

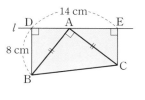

(1) $\overline{CE}$의 길이
(2) 사각형 DBCE의 넓이

 실력 UP

○ 실력 UP 집중 학습은 실력 Up°로!!

0096

오른쪽 그림과 같이 $\overline{AB}=\overline{AC}$인 이등변삼각형 ABC에서 $\angle A$의 이등분선과 $\overline{BC}$의 교점을 D라 하고, 점 D에서 $\overline{AC}$에 내린 수선의 발을 E라 하자. $\overline{AB}=\overline{AC}=5$ cm, $\overline{BC}=6$ cm, $\overline{AD}=4$ cm일 때, $\overline{DE}$의 길이를 구하시오.

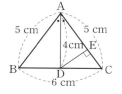

0097

오른쪽 그림에서 $\triangle AB'C'$은 $\triangle ABC$를 점 A를 중심으로 $\overline{AB}\,/\!/\,\overline{C'B'}$이 되도록 회전시킨 것이다. $\overline{BC}$와 $\overline{AB'}$, $\overline{C'B'}$의 교점을 각각 D, E라 하자. $\overline{AB}=15$ cm, $\overline{BC}=17$ cm, $\overline{AC}=10$ cm일 때, $\overline{BE}$의 길이를 구하시오.

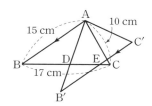

0098

오른쪽 그림과 같이 $\overline{AB}=\overline{AC}$인 직각이등변삼각형 ABC의 두 꼭짓점 B, C에서 꼭짓점 A를 지나는 직선 l에 내린 수선의 발을 각각 D, E라 하자. $\triangle BPD$의 넓이가 24 cm^{2}일 때 $\triangle CPE$의 넓이를 구하시오.

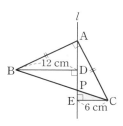

0099

오른쪽 그림과 같은 정사각형 ABCD에서 $\overline{DE}=\overline{DF}$이고 $\angle DFC=57°$일 때, $\angle BEF$의 크기를 구하시오.

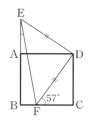

02 삼각형의 외심과 내심

02-1 삼각형의 외심과 그 성질

(1) **외접원과 외심**

한 다각형의 모든 꼭짓점이 원 O 위에 있을 때, 원 O는 다각형에 외접한다고 한다. 이때 원 O를 다각형의 **외접원**이라 하고, 외접원의 중심 O를 **외심**이라 한다.

- 점 O가 △ABC의 외심이면
  △OAD≡△OBD(SAS 합동)
  △OBE≡△OCE(SAS 합동)
  △OAF≡△OCF(SAS 합동)

(2) **삼각형의 외심의 성질**

① 삼각형의 세 변의 수직이등분선은 한 점(외심)에서 만난다.

② 삼각형의 외심에서 세 꼭짓점에 이르는 거리는 같다.

⇨ $\overline{OA}=\overline{OB}=\overline{OC}=$(외접원의 반지름의 길이)

(3) **삼각형의 외심의 위치**

① 예각삼각형

삼각형의 내부

② 직각삼각형

빗변의 중점

③ 둔각삼각형

삼각형의 외부

참고 직각삼각형에서 외심은 빗변의 중점이므로

(1) $\overline{OA}=\overline{OB}=\overline{OC}$

(2) (외접원의 반지름의 길이)$=\dfrac{1}{2}\times$(빗변의 길이)

02-2 삼각형의 외심의 응용

점 O가 △ABC의 외심일 때

- 점 O가 △ABC의 외심이면 △OAB, △OBC, △OCA는 모두 이등변삼각형이다.

(1)   ⇨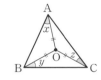

⇨ $\angle x+\angle y+\angle z=90°$

(2) ⇨

⇨ $\angle BOC=2\angle A$

02-1 삼각형의 외심과 그 성질

0100 다음은 '삼각형의 세 변의 수직이등분선은 한 점에서 만난다.'를 설명하는 과정이다. ⑺~⑻에 알맞은 것을 써넣으시오.

△ABC에서 $\overline{AB}$, $\overline{BC}$의 수직이등분선의 교점을 O라 하고, 점 O에서 $\overline{AC}$에 내린 수선의 발을 D라 하자.

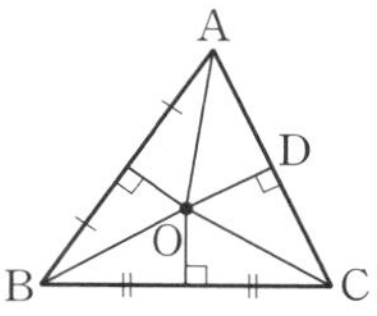

점 O는 $\overline{AB}$의 수직이등분선 위에 있으므로 $\overline{OA}=$ ⑺ ...... ㉠
또 점 O는 $\overline{BC}$의 수직이등분선 위에 있으므로
$\overline{OB}=$ ⑷ ...... ㉡
㉠, ㉡에 의해 $\overline{OA}=$ ⑸
△OAD와 △OCD에서
∠ODA=∠ODC=90°, $\overline{OA}=$ ⑸ ,
⑹ 는 공통
이므로 △OAD≡△OCD (⑺ 합동)
즉, $\overline{AD}=$ ⑻ 이므로 $\overline{OD}$는 $\overline{AC}$의 수직이등분선이 된다. 따라서 △ABC의 세 변의 수직이등분선은 한 점 O에서 만난다.

[0101~0102] 다음 그림에서 점 O가 △ABC의 외심일 때, x의 값을 구하시오.

0101

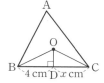

0102

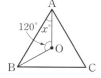

[0103~0105] 오른쪽 그림에서 점 O가 △ABC의 외심일 때, 다음 중 옳은 것은 ○표, 옳지 않은 것은 ×표를 하시오.

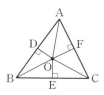

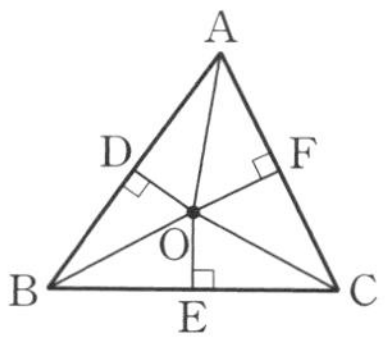

0103 $\overline{OA}=\overline{OB}$ ( )

0104 ∠OBD=∠OBE ( )

0105 $\overline{CF}=\overline{AF}$ ( )

02-2 삼각형의 외심의 응용

[0106~0107] 다음 그림에서 점 O가 △ABC의 외심일 때, ∠x의 크기를 구하시오.

0106

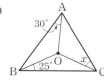

0107

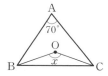

[0108~0111] 다음 그림에서 점 O가 △ABC의 외심일 때, ∠x, ∠y의 크기를 각각 구하시오.

0108

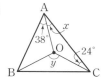

0109

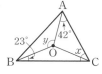

0110

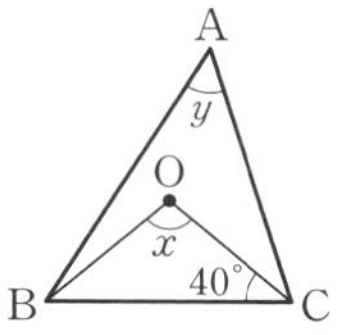

0111

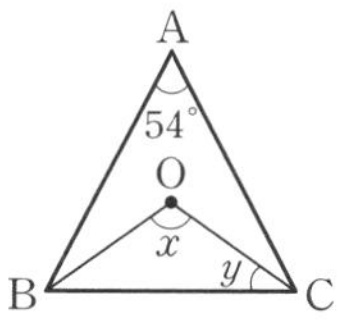

02 | 삼각형의 외심과 내심

02-3 삼각형의 내심과 그 성질

(1) **원의 접선과 접점**

① 접선 : 원과 한 점에서 만나는 직선

② 접점 : 원과 접선이 만나는 점

⇨ 원의 접선은 그 접점을 지나는 반지름에 수직이다.

(2) **내접원과 내심**

한 다각형의 모든 변이 원 I에 접할 때, 원 I는 다각형에 내접한다고 한다. 이때 원 I를 다각형의 내접원이라 하고, 내접원의 중심 I를 내심이라 한다.

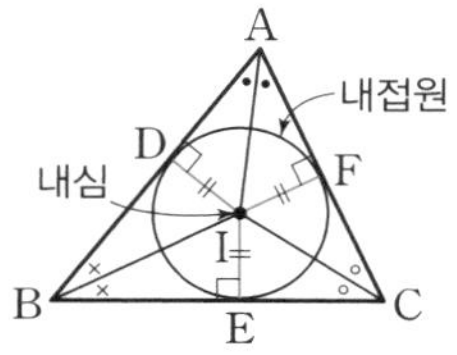

(3) **삼각형의 내심의 성질**

① 삼각형의 세 내각의 이등분선은 한 점(내심)에서 만난다.

② 삼각형의 내심에서 세 변에 이르는 거리는 같다.

⇨ $\overline{ID}=\overline{IE}=\overline{IF}$=(내접원의 반지름의 길이)

(4) **삼각형의 내심의 위치**

모든 삼각형의 내심은 삼각형의 내부에 있다.

○ **개념플러스**

▪ 점 I가 △ABC의 내심이면

△IAD≡△IAF (RHA 합동)
△IBD≡△IBE (RHA 합동)
△ICE≡△ICF (RHA 합동)

▪ 이등변삼각형의 외심과 내심은 모두 꼭지각의 이등분선 위에 있다.

▪ 정삼각형의 외심과 내심은 일치한다.

02-4 삼각형의 내심의 응용

점 I가 △ABC의 내심일 때

(1)

⇨ $\angle x+\angle y+\angle z=90°$

(2)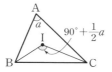

⇨ $\angle BIC=90°+\dfrac{1}{2}\angle A$

(3) **삼각형의 넓이와 내접원의 반지름의 길이**

△ABC의 내접원의 반지름의 길이를 r라 하면

$$\triangle ABC=\frac{1}{2}r(\overline{AB}+\overline{BC}+\overline{CA})$$

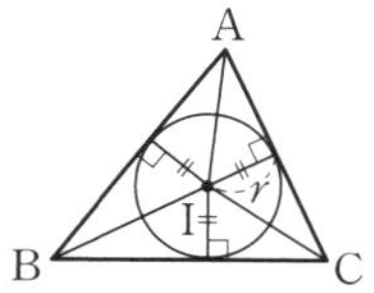

(4) **삼각형의 내접원의 접선의 길이**

△ABC의 내접원이 $\overline{AB}$, $\overline{BC}$, $\overline{CA}$와 접하는 점을 각각 D, E, F라 하면

$$\overline{AD}=\overline{AF},\ \overline{BD}=\overline{BE},\ \overline{CE}=\overline{CF}$$

참고 △IAD≡△IAF (RHA 합동), △IBD≡△IBE (RHA 합동), △ICE≡△ICF (RHA 합동)이므로

$$\overline{AD}=\overline{AF},\ \overline{BD}=\overline{BE},\ \overline{CE}=\overline{CF}$$

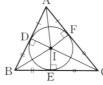

▪ △ABC
$=$△IAB$+$△IBC$+$△ICA
$=\dfrac{1}{2}r\overline{AB}+\dfrac{1}{2}r\overline{BC}+\dfrac{1}{2}r\overline{CA}$
$=\dfrac{1}{2}r(\overline{AB}+\overline{BC}+\overline{CA})$

02-3 삼각형의 내심과 그 성질

0112 다음은 '삼각형의 세 내각의 이등분선은 한 점에서 만난다.'를 설명하는 과정이다. ㈎~㈑에 알맞은 것을 써넣으시오.

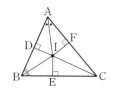

△ABC에서 ∠A, ∠B의 이등분선의 교점을 I라 하고 점 I에서 세 변에 내린 수선의 발을 각각 D, E, F라 하자.

각의 이등분선 위에 있는 한 점에서 그 각의 두 변에 이르는 거리는 같으므로
$\overline{ID}=\overline{IE}$, $\overline{ID}=\overline{IF}$

∴ $\boxed{㈎}=\overline{IF}$

△ICE와 △ICF에서
∠IEC = ∠IFC = 90°, $\boxed{㈏}$ 는 공통,
$\overline{IE} = \boxed{㈐}$
이므로 △ICE ≡ △ICF ($\boxed{㈑}$ 합동)

∴ ∠ICE = $\boxed{㈒}$

즉, 점 I는 ∠C의 이등분선 위에 있다. 따라서 △ABC의 세 내각의 이등분선은 한 점 I에서 만난다.

[0113~0114] 다음 그림에서 점 I가 △ABC의 내심일 때, ∠x의 크기를 구하시오.

0113

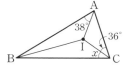

0114

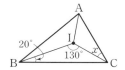

[0115~0118] 오른쪽 그림에서 점 I가 △ABC의 내심일 때, 다음 중 옳은 것은 ○표, 옳지 않은 것은 ×표를 하시오.

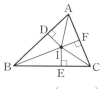

0115 $\overline{CE}=\overline{CF}$ ( )

0116 $\overline{AD}=\overline{BD}$ ( )

0117 $\overline{ID}=\overline{IE}=\overline{IF}$ ( )

0118 ∠IAD = ∠IBD ( )

02-4 삼각형의 내심의 응용

[0119~0122] 다음 그림에서 점 I가 △ABC의 내심일 때, ∠x의 크기를 구하시오.

0119

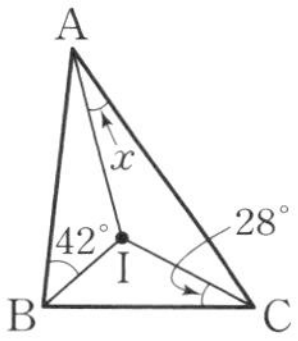

0120

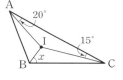

0121

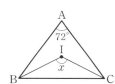

0122

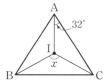

[0123~0124] 다음 그림에서 점 I가 △ABC의 내심일 때, x의 값을 구하시오.

0123

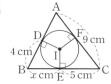

0124

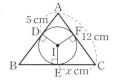

유형 익히기

개념원리 중학수학 2-2 33쪽

유형 01 삼각형의 외심

(1) 삼각형의 외심: 삼각형의 세 변의 수직이등분선의 교점

(2) 삼각형의 외심에서 세 꼭짓점에 이르는 거리는 같다.

⇨ $\overline{OA}=\overline{OB}=\overline{OC}$ (외접원의 반지름의 길이)

0125 대표문제

오른쪽 그림에서 점 O가 △ABC의 외심일 때, 다음 **보기** 중 옳은 것을 모두 고르시오.

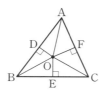

보기

ㄱ. $\overline{OA}=\overline{OB}$ ㄴ. $\overline{CE}=\overline{CF}$

ㄷ. $\overline{AD}=\overline{BD}$ ㄹ. $\angle AOD=\angle AOF$

ㅁ. $\angle OAD=\angle OBD$ ㅂ. $\triangle OCE\equiv\triangle OCF$

0126 중하

오른쪽 그림에서 점 O는 △ABC의 외심이다. $\overline{AD}=7$ cm, $\overline{BE}=8$ cm, $\overline{AF}=6$ cm일 때, △ABC의 둘레의 길이를 구하시오.

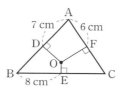

0127 중

오른쪽 그림에서 점 O는 △ABC의 외심이다. $\overline{AC}=14$ cm이고, △AOC의 둘레의 길이가 30 cm일 때, $\overline{OB}$의 길이를 구하시오.

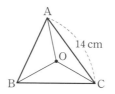

중요

개념원리 중학수학 2-2 33쪽

유형 02 직각삼각형의 외심

(1) 직각삼각형의 외심은 빗변의 중점이다.

(2) (△ABC의 외접원의 반지름의 길이)

$=\overline{OA}=\overline{OB}=\overline{OC}$

$=\frac{1}{2}\times$(빗변의 길이)$=\frac{1}{2}\overline{AB}$

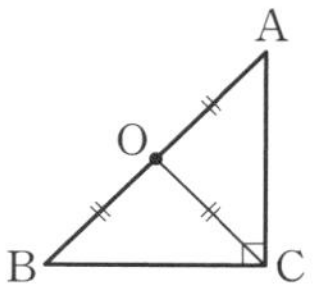

0128 대표문제

오른쪽 그림과 같이 ∠C=90°인 직각삼각형 ABC에서 $\overline{AB}=10$ cm, $\overline{BC}=6$ cm, $\overline{CA}=8$ cm일 때, △ABC의 외접원의 둘레의 길이를 구하시오.

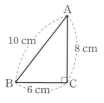

0129 중하

오른쪽 그림과 같이 ∠A=90°인 직각삼각형 ABC에서 점 M은 $\overline{BC}$의 중점이다. ∠B=56°일 때, ∠AMC의 크기를 구하시오.

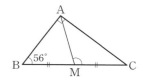

0130 중

오른쪽 그림과 같이 ∠A=90°인 직각삼각형 ABC에서 점 O는 △ABC의 외심이다. $\overline{AB}=12$ cm, $\overline{BC}=13$ cm, $\overline{CA}=5$ cm일 때, △ABO의 넓이를 구하시오.

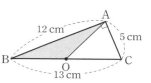

0131 상중

오른쪽 그림과 같이 ∠C=90°인 직각삼각형 ABC에서 ∠B=30°, $\overline{AC}=5$ cm일 때, $\overline{AB}$의 길이를 구하시오.

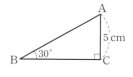

유형 | 03 **삼각형의 외심이 주어질 때, 각의 크기 구하기(1)**

점 O가 △ABC의 외심일 때 ⇨ $\angle x + \angle y + \angle z = 90°$

$2\angle x + 2\angle y + 2\angle z = 180°$

$\therefore \angle x + \angle y + \angle z = 90°$

0132 ●대표문제

오른쪽 그림에서 점 O는 △ABC의 외심이다. $\angle BOC = 120°$, $\angle OCA = 40°$일 때, $\angle x$의 크기를 구하시오.

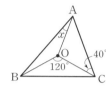

0133 중 하

오른쪽 그림에서 점 O는 △ABC의 외심일 때, $\angle x$의 크기를 구하시오.

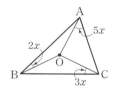

0134 중

오른쪽 그림에서 점 O는 △ABC의 외심이다. $\angle OAC = 40°$, $\angle OCB = 23°$일 때, $\angle y - \angle x$의 크기를 구하시오.

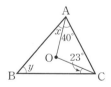

0135 중

오른쪽 그림에서 점 O는 △ABC의 외심이다. $\angle ABO = 40°$, $\angle CBO = 18°$일 때, $\angle A$의 크기를 구하시오.

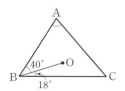

중요 **유형 | 04** **삼각형의 외심이 주어질 때, 각의 크기 구하기(2)**

점 O가 △ABC의 외심일 때 ⇨ $\angle BOC = 2\angle A$

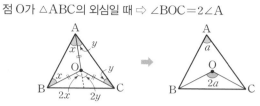

$\angle BOC = 2(\angle x + \angle y)$, $\angle A = \angle x + \angle y$

$\therefore \angle BOC = 2\angle A$

0136 ●대표문제

오른쪽 그림에서 점 O는 △ABC의 외심이다. $\angle OAB = 25°$, $\angle OBC = 30°$일 때, $\angle x$의 크기는?

① 95° ② 100°
③ 110° ④ 120°
⑤ 125°

0137 중 하

오른쪽 그림에서 점 O는 △ABC의 외심이다. $\angle C = 58°$일 때, $\angle x$의 크기를 구하시오.

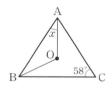

0138 중 ●서술형

오른쪽 그림에서 점 O는 △ABC의 외심이다.
$\angle AOB : \angle BOC : \angle COA = 4 : 2 : 3$일 때, $\angle ABC$의 크기를 구하시오.

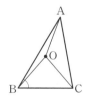

0139 중

오른쪽 그림에서 점 O는 △ABC의 외심이다. $\angle ABO = 32°$, $\angle BOC = 148°$일 때, $\angle x$의 크기를 구하시오.

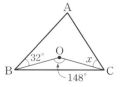

유형 | 05 삼각형의 내심

(1) 삼각형의 내심: 삼각형의 세 내각의 이등분선의 교점
(2) 삼각형의 내심에서 세 변에 이르는 거리는 같다.
⇨ $\overline{ID}=\overline{IE}=\overline{IF}$
(내접원의 반지름의 길이)

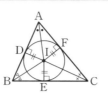

0140 ●대표문제

오른쪽 그림에서 점 I는 △ABC의 내심이다. 다음 중 옳지 <u>않은</u> 것을 모두 고르면? (정답 2개)

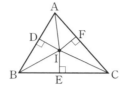

① $\overline{ID}=\overline{IE}=\overline{IF}$
② $\overline{IA}=\overline{IB}=\overline{IC}$
③ $\angle IAD=\angle IAF$
④ $\triangle IAD \equiv \triangle IBD$
⑤ $\triangle ICE \equiv \triangle ICF$

0141 중 하

다음 그림에서 점 I는 △ABC의 내심이다. $\angle AIC=103°$, $\angle ICB=32°$일 때, $\angle x$의 크기를 구하시오.

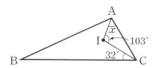

0142 중

오른쪽 그림에서 점 I는 △ABC의 내심이다. $\angle IBC=23°$, $\angle ICB=36°$일 때, $\angle x$의 크기를 구하시오.

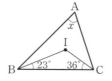

유형 | 06 삼각형의 내심이 주어질 때, 각의 크기 구하기(1)

점 I가 △ABC의 내심일 때 ⇨ $\angle x+\angle y+\angle z=90°$

$2\angle x+2\angle y+2\angle z=180°$
$\therefore \angle x+\angle y+\angle z=90°$

0143 ●대표문제

오른쪽 그림에서 점 I는 △ABC의 내심이다. $\angle ABI=25°$, $\angle ICB=30°$일 때, $\angle x-\angle y$의 크기는?

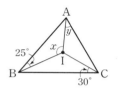

① $75°$ ② $85°$
③ $115°$ ④ $145°$
⑤ $155°$

0144 중

오른쪽 그림에서 점 I는 △ABC의 내심이다. $\angle IAB=32°$, $\angle ICA=24°$일 때, $\angle x+\angle y$의 크기를 구하시오.

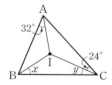

0145 중

오른쪽 그림에서 점 I는 △ABC의 내심이다. $\angle A=50°$ $\angle IBA=42°$일 때, $\angle x$의 크기를 구하시오.

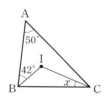

0146 상

오른쪽 그림에서 점 I는 △ABC의 내심이다. $\angle B=70°$일 때, $\angle x+\angle y$의 크기를 구하시오.

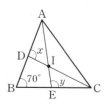

유형 07	삼각형의 내심이 주어질 때, 각의 크기 구하기(2)

점 I가 △ABC의 내심일 때 ⇨ $\angle BIC = 90° + \dfrac{1}{2}\angle A$

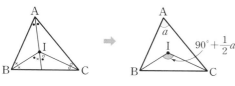

$\angle BIC = (\bullet + \times + \circ) + \bullet = 90° + \dfrac{1}{2}\angle A$

0147 ●●대표문제

오른쪽 그림에서 점 I는 △ABC의 내심이다. $\angle AIC = 108°$일 때, $\angle x$의 크기를 구하시오.

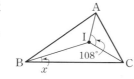

0148 중

오른쪽 그림에서 점 I는 △ABC의 내심이다. $\angle IBA = 30°$, $\angle ICB = 27°$일 때, $\angle x + \angle y$의 크기를 구하시오.

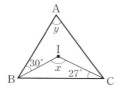

0149 중 ●●서술형

다음 그림에서 점 I는 △ABC의 내심이고, $\angle AIB : \angle BIC : \angle CIA = 5 : 6 : 7$일 때, $\angle ABC$의 크기를 구하시오.

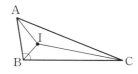

0150 상 중

오른쪽 그림에서 점 I는 △ABC의 내심이고, 점 I′은 △DBC의 내심이다. $\angle A = 52°$, $\angle ABD = 34°$일 때, $\angle II′B$의 크기를 구하시오.

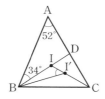

유형 08	삼각형의 내심과 평행선

점 I가 △ABC의 내심이고 $\overline{DE} \parallel \overline{BC}$일 때

(1) $\angle DBI = \angle IBC = \angle DIB$(엇각)
　$\angle ECI = \angle ICB = \angle EIC$(엇각)
　⇨ $\overline{DB} = \overline{DI}$, $\overline{EC} = \overline{EI}$

(2) (△ADE의 둘레의 길이) $= \overline{AD} + \overline{DI} + \overline{EI} + \overline{EA}$
　　　　　　　　　　　$= \overline{AD} + \overline{DB} + \overline{EC} + \overline{EA}$
　　　　　　　　　　　$= \overline{AB} + \overline{AC}$

0151 ●●대표문제

오른쪽 그림에서 점 I는 △ABC의 내심이다. $\overline{DE} \parallel \overline{BC}$이고 $\overline{AB} = 8$ cm, $\overline{BC} = 7$ cm, $\overline{CA} = 6$ cm일 때, △ADE의 둘레의 길이를 구하시오.

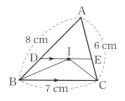

0152 중

다음 그림에서 점 I는 △ABC의 내심이고, $\overline{DE} \parallel \overline{BC}$일 때, x의 값을 구하시오.

(1)
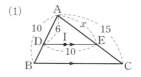

(2)
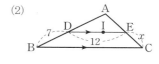

0153 상 중

오른쪽 그림에서 점 I는 $\overline{AB} = \overline{AC}$인 이등변삼각형 ABC의 내심이다. $\overline{DE} \parallel \overline{BC}$이고 △ADE의 둘레의 길이가 30 cm일 때, $\overline{AB}$의 길이를 구하시오.

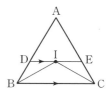

0154 상 중

오른쪽 그림에서 점 I는 △ABC의 내심이다. $\overline{DE} \parallel \overline{BC}$이고 $\overline{AD} = 7$ cm, $\overline{AE} = 6$ cm, $\overline{BC} = 13$ cm, $\overline{DE} = 9$ cm일 때, △ABC의 둘레의 길이를 구하시오.

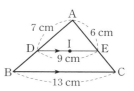

| 유형 | **09** | 삼각형의 넓이와 내접원의 반지름의 길이 |

점 I가 △ABC의 내심일 때, 내접원의
반지름의 길이를 r라 하면
⇨ $\triangle ABC = \dfrac{1}{2} r(a+b+c)$

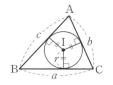

0155 ●대표문제

오른쪽 그림에서 점 I는 △ABC의
내심이다. $\overline{AB}=5$ cm,
$\overline{BC}=5$ cm, $\overline{CA}=8$ cm이고,
△ABC의 넓이가 12 cm²일 때,
△ABC의 내접원의 반지름의 길
이를 구하시오.

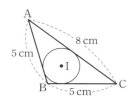

0156 중

오른쪽 그림에서 점 I는 △ABC의 내
심이다. 내접원의 반지름의 길이가
3 cm이고, △ABC의 넓이가 57 cm²
일 때, △ABC의 둘레의 길이를 구하
시오.

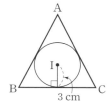

0157 상 중

다음 그림에서 점 I는 ∠B=90°인 직각삼각형 ABC의 내
심이다. $\overline{AB}=5$ cm, $\overline{BC}=12$ cm, $\overline{CA}=13$ cm일 때,
△ABC의 내접원의 반지름의 길이를 구하시오.

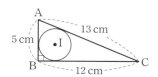

0158 상 중 ●서술형

오른쪽 그림에서 점 I는
∠C=90°인 직각삼각형 ABC
의 내심이다. $\overline{AB}=15$ cm,
$\overline{BC}=12$ cm, $\overline{CA}=9$ cm일
때, △IBC의 넓이를 구하시오.

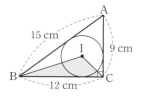

| 유형 | **10** | 삼각형의 내접원의 접선의 길이 |

점 I가 △ABC의 내심일 때
(1) $\overline{AD}=\overline{AF}=x$
(2) $\overline{BD}=\overline{BE}=y$
(3) $\overline{CE}=\overline{CF}=z$

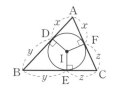

0159 ●대표문제

오른쪽 그림에서 점 I는 △ABC의
내심이고, 세 점 D, E, F는 내접원
과 세 변의 접점이다. $\overline{AB}=12$ cm,
$\overline{BC}=10$ cm, $\overline{CA}=8$ cm일 때,
$\overline{BD}$의 길이를 구하시오.

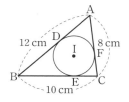

0160 중

오른쪽 그림에서 점 I는 △ABC
의 내심이고, 세 점 D, E, F는
내접원과 세 변의 접점이다.
$\overline{AD}=2$ cm, $\overline{AC}=6$ cm,
$\overline{BD}=5$ cm일 때, △ABC의 둘레의 길이를 구하시오.

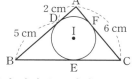

0161 상 중

오른쪽 그림에서 점 I는 △ABC의
내심이고, 세 점 D, E, F는 내접
원과 세 변의 접점이다.
$\overline{CF}=8$ cm이고 △ABC의 둘레
의 길이가 40 cm일 때, $\overline{AB}$의 길
이를 구하시오.

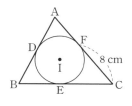

0162 상 중

오른쪽 그림에서 점 I는
∠C=90°인 직각삼각형 ABC
의 내심이고, 세 점 D, E, F는
내접원과 세 변의 접점이다.
$\overline{AB}=30$ cm, $\overline{AC}=18$ cm,
$\overline{IE}=6$ cm일 때, $\overline{BC}$의 길이를 구하시오.

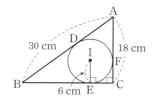

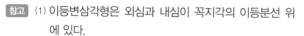

유형 | 11 삼각형의 외심과 내심

점 O, I가 각각 △ABC의 외심, 내심일 때

(1) $\angle BOC = 2\angle A$

$\angle BIC = 90° + \dfrac{1}{2}\angle A$

(2) $\angle OAB = \angle OBA$

$\angle IBA = \angle IBC$

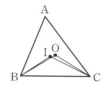

참고 (1) 이등변삼각형은 외심과 내심이 꼭지각의 이등분선 위에 있다.

(2) 정삼각형은 외심과 내심이 일치한다.

0163 ●대표문제

오른쪽 그림에서 점 O, I는 각각 △ABC의 외심과 내심이다. $\angle A = 42°$일 때, $\angle BIC - \angle BOC$의 크기를 구하시오.

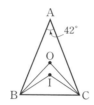

0164 상 중 ●서술형

오른쪽 그림에서 점 O, I는 각각 △ABC의 외심과 내심이다. $\angle BIC = 119°$일 때, $\angle OCB$의 크기를 구하시오.

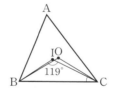

0165 상

오른쪽 그림과 같이 $\overline{AB} = \overline{AC}$인 이등변삼각형 ABC에서 외심을 O, 내심을 I라 하자. $\angle A = 32°$일 때, $\angle OBI$의 크기를 구하시오.

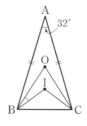

유형 | 12 직각삼각형에서의 외접원과 내접원

$\angle C = 90°$인 직각삼각형 ABC에서 점 O가 외심, 점 I가 내심일 때

(1) 외접원의 반지름의 길이를 R라 하면

$\Rightarrow R = \dfrac{1}{2} \times (\text{빗변의 길이}) = \dfrac{1}{2}c$

(2) 내접원의 반지름의 길이를 r라 하면

$\Rightarrow \triangle ABC = \dfrac{1}{2} \times r \times (\triangle ABC\text{의 둘레의 길이})$

$\Rightarrow \dfrac{1}{2}ab = \dfrac{1}{2}r(a+b+c)$

0166 ●대표문제

오른쪽 그림과 같이 $\angle A = 90°$인 직각삼각형 ABC에서 점 O는 외심, 점 I는 내심이다. $\overline{AB} = 15$ cm, $\overline{BC} = 17$ cm, $\overline{CA} = 8$ cm일 때, △ABC의 외접원과 내접원의 둘레의 길이의 합을 구하시오.

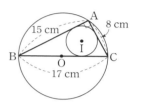

0167 상 중

오른쪽 그림과 같이 $\angle B = 90°$인 직각삼각형 ABC에서 점 O는 외심, 점 I는 내심이고, 세 점 D, E, F는 내접원과 세 변의 접점이다. $\overline{OC} = 5$ cm, $\overline{IE} = 2$ cm일 때, △ABC의 넓이를 구하시오.

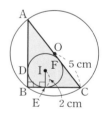

0168 상 중

오른쪽 그림과 같이 $\angle C = 90°$인 직각삼각형 ABC에서 점 O는 외심, 점 I는 내심이다. $\overline{AB} = 20$ cm, $\overline{BC} = 16$ cm, $\overline{CA} = 12$ cm일 때, 색칠한 부분의 넓이를 구하시오.

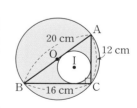

0169

오른쪽 그림에서 점 O는 △ABC의 외심이다. ∠A＝54°, ∠ABO＝30°일 때, ∠x의 크기를 구하시오.

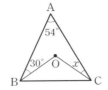

0170

오른쪽 그림은 원 모양의 수막새의 일부분이다. 수막새를 원래의 원 모양으로 복원하려고 할 때, 다음 중 이 원 모양의 수막새의 중심을 찾는 데 이용할 수 있는 것은?

① 삼각형의 세 내각의 이등분선의 교점
② 삼각형의 한 내각의 이등분선과 이와 이웃하지 않는 두 외각의 이등분선의 교점
③ 삼각형의 세 꼭짓점과 각 대변의 중점을 이은 선분의 교점
④ 삼각형의 세 꼭짓점에서 각 대변에 내린 수선의 교점
⑤ 삼각형의 세 변의 수직이등분선의 교점

0171

오른쪽 그림과 같이 ∠C＝90°인 직각삼각형 ABC에서 $\overline{AB}$의 중점을 M, 꼭짓점 C에서 $\overline{AB}$에 내린 수선의 발을 H라 하자. ∠B＝48°일 때, ∠MCH의 크기를 구하시오.

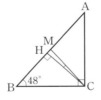

중요
0172

오른쪽 그림에서 점 O는 △ABC의 외심이다. ∠OCA＝43°, ∠OCB＝34°일 때, ∠x＋∠y의 크기를 구하시오.

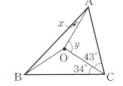

0173

오른쪽 그림에서 점 O는 △ABC의 외심이고, 점 H는 꼭짓점 A에서 $\overline{BC}$에 내린 수선의 발이다. ∠OCA＝58°, ∠OBC＝12°일 때, ∠OAH의 크기를 구하시오.

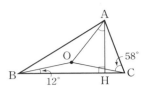

0174

오른쪽 그림에서 원 O는 △ABC의 외접원이다. ∠OBC＝35°일 때, ∠BAC의 크기를 구하시오.

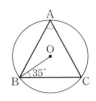

0175

다음 보기에서 점 D가 △ABC의 외심인 것과 내심인 것을 각각 고르시오.

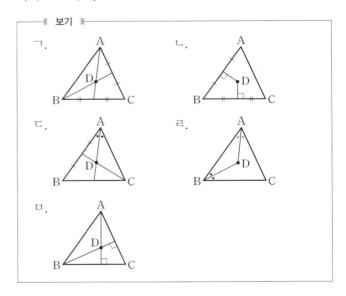

0176

다음 설명 중 옳지 <u>않은</u> 것을 모두 고르면? (정답 2개)

① 삼각형의 내심에서 세 꼭짓점에 이르는 거리는 같다.
② 모든 삼각형의 내심은 삼각형의 내부에 있다.
③ 직각삼각형의 외심은 빗변의 중점이다.
④ 이등변삼각형의 외심과 내심은 일치한다.
⑤ 삼각형의 내심은 세 내각의 이등분선의 교점이다.

0177

오른쪽 그림에서 점 I는 △ABC의 내심이다. ∠ABI=40°, ∠ACI=30°일 때, ∠x의 크기를 구하시오.

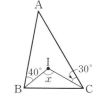

0178

오른쪽 그림에서 점 I는 △ABC의 내심이다. ∠AEB=100°, ∠ADB=95°일 때, ∠C의 크기를 구하시오.

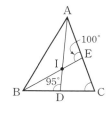

0179

오른쪽 그림에서 점 I는 △ABC의 내심이고, 점 I′은 △IBC의 내심이다. ∠IBA=36°, ∠ICA=24°일 때, ∠BI′C의 크기는?

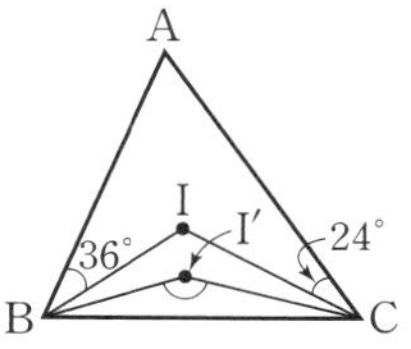

① 120°　　② 128°
③ 135°　　④ 144°
⑤ 150°

0180

오른쪽 그림에서 점 I는 △ABC의 내심이고 $\overline{DE} \parallel \overline{BC}$이다. $\overline{BD}=9$ cm, $\overline{BC}=26$ cm, $\overline{CE}=7$ cm이고 원 I의 반지름의 길이가 6 cm일 때, 사각형 DBCE의 넓이를 구하시오.

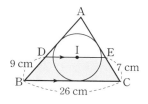

0181

오른쪽 그림에서 점 I는 ∠C=90°인 직각삼각형 ABC의 내심이다. $\overline{AB}=10$ cm, $\overline{BC}=6$ cm, $\overline{CA}=8$ cm일 때, △IAB의 넓이를 구하시오.

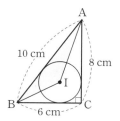

0182

오른쪽 그림에서 점 I는 △ABC의 내심이고, 세 점 D, E, F는 내접원과 세 변의 접점이다. $\overline{AB}=11$ cm, $\overline{BC}=10$ cm, $\overline{CA}=12$ cm일 때, $\overline{CD}$의 길이는?

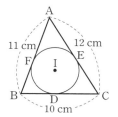

① 4 cm　　② $\frac{9}{2}$ cm
③ 5 cm　　④ $\frac{11}{2}$ cm
⑤ 6 cm

0183

오른쪽 그림에서 점 O, I는 각각 △ABC의 외심과 내심이다. ∠IBA=30°, ∠ICA=22°일 때, ∠BOC−∠BIC의 크기를 구하시오.

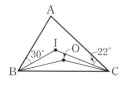

서술형 주관식

0184

오른쪽 그림과 같이 ∠A=90°
인 직각삼각형 ABC에서 점 M
은 $\overline{BC}$의 중점이다. ∠B=30°,
$\overline{BC}$=10 cm일 때, △AMC의
둘레의 길이를 구하시오.

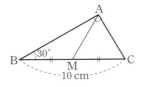

0185

오른쪽 그림에서 점 I는 △ABC의
내심이다. △ABC의 둘레의 길이
가 36 cm이고, 내접원의 둘레의
길이가 8π cm일 때, 색칠한 부분
의 넓이를 구하시오.

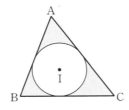

0186

오른쪽 그림에서 점 O, I는 각각
△ABC의 외심과 내심이다.
∠B=42°, ∠C=58°일 때,
∠OAI의 크기를 구하시오.

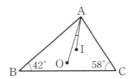

0187

오른쪽 그림과 같이 ∠B=90°인 직각삼
각형 ABC에서 점 O는 외심이고, 점 I
는 내심이다. $\overline{AB}$=18, $\overline{BC}$=24,
$\overline{CA}$=30일 때, △ABC의 외접원과 내
접원의 넓이의 차를 구하시오.

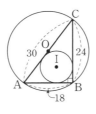

실력 UP

◌실력 UP 집중 학습은 실력 Up⁺로!!

0188

오른쪽 그림에서 점 O는 △ABC
의 외심이면서 동시에 △ACD의
외심이다. ∠B=65°일 때, ∠D의
크기를 구하시오.

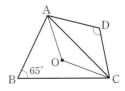

0189

오른쪽 그림에서 점 I는 △ABC의
내심이고, $\overline{AB}$∥$\overline{ID}$, $\overline{AC}$∥$\overline{IE}$이
다. $\overline{AB}$=9 cm, $\overline{BC}$=11 cm,
$\overline{CA}$=10 cm일 때, △IDE의 둘레
의 길이를 구하시오.

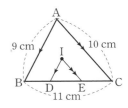

0190

오른쪽 그림에서 점 I는 △ABC
의 내심이고, 네 점 D, E, F, G
는 접점이다. $\overline{AB}$=13 cm,
$\overline{BC}$=16 cm, $\overline{CA}$=9 cm일 때,
△PBQ의 둘레의 길이를 구하시오.

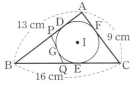

0191

오른쪽 그림과 같이 ∠B=90°인 직
각삼각형 ABC에서 점 O는 외심이
고, 점 I는 내심이다. ∠A=56°일
때, ∠BPC의 크기를 구하시오.

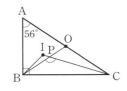

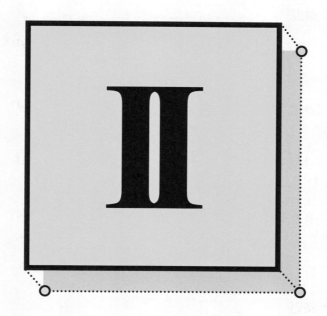

사각형의 성질

03 평행사변형

03-1 평행사변형의 뜻과 성질

(1) **평행사변형** : 두 쌍의 대변이 각각 평행한 사각형

⇨ $\overline{AB} /\!/ \overline{DC}$, $\overline{AD} /\!/ \overline{BC}$

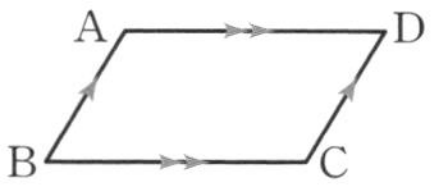

(2) **평행사변형의 성질**

① 두 쌍의 대변의 길이는 각각 같다.

⇨ $\overline{AB}=\overline{DC}$, $\overline{AD}=\overline{BC}$

② 두 쌍의 대각의 크기는 각각 같다.

⇨ $\angle A=\angle C$, $\angle B=\angle D$

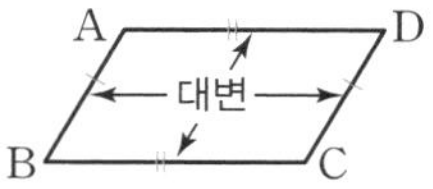

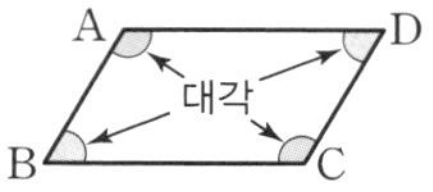

③ 두 대각선은 서로 다른 것을 이등분한다.

⇨ $\overline{AO}=\overline{CO}$, $\overline{BO}=\overline{DO}$

개념플러스

- 사각형 ABCD를 기호로 □ABCD와 같이 나타낸다.
- 평행사변형 ABCD에서 이웃하는 두 내각의 크기의 합은 $180°$이다.

$\angle A+\angle B=\angle B+\angle C$
$=\angle C+\angle D$
$=\angle D+\angle A$
$=180°$

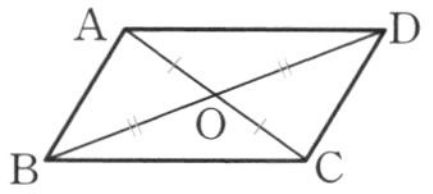

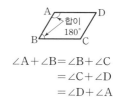

03-2 평행사변형이 되는 조건

사각형 ABCD가 다음 중 어느 한 조건을 만족시키면 평행사변형이 된다.

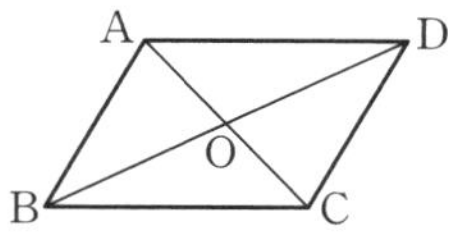

(1) 두 쌍의 대변이 각각 평행하다. ← 평행사변형의 뜻

⇨ $\overline{AB} /\!/ \overline{DC}$, $\overline{AD} /\!/ \overline{BC}$

(2) 두 쌍의 대변의 길이가 각각 같다.

⇨ $\overline{AB}=\overline{DC}$, $\overline{AD}=\overline{BC}$

(3) 두 쌍의 대각의 크기가 각각 같다.

⇨ $\angle A=\angle C$, $\angle B=\angle D$

(4) 두 대각선이 서로 다른 것을 이등분한다.

⇨ $\overline{AO}=\overline{CO}$, $\overline{BO}=\overline{DO}$

(5) 한 쌍의 대변이 평행하고 그 길이가 같다.

⇨ $\overline{AB} /\!/ \overline{DC}$, $\overline{AB}=\overline{DC}$ (또는 $\overline{AD} /\!/ \overline{BC}$, $\overline{AD}=\overline{BC}$)

- 평행사변형이 되는 조건

(1)

(2)

(3)

(4)

(5)

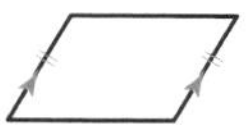

03-3 평행사변형과 넓이

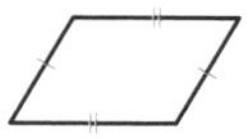

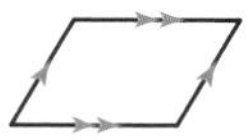

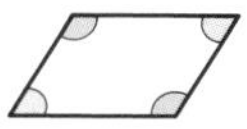

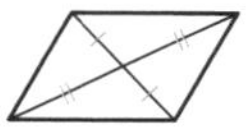

평행사변형 ABCD에서 두 대각선의 교점을 O라 하면

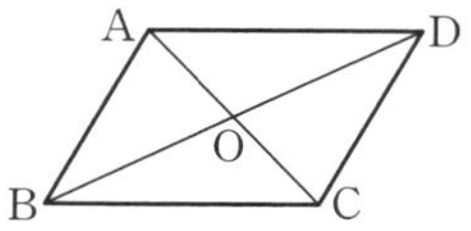

(1) $\triangle ABC=\triangle BCD=\triangle CDA=\triangle DAB=\frac{1}{2}\square ABCD$

(2) $\triangle ABO=\triangle BCO=\triangle CDO=\triangle DAO=\frac{1}{4}\square ABCD$

(3) 평행사변형 ABCD의 내부의 한 점 P에 대하여

$$\triangle PAB+\triangle PCD=\triangle PDA+\triangle PBC$$
$$=\frac{1}{2}\square ABCD$$

- (3)

$\triangle PAB+\triangle PCD$
$=①+②+③+④$
$=\triangle PDA+\triangle PBC$
$=\frac{1}{2}\square ABCD$

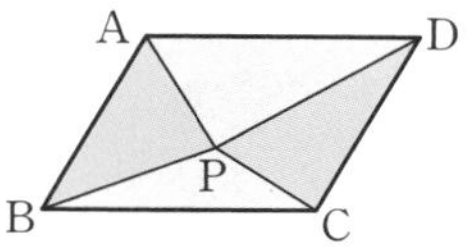

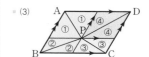

03-1 평행사변형의 뜻과 성질

[0192~0193] 다음 그림과 같은 평행사변형 ABCD에서 ∠x, ∠y의 크기를 각각 구하시오.

0192 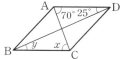 **0193**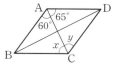

[0194~0195] 다음 그림과 같은 평행사변형 ABCD에서 x, y의 값을 각각 구하시오.

0194 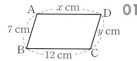 **0195**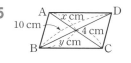

[0196~0197] 다음 그림과 같은 평행사변형 ABCD에서 ∠x, ∠y의 크기를 각각 구하시오.

0196 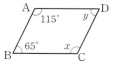 **0197**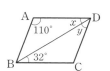

0198 오른쪽 그림과 같은 평행사변형 ABCD에서 점 O는 두 대각선의 교점일 때, 다음 **보기** 중 옳은 것을 모두 고르시오.

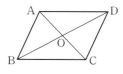

┃ 보기 ┃
ㄱ. $\overline{AO}=\overline{BO}$　　　　ㄴ. ∠BAO=∠DCO
ㄷ. $\overline{AD}=\overline{BC}$　　　　ㄹ. ∠ABC=∠ADC
ㅁ. △BCO≡△DAO　　ㅂ. △ABO≡△BCO

03-2 평행사변형이 되는 조건

[0199~0203] 다음은 오른쪽 그림의 □ABCD가 평행사변형이 되는 조건이다. □ 안에 알맞은 것을 써넣으시오.

(단, 점 O는 두 대각선의 교점이다.)

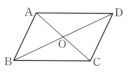

0199 $\overline{AB}$ // ▢, $\overline{AD}$ // ▢

0200 $\overline{AB}$ = ▢, $\overline{AD}$ = ▢

0201 ∠BAD = ▢, ∠ABC = ▢

0202 $\overline{AO}$ = ▢, $\overline{BO}$ = ▢

0203 $\overline{AD}$ // ▢, $\overline{AD}$ = ▢

03-3 평행사변형과 넓이

[0204~0206] 오른쪽 그림과 같은 평행사변형 ABCD에서 △ABO의 넓이가 7 cm²일 때, 다음 도형의 넓이를 구하시오.

(단, 점 O는 두 대각선의 교점이다.)

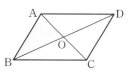

0204 △AOD

0205 △ABC

0206 □ABCD

0207 오른쪽 그림과 같은 평행사변형 ABCD의 넓이가 80 cm²일 때, □ABCD의 내부의 한 점 P에 대하여 △PDA와 △PBC의 넓이의 합을 구하시오.

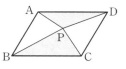

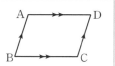

유형 익히기

개념원리 중학수학 2-2 57쪽

유형 01 평행사변형의 뜻

평행사변형: 두 쌍의 대변이 각각 평행한 사각형
⇨ $\overline{AB} /\!/ \overline{DC}$, $\overline{AD} /\!/ \overline{BC}$

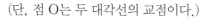

0208 대표문제

오른쪽 그림과 같은 평행사변형 ABCD에서 $\angle DAC=50°$, $\angle DBC=40°$일 때, $\angle AOD$의 크기는?
(단, 점 O는 두 대각선의 교점이다.)

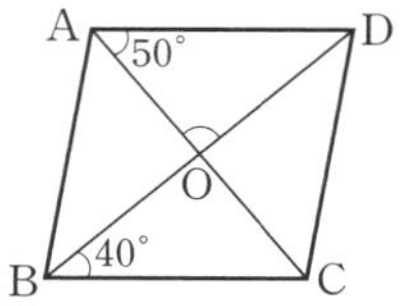

① 60° ② 70° ③ 80°
④ 90° ⑤ 100°

0209 하

오른쪽 그림의 사각형 ABCD가 평행사변형일 때, 평행사변형의 뜻을 기호로 바르게 나타낸 것은?
(단, 점 O는 두 대각선의 교점이다.)

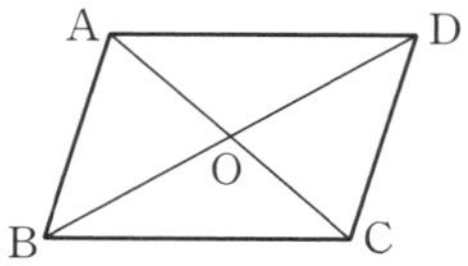

① $\overline{AB}=\overline{DC}$, $\overline{AD}=\overline{BC}$
② $\overline{AO}=\overline{CO}$, $\overline{BO}=\overline{DO}$
③ $\overline{AB} /\!/ \overline{DC}$, $\overline{AB}=\overline{DC}$
④ $\overline{AB} /\!/ \overline{DC}$, $\overline{AD} /\!/ \overline{BC}$
⑤ $\angle A=\angle C$, $\angle B=\angle D$

0210 중 하

다음 그림과 같은 평행사변형 ABCD에서 $\angle x+\angle y$의 크기를 구하시오. (단, 점 O는 두 대각선의 교점이다.)

(1)

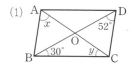

(2)

개념원리 중학수학 2-2 57쪽

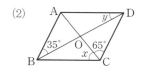

유형 02 평행사변형의 성질 (1)

삼각형의 합동 조건을 이용하여 평행사변형의 성질을 설명한다.

0211 대표문제

다음은 '평행사변형의 두 쌍의 대변의 길이는 각각 같다.'를 설명하는 과정이다. (가)~(라)에 알맞은 것을 써넣으시오.

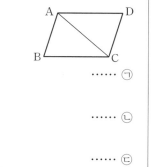

평행사변형 ABCD에서
대각선 AC를 그으면
$\triangle ABC$와 $\triangle CDA$에서
[(가)]는 공통 ······ ㉠
$\overline{AB} /\!/ \overline{DC}$이므로
$\angle BAC=$[(나)](엇각) ······ ㉡
$\overline{AD} /\!/ \overline{BC}$이므로
[(다)](엇각) ······ ㉢
㉠, ㉡, ㉢에 의해
$\triangle ABC \equiv \triangle CDA$([(라)] 합동)
$\therefore \overline{AB}=\overline{DC}$, $\overline{AD}=\overline{BC}$

0212 중

다음은 '평행사변형의 두 대각선은 서로 다른 것을 이등분한다.'를 설명하는 과정이다. (가)~(바)에 알맞은 것을 써넣으시오.

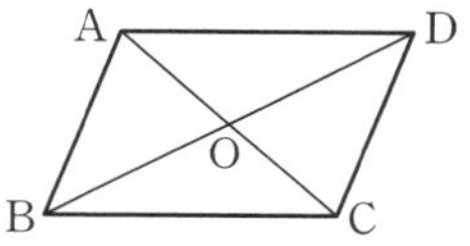

두 대각선 AC, BD의 교점을
O라 하면
$\triangle ABO$와 $\triangle CDO$에서
평행사변형의 대변의 길이는
같으므로
$\overline{AB}=$[(가)] ······ ㉠
$\overline{AB} /\!/ \overline{DC}$이므로
$\angle BAO=$[(나)](엇각) ······ ㉡
[(다)]$=\angle CDO$(엇각) ······ ㉢
㉠, ㉡, ㉢에 의해
$\triangle ABO \equiv \triangle CDO$([(라)] 합동)
$\therefore \overline{AO}=$[(마)], $\overline{BO}=$[(바)]

유형 | 03 평행사변형의 성질 (2)

개념원리 중학수학 2-2 57쪽

평행사변형에서
(1) 두 쌍의 대변의 길이가 각각 같다.
(2) 두 쌍의 대각의 크기가 각각 같다.
(3) 두 대각선은 서로 다른 것을 이등분한다.

0213 ◀●대표문제

오른쪽 그림과 같은 평행사변형 ABCD의 두 대각선의 교점을 O 라 할 때, 다음 중 옳지 <u>않은</u> 것은?

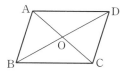

① $\overline{AB}=\overline{DC}$ ② ∠BAD=∠BCD
③ △ABO≡△CDO ④ $\overline{AO}=\overline{CO}$
⑤ ∠ABC+∠ADC=180°

0214 중하

오른쪽 그림과 같은 평행사변형 ABCD에서 $\overline{AD}=2x+6$, $\overline{BC}=5x$, $\overline{BO}=3x-2$일 때, $\overline{BD}$의 길이를 구하시오.

(단, 점 O는 두 대각선의 교점이다.)

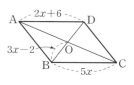

0215 중하

오른쪽 그림과 같은 평행사변형 ABCD에서 ∠BAC=42°, ∠ACB=65°일 때, ∠x의 크기를 구하시오.

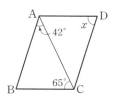

0216 중

오른쪽 그림과 같은 평행사변형 ABCD에서 두 대각선의 교점을 O 라 할 때, 다음 **보기** 중 옳은 것을 모두 고르시오.

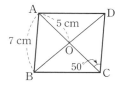

┃ 보기 ┃
ㄱ. ∠BAO=50° ㄴ. ∠ADO=∠OCB
ㄷ. $\overline{DC}=7$ cm ㄹ. $\overline{BD}=10$ cm
ㅁ. △ABC≡△CDA

유형 | 04 평행사변형의 성질의 응용 (1) ─ 대변의 길이

개념원리 중학수학 2-2 57쪽

평행사변형에서 두 쌍의 대변의 길이는 각각 같다.
⇨ $\overline{AB}=\overline{DC}$, $\overline{AD}=\overline{BC}$

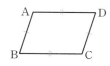

0217 ◀●대표문제

오른쪽 그림과 같은 평행사변형 ABCD에서 ∠B의 이등분선이 $\overline{CD}$의 연장선과 만나는 점을 E라 하자. $\overline{AB}=5$ cm, $\overline{BC}=8$ cm일 때, $\overline{DE}$의 길이는?

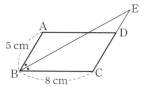

① 2 cm ② $\dfrac{5}{2}$ cm ③ 3 cm

④ $\dfrac{7}{2}$ cm ⑤ 4 cm

0218 중 ◀●서술형

오른쪽 그림과 같은 평행사변형 ABCD에서 ∠A의 이등분선이 $\overline{BC}$와 만나는 점을 E라 하자. $\overline{AB}=6$ cm, $\overline{EC}=2$ cm일 때, $\overline{AD}$의 길이를 구하시오.

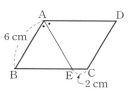

0219 중

오른쪽 그림과 같은 평행사변형 ABCD에서 ∠B의 이등분선이 $\overline{AD}$와 만나는 점을 E, ∠D의 이등분선이 $\overline{BC}$와 만나는 점을 F라 하자. $\overline{BC}=13$ cm, $\overline{CD}=10$ cm일 때, $\overline{ED}$의 길이는?

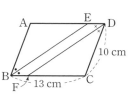

① 1 cm ② $\dfrac{3}{2}$ cm ③ 2 cm

④ $\dfrac{5}{2}$ cm ⑤ 3 cm

0220 중

오른쪽 그림의 좌표평면에서
□ABCD가 평행사변형일 때,
점 D의 좌표는?

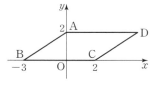

① (3, 2)   ② (4, 2)
③ (4, 3)   ④ (5, 2)
⑤ (5, 3)

0221 중 ●서술형

오른쪽 그림과 같은 평행사변형
ABCD에서 $\overline{BC}$의 중점을 E라
하고, $\overline{AE}$의 연장선이 $\overline{DC}$의 연장
선과 만나는 점을 F라 하자.
$\overline{AB}=6$ cm, $\overline{AD}=10$ cm일 때,
$\overline{DF}$의 길이를 구하시오.

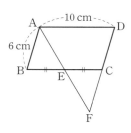

0222 상 중

오른쪽 그림과 같은 평행사변형
ABCD에서 ∠A, ∠D의 이등분
선이 $\overline{BC}$와 만나는 점을 각각 E,
F라 하자. $\overline{AB}=7$ cm,
$\overline{AD}=11$ cm일 때, $\overline{FE}$의 길이를 구하시오.

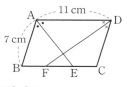

0223 상

오른쪽 그림과 같은 평행사변형
ABCD에서 ∠A, ∠B의 이등분
선과 $\overline{CD}$의 연장선이 만나는 점
을 각각 E, F라 하자.
$\overline{AB}=8$ cm, $\overline{AD}=13$ cm일 때,
$\overline{FE}$의 길이를 구하시오.

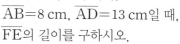
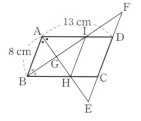

중요 **유형 | 05** **평행사변형의 성질의 응용 (2) — 대각의 크기**

평행사변형에서 두 쌍의 대각의 크기는
각각 같다.
⇨ ∠A=∠C, ∠B=∠D

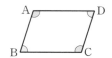

참고 평행사변형에서 이웃하는 두 내각의 크기의 합은 180°이
다.
∠A+∠B=180°, ∠B+∠C=180°
∠C+∠D=180°, ∠D+∠A=180°

0224 ●대표문제

오른쪽 그림과 같은 평행사변형
ABCD에서 ∠D의 이등분선이 $\overline{BC}$
와 만나는 점을 E라 하고, 꼭짓점
A에서 $\overline{DE}$에 내린 수선의 발을 F
라 하자. ∠B=70°일 때, ∠BAF의 크기를 구하시오.

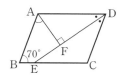

0225 중 하

오른쪽 그림과 같은 평행사변형
ABCD에서 ∠DAE=30°,
∠C=100°일 때, ∠AED의 크기를
구하시오.

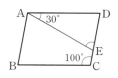

0226 중 하

오른쪽 그림과 같은 평행사변형
ABCD에서 ∠A : ∠B=7 : 5일
때, ∠C의 크기를 구하시오.

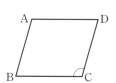

0227 중

오른쪽 그림과 같은 평행사변형
ABCD에서 ∠A의 이등분선이 $\overline{BC}$
와 만나는 점을 E라 하자. ∠D=80°
일 때, ∠x의 크기를 구하시오.

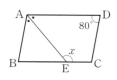

0228 중 ●◀서술형

오른쪽 그림과 같은 평행사변형 ABCD에서 ∠DAC의 이등분선과 $\overline{BC}$의 연장선이 만나는 점을 E라 하자. ∠B=72°, ∠E=30°일 때, ∠x의 크기를 구하시오.

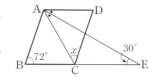

0229 중

오른쪽 그림과 같은 평행사변형 ABCD에서 ∠ADE : ∠EDC=2 : 1이고 ∠B=69°, ∠AED=62°일 때, ∠AEB의 크기를 구하시오.

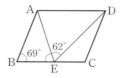

0230 중

오른쪽 그림과 같은 평행사변형 ABCD에서 $\overline{AP}$는 ∠A의 이등분선이고 ∠D=76°, ∠APB=90°일 때, ∠PBC의 크기를 구하시오.

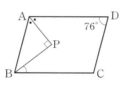

0231 상 중

오른쪽 그림과 같은 평행사변형 ABCD에서 ∠A, ∠B의 이등분선이 $\overline{BC}$, $\overline{AD}$와 만나는 점을 각각 E, F라 하자. ∠BFD=140°일 때, ∠x의 크기를 구하시오.

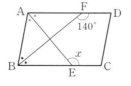

유형 | 06 평행사변형의 성질의 응용 (3) ― 대각선의 성질

평행사변형에서 두 대각선은 서로 다른 것을 이등분한다.
⇨ $\overline{AO}=\overline{CO}$, $\overline{BO}=\overline{DO}$

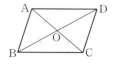

0232 ●◀대표문제

오른쪽 그림과 같은 평행사변형 ABCD에서 두 대각선의 교점을 O라 하자. $\overline{AC}=16$ cm, $\overline{BO}=14$ cm, $\overline{BC}=20$ cm일 때, △AOD의 둘레의 길이를 구하시오.

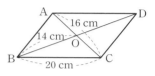

0233 중

오른쪽 그림과 같은 평행사변형 ABCD에서 두 대각선의 교점을 O라 하자. $\overline{AB}=9$ cm이고 두 대각선의 길이의 합이 28 cm일 때, △ABO의 둘레의 길이를 구하시오.

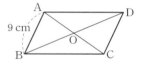

0234 중

오른쪽 그림과 같은 평행사변형 ABCD에서 두 대각선의 교점 O를 지나는 직선이 $\overline{AD}$, $\overline{BC}$와 만나는 점을 각각 P, Q라 할 때, 다음 중 옳지 않은 것은?

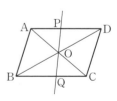

① $\overline{BO}=\overline{DO}$
② $\overline{PO}=\overline{QO}$
③ $\overline{AO}=\overline{BO}$
④ △AOP≡△COQ
⑤ △POD≡△QOB

개념원리 중학수학 2-2 64쪽

유형 07 평행사변형이 되는 조건 (1)

사각형이 평행사변형이 되는 조건을 설명할 때, 다음을 이용한다.

(1) 평행사변형의 뜻 ⇨ 두 쌍의 대변이 각각 평행한 사각형

(2) 엇각이나 동위각의 크기가 각각 같다. ⇨ 두 직선이 평행하다.

0235 대표문제

다음은 '두 쌍의 대변의 길이가 각각 같은 사각형은 평행사변형이다.'를 설명하는 과정이다. (가)~(바)에 알맞은 것을 써넣으시오.

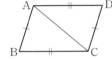

□ABCD에서
$\overline{AB}=\overline{DC}$, $\overline{AD}=\overline{BC}$라 하자.
대각선 AC를 그으면
△ABC와 △CDA에서
$\overline{AB}=$ (가) , (나) $=\overline{DA}$, $\overline{AC}$는 공통
이므로 △ABC≡△CDA ((다) 합동)
∴ ∠BAC= (라) , ∠BCA= (마)
즉, 엇각의 크기가 같으므로 $\overline{AB}$ // $\overline{DC}$, (바)
따라서 □ABCD는 두 쌍의 대변이 각각 평행하므로 평행사변형이다.

0236 중

다음은 '한 쌍의 대변이 평행하고 그 길이가 같은 사각형은 평행사변형이다.'를 설명하는 과정이다. (가)~(마)에 알맞은 것을 써넣으시오.

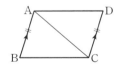

□ABCD에서
$\overline{AB}$ // $\overline{DC}$, $\overline{AB}=\overline{DC}$라 하자.
대각선 AC를 그으면
△ABC와 △CDA에서
$\overline{AB}=\overline{CD}$, $\overline{AC}$는 공통, ∠BAC= (가)
이므로 △ABC≡△CDA ((나) 합동)
∴ ∠BCA= (다)
즉, 엇각의 크기가 같으므로 $\overline{AD}$ (라) $\overline{BC}$
따라서 □ABCD는 두 쌍의 대변이 각각 (마) 하므로 평행사변형이다.

중요

개념원리 중학수학 2-2 64쪽

유형 08 평행사변형이 되는 조건 (2)

사각형이 다음의 어느 한 조건을 만족시키면 그 사각형은 평행사변형이다.

(1) 두 쌍의 대변이 각각 평행하다. ← 평행사변형의 뜻

(2) 두 쌍의 대변의 길이가 각각 같다.

(3) 두 쌍의 대각의 크기가 각각 같다.

(4) 두 대각선이 서로 다른 것을 이등분한다.

(5) 한 쌍의 대변이 평행하고 그 길이가 같다.

0237 대표문제

다음 중 □ABCD가 평행사변형이 되는 것은?

① ∠A=110°, ∠B=60°, ∠D=60°
② ∠A=∠B, ∠C=∠D
③ $\overline{AB}$ // $\overline{DC}$, $\overline{AB}$=5 cm, $\overline{DC}$=5 cm
④ $\overline{AD}$ // $\overline{BC}$, $\overline{AB}$=6 cm, $\overline{DC}$=6 cm
⑤ $\overline{AB}$=5 cm, $\overline{BC}$=4 cm, $\overline{DC}$=4 cm, $\overline{DA}$=5 cm

0238 중 하

다음 사각형 중 평행사변형이 아닌 것은?

①

②

③

④

⑤

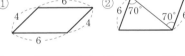

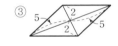

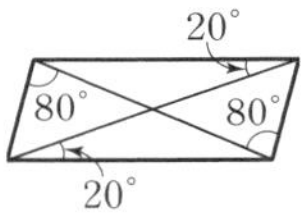

0239 중 하

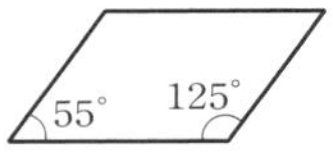

다음 그림과 같은 □ABCD가 평행사변형이 되도록 x, y의 값을 각각 정하시오.

(1)

(2)

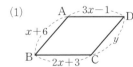

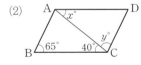

0240 중

다음 중 □ABCD가 평행사변형이 되지 않는 것을 모두 고르면? (단, 점 O는 두 대각선의 교점이다.) (정답 2개)

① $\overline{AD}$ // $\overline{BC}$, $\overline{AB}$ // $\overline{DC}$
② ∠A=∠C, ∠B=∠D
③ $\overline{AD}$ // $\overline{BC}$, $\overline{AB}=\overline{DC}$
④ $\overline{AO}=\overline{BO}$, $\overline{CO}=\overline{DO}$
⑤ △AOD≡△COB

유형 | **09** 평행사변형과 넓이
— 대각선에 의해 나누어지는 경우

평행사변형 ABCD에서
(1) $\triangle ABC = \triangle BCD = \triangle CDA$
$\quad = \triangle DAB = \dfrac{1}{2}\square ABCD$
(2) $\triangle ABO = \triangle BCO = \triangle CDO$
$\quad = \triangle DAO = \dfrac{1}{4}\square ABCD$

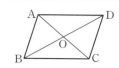

0241 ◆대표문제

오른쪽 그림과 같은 평행사변형
ABCD에서 두 점 M, N은 각각
$\overline{AD}$, $\overline{BC}$의 중점이다.
$\square ABCD$의 넓이가 32 cm²일 때,
$\square MPNQ$의 넓이를 구하시오.

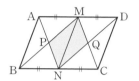

0242 하

오른쪽 그림과 같은 평행사변형
ABCD에서 두 대각선의 교점을
O라 하자. $\triangle AOD$의 넓이가
18 cm²일 때, $\square ABCD$의 넓이
를 구하시오.

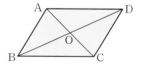

0243 중 ◆서술형

오른쪽 그림과 같은 평행사변형
ABCD의 넓이가 60 cm²일 때,
색칠한 부분의 넓이를 구하시오.
(단, 점 O는 두 대각선의 교점이다.)

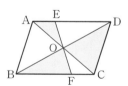

0244 상 중

오른쪽 그림과 같은 평행사변형
ABCD에서 두 대각선의 교점을
O라 하고 $\overline{BC}$와 $\overline{DC}$의 연장선 위
에 각각 $\overline{BC} = \overline{CE}$, $\overline{DC} = \overline{CF}$가
되도록 두 점 E, F를 잡았다.
$\triangle ABO$의 넓이가 30 cm²일 때, 다음 중 옳지 않은 것은?

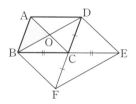

① $\triangle CED = 60$ cm²
② $\triangle ACD = 60$ cm²
③ $\triangle CFE = 60$ cm²
④ $\square BFED = 150$ cm²
⑤ $\square ABFC = 120$ cm²

유형 | **10** 평행사변형과 넓이
— 내부의 한 점이 주어지는 경우

평행사변형 ABCD의 내부의 한 점 P에
대하여
$\triangle PAB + \triangle PCD = \triangle PDA + \triangle PBC$
$\quad = \dfrac{1}{2}\square ABCD$

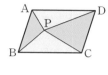

0245 ◆대표문제

오른쪽 그림과 같은 평행사변형
ABCD의 내부의 한 점 P에 대
하여 $\triangle PDA$의 넓이가 18 cm²,
$\triangle PBC$의 넓이가 15 cm²,
$\triangle PCD$의 넓이가 19 cm²일 때, $\triangle PAB$의 넓이를 구하시
오.

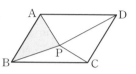

0246 중 하

오른쪽 그림과 같은 평행사변형
ABCD의 내부의 한 점 P에 대하
여 $\triangle PDA$의 넓이가 5 cm²,
$\triangle PBC$의 넓이가 2 cm²일 때,
$\square ABCD$의 넓이를 구하시오.

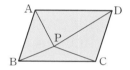

0247 중

오른쪽 그림과 같은 평행사변형
ABCD의 내부의 한 점 P에 대
하여 $\triangle PCD$의 넓이가 25 cm²
일 때, $\triangle PAB$의 넓이를 구하
시오.

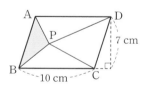

7 cm
10 cm

0248 중

오른쪽 그림과 같이 평행사변형
ABCD의 내부의 한 점 P를 지나
고 $\overline{AB}$, $\overline{AD}$와 각각 평행하도록
$\overline{HF}$, $\overline{EG}$를 그었다. $\square ABCD$의
넓이가 56 cm²일 때, 색칠한 부분의 넓이를 구하시오.

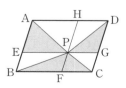

유형 UP

정답과 풀이 p.23

개념원리 중학수학 2-2 65쪽

유형 11 평행사변형이 되는 조건의 응용 (1)

□ABCD가 평행사변형일 때, 다음 그림의 색칠한 사각형은 모두 평행사변형이다.

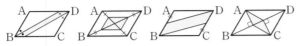

0249 대표문제

다음은 평행사변형 ABCD에서 ∠B, ∠D의 이등분선이 $\overline{AD}$, $\overline{BC}$와 만나는 점을 각각 E, F라 할 때, □EBFD가 평행사변형임을 설명하는 과정이다. (가)~(다)에 알맞은 것을 써넣으시오.

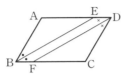

> ∠B=∠D이므로
> $\frac{1}{2}$∠B=$\frac{1}{2}$∠D, 즉 ∠EBF= (가) …… ㉠
> ∠AEB=∠EBF (엇각), ∠DFC=∠EDF (엇각)
> 이므로 ∠AEB= (나)
> ∠DEB=180°−∠AEB=180°−∠DFC
> = (다) …… ㉡
> ㉠, ㉡에 의해 □EBFD는 두 쌍의 대각의 크기가 각각 같으므로 평행사변형이다.

0250 중

오른쪽 그림과 같은 평행사변형 ABCD에서 두 대각선의 교점을 O라 하고, 대각선 BD 위에 $\overline{BE}=\overline{DF}$가 되도록 두 점 E, F를 잡았다. 다음 중 □AECF가 평행사변형이 되는 조건으로 가장 알맞은 것은? (단, 삼각형의 합동 조건은 사용하지 않는다.)

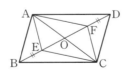

① $\overline{AF}=\overline{EC}$, $\overline{AE}=\overline{FC}$
② $\overline{AF}$∥$\overline{EC}$, $\overline{AE}$∥$\overline{FC}$
③ $\overline{AO}=\overline{CO}$, $\overline{EO}=\overline{FO}$
④ $\overline{AF}$∥$\overline{EC}$, $\overline{AF}=\overline{EC}$
⑤ ∠EAF=∠ECF, ∠AEC=∠AFC

개념원리 중학수학 2-2 65쪽

유형 12 평행사변형이 되는 조건의 응용 (2)

다음 성질을 이용하여 합동인 삼각형을 찾고 구하고자 하는 것을 구한다.
서로 다른 두 직선이 한 직선과 만날 때
(1) 두 직선이 평행하면 동위각, 엇각의 크기는 각각 같다.
(2) 동위각 또는 엇각의 크기가 각각 같으면 두 직선은 평행하다.

0251 대표문제

오른쪽 그림과 같은 평행사변형 ABCD의 두 꼭짓점 A, C에서 대각선 BD에 내린 수선의 발을 각각 E, F라 할 때, 다음 중 옳지 <u>않은</u> 것을 모두 고르면? (정답 2개)

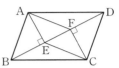

① $\overline{AE}=\overline{EC}$
② $\overline{AE}$∥$\overline{CF}$
③ $\overline{AE}=\overline{CF}$
④ ∠BAE=∠DAE
⑤ □AECF는 평행사변형이다.

0252 상중

오른쪽 그림과 같은 평행사변형 ABCD에서 ∠A, ∠C의 이등분선이 $\overline{BC}$, $\overline{AD}$와 만나는 점을 각각 E, F라 하자.
$\overline{AB}$=10 cm, $\overline{AD}$=16 cm, ∠B=60°일 때, □AECF의 둘레의 길이를 구하시오.

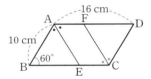

0253 상중

오른쪽 그림에서 □ABCD와 □OCDE는 모두 평행사변형이다. $\overline{AB}$=16, $\overline{BC}$=20일 때, $\overline{OF}+\overline{AF}$의 길이를 구하시오. (단, 점 O는 □ABCD의 두 대각선의 교점이다.)

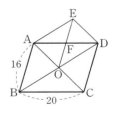

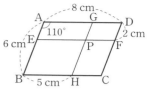

중단원 마무리하기

0254

오른쪽 그림과 같은 평행사변형 ABCD에서 두 대각선의 교점을 O라 하자. ∠ABD=35°, ∠DAC=51°일 때, ∠x+∠y의 크기를 구하시오.

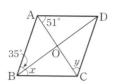

0255

다음은 '평행사변형의 두 쌍의 대각의 크기는 각각 같다.'를 설명하는 과정이다. ㈎~㈜에 알맞은 것을 써넣으시오.

평행사변형 ABCD에서
대각선 AC, BD를 그으면
$\overline{AB} /\!/ \overline{DC}$, $\overline{AD} /\!/ \overline{BC}$이므로
△ABC와 △CDA에서
$\overline{AC}$는 공통 ⋯⋯ ㉠
∠BAC= ㈎ (엇각) ⋯⋯ ㉡
㈏ =∠DAC (엇각) ⋯⋯ ㉢
㉠, ㉡, ㉢에 의해 △ABC≡△CDA (㈐ 합동)
∴ ∠B= ㈑
또 △ABD와 △CDB에서 같은 방법으로 하면 ㈒

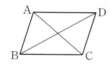

0256

다음 중 오른쪽 그림의 평행사변형 ABCD에 대한 설명으로 옳지 않은 것은?

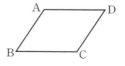

① $\overline{AB} /\!/ \overline{DC}$, $\overline{AD} /\!/ \overline{BC}$
② $\overline{AD}=\overline{BC}$
③ ∠A=∠C
④ ∠A+∠C=180°
⑤ ∠B+∠C=180°

0257

오른쪽 그림과 같은 평행사변형 ABCD에서 $\overline{AB} /\!/ \overline{GH}$, $\overline{AD} /\!/ \overline{EF}$일 때, 다음 중 옳지 않은 것은?

① $\overline{GD}$=3 cm ② $\overline{PH}$=4 cm ③ ∠EPG=110°
④ ∠D=70° ⑤ ∠PFC=80°

0258

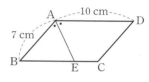

오른쪽 그림과 같은 평행사변형 ABCD에서 $\overline{AE}$는 ∠A의 이등분선이다. $\overline{AB}$=7 cm, $\overline{AD}$=10 cm일 때, $\overline{EC}$의 길이를 구하시오.

0259

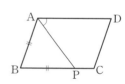

오른쪽 그림과 같은 평행사변형 ABCD에서 $\overline{AB}=\overline{BP}$이고 ∠C : ∠D=3 : 2일 때, ∠DAP의 크기를 구하시오.

0260

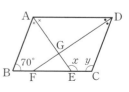

오른쪽 그림과 같은 평행사변형 ABCD에서 ∠A, ∠D의 이등분선이 $\overline{BC}$와 만나는 점을 각각 E, F라 하자. ∠B=70°일 때, ∠x, ∠y의 크기를 각각 구하시오.

0261

오른쪽 그림과 같은 평행사변형 ABCD에서 두 대각선의 교점 O를 지나는 직선이 $\overline{AB}$, $\overline{CD}$와 만나는 점을 각각 E, F라 하자. $\overline{OF}=8$ cm, $\overline{FC}=6$ cm이고 ∠EFC=90°일 때, △AEO의 넓이를 구하시오.

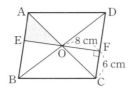

0262

오른쪽 그림과 같은 □ABCD가 평행사변형이 되도록 하는 $\overline{AB}$의 길이를 구하시오.

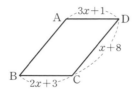

중요
0263

다음 중 □ABCD가 평행사변형이 되지 않는 것은?
(단, 점 O는 두 대각선의 교점이다.)

① ∠A=70°, ∠B=110°, ∠C=70°
② ∠A=50°, ∠B=130°, $\overline{AD}=\overline{BC}=8$ cm
③ $\overline{AB}=\overline{BC}=4$ cm, $\overline{CD}=\overline{DA}=6$ cm
④ $\overline{AD}/\!/\overline{BC}$, $\overline{AD}=\overline{BC}=5$ cm
⑤ $\overline{AO}=\overline{CO}=10$ cm, $\overline{BO}=\overline{DO}=6$ cm

0264

오른쪽 그림과 같은 평행사변형 ABCD에서 $\overline{BC}$, $\overline{DC}$의 연장선 위에 $\overline{BC}=\overline{CE}$, $\overline{DC}=\overline{CF}$가 되도록 점 E, F를 잡았다. △ABC의 넓이가 6 cm²일 때, □BFED의 넓이를 구하시오.

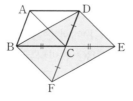

중요
0265

오른쪽 그림과 같은 평행사변형 ABCD의 내부의 한 점 P에 대하여 △PAB의 넓이가 16 cm², △PCD의 넓이가 18 cm²일 때, □ABCD의 넓이를 구하시오.

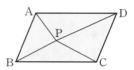

0266

다음 그림의 □ABCD가 평행사변형일 때, 색칠한 사각형이 평행사변형이 <u>아닌</u> 것은?
(단, 점 O는 두 대각선의 교점이다.)

① 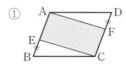   ②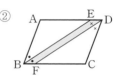

③ 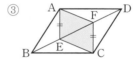   ④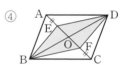

⑤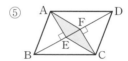

0267

오른쪽 그림과 같은 평행사변형 ABCD에서 두 대각선 AC, BD 위에 $\overline{AP}=\overline{CR}$, $\overline{BQ}=\overline{DS}$가 되도록 점 P, Q, R, S를 잡을 때, 다음 중 □PQRS에 대한 설명으로 옳지 <u>않은</u> 것은?
(단, 점 O는 두 대각선의 교점이다.)

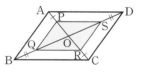

① $\overline{PS}=\overline{QR}$ ② $\overline{PQ}/\!/\overline{SR}$
③ ∠PSR=∠PQR ④ $\overline{PS}=\overline{PQ}$
⑤ ∠QPS+∠PQR=180°

○ 실력 UP 집중 학습은 실력 Up⁺로!!

서술형 주관식

0268
오른쪽 그림과 같은 평행사변형 ABCD의 둘레의 길이가 16 cm 일 때, $x+y$의 값을 구하시오. (단, 점 O는 두 대각선의 교점이다.)

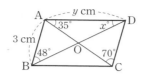

0269
오른쪽 그림과 같은 평행사변형 ABCD에서 ∠B의 이등분선이 $\overline{AD}$와 만나는 점을 E라 하고, 꼭짓점 C에서 $\overline{BE}$에 내린 수선의 발을 F라 하자. ∠D=54°일 때, ∠DCF의 크기를 구하시오.

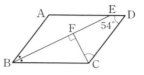

0270
오른쪽 그림과 같은 평행사변형 ABCD에서 두 대각선의 교점 O를 지나는 직선이 $\overline{AD}$, $\overline{BC}$와 만나는 점을 각각 E, F라 하자. □ABCD의 넓이가 60 cm², △COF의 넓이가 4 cm²일 때, △EOD의 넓이를 구하시오.

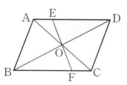

0271
오른쪽 그림에서 □ABCD는 평행사변형이고 점 H, F는 각각 $\overline{AD}$, $\overline{BC}$의 중점일 때, 다음 물음에 답하시오.

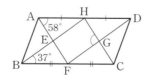

(1) □EFGH가 평행사변형임을 설명하시오.
(2) ∠EBF=37°, ∠EAH=58°일 때, ∠FGH의 크기를 구하시오.

실력 UP

0272
오른쪽 그림과 같이 평행사변형 ABCD를 대각선 BD를 접는 선으로 하여 △DBC가 △DBE로 옮겨지도록 접었을 때, $\overline{BA}$, $\overline{DE}$의 연장선의 교점을 F라 하자. ∠F=88°일 때, ∠x의 크기는?

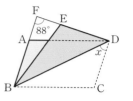

① 44° ② 46° ③ 48°
④ 50° ⑤ 52°

0273
오른쪽 그림과 같이 $\overline{AB}=\overline{AC}=8$ cm인 이등변삼각형 ABC에서 $\overline{AB}/\!/\overline{RP}$, $\overline{AC}/\!/\overline{QP}$일 때, □AQPR의 둘레의 길이를 구하시오.

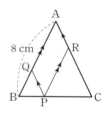

0274
오른쪽 그림과 같은 평행사변형 ABCD에서 $2\overline{AB}=\overline{AD}$, $\overline{FD}=\overline{DC}=\overline{CE}$이고 △ABH의 넓이가 18 cm²일 때, △EFP의 넓이를 구하시오.

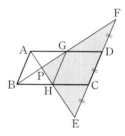

0275
오른쪽 그림은 △ABC의 세 변을 각각 한 변으로 하는 세 정삼각형 DBA, EBC, FAC를 그린 것이다. 다음 중 옳지 않은 것은?

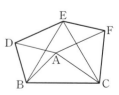

① ∠ACB=∠FCE ② △ABC≡△DBE
③ $\overline{DA}=\overline{EF}$ ④ $\overline{AF}=\overline{BC}$
⑤ □AFED는 평행사변형이다.

04 여러 가지 사각형

04-1 직사각형

(1) **직사각형**: 네 내각의 크기가 모두 같은 사각형
  ⇨ $\angle A = \angle B = \angle C = \angle D = 90°$

(2) **직사각형의 성질**
  두 대각선의 길이가 같고, 서로 다른 것을 이등분한다.
  ⇨ $\overline{AC} = \overline{BD}$, $\overline{AO} = \overline{BO} = \overline{CO} = \overline{DO}$

(3) 평행사변형이 다음 중 어느 한 조건을 만족시키면 직사각형이 된다.
  ① 한 내각이 직각이다.　　　　② 두 대각선의 길이가 같다.

04-2 마름모

(1) **마름모**: 네 변의 길이가 모두 같은 사각형
  ⇨ $\overline{AB} = \overline{BC} = \overline{CD} = \overline{DA}$

(2) **마름모의 성질**
  두 대각선이 서로 다른 것을 수직이등분한다.
  ⇨ $\overline{AC} \perp \overline{BD}$, $\overline{AO} = \overline{CO}$, $\overline{BO} = \overline{DO}$

(3) 평행사변형이 다음 중 어느 한 조건을 만족시키면 마름모가 된다.
  ① 이웃하는 두 변의 길이가 같다.　　② 두 대각선이 직교한다.

· 마름모는 두 쌍의 대변의 길이가 각각 같으므로 평행사변형이다.

04-3 정사각형

(1) **정사각형**: 네 변의 길이가 모두 같고, 네 내각의 크기가 모두 같은 사각형 ⇨ $\overline{AB} = \overline{BC} = \overline{CD} = \overline{DA}$, $\angle A = \angle B = \angle C = \angle D = 90°$

(2) **정사각형의 성질**
  두 대각선의 길이가 같고, 서로 다른 것을 수직이등분한다.
  ⇨ $\overline{AC} = \overline{BD}$, $\overline{AC} \perp \overline{BD}$, $\overline{AO} = \overline{BO} = \overline{CO} = \overline{DO}$

(3) 직사각형이 다음 중 어느 한 조건을 만족시키면 정사각형이 된다.
  ① 이웃하는 두 변의 길이가 같다.　　② 두 대각선이 직교한다.

(4) 마름모가 다음 중 어느 한 조건을 만족시키면 정사각형이 된다.
  ① 한 내각이 직각이다.　　　　② 두 대각선의 길이가 같다.

· 정사각형은 네 변의 길이가 모두 같으므로 마름모이고 네 내각의 크기가 모두 같으므로 직사각형이다.

04-4 등변사다리꼴

(1) **사다리꼴**: 한 쌍의 대변이 평행한 사각형 ⇨ $\overline{AD} \parallel \overline{BC}$

(2) **등변사다리꼴**: 아랫변의 양 끝 각의 크기가 같은 사다리꼴
  ⇨ $\overline{AD} \parallel \overline{BC}$, $\angle B = \angle C$

(3) **등변사다리꼴의 성질**
  ① 평행하지 않은 한 쌍의 대변의 길이가 같다. ⇨ $\overline{AB} = \overline{DC}$
  ② 두 대각선의 길이가 같다. ⇨ $\overline{AC} = \overline{BD}$

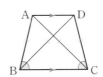

· 직사각형, 정사각형은 모두 등변사다리꼴이지만 마름모는 등변사다리꼴이 아니다.

04-1 직사각형

[0276~0277] 다음 그림의 □ABCD가 직사각형일 때, x의 값을 구하시오. (단, 점 O는 두 대각선의 교점이다.)

0276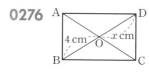

0277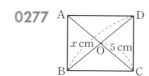

[0278~0279] 다음 그림의 □ABCD가 직사각형일 때, $\angle x$, $\angle y$의 크기를 각각 구하시오.

(단, 점 O는 두 대각선의 교점이다.)

0278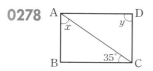

0279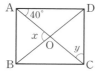

04-2 마름모

[0280~0281] 다음 그림의 □ABCD가 마름모일 때, x의 값을 구하시오. (단, 점 O는 두 대각선의 교점이다.)

0280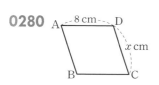

0281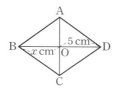

[0282~0283] 다음 그림의 □ABCD가 마름모일 때, $\angle x$, $\angle y$의 크기를 각각 구하시오.

(단, 점 O는 두 대각선의 교점이다.)

0282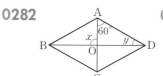

0283

04-3 정사각형

[0284~0285] 다음 그림의 □ABCD가 정사각형일 때, x의 값을 구하시오. (단, 점 O는 두 대각선의 교점이다.)

0284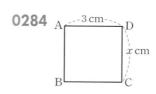

0285

0286 오른쪽 그림의 □ABCD가 정사각형일 때, $\angle x$, $\angle y$의 크기를 각각 구하시오.

(단, 점 O는 두 대각선의 교점이다.)

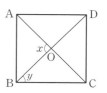

04-4 등변사다리꼴

[0287~0288] 다음 그림의 □ABCD가 $\overline{AD} /\!/ \overline{BC}$인 등변사다리꼴일 때, x의 값을 구하시오.

(단, 점 O는 두 대각선의 교점이다.)

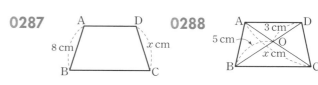

0287

0288

[0289~0292] 다음 그림의 □ABCD가 $\overline{AD} /\!/ \overline{BC}$인 등변사다리꼴일 때, $\angle x$의 크기를 구하시오.

0289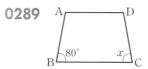

0290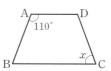

0291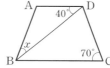

0292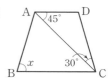

◦ 개념플러스

04-5 여러 가지 사각형 사이의 관계

(1) **여러 가지 사각형 사이의 관계**

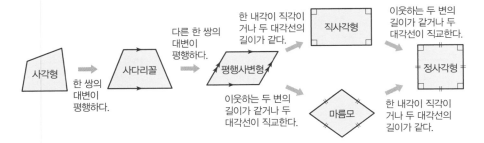

▪ (평행사변형이 직사각형이 되
  는 조건)
  =(마름모가 정사각형이 되는
    조건)
  (평행사변형이 마름모가 되는
   조건)
  =(직사각형이 정사각형이 되
    는 조건)

(2) **여러 가지 사각형의 대각선의 성질**
   ① 평행사변형 : 두 대각선이 서로 다른 것을 이등분한다.
   ② 직사각형 : 두 대각선의 길이가 같고, 서로 다른 것을 이등분한다.
   ③ 마름모 : 두 대각선이 서로 다른 것을 수직이등분한다.
   ④ 정사각형 : 두 대각선의 길이가 같고, 서로 다른 것을 수직이등분한다.
   ⑤ 등변사다리꼴 : 두 대각선의 길이가 같다.

04-6 사각형의 각 변의 중점을 연결하여 만든 사각형

주어진 사각형의 각 변의 중점을 연결하면 다음과 같은 사각형이 만들어진다.
(1) 사각형, 평행사변형 ⇨ 평행사변형
(2) 직사각형, 등변사다리꼴 ⇨ 마름모
(3) 마름모 ⇨ 직사각형
(4) 정사각형 ⇨ 정사각형

04-7 평행선과 넓이

(1) 두 직선 l과 m이 평행할 때, $\triangle ABC$와 $\triangle DBC$는 밑변 BC
   가 공통이고 높이는 h로 같으므로 두 삼각형의 넓이는 서로 같
   다.
   ⇨ $l /\!/ m$이면 $\triangle ABC = \triangle DBC = \dfrac{1}{2}ah$

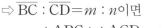

(2) 높이가 같은 두 삼각형의 넓이의 비는 밑변의 길이의 비와 같
   다.
   ⇨ $\overline{BC} : \overline{CD} = m : n$이면
      $\triangle ABC : \triangle ACD = m : n$

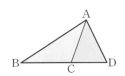

▪ 점 C가 $\overline{BD}$의 중점이면
  $\triangle ABC = \triangle ACD$

04-5 여러 가지 사각형 사이의 관계

[0293~0296] 다음 중 옳은 것은 ○표, 옳지 않은 것은 ×표를 하시오.

0293 직사각형은 평행사변형이다. ( )

0294 마름모는 사다리꼴이다. ( )

0295 직사각형은 마름모이다. ( )

0296 정사각형은 마름모이다. ( )

[0297~0301] 오른쪽 그림과 같은 평행사변형 ABCD가 다음 조건을 만족시키면 어떤 사각형이 되는지 말하시오.
(단, 점 O는 두 대각선의 교점이다.)

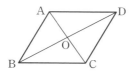

0297 ∠B=90°

0298 $\overline{AD}=\overline{DC}$

0299 $\overline{AO}=\overline{BO}$

0300 ∠B=90°, $\overline{AB}=\overline{AD}$

0301 $\overline{AB}=\overline{AD}$, $\overline{AC}=\overline{BD}$

[0302~0304] 다음 중 옳은 것은 ○표, 옳지 않은 것은 ×표를 하시오.

0302 평행사변형의 두 대각선은 서로 다른 것을 이등분한다. ( )

0303 마름모의 두 대각선은 길이가 같고, 서로 다른 것을 수직이등분한다. ( )

0304 직사각형의 두 대각선은 길이가 같고, 서로 다른 것을 이등분한다. ( )

04-6 사각형의 각 변의 중점을 연결하여 만든 사각형

[0305~0310] 다음 사각형의 각 변의 중점을 연결하여 만든 사각형은 어떤 사각형인지 말하시오.

0305 평행사변형

0306 직사각형

0307 마름모

0308 정사각형

0309 등변사다리꼴

0310 사각형

04-7 평행선과 넓이

0311 오른쪽 그림에서 $l /\!/ m$ 이고 $\overline{BC}=10$, $\overline{AH}=8$일 때, △DBC의 넓이를 구하시오.

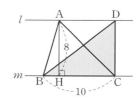

[0312~0314] 오른쪽 그림과 같은 △ABC의 넓이가 30 cm²이고 $\overline{BP}:\overline{PC}=2:1$일 때, 다음 물음에 답하시오.

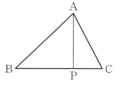

0312 △ABP의 넓이를 구하시오.

0313 △APC의 넓이를 구하시오.

0314 △ABP : △APC를 가장 간단한 자연수의 비로 나타내시오.

유형 익히기

개념원리 중학수학 2-2 78쪽

중요 유형 01 직사각형의 뜻과 성질

(1) 직사각형: 네 내각의 크기가 모두 같은 사각형

(2) 직사각형의 성질: 두 대각선의 길이가 같고, 서로 다른 것을 이등분한다.

⇨ $\angle OAB = \angle OBA$, $\angle OBC = \angle OCB$

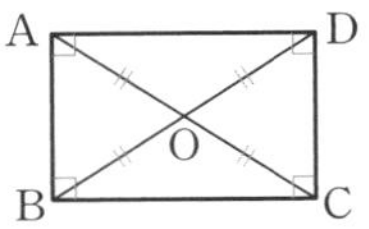

0315 대표문제

오른쪽 그림과 같은 직사각형 ABCD에서 두 대각선의 교점을 O라 하자. $\overline{AO}=6$ cm, $\angle BAO=55°$일 때, $x+y$의 값을 구하시오.

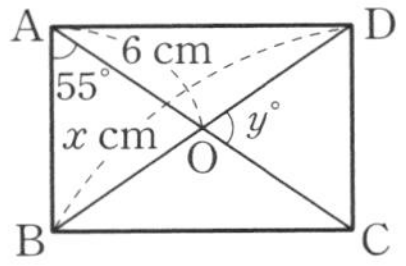

0316 중 하

오른쪽 그림과 같은 직사각형 ABCD에서 두 대각선의 교점을 O라 하자. $\angle OBC=38°$일 때, $\angle x$, $\angle y$의 크기를 각각 구하시오.

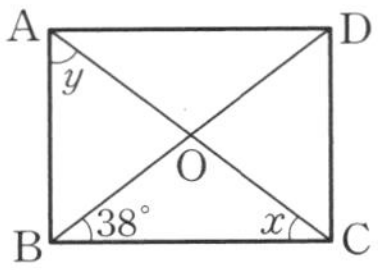

0317 중

다음은 '직사각형의 두 대각선의 길이는 같다.'를 설명하는 과정이다. (가)~(라)에 알맞은 것을 써넣으시오.

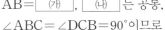

> 직사각형은 평행사변형이므로
> △ABC와 △DCB에서
> $\overline{AB}=$ (가) , (나) 는 공통,
> $\angle ABC=\angle DCB=90°$이므로
> △ABC≡△DCB ((다) 합동)
> ∴ $\overline{AC}=$ (라)
> 따라서 직사각형의 두 대각선의 길이는 같다.

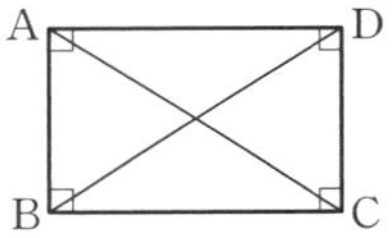

0318 상 중 서술형

오른쪽 그림은 직사각형 ABCD를 꼭짓점 C가 꼭짓점 A에 오도록 접은 것이다. $\angle BAE=20°$일 때, $\angle AFE$의 크기를 구하시오.

개념원리 중학수학 2-2 78쪽

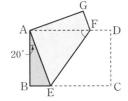

유형 02 평행사변형이 직사각형이 되는 조건

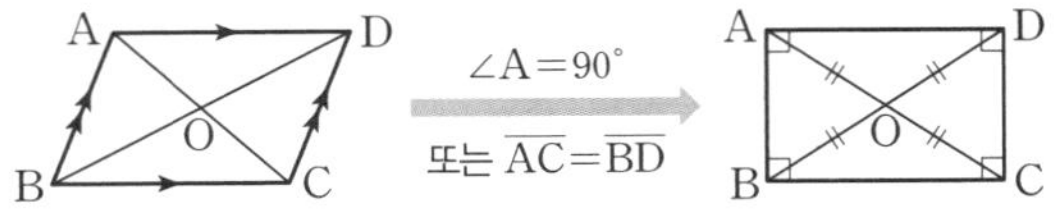

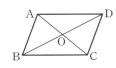

0319 대표문제

다음 중 오른쪽 그림과 같은 평행사변형 ABCD가 직사각형이 되는 조건이 아닌 것을 모두 고르면? (정답 2개) (단, 점 O는 두 대각선의 교점이다.)

① $\angle A=90°$ ② $\overline{AC}=\overline{BD}$ ③ $\overline{AO}=\overline{DO}$
④ $\overline{AC}\perp\overline{BD}$ ⑤ $\overline{AB}=\overline{BC}$

0320 중

다음 중 오른쪽 그림과 같은 평행사변형 ABCD가 직사각형이 되는 조건을 모두 고르면? (정답 2개) (단, 점 O는 두 대각선의 교점이다.)

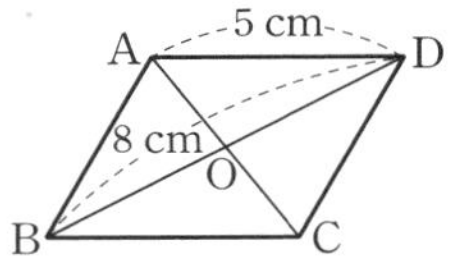

① $\overline{AC}=8$ cm ② $\overline{AB}=5$ cm ③ $\overline{DO}=4$ cm
④ $\angle A=90°$ ⑤ $\angle AOB=90°$

0321 중

다음은 '두 대각선의 길이가 같은 평행사변형은 직사각형이다.'를 설명하는 과정이다. (가)~(라)에 알맞은 것을 써넣으시오.

> △ABC와 △DCB에서
> $\overline{AB}=\overline{DC}$, $\overline{AC}=\overline{DB}$,
> (가) 는 공통이므로
> △ABC≡△DCB ((나) 합동)
> ∴ $\angle B=$ (다) …… ㉠
> 또 □ABCD는 평행사변형이므로
> $\angle B=$ (라) , $\angle C=\angle A$ …… ㉡
> ㉠, ㉡에 의해 $\angle A=\angle B=\angle C=\angle D$
> 따라서 □ABCD는 직사각형이다.

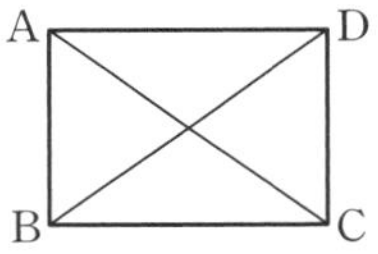

0322 중

오른쪽 그림과 같은 평행사변형 ABCD에서 점 O는 두 대각선의 교점이고 $\angle OAD=\angle ODA$일 때, □ABCD는 어떤 사각형인지 말하시오.

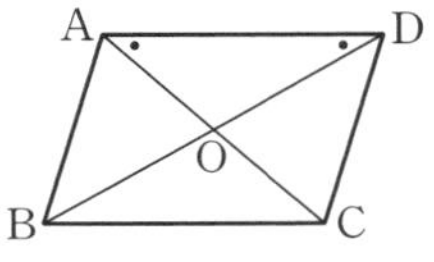

유형 | 03 마름모의 뜻과 성질

(1) 마름모: 네 변의 길이가 모두 같은 사각형

(2) 마름모의 성질: 두 대각선은 서로 다른 것을 수직이등분한다.
 ⇨ $\angle OAB + \angle OBA = 90°$

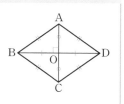

0323 대표문제

오른쪽 그림과 같은 마름모 ABCD 에서 두 대각선의 교점을 O라 하자. $\overline{BO}=9$ cm, $\angle OBC=35°$일 때, $x+y$의 값을 구하시오.

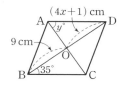

0324 중

오른쪽 그림과 같은 마름모 ABCD에서 점 O는 두 대각선의 교점일 때, 다음 중 옳지 <u>않은</u> 것을 모두 고르면? (정답 2개)

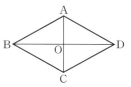

① $\overline{AB}=\overline{BC}$ ② $\overline{AO}=\overline{DO}$
③ $\overline{AC}\perp\overline{BD}$ ④ $\angle ABC=\angle BCD$
⑤ $\angle ADO=\angle CDO$

0325 중

오른쪽 그림과 같은 마름모 ABCD에서 $\overline{AH}\perp\overline{BC}$이고 $\angle C=136°$일 때, $\angle x$의 크기를 구하시오.

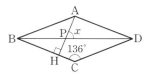

0326 상 중

오른쪽 그림과 같은 직사각형 ABCD에서 $\angle ABD$의 이등분선과 $\overline{AD}$의 교점을 E, $\angle BDC$의 이등분선과 $\overline{BC}$의 교점을 F라 하자. □EBFD가 마름모일 때, $\angle x$의 크기를 구하시오.

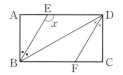

유형 | 04 평행사변형이 마름모가 되는 조건

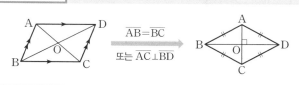

0327 대표문제

오른쪽 그림과 같은 평행사변형 ABCD가 마름모가 되는 조건을 다음 **보기**에서 모두 고르시오.
 (단, 점 O는 두 대각선의 교점이다.)

─■ 보기 ■─

ㄱ. $\overline{AC}=\overline{BD}$ ㄴ. $\overline{AC}\perp\overline{BD}$
ㄷ. $\overline{AB}=\overline{BC}$ ㄹ. $\angle AOB=\angle COB$

0328 중

다음은 '두 대각선이 직교하는 평행사변형은 마름모이다.' 를 설명하는 과정이다. ㈎~㈐에 알맞은 것을 써넣으시오.

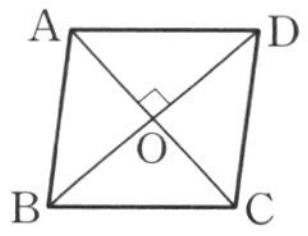

□ABCD는 평행사변형이므로
$\overline{AB}=$ ㈎ , $\overline{AD}=\overline{BC}$ ...... ㉠
두 대각선의 교점을 O라 하면
△AOB와 △AOD에서
$\overline{BO}=$ ㈏ , $\overline{AO}$는 공통, $\angle AOB=\angle AOD$
이므로 △AOB≡△AOD(㈐ 합동)
∴ $\overline{AB}=$ ㈑ ...... ㉡
㉠, ㉡에 의해 $\overline{AB}=\overline{BC}=\overline{CD}=\overline{DA}$
따라서 □ABCD는 마름모이다.

0329 중

오른쪽 그림과 같은 평행사변형 ABCD에서 대각선 BD가 $\angle B$의 이등분선일 때, □ABCD는 어떤 사각형인지 말하시오.

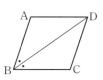

0330 중 서술형

오른쪽 그림과 같은 평행사변형 ABCD에서 두 대각선의 교점을 O라 하자. $\overline{BC}=9$ cm, $\angle OAD=48°$, $\angle OBC=42°$일 때, $x+y$의 값을 구하시오.

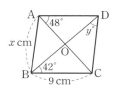

유형 | 05 정사각형의 뜻과 성질

(1) 정사각형: 네 변의 길이가 모두 같고,
  네 내각의 크기가 모두 같은 사각형

(2) 정사각형의 성질: 두 대각선의 길이가
  같고, 서로 다른 것을 수직이등분한다.
  ⇨ △OAB, △OBC, △OCD, △ODA는 모두 합동인 직각
  이등변삼각형이다.

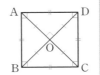

0331 ●대표문제

오른쪽 그림과 같은 정사각형 ABCD
에서 대각선 AC 위에 ∠BEC=62°가
되도록 점 E를 잡을 때, ∠ADE의 크
기를 구하시오.

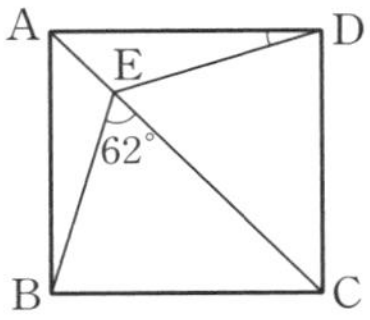

0332 중하

오른쪽 그림과 같은 정사각형 ABCD
에서 대각선의 길이가 12 cm일 때,
□ABCD의 넓이는?
  (단, 점 O는 두 대각선의 교점이다.)

① 36 cm²   ② 48 cm²   ③ 60 cm²

④ 72 cm²   ⑤ 90 cm²

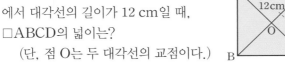

0333 중하

오른쪽 그림과 같은 정사각형 ABCD
에서 두 대각선의 교점을 O라 할 때,
다음 중 옳지 <u>않은</u> 것은?

① $\overline{AC}=\overline{BD}$
② $\overline{AB}=\overline{OB}$
③ $\overline{AC}\perp\overline{BD}$
④ ∠DBC=45°
⑤ $\overline{AO}=\overline{BO}=\overline{CO}=\overline{DO}$

0334 중

오른쪽 그림과 같은 정사각형 ABCD에
서 $\overline{AD}=\overline{AE}$이고 ∠ABE=25°일 때,
∠ADE의 크기를 구하시오.

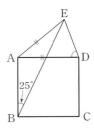

0335 상중

오른쪽 그림과 같은 정사각형 ABCD
에서 $\overline{BF}=\overline{DE}$이고 두 점 G, H는 각
각 대각선 BD와 $\overline{AF}$, $\overline{EC}$의 교점이다.
∠DEH=62°일 때, ∠AGB의 크기
는?

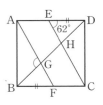

① 98°   ② 101°   ③ 107°
④ 110°   ⑤ 112°

0336 상중 ●서술형

오른쪽 그림과 같은 정사각형 ABCD
에서 $\overline{BE}=\overline{CF}$이고 $\overline{AE}$와 $\overline{BF}$의 교점
을 O라 할 때, ∠AOF의 크기를 구하
시오.

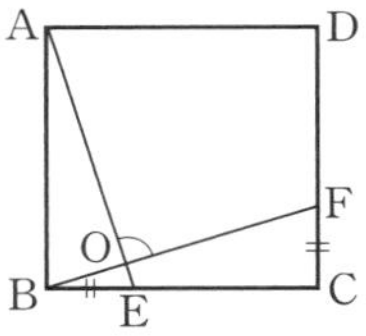

0337 상중

오른쪽 그림과 같은 정사각형 ABCD
의 내부의 한 점 P에 대하여 △PBC가
정삼각형일 때, ∠APD의 크기는?

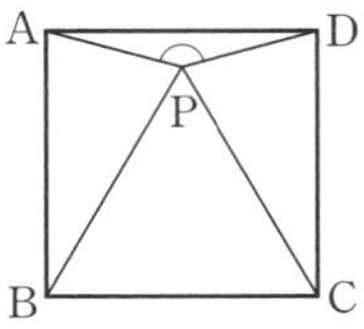

① 130°   ② 135°
③ 140°   ④ 145°
⑤ 150°

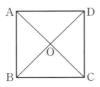

유형 | 06 정사각형이 되는 조건

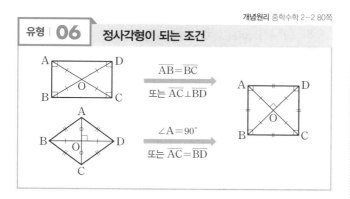

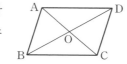

0338 ●대표문제

다음 중 오른쪽 그림과 같은 평행사변형 ABCD가 정사각형이 되는 조건은?
(단, 점 O는 두 대각선의 교점이다.)

① $\angle ABC = 90°$, $\overline{AO} = \overline{BO}$
② $\overline{AC} = \overline{BD}$, $\overline{CO} = \overline{DO}$
③ $\overline{AC} \perp \overline{BD}$, $\overline{AO} = \overline{DO}$
④ $\overline{AC} \perp \overline{BD}$, $\overline{AB} = \overline{BC}$
⑤ $\overline{AB} = \overline{AD}$, $\angle AOB = 90°$

0339 중 하

오른쪽 그림과 같은 직사각형 ABCD가 정사각형이 되는 조건을 다음 **보기**에서 모두 고르시오.

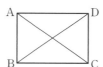

┌─■ 보기 ├─
ㄱ. $\overline{AC} = \overline{BD}$ ㄴ. $\overline{AC} \perp \overline{BD}$
ㄷ. $\overline{AB} = \overline{BC}$ ㄹ. $\angle DAB = 90°$
└──────────────────────┘

0340 중

오른쪽 그림과 같은 마름모 ABCD에서 두 대각선의 교점을 O라 할 때, 다음 중 □ABCD가 정사각형이 되는 조건을 모두 고르면? (정답 2개)

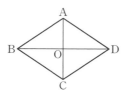

① $\overline{AB} = \overline{AD}$ ② $\overline{AO} = \overline{BO}$
③ $\overline{AC} \perp \overline{BD}$ ④ $\angle ABC = \angle DAB$
⑤ $\angle BCA = \angle DCA$

유형 | 07 등변사다리꼴의 뜻과 성질 〈중요〉

(1) 사다리꼴: 한 쌍의 대변이 평행한 사각형
(2) 등변사다리꼴: 아랫변의 양 끝 각의 크기가 같은 사다리꼴
(3) 등변사다리꼴의 성질
  ① 평행하지 않은 한 쌍의 대변의 길이가 같다.
  ② 두 대각선의 길이가 같다.

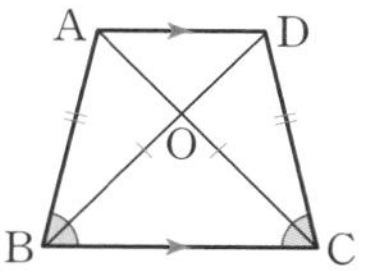

0341 ●대표문제

오른쪽 그림에서 □ABCD는 $\overline{AD} /\!/ \overline{BC}$인 등변사다리꼴이다. $\angle B = 70°$, $\angle CAD = 50°$일 때, $\angle x + \angle y$의 크기를 구하시오.

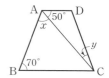

0342 중

오른쪽 그림에서 □ABCD는 $\overline{AD} /\!/ \overline{BC}$인 등변사다리꼴이고, 점 O는 두 대각선의 교점이다. 다음 중 옳지 않은 것은?

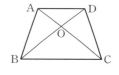

① $\overline{AC} = \overline{BD}$ ② $\overline{AO} = \overline{DO}$
③ $\overline{AC} \perp \overline{BD}$ ④ $\angle BAD = \angle CDA$
⑤ $\angle ACB = \angle DBC$

0343 중

오른쪽 그림에서 □ABCD는 $\overline{AD} /\!/ \overline{BC}$인 등변사다리꼴이다. $\overline{AD} = \overline{CD}$이고 $\angle ACB = 32°$일 때, $\angle x$의 크기를 구하시오.

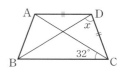

개념원리 중학수학 2-2 86쪽

유형 08 등변사다리꼴의 성질의 응용

$\overline{AD} /\!/ \overline{BC}$인 등변사다리꼴 ABCD에서

(1)

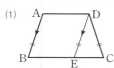

⇨ □ABED는 평행사변형
△DEC는 이등변삼각형

(2)

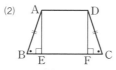

⇨ △ABE≡△DCF
(RHA 합동)

0344 대표문제

오른쪽 그림과 같이 $\overline{AD} /\!/ \overline{BC}$인 등변사다리꼴 ABCD에서 $\overline{AD}=7$ cm, $\overline{AB}=9$ cm, $\angle A=120°$일 때, $\overline{BC}$의 길이를 구하시오.

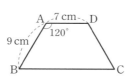

0345 중

오른쪽 그림과 같이 $\overline{AD} /\!/ \overline{BC}$인 등변사다리꼴 ABCD의 꼭짓점 D에서 $\overline{BC}$에 내린 수선의 발을 H라 하자. $\overline{AD}=8$ cm, $\overline{BC}=12$ cm일 때, $\overline{CH}$의 길이는?

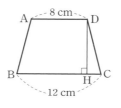

① 2 cm ② $\frac{5}{2}$ cm ③ 3 cm
④ $\frac{7}{2}$ cm ⑤ 4 cm

0346 상 중

오른쪽 그림과 같이 $\overline{AD} /\!/ \overline{BC}$인 사다리꼴 ABCD에서 $\overline{AB}=\overline{AD}=\overline{DC}$이고 $\overline{BC}=2\overline{AB}$일 때, $\angle B$의 크기를 구하시오.

개념원리 중학수학 2-2 87쪽

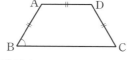

유형 09 여러 가지 사각형의 판별

여러 가지 사각형의 뜻과 성질을 이용하여 주어진 사각형이 어떤 사각형인지 확인한다.

0347 대표문제

다음 중 오른쪽 그림과 같은 평행사변형 ABCD의 네 내각의 이등분선에 의해 만들어진 □EFGH에 대한 설명으로 옳지 않은 것을 모두 고르면? (정답 2개)

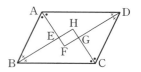

① 네 내각의 크기가 모두 90°이다.
② 두 대각선이 수직으로 만난다.
③ 두 대각선의 길이가 같다.
④ 두 쌍의 대변의 길이가 각각 같다.
⑤ 이웃하는 두 변의 길이가 같다.

0348 중

오른쪽 그림과 같이 정사각형 ABCD의 각 변 위에 $\overline{AE}=\overline{BF}=\overline{CG}=\overline{DH}$가 되도록 점 E, F, G, H를 잡을 때, □EFGH는 어떤 사각형인지 말하시오.

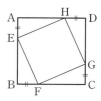

0349 중 서술형

오른쪽 그림과 같은 직사각형 ABCD에서 대각선 BD의 수직이등분선과 $\overline{AD}$, $\overline{BC}$의 교점을 각각 E, F라 하자. $\overline{ED}=10$ cm일 때, □EBFD의 둘레의 길이를 구하시오.

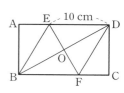

0350 중

오른쪽 그림과 같은 평행사변형 ABCD에서 ∠A, ∠B의 이등분선과 $\overline{BC}$, $\overline{AD}$의 교점을 각각 E, F라 할 때, 다음 중 □ABEF에 대한 설명으로 옳지 않은 것을 모두 고르면? (정답 2개)

① $\angle A=90°$ ② $\overline{AB}=\overline{AF}$ ③ $\overline{AF}=\overline{BE}$
④ $\overline{AE}\perp\overline{BF}$ ⑤ $\overline{AE}=\overline{BF}$

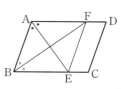

유형 | 10 여러 가지 사각형 사이의 관계

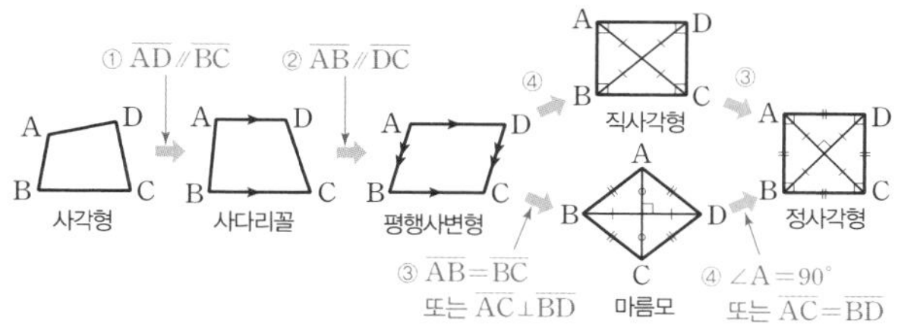

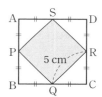

0351 ●◦ 대표문제

다음 중 사각형에 대한 설명으로 옳지 않은 것은?

① 두 대각선의 길이가 같은 평행사변형은 직사각형이다.
② 이웃하는 두 변의 길이가 같은 직사각형은 정사각형이다.
③ 한 내각의 크기가 90°인 마름모는 정사각형이다.
④ 두 대각선이 직교하는 평행사변형은 정사각형이다.
⑤ 이웃하는 두 내각의 크기가 같은 평행사변형은 직사각형이다.

0352 중 하

다음 조건을 모두 만족시키는 □ABCD는 어떤 사각형인지 말하시오.

$$\overline{AD} /\!/ \overline{BC}, \ \overline{AD}=\overline{BC}, \ \overline{AC}=\overline{BD}$$

유형 | 11 여러 가지 사각형의 대각선의 성질

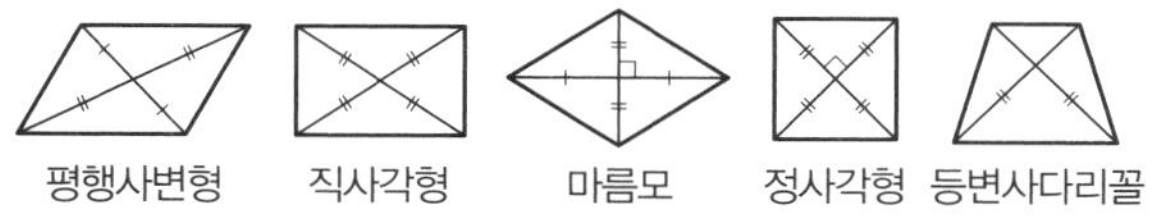

평행사변형 직사각형 마름모 정사각형 등변사다리꼴

0353 ●◦ 대표문제

다음 사각형 중 두 대각선이 서로 다른 것을 수직이등분하는 것을 모두 고르면? (정답 2개)

① 등변사다리꼴   ② 평행사변형   ③ 직사각형
④ 마름모   ⑤ 정사각형

0354 하

다음 보기 중 두 대각선의 길이가 서로 같은 것을 모두 고르시오.

┤ 보기 ├
ㄱ. 직사각형   ㄴ. 마름모   ㄷ. 평행사변형
ㄹ. 정사각형   ㅁ. 사다리꼴   ㅂ. 등변사다리꼴

유형 | 12 사각형의 각 변의 중점을 연결하여 만든 사각형

주어진 사각형의 각 변의 중점을 연결하여 만든 사각형은 다음과 같다.

(1) 사각형, 평행사변형 ⇨ 평행사변형
(2) 직사각형, 등변사다리꼴 ⇨ 마름모
(3) 마름모 ⇨ 직사각형
(4) 정사각형 ⇨ 정사각형

0355 ●◦ 대표문제

평행사변형 ABCD의 두 대각선이 직교할 때, □ABCD의 각 변의 중점을 연결하여 만든 사각형은 어떤 사각형인가?

① 평행사변형   ② 마름모   ③ 직사각형
④ 정사각형   ⑤ 등변사다리꼴

0356 중

오른쪽 그림과 같은 정사각형 ABCD에서 네 변의 중점을 각각 P, Q, R, S라 하자. $\overline{QR}=5$ cm일 때, □PQRS의 넓이는?

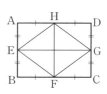

① 15 cm^2 ② 20 cm^2
③ 25 cm^2 ④ 30 cm^2 ⑤ 35 cm^2

0357 중

오른쪽 그림과 같은 직사각형 ABCD에서 네 변의 중점을 각각 E, F, G, H라 할 때, 다음 중 옳지 않은 것을 모두 고르면? (정답 2개)

① $\overline{EF}=\overline{EH}$ ② $\overline{HF}\perp\overline{EG}$
③ $\overline{HF}=\overline{EG}$ ④ $\angle FEG=\angle HEG$
⑤ $\angle EFG=\angle FGH$

중요

유형 13 평행선과 삼각형의 넓이

개념원리 중학수학 2-2 92쪽

□ABCD의 꼭짓점 D를 지나고 $\overline{AC}$에 평행한 직선이 $\overline{BC}$의 연장선과 만나는 점을 E라 할 때

(1) △ACD=△ACE

(2) □ABCD=△ABC+△ACD

=△ABC+△ACE

=△ABE

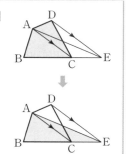

0358 대표문제

오른쪽 그림에서 $\overline{AC}$ // $\overline{DE}$이고 △ABC의 넓이가 20 cm^2, △ACE의 넓이가 16 cm^2일 때, □ABCD의 넓이를 구하시오.

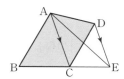

0359 중하

오른쪽 그림에서 $\overline{AC}$ // $\overline{DE}$이고 $\overline{AB}$=8 cm, $\overline{BC}=\overline{CE}$=6 cm, ∠B=90°일 때, □ABCD의 넓이를 구하시오.

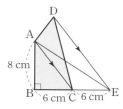

0360 중

오른쪽 그림에서 $\overline{AC}$ // $\overline{DE}$일 때, 다음 중 옳지 않은 것은?

① △ACE=△ACD
② △ODA=△OCE
③ △AED=△CED
④ △ACO=△DOE
⑤ △ABE=□ABCD

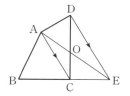

0361 중

오른쪽 그림에서 $\overline{AC}$ // $\overline{DE}$이고 △ABE의 넓이가 52 cm^2, □ABCF의 넓이가 37 cm^2일 때, △AFD의 넓이를 구하시오.

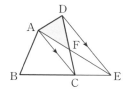

유형 14 높이가 같은 두 삼각형의 넓이

개념원리 중학수학 2-2 92쪽

높이가 같은 두 삼각형의 넓이의 비는 밑변의 길이의 비와 같다.

⇨ $\overline{BC}$: $\overline{CD}$=m : n이면

△ABC : △ACD=m : n

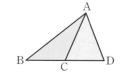

0362 대표문제

오른쪽 그림과 같은 △ABC에서 $\overline{BD}=\overline{DC}$이고, $\overline{AP}$: $\overline{PD}$=2 : 1이다. △ABC의 넓이가 30 cm^2일 때, △ABP의 넓이는?

① 10 cm^2 ② 12 cm^2 ③ 15 cm^2 ④ 16 cm^2 ⑤ 18 cm^2

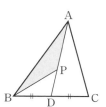

0363 중 서술형

오른쪽 그림과 같은 △ABC에서 $\overline{AE}$: $\overline{EB}$=3 : 2, $\overline{BD}$: $\overline{DC}$=2 : 3이고 △BDE의 넓이가 16 cm^2일 때, △ABC의 넓이를 구하시오.

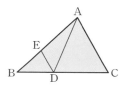

0364 상중

오른쪽 그림과 같은 △ABC에서 $\overline{AC}$ // $\overline{DE}$, $\overline{BM}$: $\overline{MC}$=3 : 4이다. △DBM의 넓이가 12 cm^2일 때, □ADME의 넓이는?

① 10 cm^2 ② 12 cm^2 ③ 14 cm^2 ④ 16 cm^2 ⑤ 18 cm^2

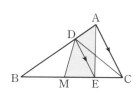

유형 | 15 평행사변형에서 높이가 같은 두 삼각형의 넓이

평행사변형 ABCD에서
(1) △ABC=△EBC=△DBC
(2) △ABC=△ABD=△ACD
　　　=△BCD=$\frac{1}{2}$□ABCD

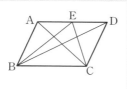

0365 대표문제

오른쪽 그림과 같은 평행사변형
ABCD에서 $\overline{BD}$∥$\overline{EF}$일 때, 다음
중 넓이가 나머지 넷과 다른 하나는?

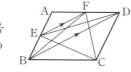

① △EBC　　　② △EBD
③ △FBD　　　④ △FCD
　　　　　　　　　　⑤ △ABF

0366 중

오른쪽 그림과 같은 평행사변형
ABCD의 넓이가 40 cm²이고
$\overline{AP}$: $\overline{PD}$=3 : 2일 때,
△ABP의 넓이를 구하시오.

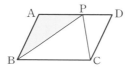

0367 상 중

오른쪽 그림과 같은 평행사변형
ABCD에서 점 O는 두 대각선의
교점이고 점 M은 $\overline{CD}$의 중점이다.
$\overline{AN}$: $\overline{NM}$=2 : 1이고
□ABCD의 넓이가 24 cm²일 때, △AON의 넓이를 구하
시오.

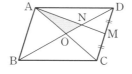

0368 상

오른쪽 그림과 같은 평행사변형
ABCD에서 $\overline{AB}$의 연장선 위에 한
점 E를 잡고 $\overline{DE}$와 $\overline{BC}$의 교점을 F,
$\overline{AF}$와 $\overline{BD}$의 교점을 G라 하자.
△ABG의 넓이가 12 cm², △BFG의
넓이가 4 cm², △BEF의 넓이가 8 cm²일 때, △FEC의
넓이를 구하시오.

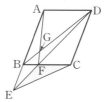

유형 | 16 사다리꼴에서 높이가 같은 두 삼각형의 넓이

$\overline{AD}$∥$\overline{BC}$인 사다리꼴 ABCD에서
(1) △ABC=△DBC이므로
　　△OAB=△OCD
(2) △OAB : △OBC=△ODA : △OCD
　　　　　　　=$\overline{OA}$: $\overline{OC}$

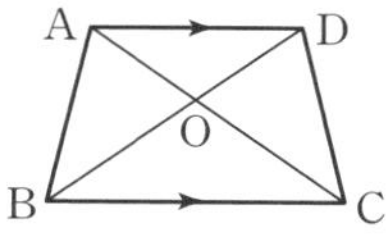

0369 대표문제

오른쪽 그림과 같이 $\overline{AD}$∥$\overline{BC}$인
사다리꼴 ABCD에서 두 대각선
의 교점을 O라 하자. △ABC의
넓이가 42 cm², △OCD의 넓이
가 14 cm²일 때, △OBC의 넓이를 구하시오.

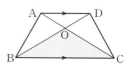

0370 중

오른쪽 그림과 같이 $\overline{AD}$∥$\overline{BC}$인 사다
리꼴 ABCD에서 두 대각선의 교점을
O라 하자. $\overline{OB}$: $\overline{OD}$=7 : 5이고
△OBC의 넓이가 35 cm²일 때,
△ABC의 넓이를 구하시오.

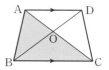

0371 중

오른쪽 그림과 같이 $\overline{AD}$∥$\overline{BC}$인 사
다리꼴 ABCD에서 두 대각선의 교
점을 O라 하자. $\overline{OA}$: $\overline{OC}$=2 : 3이
고 △ABC의 넓이가 50 cm²일 때,
△OCD의 넓이를 구하시오.

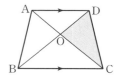

0372 상 중

오른쪽 그림과 같이 $\overline{AD}$∥$\overline{BC}$인 사
다리꼴 ABCD에서 두 대각선의 교
점을 O라 하자. $\overline{OB}$: $\overline{OD}$=2 : 1이
고 △OAB의 넓이가 10 cm²일 때,
□ABCD의 넓이를 구하시오.

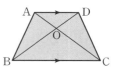

0373

오른쪽 그림과 같은 직사각형 ABCD에서 두 대각선의 교점을 O라 할 때, $\overline{AC}$의 길이를 구하시오.

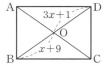

0374

오른쪽 그림과 같은 평행사변형 ABCD에서 점 M은 $\overline{BC}$의 중점이고 $\overline{AM}=\overline{DM}$일 때, ∠B의 크기는?

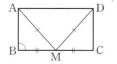

① 70°   ② 75°   ③ 80°
④ 85°   ⑤ 90°

0375

오른쪽 그림과 같은 마름모 ABCD의 꼭짓점 A에서 $\overline{BC}$, $\overline{CD}$에 내린 수선의 발을 각각 P, Q라 하자. ∠B=52°일 때, ∠x의 크기를 구하시오.

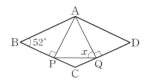

중요
0376

오른쪽 그림과 같은 평행사변형 ABCD에서 두 대각선의 교점을 O라 할 때, 다음 중 □ABCD가 마름모가 되는 조건이 아닌 것을 모두 고르면? (정답 2개)

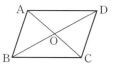

① $\overline{AB}=\overline{BC}$ ② $\overline{AO}=\overline{BO}$
③ ∠AOB=90°   ④ ∠ABD=∠ADB
⑤ ∠BAC=∠ACD

0377

오른쪽 그림과 같은 평행사변형 ABCD에서 두 대각선의 교점을 O라 하자. $\overline{AB}=5a+1$, $\overline{BC}=4a+5$, $\overline{CD}=2a+13$일 때, ∠x의 크기를 구하시오.

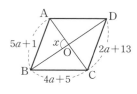

0378

오른쪽 그림과 같은 정사각형 ABCD에서 두 대각선의 교점을 O라 하자. $\overline{AC}=20$ cm일 때, △ABO의 넓이는?

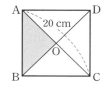

① 20 cm²   ② 25 cm²
③ 32 cm²   ④ 45 cm²
⑤ 50 cm²

중요
0379

오른쪽 그림과 같은 정사각형 ABCD에서 대각선 BD 위에 ∠DAE=20°가 되도록 점 E를 잡을 때, ∠BEC의 크기를 구하시오.

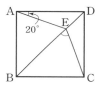

0380

오른쪽 그림과 같은 정사각형 ABCD에서 $\overline{BE}=\overline{CF}$이고 점 G는 $\overline{AE}$와 $\overline{BF}$의 교점이다. 다음 중 옳지 않은 것은?

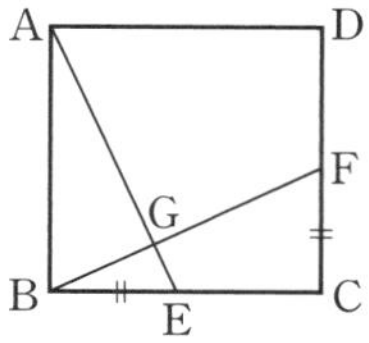

① $\overline{EC}=\overline{DF}$
② ∠BAE=∠CBF
③ $\overline{AE}=\overline{BF}$
④ ∠BAE+∠BFC=90°
⑤ ∠AEC=118°일 때, ∠GBE=26°이다.

0381

오른쪽 그림과 같은 사각형 ABCD 에서 $\overline{AB}\,//\,\overline{DC}$, $\overline{AD}\,//\,\overline{BC}$일 때, 다음 **보기** 중 □ABCD가 정사각형이 되는 조건을 모두 고르시오.

(단, 점 O는 두 대각선의 교점이다.)

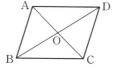

┤ **보기** ├

ㄱ. $\overline{AO}=\overline{BO}=\overline{CO}=\overline{DO}$

ㄴ. $\angle BCD=90°$, $\angle COD=90°$

ㄷ. $\angle BAD=\angle ABC$, $\overline{AC}=\overline{BD}$

ㄹ. $\overline{AB}=\overline{BC}$, $\angle ABO=\angle CBO$

ㅁ. $\angle OAD=45°$, $\overline{AO}=\overline{DO}$

0382

오른쪽 그림과 같이 $\overline{AD}\,//\,\overline{BC}$인 등변사다리꼴 ABCD에서 $\overline{AB}=\overline{AD}$이고 $\angle ADB=30°$일 때, $\angle BDC$의 크기를 구하시오.

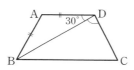

0383

오른쪽 그림과 같이 $\overline{AD}\,//\,\overline{BC}$인 등변사다리꼴 ABCD의 꼭짓점 D 에서 $\overline{BC}$에 내린 수선의 발을 E라 하자. $\overline{AD}=4$ cm, $\overline{BC}=8$ cm, $\angle B=70°$일 때, $x+y$의 값을 구하시오.

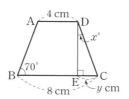

0384

오른쪽 그림과 같은 평행사변형 ABCD에서 $\overline{AP}\perp\overline{BC}$, $\overline{AQ}\perp\overline{CD}$, $\overline{AP}=\overline{AQ}$일 때, □ABCD는 어떤 사각형인지 말하시오.

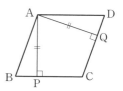

0385

다음 그림은 사각형 사이의 관계를 나타낸 것이다. ㉠, ㉡ 에 알맞은 조건은?

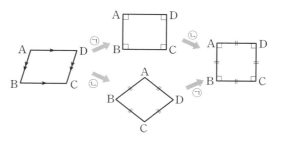

	㉠	㉡
①	$\overline{AB}=\overline{AD}$	$\angle B=90°$
②	$\overline{AB}=\overline{BC}$	$\overline{AC}\perp\overline{BD}$
③	$\overline{AC}\perp\overline{BD}$	$\overline{AC}=\overline{BD}$
④	$\angle A=90°$	$\overline{AB}=\overline{BC}$
⑤	$\angle A=90°$	$\overline{AC}=\overline{BD}$

중요
0386

다음 중 옳은 것을 모두 고르면? (정답 2개)

① $\angle A=90°$인 평행사변형 ABCD는 직사각형이다.

② $\overline{AC}\perp\overline{BD}$인 평행사변형 ABCD는 마름모이다.

③ $\overline{AB}=\overline{BC}$인 평행사변형 ABCD는 직사각형이다.

④ $\overline{AC}=\overline{BD}$인 직사각형 ABCD는 마름모이다.

⑤ $\angle A+\angle B=180°$인 마름모 ABCD는 정사각형이다.

0387

다음 **보기**의 사각형 중 두 대각선의 길이가 같은 것은 a개, 두 대각선이 직교하는 것은 b개, 두 대각선의 길이가 같고 서로 다른 것을 수직이등분하는 것은 c개일 때, $a+b+c$의 값을 구하시오.

┌─ 보기 ─┐
ㄱ. 사다리꼴　　　　ㄴ. 평행사변형
ㄷ. 직사각형　　　　ㄹ. 마름모
ㅁ. 등변사다리꼴　　ㅂ. 정사각형
└─────────┘

0388

다음은 사각형과 그 사각형의 각 변의 중점을 연결하여 만든 사각형을 짝 지은 것이다. 옳지 <u>않은</u> 것은?

① 평행사변형 — 마름모
② 직사각형 — 마름모
③ 정사각형 — 정사각형
④ 마름모 — 직사각형
⑤ 등변사다리꼴 — 마름모

0389

오른쪽 그림과 같이 $\overline{AD}/\!/\overline{BC}$인 등변사다리꼴 ABCD의 네 변의 중점을 각각 E, F, G, H라 하자. $\overline{AD}=7$ cm, $\overline{BC}=16$ cm, $\overline{EF}=8$ cm일 때, □EFGH의 둘레의 길이를 구하시오.

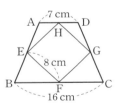

0390

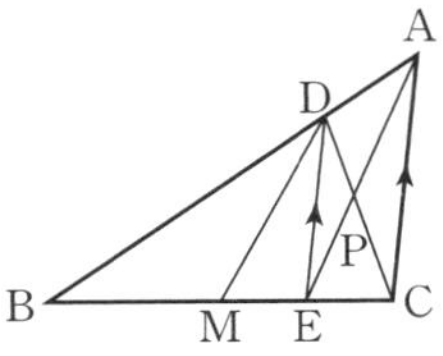

오른쪽 그림과 같은 △ABC에서 $\overline{AC}/\!/\overline{DE}$, $\overline{BM}=\overline{CM}$일 때, 다음 중 옳지 <u>않은</u> 것은?

① △DBM＝△DMC
② △ADC＝△AEC
③ △ADP＝△CPE
④ △DMC＝□DMEA
⑤ △DBE＝□DECA

0391

오른쪽 그림과 같이 반지름의 길이가 6 cm인 원 O에서 $\overline{CD}$는 지름이고, $\overline{AB}/\!/\overline{CD}$이다. $\overparen{AB}$의 길이가 원주의 $\dfrac{1}{6}$일 때, 색칠한 부분의 넓이는?

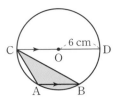

① 6π cm^2　　② 8π cm^2　　③ 10π cm^2
④ 12π cm^2　　⑤ 14π cm^2

0392 중요

오른쪽 그림과 같은 △ABC에서 점 M은 $\overline{BC}$의 중점이고 $\overline{AP}:\overline{PM}=1:2$이다. △PBM의 넓이가 12 cm^{2}일 때, △ABC의 넓이를 구하시오.

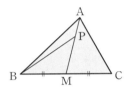

0393

오른쪽 그림과 같은 평행사변형 ABCD에서 △ABF의 넓이가 20 cm^2, △BCE의 넓이가 16 cm^{2}일 때, △FED의 넓이를 구하시오.

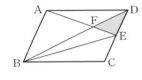

0394 중요

오른쪽 그림과 같이 $\overline{AD}/\!/\overline{BC}$인 사다리꼴 ABCD에서 두 대각선의 교점을 O라 하자. $\overline{OA}:\overline{OC}=2:3$이고 △ODA의 넓이가 4 cm^{2}일 때, □ABCD의 넓이를 구하시오.

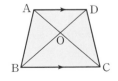

04 | 여러 가지 사각형

서술형 주관식

0395

오른쪽 그림과 같은 마름모 ABCD에서 $\overline{AH} \perp \overline{CD}$이고 ∠CBD=35°일 때, ∠x+∠y의 크기를 구하시오.

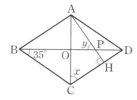

0396

오른쪽 그림과 같은 정사각형 ABCD에서 $\overline{DA}=\overline{DE}$이고 ∠EAD=75°일 때, ∠ECB의 크기를 구하시오.

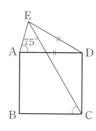

중요

0397

오른쪽 그림과 같이 $\overline{AD} \parallel \overline{BC}$인 등변사다리꼴 ABCD에서 $\overline{AB}=8$ cm, $\overline{AD}=6$ cm, ∠B=60°일 때, □ABCD의 둘레의 길이를 구하시오.

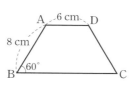

0398

오른쪽 그림에서 $\overline{AC} \parallel \overline{DE}$, $\overline{AH} \perp \overline{BE}$이고 $\overline{AH}=8$ cm, $\overline{BE}=10$ cm일 때, □ABCD의 넓이를 구하시오.

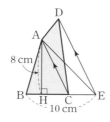

실력 UP

○ 실력 UP 집중 학습은 실력 ∪p⁺로!!

0399

오른쪽 그림에서 □ABCD와 □OEFG는 합동인 정사각형이다. $\overline{AB}=8$ cm일 때, 색칠한 부분의 넓이는? (단, 점 O는 □ABCD의 두 대각선의 교점이다.)

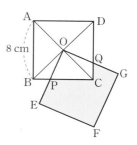

① 36 cm²   ② 40 cm²
③ 48 cm²   ④ 54 cm²   ⑤ 60 cm²

0400

오른쪽 그림과 같은 정사각형 ABCD에서 ∠PAQ=45°, ∠APQ=55°일 때, ∠AQD의 크기를 구하시오.

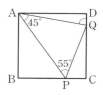

0401

오른쪽 그림과 같은 평행사변형 ABCD에서 $\overline{CD}$의 연장선 위에 $\overline{EC}=\overline{CD}=\overline{DF}$가 되도록 두 점 E, F를 잡아 $\overline{AE}$와 $\overline{BF}$의 교점을 P라 하자. $\overline{AD}=2\overline{AB}$이고 ∠ABP=35°일 때, ∠FDG+∠GPH의 크기를 구하시오.

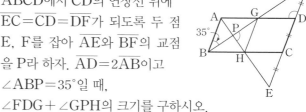

사막에서 필요한 것

사막을 건너다니며 보석장사를 하는 상인들이 있었습니다. 먼 길을 가다 오아시스를 만난 상인들은 그곳에다 짐을 풀고 쉬기로 했습니다.

그러던 중 한 상인이 일부러 자신의 상자에서 큰 보석 하나를 꺼내 떨어뜨렸습니다. 그는 자신의 보석을 집어 들면서 자랑를 해댔습니다.

"이런 보석은 아마 세상에 몇 개 없을 거야."

그의 말을 옆에서 듣고 있던 다른 상인이 반박했습니다.

"그런 보석은 내게 열 개나 있다고. 보석은 나 정도는 가지고 있어야 자랑할 만하지."

서로 보석을 자랑하느라 정신없는 두 상인을 보고 있던 나이 든 상인이 말문을 열었습니다.

"여보게들, 내 경험담을 하나 이야기해 주지. 젊은 시절 보석장사를 나섰다가 사막에서 큰 소용돌이를 만나게 되었지. 겨우 정신을 차렸을 땐 동료도 낙타들도 모두 죽어 있었어. 몹시 목이 말라 물을 마시지 않으면 죽어 버릴 것 같아 여기저기를 헤매게 되었네. 입안이 바싹바싹 타들어 가는데도 물은 보이지 않던 차에 낙타의 등에 달린 물병 같은 것을 보게 되었네. 있는 힘을 다해 거기까지 기어가서 그것을 열어 보았네. 그런데 그것은 물이 아니라 보석 상자였네. 그때 나는 알게 되었지. 그 보석들이 물 한 방울보다 못한 하찮은 것이라는 사실을."

나이 든 상인은 마지막 한 마디를 던지고 자리를 떠났습니다.

"이보게 젊은이들, 보석이란 것이 우리 인생에서 뭐 그리 대단한 것은 아닐세."

－「희망과 지혜를 주는 이야기」 중에서 －

도형의 닮음과 피타고라스 정리

05 도형의 닮음

개념플러스

05-1 닮은 도형

(1) **닮음**

한 도형을 일정한 비율로 확대 또는 축소한 것이 다른 도형과 합동일 때, 이 두 도형은 서로 닮음인 관계에 있다고 한다. 또 서로 닮음인 관계에 있는 두 도형을 닮은 도형이라 한다.

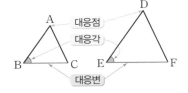

(2) **닮음의 기호**

△ABC와 △DEF가 서로 닮은 도형일 때, 기호 ∽를 사용하여 다음과 같이 나타낸다.

$$\triangle ABC \backsim \triangle DEF$$
→ 꼭짓점은 대응하는 순서대로 쓴다.

* **항상 닮음인 도형**
① 평면도형: 변의 개수가 같은 두 정다각형, 두 원, 중심각의 크기가 같은 두 부채꼴, 두 직각이등변삼각형
② 입체도형: 면의 개수가 같은 두 정다면체, 두 구

05-2 도형에서 닮음의 성질

(1) **평면도형에서 닮음의 성질**

서로 닮은 두 평면도형에서

① 대응변의 길이의 비는 일정하다.
⇨ $\overline{AB} : \overline{DE} = \overline{BC} : \overline{EF} = \overline{AC} : \overline{DF}$

② 대응각의 크기는 각각 같다.
⇨ $\angle A = \angle D$, $\angle B = \angle E$, $\angle C = \angle F$

(2) **닮음비** : 닮은 두 도형에서 대응변의 길이의 비

(3) **입체도형에서 닮음의 성질**

서로 닮은 두 입체도형에서

① 대응하는 모서리의 길이의 비는 일정하다.
⇨ $\overline{AB} : \overline{A'B'} = \overline{BC} : \overline{B'C'} = \overline{CD} : \overline{C'D'} = \cdots$

② 대응하는 면은 서로 닮은 도형이다.
⇨ □ABCD∽□A′B′C′D′, □BFGC∽□B′F′G′C′, ⋯

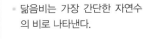

* 닮음비는 가장 간단한 자연수의 비로 나타낸다.

05-3 닮은 도형에서 넓이의 비와 부피의 비

(1) **서로 닮은 두 평면도형의 넓이의 비**

서로 닮은 두 평면도형의 닮음비가 $m : n$이면

① 둘레의 길이의 비는 $m : n$

② 넓이의 비는 $m^2 : n^2$

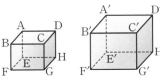

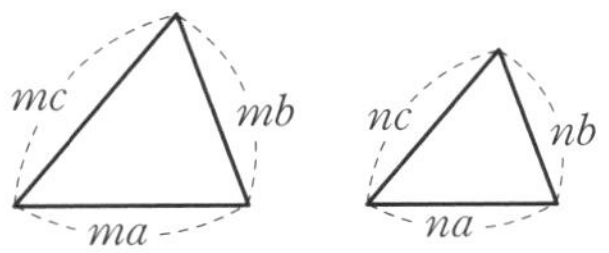

(2) **서로 닮은 두 입체도형의 겉넓이의 비와 부피의 비**

서로 닮은 두 입체도형의 닮음비가 $m : n$이면

① 겉넓이의 비는 $m^2 : n^2$

② 부피의 비는 $m^3 : n^3$

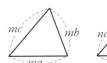

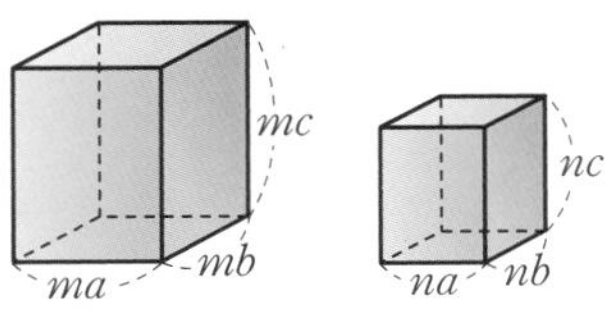

* 서로 닮은 두 평면도형에서 둘레의 길이의 비는 닮음비와 같다.

교과서문제 정복하기

05-1 닮은 도형

[0402~0404] 오른쪽 그림에서 □ABCD∽□EFGH일 때, 다음을 구하시오.

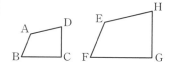

0402 점 B의 대응점

0403 $\overline{FG}$의 대응변

0404 ∠C의 대응각

[0405~0407] 오른쪽 그림의 두 삼각뿔 A−BCD와 E−FGH가 서로 닮은 도형이고 $\overline{AB}$에 대응하는 모서리가 $\overline{EF}$일 때, 다음을 구하시오.

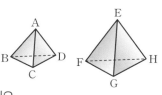

0405 점 C에 대응하는 점

0406 $\overline{BC}$에 대응하는 모서리

0407 면 EFH에 대응하는 면

05-2 도형에서 닮음의 성질

[0408~0410] 아래 그림에서 △ABC∽△DEF일 때, 다음을 구하시오.

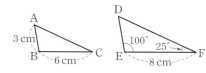

0408 △ABC와 △DEF의 닮음비

0409 ∠A의 크기

0410 $\overline{DE}$의 길이

[0411~0412] 오른쪽 그림의 두 원기둥 A, B가 서로 닮은 도형일 때, 다음을 구하시오.

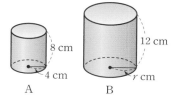

0411 두 원기둥 A와 B의 닮음비

0412 r의 값

05-3 닮은 도형에서 넓이의 비와 부피의 비

[0413~0415] 오른쪽 그림의 두 삼각형 ABC, DEF가 서로 닮은 도형일 때, 다음을 구하시오.

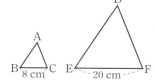

0413 △ABC와 △DEF의 닮음비

0414 △ABC와 △DEF의 넓이의 비

0415 △ABC의 넓이가 32 cm²일 때, △DEF의 넓이

[0416~0418] 오른쪽 그림의 두 삼각기둥 A, B가 서로 닮은 도형일 때, 다음을 구하시오.

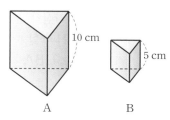

0416 두 삼각기둥 A와 B의 닮음비

0417 삼각기둥 A의 겉넓이가 288 cm²일 때, 삼각기둥 B의 겉넓이

0418 삼각기둥 B의 부피가 30 cm³일 때, 삼각기둥 A의 부피

05 도형의 닮음

05-4 삼각형의 닮음 조건

두 삼각형이 다음 세 조건 중 어느 하나를 만족시키면 서로 닮은 도형이 된다.

(1) 세 쌍의 대응변의 길이의 비가 같다. (SSS 닮음)
  $\Rightarrow a : a' = b : b' = c : c'$

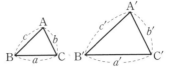

(2) 두 쌍의 대응변의 길이의 비가 같고, 그 끼인각의 크기가 같다. (SAS 닮음)
  $\Rightarrow a : a' = c : c', \angle B = \angle B'$

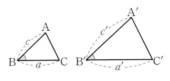

(3) 두 쌍의 대응각의 크기가 각각 같다. (AA 닮음)
  $\Rightarrow \angle A = \angle A', \angle B = \angle B'$

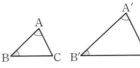

예 (1) $\overline{AB} : \overline{DE} = \overline{BC} : \overline{EF} = \overline{CA} : \overline{FD} = 1 : 2$
  $\therefore \triangle ABC \backsim \triangle DEF$ (SSS 닮음)

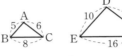

(2) $\overline{OA} : \overline{OC} = \overline{OB} : \overline{OD} = 2 : 3$
  $\angle AOB = \angle COD$ (맞꼭지각)
  $\therefore \triangle AOB \backsim \triangle COD$ (SAS 닮음)

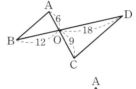

(3) $\angle A$는 공통, $\angle ABC = \angle ADE = 60°$
  $\therefore \triangle ABC \backsim \triangle ADE$ (AA 닮음)

삼각형의 합동 조건
① 세 쌍의 대응변의 길이가 각각 같다. (SSS 합동)
② 두 쌍의 대응변의 길이가 각각 같고, 그 끼인각의 크기가 같다. (SAS 합동)
③ 한 쌍의 대응변의 길이가 같고, 그 양 끝 각의 크기가 각각 같다. (ASA 합동)

05-5 직각삼각형의 닮음

$\angle A = 90°$인 직각삼각형 ABC의 꼭짓점 A에서 빗변 BC에 내린 수선의 발을 H라 할 때
$$\triangle ABC \backsim \triangle HBA \backsim \triangle HAC \text{ (AA 닮음)}$$

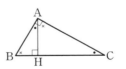

(1) $\triangle ABC \backsim \triangle HBA$이므로
  $\overline{AB} : \overline{HB} = \overline{BC} : \overline{BA}$
  $\therefore \overline{AB}^2 = \overline{BH} \times \overline{BC}$

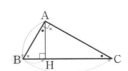

(2) $\triangle ABC \backsim \triangle HAC$이므로
  $\overline{BC} : \overline{AC} = \overline{AC} : \overline{HC}$
  $\therefore \overline{AC}^2 = \overline{CH} \times \overline{CB}$

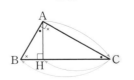

(3) $\triangle HBA \backsim \triangle HAC$이므로
  $\overline{BH} : \overline{AH} = \overline{AH} : \overline{CH}$
  $\therefore \overline{AH}^2 = \overline{HB} \times \overline{HC}$

직각삼각형은 한 내각의 크기가 90°이므로 한 예각의 크기가 같으면 닮음이다.

직각삼각형 ABC의 넓이에서
$\frac{1}{2} \times \overline{AH} \times \overline{BC}$
$= \frac{1}{2} \times \overline{AB} \times \overline{AC}$
이므로
$\overline{AH} \times \overline{BC} = \overline{AB} \times \overline{AC}$
가 성립한다.

05-4 삼각형의 닮음 조건

0419 다음 **보기** 중 서로 닮은 삼각형을 모두 찾아 기호로 나타내고, 닮음 조건을 말하시오.

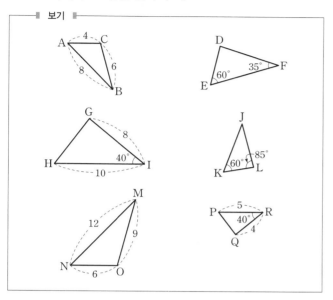

[0420~0422] 다음 그림에서 서로 닮은 삼각형을 찾아 기호로 나타내고, 닮음 조건을 말하시오.

0420

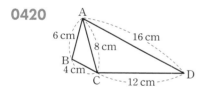

0421

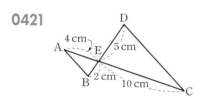

0422

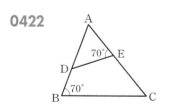

05-5 직각삼각형의 닮음

[0423~0425] 오른쪽 그림과 같이 ∠A=90°인 직각삼각형 ABC의 꼭짓점 A에서 변 BC에 내린 수선의 발을 D라 할 때, 다음 물음에 답하시오.

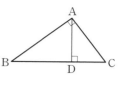

0423 ∠B와 크기가 같은 각을 구하시오.

0424 ∠C와 크기가 같은 각을 구하시오.

0425 △ABC와 닮음인 삼각형을 모두 찾으시오.

[0426~0429] 다음 그림과 같은 직각삼각형 ABC에서 x의 값을 구하시오.

0426

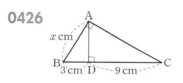

0427

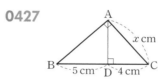

0428

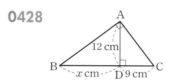

0429

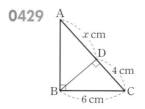

유형 | 01   닮은 도형

△ABC∽DEF일 때
(1) 세 점 A, B, C의 대응점은 각각 점 D, E, F이다.
(2) $\overline{AB}$, $\overline{BC}$, $\overline{CA}$의 대응변은 각각 $\overline{DE}$, $\overline{EF}$, $\overline{FD}$이다.
(3) ∠A, ∠B, ∠C의 대응각은 각각 ∠D, ∠E, ∠F이다.
참고 항상 닮음인 도형
   ① 평면도형: 변의 개수가 같은 두 정다각형, 두 원, 중심
      각의 크기가 같은 두 부채꼴, 두 직각이등변삼각형
   ② 입체도형: 면의 개수가 같은 두 정다면체, 두 구

0430 대표문제

오른쪽 그림에서
□ABCD∽□EFGH일 때,
$\overline{AD}$의 대응변과 ∠B의 대응
각을 차례로 구하시오.

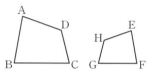

0431 하

오른쪽 그림에서 두 삼각뿔
A−BCD와 E−FGH는
서로 닮은 도형이고, $\overline{AB}$에
대응하는 모서리가 $\overline{EF}$일 때,
$\overline{AD}$에 대응하는 모서리와 면
FGH에 대응하는 면을 차례로 구하시오.

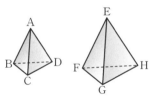

0432 중 하

다음 **보기** 중 항상 닮은 도형인 것을 모두 고르시오.

| 보기 |
| ㄱ. 두 원기둥   ㄴ. 두 정사면체   ㄷ. 두 원뿔 |
| ㄹ. 두 정육면체   ㅁ. 두 사각뿔   ㅂ. 두 구 |
| ㅅ. 두 직각이등변삼각형   ㅇ. 두 직사각형 |

0433 중 하

다음 중 항상 닮은 도형이라고 할 수 없는 것을 모두 고르
면? (정답 2개)

① 중심각의 크기가 같은 두 부채꼴
② 꼭지각의 크기가 같은 두 이등변삼각형
③ 한 내각의 크기가 같은 두 평행사변형
④ 넓이가 같은 두 직사각형
⑤ 이웃하는 두 내각의 크기가 각각 같은 두 마름모

유형 | 02   평면도형에서 닮음의 성질

△ABC∽DEF일 때
(1) 대응변의 길이의 비는
   일정하다.
   ⇨ $a:d=b:e=c:f$

(2) 대응각의 크기는 각각 같다.
   ⇨ ∠A=∠D, ∠B=∠E, ∠C=∠F

0434 대표문제

아래 그림에서 □ABCD∽□A′B′C′D′일 때, 다음 중 옳
지 않은 것은?

① $\overline{B'C'}=6$ cm
② ∠C′=95°
③ $\overline{AD}:\overline{A'D'}=2:3$
④ ∠D=80°
⑤ □ABCD와 □A′B′C′D′의 닮음비는 2:3이다.

0435 중 하

오른쪽 그림에서
△ABC∽△EDC일 때, △ABC
와 △EDC의 닮음비를 구하시오.

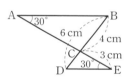

0436 중 서술형

다음 그림에서 △ABC∽△DEF이고, △ABC와
△DEF의 닮음비가 3:2일 때, △DEF의 둘레의 길이를
구하시오.

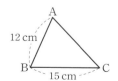

유형 | 03 입체도형에서 닮음의 성질

오른쪽 그림의 두 삼각뿔
A−BCD와 E−FGH가
서로 닮은 도형일 때
(1) 대응하는 모서리의 길이
의 비는 일정하다.
 ⇨ $\overline{AB}:\overline{EF}=\overline{AC}:\overline{EG}=\cdots$
(2) 대응하는 면은 서로 닮은 도형이다.
 ⇨ $\triangle ABC\backsim\triangle EFG$, $\triangle ABD\backsim\triangle EFH$, $\cdots$

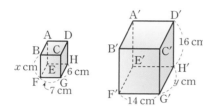

0437 ◀대표문제
다음 그림에서 두 직육면체는 서로 닮은 도형이고, $\overline{AB}$에
대응하는 모서리가 $\overline{A'B'}$일 때, $x+y$의 값을 구하시오.

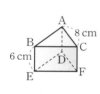
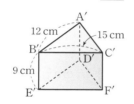

0438 중 하
아래 그림에서 두 삼각기둥은 서로 닮은 도형이고, $\overline{AB}$에
대응하는 모서리가 $\overline{A'B'}$일 때, 다음 중 옳지 <u>않은</u> 것은?

① $\overline{EF}=10$ cm
② $\overline{A'C'}=10$ cm
③ 닮음비는 2 : 3이다.
④ $\overline{AB}=8$ cm
⑤ $\triangle DEF\backsim\triangle D'E'F'$

0439 중
다음 그림에서 두 정사면체 A와 B는 서로 닮은 도형이고
A와 B의 닮음비가 3 : 4일 때, 정사면체 A의 모든 모서리
의 길이의 합을 구하시오.

유형 | 04 원뿔 또는 원기둥의 닮음비

서로 닮은 두 원뿔(또는 두 원기둥)에서
(닮음비)=(높이의 비)
　　　　=(밑면인 원의 반지름의 길이의 비)
　　　　=(밑면인 원의 둘레의 길이의 비)
　　　　=(모선의 길이의 비)
　　　　　　↳ 원뿔에서만 생각한다.

0440 ◀대표문제
오른쪽 그림에서 두 원
기둥 A, B가 서로 닮은
도형일 때, 원기둥 A의
밑면의 반지름의 길이를
구하시오.

0441 중 하
다음 그림에서 두 원뿔 A, B가 서로 닮은 도형일 때, 원뿔
A의 밑면의 둘레의 길이를 구하시오.

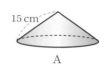
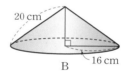

0442 중 ◀서술형
오른쪽 그림과 같이 원뿔을 밑면에 평
행한 평면으로 자를 때 생기는 단면이
반지름의 길이가 2 cm인 원일 때, 처
음 원뿔의 밑면의 반지름의 길이를 구
하시오.

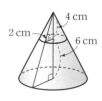

0443 상 중
오른쪽 그림과 같은 원뿔 모양의 그릇에
물을 부어서 그릇 높이의 $\frac{2}{3}$만큼 채웠을
때, 수면의 넓이를 구하시오.
　　(단, 그릇의 두께는 생각하지 않는다.)

유형 | 05 닮은 두 평면도형의 넓이의 비

서로 닮은 두 평면도형의 닮음비가 $m : n$이면
(1) 둘레의 길이의 비는 $m : n$
(2) 넓이의 비는 $m^2 : n^2$

0444 대표문제

오른쪽 그림에서
$\triangle ABC \backsim \triangle ADE$이고
$\overline{AB} = 4$ cm, $\overline{AD} = 10$ cm이다.
$\triangle ABC$의 넓이가 12 cm²일 때,
$\triangle ADE$의 넓이를 구하시오.

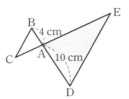

0445 중

오른쪽 그림과 같은 두 정사각형
ABCD, EBFG의 넓이의 비가
16 : 9이고 $\overline{BF} = 6$ cm일 때,
□ABCD의 둘레의 길이를 구하시오.

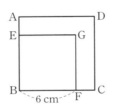

0446 중

오른쪽 그림에서 점 O와 점 O′은 각각
큰 원과 작은 원의 중심일 때, 작은 원
과 색칠한 부분의 넓이의 비를 가장 간
단한 자연수의 비로 나타내시오.

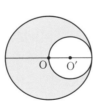

0447 중

어느 팬케이크 가게에서는 지름의 길이가 15 cm인 팬케이
크 1장의 가격이 1800원이다. 팬케이크의 가격이 팬케이
크의 넓이에 정비례할 때, 지름의 길이가 20 cm인 팬케이
크 1장의 가격은 얼마인지 구하시오.
 (단, 팬케이크는 원 모양이고 그 두께는 생각하지 않는다.)

유형 | 06 닮은 두 입체도형의 겉넓이의 비와 부피의 비

서로 닮은 두 입체도형의 닮음비가 $m : n$이면
(1) 겉넓이의 비는 $m^2 : n^2$
(2) 부피의 비는 $m^3 : n^3$

0448 대표문제

오른쪽 그림에서 서로 닮은 두 삼각
기둥의 높이의 비가 2 : 3일 때, 다음
설명 중 옳지 <u>않은</u> 것은?

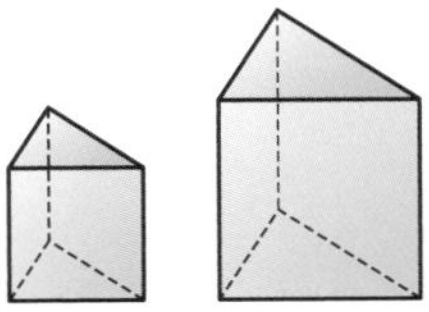

① 닮음비는 2 : 3이다.
② 겉넓이의 비는 4 : 9이다.
③ 부피의 비는 8 : 27이다.
④ 밑면의 둘레의 길이의 비는 2 : 3이다.
⑤ 밑넓이의 비는 2 : 3이다.

0449 중

서로 닮은 두 직육면체 A, B의 겉넓이가 각각 144 cm²,
256 cm²이고 직육면체 A의 부피가 108 cm³일 때, 직육
면체 B의 부피를 구하시오.

0450 중

지름의 길이가 16 cm인 쇠구슬 한 개를 녹여서 반지름의
길이가 1 cm인 쇠구슬을 만들려고 한다. 이때 반지름의 길
이가 1 cm인 쇠구슬을 최대 몇 개까지 만들 수 있는지 구
하시오. (단, 쇠구슬은 구 모양이다.)

0451 상 중

오른쪽 그림과 같이 원뿔 모양의 그릇에 물
4 L를 부었더니 그릇 높이의 $\dfrac{1}{3}$이 되었다.
그릇에 물을 가득 채우려면 물을 얼마나 더
부어야 하는지 구하시오.
        (단, 그릇의 두께는 생각하지 않는다.)

유형 | 07   삼각형의 닮음 조건

개념원리 중학수학 2-2 112쪽

두 삼각형은 다음의 경우에 서로 닮음이다.

(1) 세 쌍의 대응변의 길이의 비가 같다. ⇨ SSS 닮음

(2) 두 쌍의 대응변의 길이의 비가 같고, 그 끼인각의 크기가 같다. ⇨ SAS 닮음

(3) 두 쌍의 대응각의 크기가 각각 같다. ⇨ AA 닮음

0452 ◦대표문제

다음 중 오른쪽 그림의 △ABC와 닮은 도형이 <u>아닌</u> 것을 모두 고르면?

(정답 2개)

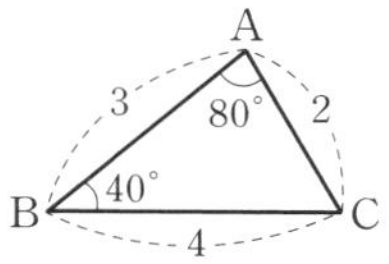

①

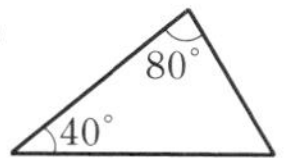

②

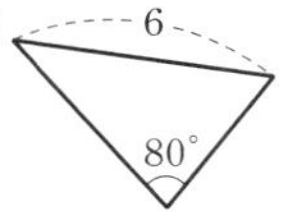

③

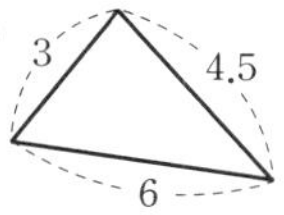

④

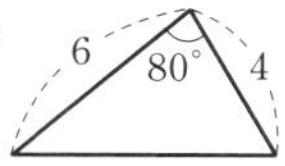

⑤

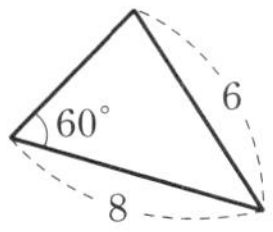

0453 중 하

다음 **보기** 중 옳은 것을 모두 고르시오.

┤ 보기 ├

ㄱ. 두 쌍의 대응각의 크기가 각각 같은 두 삼각형은 서로 닮음이다.

ㄴ. 두 쌍의 대응변의 길이의 비가 같고, 한 각의 크기가 같은 두 삼각형은 서로 닮음이다.

ㄷ. 세 쌍의 대응변의 길이의 비가 같은 두 삼각형은 서로 닮음이다.

ㄹ. 두 쌍의 대응각의 크기의 비가 같은 두 삼각형은 서로 닮음이다.

0454 중 하

다음 그림에서 두 삼각형이 서로 닮은 도형일 때, 두 삼각형의 닮음비는?

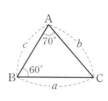 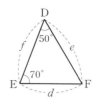

① $a : d$ ② $a : f$ ③ $b : d$

④ $b : e$ ⑤ $c : d$

0455 중

△ABC와 △DEF에 대하여 다음 중 △ABC∽△DEF가 되지 <u>않는</u> 것은?

① ∠A=∠D, ∠C=∠F

② ∠B=∠E, ∠C=∠F

③ $\dfrac{\overline{AB}}{\overline{DE}}=\dfrac{\overline{BC}}{\overline{EF}}=\dfrac{\overline{CA}}{\overline{FD}}$

④ $\dfrac{\overline{AB}}{\overline{DE}}=\dfrac{\overline{BC}}{\overline{EF}}$, ∠C=∠F

⑤ $\dfrac{\overline{BC}}{\overline{EF}}=\dfrac{\overline{CA}}{\overline{FD}}$, ∠C=∠F

0456 중

오른쪽 그림의 △ABC와 △FDE가 닮은 도형이 되려면 다음 중 어느 조건을 추가해야 하는가?

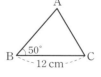

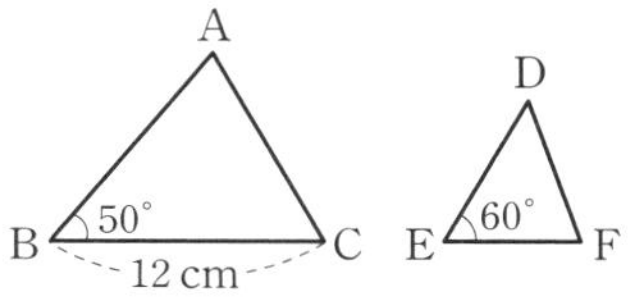

① $\overline{AB}=10$ cm, $\overline{DF}=6$ cm

② $\overline{AC}=9$ cm, $\overline{DF}=6$ cm

③ $\overline{AB}=10$ cm, $\overline{DE}=8$ cm

④ ∠A=70˚, ∠D=50˚

⑤ ∠C=70˚, ∠F=80˚

중요

개념원리 중학수학 2-2 113쪽

유형 08 삼각형의 닮음을 이용하여 변의 길이 구하기 — SAS 닮음

① 공통인 각이나 맞꼭지각을 찾는다.

② ①의 각을 끼인각으로 하는 두 쌍의 대응변의 길이의 비가 같은 두 삼각형을 찾는다.

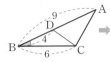

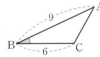

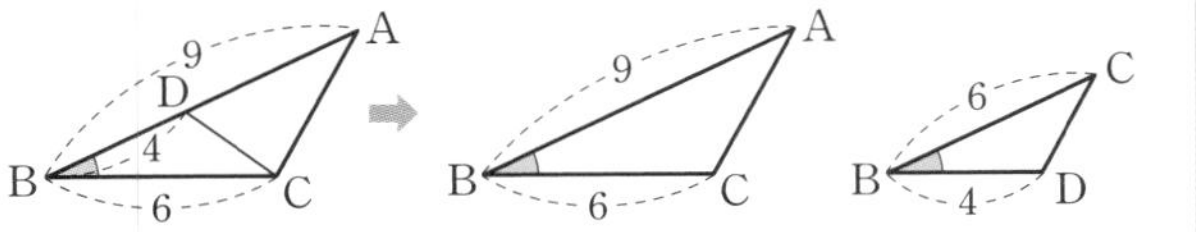

③ 닮은 두 삼각형의 닮음비를 이용하여 변의 길이를 구한다.

0457 대표문제

오른쪽 그림과 같은 △ABC에서 $\overline{BC}$의 길이는?

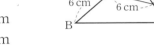

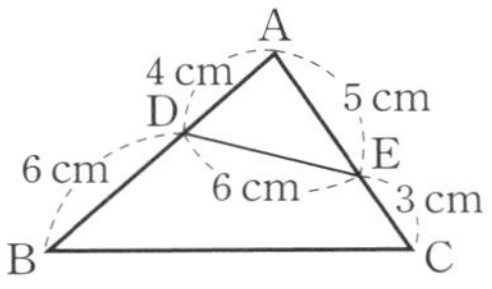

① 10 cm ② 12 cm
③ 14 cm ④ 16 cm
⑤ 18 cm

0458 중 하

오른쪽 그림에서 $\overline{AB}$와 $\overline{CD}$의 교점을 E라 할 때, x의 값을 구하시오.

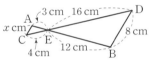

0459 중

오른쪽 그림과 같은 △ABC에서 $\overline{CD}$의 길이를 구하시오.

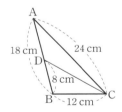

0460 중

오른쪽 그림과 같은 △ABC에서 $\overline{AD}$의 길이를 구하시오.

중요

개념원리 중학수학 2-2 113쪽

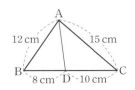

유형 09 삼각형의 닮음을 이용하여 변의 길이 구하기 — AA 닮음

① 공통인 각이나 맞꼭지각을 찾는다.

② ①의 각 외에 다른 한 내각의 크기가 같은 두 삼각형을 찾는다.

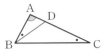

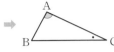

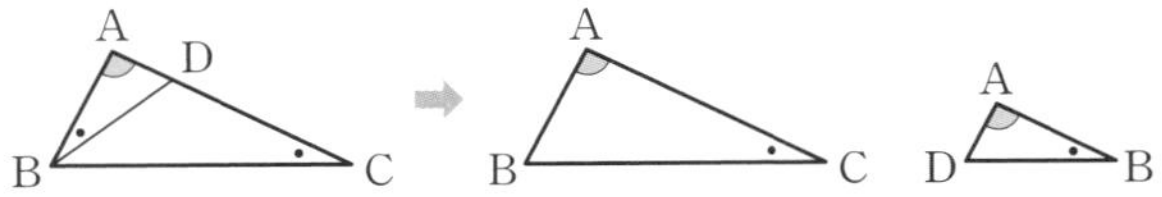

③ 닮은 두 삼각형의 닮음비를 이용하여 변의 길이를 구한다.

0461 대표문제

오른쪽 그림과 같은 △ABC에서 ∠C=∠BDE이고 $\overline{AD}$=5 cm, $\overline{BD}$=5 cm, $\overline{BE}$=4 cm일 때, $\overline{EC}$의 길이를 구하시오.

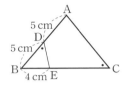

0462 중

오른쪽 그림에서 ∠A=∠F이고 $\overline{BC}$=10 cm, $\overline{BD}$=12 cm, $\overline{CF}$=14 cm, $\overline{DE}$=6 cm일 때, $\overline{AD}$의 길이를 구하시오.

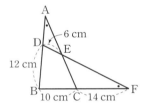

0463 중

다음 그림에서 x의 값을 구하시오.

(1)

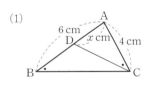

(2)

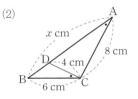

0464 중 서술형

오른쪽 그림에서 $\overline{AB}$∥$\overline{DE}$, $\overline{AD}$∥$\overline{BC}$이다. $\overline{AD}$=6 cm, $\overline{AC}$=8 cm, $\overline{CE}$=2 cm일 때, $\overline{BC}$의 길이를 구하시오.

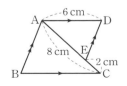

유형 | 10 직각삼각형의 닮음

한 예각의 크기가 같은 두 직각삼각형은 닮은 도형이다.

예 △ABC와 △ADE에서

∠A가 공통, ∠C=∠AED=90°

∴ △ABC∽△ADE(AA 닮음)

0465 ●대표문제

오른쪽 그림과 같은 △ABC에서 $\overline{AB}\perp\overline{CE}$, $\overline{BC}\perp\overline{AD}$이고 $\overline{AB}=10$ cm, $\overline{BC}=15$ cm, $\overline{BE}=6$ cm일 때, $\overline{CD}$의 길이를 구하시오.

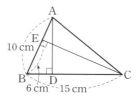

0466 중

오른쪽 그림과 같은 △ABC에서 $\overline{AB}\perp\overline{CE}$, $\overline{AC}\perp\overline{BD}$일 때, 다음 중 나머지 네 삼각형과 닮은 도형이 아닌 것은?

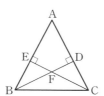

① △ACE   ② △ABD

③ △FBE   ④ △CBD   ⑤ △FCD

0467 상중

오른쪽 그림과 같이 ∠B=90°인 직각삼각형 ABC의 두 꼭짓점 A, C에서 꼭짓점 B를 지나는 직선에 내린 수선의 발을 각각 D, E라 하자. $\overline{AD}=6$ cm, $\overline{BE}=9$ cm, $\overline{CE}=12$ cm일 때, $\overline{BD}$의 길이를 구하시오.

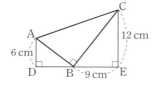

0468 상

오른쪽 그림과 같이 ∠C=90°인 직각삼각형 ABC 안에 정사각형 DECF가 꼭 맞게 있다. $\overline{AC}=10$ cm, $\overline{BC}=15$ cm일 때, □DECF의 넓이를 구하시오.

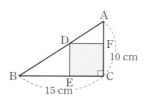

유형 | 11 직각삼각형의 닮음의 응용

∠A=90°인 직각삼각형 ABC의 꼭짓점 A에서 빗변 BC에 내린 수선의 발을 H라 하면

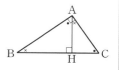

(1) $\overline{AB}^2=\overline{BH}\times\overline{BC}$

(2) $\overline{AC}^2=\overline{CH}\times\overline{CB}$ (3) $\overline{AH}^2=\overline{HB}\times\overline{HC}$

(4) $\overline{AB}\times\overline{AC}=\overline{BC}\times\overline{AH}$

0469 ●대표문제

오른쪽 그림과 같이 ∠A=90°인 직각삼각형 ABC에서 $\overline{AH}\perp\overline{BC}$이고 $\overline{AB}=20$ cm, $\overline{AH}=12$ cm, $\overline{BH}=16$ cm일 때, $x+y$의 값을 구하시오.

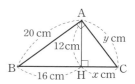

0470 중하

오른쪽 그림과 같이 ∠A=90°인 직각삼각형 ABC에서 $\overline{AH}\perp\overline{BC}$일 때, 다음 중 옳지 않은 것은?

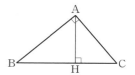

① △ABC∽△HBA

② △ABH∽△CAH   ③ $\overline{AH}^2=\overline{HB}\times\overline{HC}$

④ $\overline{AB}^2=\overline{BH}\times\overline{BC}$ ⑤ $\overline{AC}^2=\overline{AH}\times\overline{HC}$

0471 중

오른쪽 그림과 같은 직사각형 ABCD에서 $\overline{AH}\perp\overline{BD}$이고 $\overline{BC}=10$ cm, $\overline{DH}=8$ cm일 때, $\overline{AH}$의 길이를 구하시오.

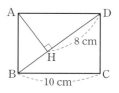

0472 상 ●서술형

오른쪽 그림과 같이 ∠A=90°인 직각삼각형 ABC에서 $\overline{BM}=\overline{CM}$, $\overline{AD}\perp\overline{BC}$, $\overline{DE}\perp\overline{AM}$이고 $\overline{BD}=2$ cm, $\overline{CD}=8$ cm일 때, $\overline{DE}$의 길이를 구하시오.

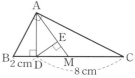

개념원리 중학수학 2-2 113, 114쪽

유형 | 12 사각형에서의 닮은 삼각형

삼각형의 닮음 조건과 사각형의 성질을 이용하여 서로 닮은 삼각형을 찾고, 닮음비를 이용하여 선분의 길이를 구한다.

0473 ◆대표문제

오른쪽 그림과 같은 평행사변형 ABCD에서 꼭짓점 A와 $\overline{BC}$ 위의 점 E를 이은 선분이 대각선 BD와 만나는 점을 F라 하자. $\overline{AD}=12$ cm, $\overline{BF}=4$ cm, $\overline{DF}=6$ cm일 때, $\overline{CE}$의 길이를 구하시오.

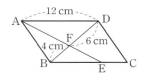

0474 중

오른쪽 그림과 같은 평행사변형 ABCD의 꼭짓점 A에서 $\overline{BC}$, $\overline{CD}$에 내린 수선의 발을 각각 E, F라 하자. $\overline{BE}=6$ cm, $\overline{AE}=9$ cm, $\overline{AF}=15$ cm일 때, △AFD의 넓이를 구하시오.

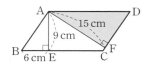

0475 상 중

오른쪽 그림과 같은 직사각형 ABCD에서 대각선 AC의 수직이등분선인 $\overline{EF}$와 $\overline{AC}$의 교점을 M이라 하자. $\overline{AM}=10$ cm, $\overline{BC}=16$ cm일 때, $\overline{AF}$의 길이를 구하시오.

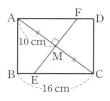

0476 상 중

오른쪽 그림과 같은 마름모 ABCD에서 꼭짓점 B를 지나는 직선이 $\overline{CD}$의 연장선과 만나는 점을 E, $\overline{AD}$와 만나는 점을 F라 하자. $\overline{AB}=12$ cm, $\overline{AF}=9$ cm일 때, $\overline{DE}$의 길이를 구하시오.

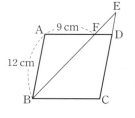

개념원리 중학수학 2-2 113쪽

유형 | 13 접은 도형에서의 닮은 삼각형

도형에서 접은 면은 서로 합동임을 이용하여 서로 닮은 삼각형을 찾는다.

(1)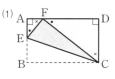

직사각형 ABCD에서
△AEF∽△DFC

(2)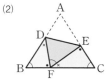

정삼각형 ABC에서
△BFD∽△CEF

0477 ◆대표문제

오른쪽 그림과 같이 직사각형 ABCD를 $\overline{EC}$를 접는 선으로 하여 꼭짓점 B가 $\overline{AD}$ 위의 점 B'에 오도록 접었을 때, $\overline{B'D}$의 길이는?

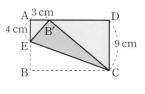

① 9 cm
② 10 cm
③ 11 cm
④ 12 cm
⑤ 13 cm

0478 상 중 ◆서술형

오른쪽 그림은 정삼각형 ABC를 $\overline{DE}$를 접는 선으로 하여 꼭짓점 A가 $\overline{BC}$ 위의 점 F에 오도록 접은 것이다. $\overline{AE}$의 길이를 구하시오.

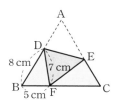

0479 상

오른쪽 그림은 직사각형 ABCD를 대각선 BD를 접는 선으로 하여 접은 것이다. $\overline{AD}$와 $\overline{BE}$의 교점 P에서 $\overline{BD}$에 내린 수선의 발을 Q라 할 때, $\overline{PQ}$의 길이를 구하시오.

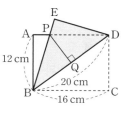

0480

다음 중 항상 닮은 도형이라고 할 수 <u>없는</u> 것을 모두 고르면? (정답 2개)

① 두 원기둥 ② 두 구
③ 두 등변사다리꼴 ④ 두 정육면체
⑤ 두 직각이등변삼각형

0481

아래 그림에서 오각형 ABCDE와 FGHIJ가 서로 닮은 도형이고 $\overline{AB}$의 대응변이 $\overline{FG}$일 때, 다음 중 옳지 <u>않은</u> 것을 모두 고르면? (정답 2개)

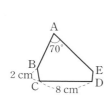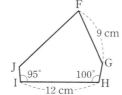

① ∠C=100° ② ∠F=70°
③ $\overline{AB}$=5 cm ④ $\overline{GH}$=3 cm
⑤ 닮음비는 3 : 4이다.

0482

오른쪽 그림과 같이 A4 용지를 반으로 접을 때마다 생기는 용지의 크기를 차례로 A5, A6, A7, …이라 할 때, A4 용지와 A8 용지의 닮음비를 구하시오.

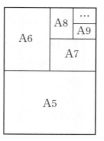

0483

오른쪽 그림과 같이 중심이 같은 세 원이 있다. 세 원의 반지름의 길이의 비가 1 : 2 : 3일 때, 세 부분 A, B, C의 넓이의 비는?

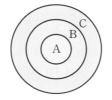

① 1 : 2 : 3 ② 1 : 3 : 5
③ 1 : 3 : 9 ④ 1 : 4 : 9
⑤ 1 : 5 : 13

0484

오른쪽 그림과 같은 원뿔 모양의 그릇에 일정한 속도로 물을 채우고 있다. 전체 높이의 $\frac{2}{3}$만큼 물을 채우는 데 32분이 걸렸다면 이 그릇에 물을 가득 채울 때까지 몇 분이 더 걸리는지 구하시오.
(단, 그릇의 두께는 생각하지 않는다.)

0485

오른쪽 그림과 같이 원뿔을 밑면에 평행하게 높이를 3등분하여 잘랐다. 원뿔대 B의 부피가 21 cm³일 때, 원뿔대 C의 부피를 구하시오.

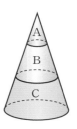

🔵 중요
0486

다음 중 오른쪽 그림의 삼각형과 닮음인 것은?

①   ②

③   ④   ⑤

0487

오른쪽 그림의 △ABC와 △DEF가 닮은 도형이 되려면 다음 중 어느 조건을 추가해야 하는가?

① ∠A=75°, ∠D=45°
② ∠C=80°, ∠F=55°
③ $\overline{AB}$=8 cm, $\overline{DE}$=6 cm
④ $\overline{AC}$=16 cm, $\overline{DF}$=12 cm
⑤ $\overline{AB}$=15 cm, $\overline{DF}$=12 cm

0488
오른쪽 그림과 같은 △ABC의 둘레의 길이를 구하시오.

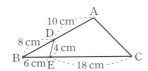

0489
오른쪽 그림과 같은 △ABC에서 $\overline{AD}$의 길이를 구하시오.

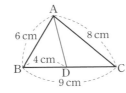

0490
오른쪽 그림과 같은 △ABC에서 ∠C=∠BDE일 때, $2x+y$의 값을 구하시오.

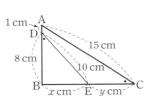

0491
오른쪽 그림과 같이 ∠C=90°인 직각삼각형 ABC에서 ∠A의 이등분선과 $\overline{BC}$의 교점을 D, 점 D에서 $\overline{AB}$에 내린 수선의 발을 E라 할 때, $\overline{CD}$의 길이를 구하시오.

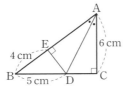

0492
윤희는 오른쪽 그림과 같이 바닥에 거울을 놓고, 거울의 입사각과 반사각의 크기가 같음을 이용하여 나무의 높이를 측정하려고 한다. 윤희의 눈높이는 1.6 m이고 나무와 윤희는 거울로부터 각각 18 m, 1.2 m씩 떨어져 있을 때, 나무의 높이를 구하시오.

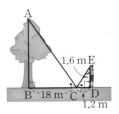

중요
0493
오른쪽 그림의 △ABC에서 $\overline{AB}\perp\overline{CE}$, $\overline{AC}\perp\overline{BD}$이고 $\overline{AB}=10$ cm, $\overline{AC}=8$ cm, $\overline{AD}:\overline{DC}=3:1$일 때, $\overline{BE}$의 길이는?

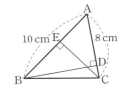

① 4 cm ② $\dfrac{24}{5}$ cm ③ 5 cm

④ $\dfrac{26}{5}$ cm ⑤ 6 cm

0494
오른쪽 그림과 같이 ∠A=90°인 직각삼각형 ABC에서 $\overline{AH}\perp\overline{BC}$이고 $\overline{AH}=4$ cm, $\overline{CH}=2$ cm일 때, △ABH의 넓이는?

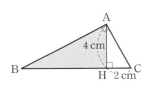

① 8 cm² ② 10 cm² ③ 12 cm²
④ 14 cm² ⑤ 16 cm²

0495
오른쪽 그림과 같은 평행사변형 ABCD에서 $\overline{BC}$의 중점을 M, $\overline{AM}$과 $\overline{BD}$의 교점을 P라 하자. $\overline{BD}=9$ cm일 때, $\overline{BP}$의 길이를 구하시오.

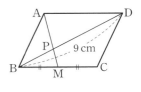

서술형 주관식

0496

오른쪽 그림에서 두 원기둥 A, B가 서로 닮은 도형일 때, 원기둥 A의 밑면의 둘레의 길이를 구하시오.

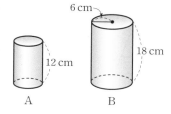

0497

오른쪽 그림과 같은 △ABC에서 $\overline{DE} /\!/ \overline{BC}$이고 $\overline{AD}=6$ cm, $\overline{BD}=4$ cm이다. □DBCE의 넓이가 32 cm²일 때, △ABC의 넓이를 구하시오.

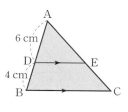

중요

0498

오른쪽 그림과 같이 ∠A=90°인 직각삼각형 ABC에서 $\overline{AH} \perp \overline{BC}$이고 $\overline{AC}=5$ cm, $\overline{CH}=3$ cm일 때, $x+y$의 값을 구하시오.

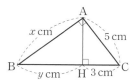

0499

오른쪽 그림과 같은 직사각형 ABCD에서 대각선 AC는 $\overline{PQ}$를 수직이등분하고, 점 O는 $\overline{PQ}$와 $\overline{AC}$의 교점이다. $\overline{AB}=6$ cm, $\overline{BC}=8$ cm, $\overline{AO}=5$ cm일 때, △AOP의 둘레의 길이를 구하시오.

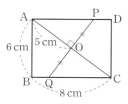

실력 UP

○ 실력 UP 집중 학습은 실력 Up⁺로!!

0500

다음 그림과 같이 정삼각형을 4등분하고 한가운데 정삼각형을 지운다. 그리고 남은 3개의 정삼각형을 이와 같은 방법으로 각각 4등분하고 한가운데 정삼각형을 지운다. 이와 같은 과정을 반복할 때, [4단계]에서 새로 지워지는 정삼각형과 [7단계]에서 새로 지워지는 정삼각형의 닮음비를 구하시오.

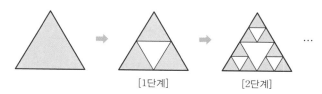

[1단계]　　　[2단계]

0501

오른쪽 그림의 △ABC에서 ∠BAE=∠CBF=∠ACD이다. $\overline{AB}=6$ cm, $\overline{BC}=10$ cm, $\overline{AC}=8$ cm일 때, △DEF의 둘레의 길이는?

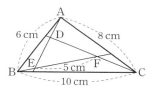

① 11 cm　　② 12 cm　　③ 13 cm
④ 14 cm　　⑤ 15 cm

0502

오른쪽 그림은 직사각형 ABCD에서 $\overline{BF}$를 접는 선으로 하여 꼭짓점 C가 $\overline{AD}$ 위의 점 E에 오도록 접은 것이다. 꼭짓점 D에서 $\overline{EF}$에 내린 수선의 발을 G라 할 때, $\overline{EG}$의 길이를 구하시오.

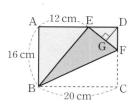

06 평행선과 선분의 길이의 비

06-1 삼각형에서 평행선과 선분의 길이의 비

△ABC에서 두 변 AB, AC 또는 그 연
장선 위에 각각 점 D, E가 있을 때, 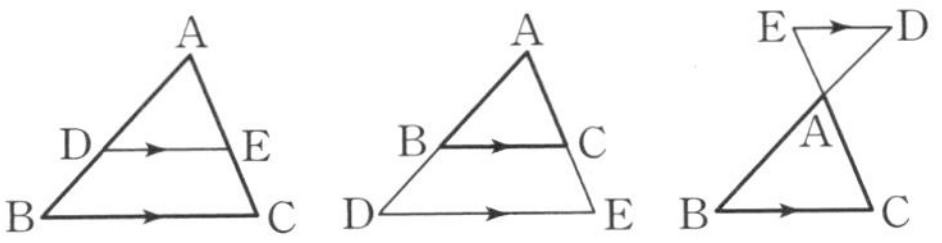
(1) ① $\overline{BC} /\!/ \overline{DE}$이면
　　　$\overline{AB} : \overline{AD} = \overline{AC} : \overline{AE} = \overline{BC} : \overline{DE}$
　　② $\overline{BC} /\!/ \overline{DE}$이면 $\overline{AD} : \overline{DB} = \overline{AE} : \overline{EC}$
(2) ① $\overline{AB} : \overline{AD} = \overline{AC} : \overline{AE} = \overline{BC} : \overline{DE}$이면 $\overline{BC} /\!/ \overline{DE}$
　　② $\overline{AD} : \overline{DB} = \overline{AE} : \overline{EC}$이면 $\overline{BC} /\!/ \overline{DE}$

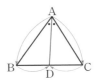

○ 개념플러스

■ $\overline{AD} : \overline{DB} \neq \overline{DE} : \overline{BC}$임에
주의한다.

06-2 삼각형의 각의 이등분선

(1) **삼각형의 내각의 이등분선**
　△ABC에서 ∠A의 이등분선이 $\overline{BC}$와 만나는 점을 D라 하면
　　　$\overline{AB} : \overline{AC} = \overline{BD} : \overline{CD}$
(2) **삼각형의 외각의 이등분선**
　△ABC에서 ∠A의 외각의 이등분선이 $\overline{BC}$의 연장선과 만
　나는 점을 D라 하면
　　　$\overline{AB} : \overline{AC} = \overline{BD} : \overline{CD}$

■ 삼각형의 내각의 이등분선과
넓이
　△ABD와 △ADC의 높이가
　같으므로 넓이의 비는 밑변의
　길이의 비와 같다. 즉,
　△ABD : △ADC
　$= \overline{BD} : \overline{CD}$
　$= \overline{AB} : \overline{AC}$

06-3 평행선 사이의 선분의 길이의 비

세 개 이상의 평행선이 다른 두 직선과 만날 때,
평행선 사이에 생기는 선분의 길이의 비는 같다.
➡ $l /\!/ m /\!/ n$이면
　　$a : b = a' : b'$ 또는 $a : a' = b : b'$

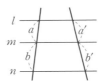 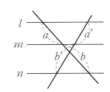

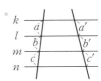

$k /\!/ l /\!/ m /\!/ n$일 때,
$a : b : c = a' : b' : c'$
또는 $a : a' = b : b' = c : c'$

06-4 사다리꼴에서 평행선과 선분의 길이의 비

$\overline{AD} /\!/ \overline{BC}$인 사다리꼴 ABCD에서 $\overline{EF} /\!/ \overline{BC}$이고
$\overline{AD} = a$, $\overline{BC} = b$, $\overline{AE} = m$, $\overline{EB} = n$이면

　　$\overline{EF} = \dfrac{an + bm}{m + n}$

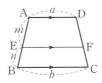

06-5 평행선과 선분의 길이의 비의 응용

$\overline{AC}$와 $\overline{BD}$의 교점을 E라 할 때, $\overline{AB} /\!/ \overline{EF} /\!/ \overline{DC}$이고
$\overline{AB} = a$, $\overline{DC} = b$이면

(1) $\overline{EF} = \dfrac{ab}{a + b}$　　　(2) $\overline{BF} : \overline{FC} = a : b$

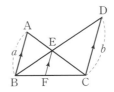

■ ① △ABE∽△CDE
　　➡ 닮음비가 $a : b$
　② △CEF∽△CAB
　　➡ 닮음비가 $b : (a+b)$
　③ △BFE∽△BCD
　　➡ 닮음비가 $a : (a+b)$

06 | 평행선과 선분의 길이의 비

06-1 삼각형에서 평행선과 선분의 길이의 비

[0503~0504] 다음 그림에서 $\overline{BC} \parallel \overline{DE}$일 때, x의 값을 구하시오.

0503

0504
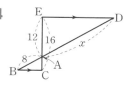

[0505~0506] 다음 그림에서 $\overline{BC} \parallel \overline{DE}$인 것은 ○표, $\overline{BC} \parallel \overline{DE}$가 아닌 것은 ×표를 하시오.

0505
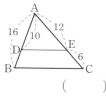
( )

0506
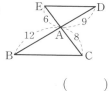
( )

06-2 삼각형의 각의 이등분선

[0507~0508] 다음 그림과 같은 △ABC에서 $\overline{AD}$가 ∠A의 이등분선일 때, x의 값을 구하시오.

0507
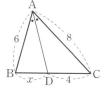

0508
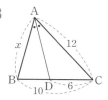

[0509~0510] 다음 그림과 같은 △ABC에서 $\overline{AD}$가 ∠A의 외각의 이등분선일 때, x의 값을 구하시오.

0509
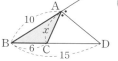

0510
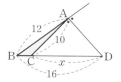

06-3 평행선 사이의 선분의 길이의 비

[0511~0512] 다음 그림에서 $l \parallel m \parallel n$일 때, x의 값을 구하시오.

0511
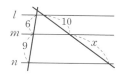

0512
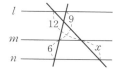

06-4 사다리꼴에서 평행선과 선분의 길이의 비

[0513~0515] 오른쪽 그림과 같은 사다리꼴 ABCD에서 $\overline{AD} \parallel \overline{EF} \parallel \overline{BC}$, $\overline{AH} \parallel \overline{DC}$일 때, 다음을 구하시오.
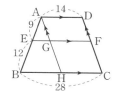

0513 $\overline{GF}$의 길이

0514 $\overline{EG}$의 길이

0515 $\overline{EF}$의 길이

[0516~0518] 오른쪽 그림과 같은 사다리꼴 ABCD에서 $\overline{AD} \parallel \overline{EF} \parallel \overline{BC}$일 때, 다음을 구하시오.
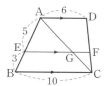

0516 $\overline{EG}$의 길이

0517 $\overline{GF}$의 길이

0518 $\overline{EF}$의 길이

06-5 평행선과 선분의 길이의 비의 응용

[0519~0521] 오른쪽 그림에서 $\overline{AB} \parallel \overline{EF} \parallel \overline{DC}$일 때, 다음 물음에 답하시오.
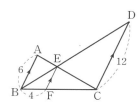

0519 $\overline{BE} : \overline{DE}$를 가장 간단한 자연수의 비로 나타내시오.

0520 $\overline{CA} : \overline{CE}$를 가장 간단한 자연수의 비로 나타내시오.

0521 $\overline{FC}$의 길이를 구하시오.

유형 익히기

중요

개념원리 중학수학 2-2 128쪽

유형 01 삼각형에서 평행선과 선분의 길이의 비 (1)

$\overline{BC} /\!/ \overline{DE}$일 때

(1)

⇨ $a : a' = b : b'$
$= c : c'$

(2)

⇨ $a : a' = b : b'$

0522 대표문제

오른쪽 그림과 같은 △ABC에서 $\overline{BC} /\!/ \overline{DE}$일 때, $x+y$의 값을 구하시오.

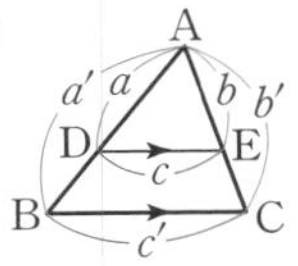

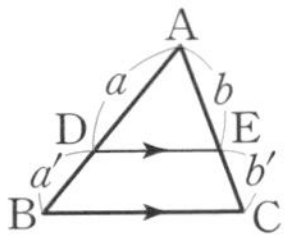

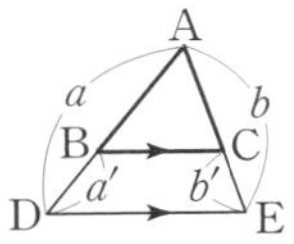

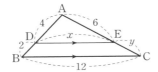

0523 중

다음은 오른쪽 그림의 △ABC에서 $\overline{AB}$, $\overline{AC}$ 위의 점 D, E에 대하여 $\overline{BC} /\!/ \overline{DE}$이면 $\overline{AB} : \overline{AD} = \overline{AC} : \overline{AE} = \overline{BC} : \overline{DE}$임을 설명하는 과정이다. (가)~(라)에 알맞은 것을 써넣으시오.

> △ABC와 △ADE에서
> ∠ABC= (가) (동위각),
> (나) 는 공통이므로
> △ABC∽△ADE ((다) 닮음)
> ∴ $\overline{AB} : \overline{AD} = \overline{AC} : \overline{AE} =$ (라) $: \overline{DE}$

0524 중

오른쪽 그림과 같은 평행사변형 ABCD에서 $\overline{AB}$의 연장선과 $\overline{DE}$의 연장선의 교점을 F라 할 때, $\overline{CE}$의 길이를 구하시오.

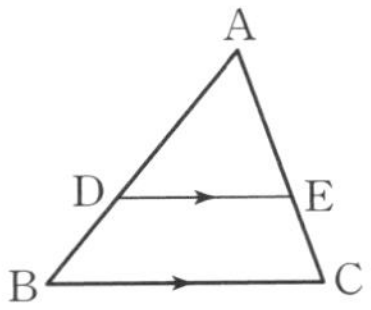

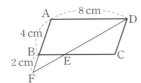

0525 상 중

오른쪽 그림에서 점 I는 △ABC의 내심이고 $\overline{DE} /\!/ \overline{BC}$일 때, $\overline{BC}$의 길이를 구하시오.

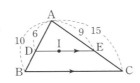

중요

개념원리 중학수학 2-2 128쪽

유형 02 삼각형에서 평행선과 선분의 길이의 비 (2)

$\overline{BC} /\!/ \overline{DE}$일 때

(1)

⇨ $a : a' = b : b' = c : c'$

(2)

⇨ $a : a' = b : b'$

0526 대표문제

오른쪽 그림에서 $\overline{BC} /\!/ \overline{DE}$일 때, $x+y$의 값을 구하시오.

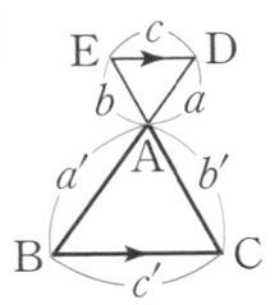

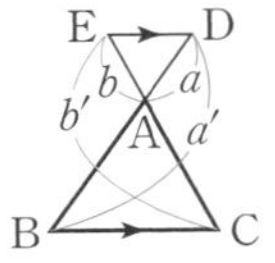

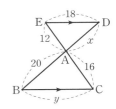

0527 중

오른쪽 그림과 같은 평행사변형 ABCD에서 $\overline{AD}$ 위의 점 E에 대하여 $\overline{BE}$와 $\overline{AC}$의 교점을 F라 할 때, $\overline{AE}$의 길이를 구하시오.

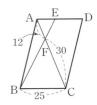

0528 중

오른쪽 그림에서 $\overline{AB} /\!/ \overline{CD}$, $\overline{BC} /\!/ \overline{EF}$일 때, $x-y$의 값을 구하시오.

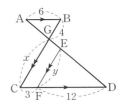

0529 중 서술형

오른쪽 그림에서 $\overline{AD} /\!/ \overline{EF} /\!/ \overline{BC}$이고 $\overline{AP} : \overline{PF} : \overline{FC} = 2 : 3 : 2$일 때, $x+y$의 값을 구하시오.

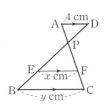

유형 | 03 삼각형에서 평행선과 선분의 길이의 비의 응용

(1) $\overline{BC}/\!/\overline{DE}$일 때

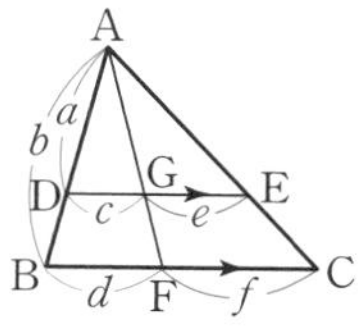

(2) $\overline{BC}/\!/\overline{DE}$, $\overline{BE}/\!/\overline{DF}$일 때

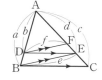

$\Rightarrow a:b=c:d=e:f$

$\Rightarrow a:b=c:d=e:f$

0530 ●─대표문제

오른쪽 그림과 같은 △ABC에서 $\overline{BC}/\!/\overline{DE}$일 때, $x+y$의 값을 구하시오.

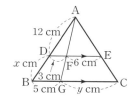

0531 [중]

오른쪽 그림과 같은 △ABC에서 $\overline{BC}/\!/\overline{DE}$일 때, $\overline{FE}$의 길이를 구하시오.

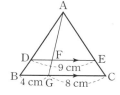

0532 [중]

오른쪽 그림과 같은 △ABC에서 $\overline{BC}/\!/\overline{DE}$, $\overline{DC}/\!/\overline{FE}$일 때, $\overline{DB}$의 길이를 구하시오.

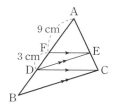

0533 [상][중]

오른쪽 그림과 같은 △ABC에서 $\overline{BC}/\!/\overline{EF}$, $\overline{EC}/\!/\overline{DF}$일 때, $\overline{DE}$의 길이를 구하시오.

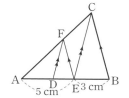

유형 | 04 삼각형에서 평행한 선분 찾기

(1) $\overline{AD}:\overline{AB}=\overline{AE}:\overline{AC}$이면 $\overline{BC}/\!/\overline{DE}$

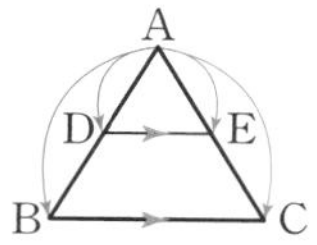

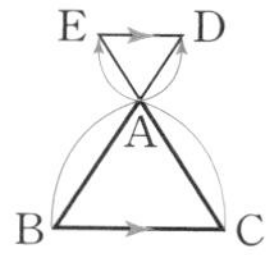

(2) $\overline{AD}:\overline{DB}=\overline{AE}:\overline{EC}$이면 $\overline{BC}/\!/\overline{DE}$

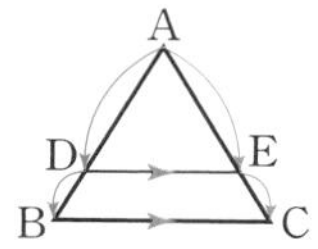

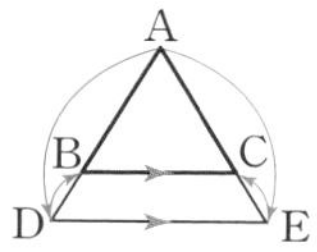

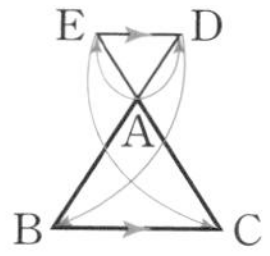

0534 ●─대표문제

다음 중 $\overline{BC}/\!/\overline{DE}$인 것을 모두 고르면? (정답 2개)

①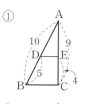
②
③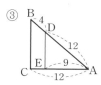

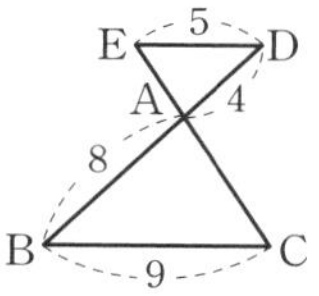

④
⑤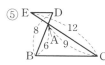

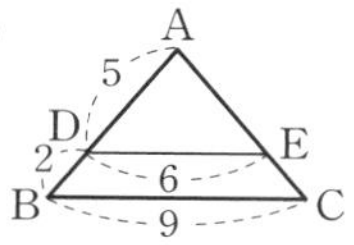

0535 [중]

오른쪽 그림의 $\overline{DE}$, $\overline{EF}$, $\overline{DF}$ 중에서 △ABC의 어느 한 변과 평행한 선분을 말하시오.

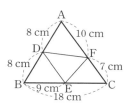

0536 [중]

오른쪽 그림과 같은 △ABC에 대하여 다음 중 옳은 것을 모두 고르면?

(정답 2개)

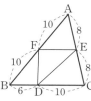

① $\overline{AB}/\!/\overline{ED}$
② $\overline{BC}/\!/\overline{FE}$
③ $\overline{CA}/\!/\overline{DF}$
④ $\angle A = \angle CED$
⑤ △AFE∽△ABC

개념원리 중학수학 2−2 133쪽

유형 | 05 **삼각형의 내각의 이등분선**

△ABC에서 ∠A의 이등분선이 $\overline{BC}$와
만나는 점을 D라 하면
(1) $\overline{AB} : \overline{AC} = \overline{BD} : \overline{CD}$
(2) △ABD : △ADC = $\overline{BD} : \overline{CD}$
　　　　　　　　　 = $\overline{AB} : \overline{AC}$

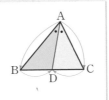

0537 ●대표문제●

오른쪽 그림과 같은 △ABC에서
$\overline{AD}$는 ∠A의 이등분선이고,
$\overline{AB}=10\,cm$, $\overline{AC}=6\,cm$,
$\overline{BC}=8\,cm$일 때, $\overline{BD}$의 길이를
구하시오.

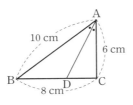

0538 중

다음은 오른쪽 그림의 △ABC에서 ∠A
의 이등분선이 $\overline{BC}$와 만나는 점을 D라
할 때, $\overline{AB} : \overline{AC} = \overline{BD} : \overline{CD}$임을 설명
하는 과정이다. ㈎~㈑에 알맞은 것을
써넣으시오.

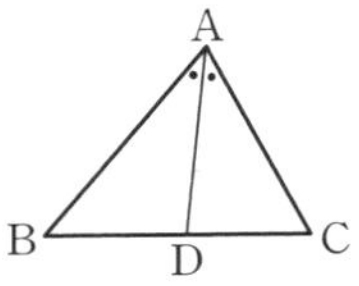

오른쪽 그림과 같이 점 C를 지나고
$\overline{AD}$에 평행한 직선이 $\overline{BA}$의 연장선
과 만나는 점을 E라 하면
∠BAD= ㈎ (동위각)
∠DAC= ㈏ (엇각)
그런데 $\overline{AD}$가 ∠BAC의 이등분선
이므로
∠BAD=∠DAC ∴ ∠AEC= ㈐
따라서 △ACE는 ㈑ 삼각형이므로
$\overline{AE}=$ ㈒ ······ ㉠
또 $\overline{AD}/\!/\overline{EC}$이므로
$\overline{BA} : \overline{AE} = \overline{BD} :$ ㈓ ······ ㉡
㉠, ㉡에 의해 $\overline{AB} : \overline{AC} = \overline{BD} : \overline{CD}$

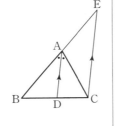

0539 중

오른쪽 그림과 같은 △ABC에서
$\overline{AD}$는 ∠A의 이등분선이다.
$\overline{AB}=9\,cm$, $\overline{AC}=6\,cm$이고,
△ABD의 넓이가 $24\,cm^2$일 때,
△ADC의 넓이를 구하시오.

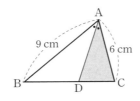

0540 중 ●서술형●

오른쪽 그림과 같은 △ABC에서
$\overline{AD}$는 ∠A의 이등분선이다. 점
C를 지나고 $\overline{AD}$에 평행한 직선이
$\overline{BA}$의 연장선과 만나는 점을 E라
할 때, $x+y$의 값을 구하시오.

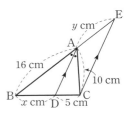

0541 중

오른쪽 그림과 같은 △ABC에서
$\overline{AD}$는 ∠A의 이등분선이고
$\overline{AC}/\!/\overline{ED}$이다. $\overline{AC}=6\,cm$,
$\overline{BD}=4\,cm$, $\overline{DC}=3\,cm$일 때,
$\overline{BE}$의 길이를 구하시오.

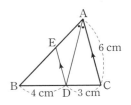

0542 중

오른쪽 그림과 같은 △ABC에서
∠BAD=∠CAD이고
$\overline{AB}\perp\overline{DE}$이다. △ABC의 넓이
가 $162\,cm^2$일 때, $\overline{DE}$의 길이는?

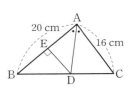

① 8 cm　　　② 9 cm　　　③ 10 cm
④ 11 cm　　　⑤ 12 cm

0543 상 중

오른쪽 그림에서 점 I가 △ABC
의 내심이다. $\overline{AE}=6\,cm$,
$\overline{CE}=10\,cm$, $\overline{BC}=20\,cm$일 때,
$\overline{AD}$의 길이를 구하시오.

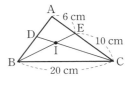

유형 | **06** **삼각형의 외각의 이등분선**

△ABC에서 ∠A의 외각의 이등
분선이 $\overline{BC}$의 연장선과 만나는 점
을 D라 하면
$\overline{AB} : \overline{AC} = \overline{BD} : \overline{CD}$

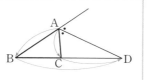

0544 ●대표문제

오른쪽 그림과 같은 △ABC
에서 $\overline{AD}$가 ∠A의 외각의 이
등분선일 때, $\overline{CD}$의 길이를 구
하시오.

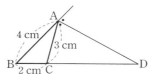

0545 중 하

오른쪽 그림과 같은 △ABC에서
$\overline{AD}$가 ∠A의 외각의 이등분선
일 때, $\overline{AC}$의 길이를 구하시오.

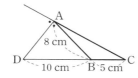

0546 중

다음은 오른쪽 그림의 △ABC에
서 ∠A의 외각의 이등분선이 $\overline{BC}$
의 연장선과 만나는 점을 D라 할
때, $\overline{AB} : \overline{AC} = \overline{BD} : \overline{CD}$가 성립
함을 설명하는 과정이다. ㈎~㈐에 알맞은 것을 써넣으시오.

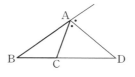

오른쪽 그림과 같이 점 C를 지나
고 $\overline{AD}$에 평행한 직선이 $\overline{AB}$와
만나는 점을 F라 하고 $\overline{BA}$의
연장선 위에 점 E를 잡으면

∠EAD = ☐ ㈎ ☐ (동위각)

∠CAD = ☐ ㈏ ☐ (엇각)

그런데 $\overline{AD}$가 ∠A의 외각의 이등분선이므로

∠EAD = ∠CAD

∴ ∠AFC = ☐ ㈐ ☐

따라서 △AFC는 이등변삼각형이므로

$\overline{AF}$ = ☐ ㈑ ☐ ······ ㉠

또 $\overline{AD} /\!/ \overline{FC}$이므로

$\overline{BA} : \overline{FA} = \overline{BD} : ☐ ㈒ ☐$ ······ ㉡

㉠, ㉡에 의해 $\overline{AB} : \overline{AC} = \overline{BD} : \overline{CD}$

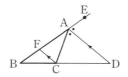

0547 중

오른쪽 그림과 같은
△ABC에서 $\overline{AD}$가 ∠A의
외각의 이등분선이고
△ABC의 넓이가 4 cm²일
때, △ABD의 넓이를 구하시오.

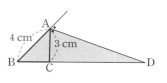

0548 중 ●서술형

오른쪽 그림과 같은 △ABC에
서 $\overline{AD}$가 ∠A의 외각의 이등
분선이고 $\overline{AD} /\!/ \overline{EB}$일 때, $\overline{EC}$
의 길이를 구하시오.

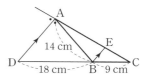

0549 상 중

다음 그림과 같은 △ABC에서 $\overline{AP}$는 ∠A의 이등분선이
고 $\overline{AQ}$는 ∠A의 외각의 이등분선일 때, $\overline{CQ}$의 길이를 구
하시오.

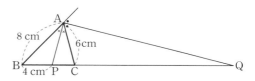

0550 상

오른쪽 그림과 같은 △ABC에
서 $\overline{BD} : \overline{DC} = 2 : 3$이고
∠BAD = 40°,
∠DAC = 70°, $\overline{AD} = 9$ cm일
때, $\overline{AB}$의 길이를 구하시오.

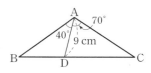

유형 | **07** 평행선 사이의 선분의 길이의 비

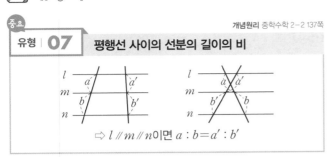

⇨ $l /\!/ m /\!/ n$이면 $a : b = a' : b'$

0551 ●대표문제

오른쪽 그림에서 $l /\!/ m /\!/ n$일 때, x의 값은?

① 9   ② 10

③ 11   ④ 12

⑤ 13

0552 중하

오른쪽 그림에서 $l /\!/ m /\!/ n$일 때, $x-y$의 값을 구하시오.

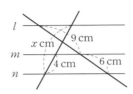

0553 중하

오른쪽 그림에서 $k /\!/ l /\!/ m /\!/ n$일 때, $x+y$의 값은?

① 11   ② 11.5

③ 12   ④ 12.5

⑤ 13

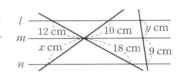

0554 중

오른쪽 그림에서 $l /\!/ m /\!/ n /\!/ p$일 때, $a+2b-c$의 값을 구하시오.

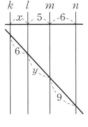

유형 | **08** 사다리꼴에서 평행선과 선분의 길이의 비

[방법 1]   [방법 2]

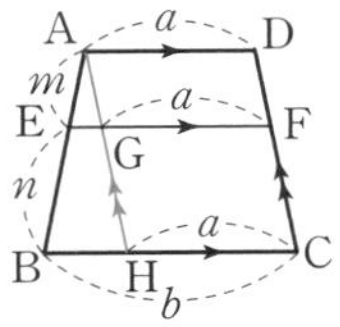

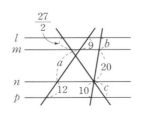

$\overline{GF}=a$이고, $\overline{EG}$의 길이는 △ABH에서 구한다.

⇨ $\overline{EF}=\overline{EG}+\overline{GF}$

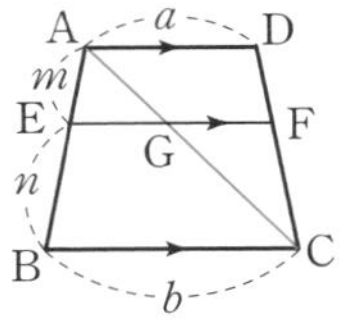

$\overline{EG}$의 길이는 △ABC, $\overline{GF}$의 길이는 △ACD에서 구한다.

⇨ $\overline{EF}=\overline{EG}+\overline{GF}$

0555 ●대표문제

오른쪽 그림과 같은 사다리꼴 ABCD에서 $\overline{AD} /\!/ \overline{EF} /\!/ \overline{BC}$일 때, x의 값을 구하시오.

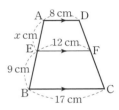

0556 중

오른쪽 그림에서 $l /\!/ m /\!/ n$일 때, xy의 값을 구하시오.

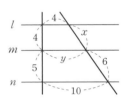

0557 중

오른쪽 그림과 같은 사다리꼴 ABCD에서 $\overline{AD} /\!/ \overline{EF} /\!/ \overline{BC}$일 때, $x+y$의 값을 구하시오.

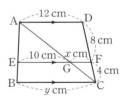

0558 상중 ●서술형

오른쪽 그림과 같은 사다리꼴 ABCD에서 $\overline{AD} /\!/ \overline{EF} /\!/ \overline{BC}$일 때, $\overline{PQ}$의 길이를 구하시오.

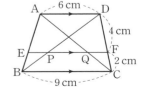

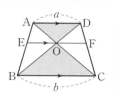

유형 | 09 사다리꼴에서 평행선과 선분의 길이의 비의 응용

개념원리 중학수학 2-2 138쪽

사다리꼴 ABCD에서 $\overline{AD} \parallel \overline{EF} \parallel \overline{BC}$
일 때, △AOD∽△COB(AA 닮음)
(1) $\overline{AD} : \overline{CB} = \overline{AO} : \overline{CO}$
　　　　　　 $= \overline{DO} : \overline{BO} = a : b$
(2) $\overline{AE} : \overline{EB} = \overline{DF} : \overline{FC} = a : b$

0559 ●● 대표문제

오른쪽 그림과 같은 사다리꼴 ABCD
에서 $\overline{AD} \parallel \overline{EF} \parallel \overline{BC}$이고 점 O는 두
대각선의 교점일 때, $\overline{EF}$의 길이를 구
하시오.

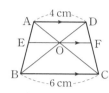

0560 중

오른쪽 그림과 같은 사다리꼴 ABCD
에서 $\overline{AD} \parallel \overline{EF} \parallel \overline{BC}$이고 점 O는 두
대각선의 교점일 때, $\overline{EO}$의 길이를 a,
b에 대한 식으로 나타내면?

① $a+b$　　　② $\dfrac{1}{a}+\dfrac{1}{b}$　　　③ $\dfrac{b}{a}+\dfrac{a}{b}$

④ $\dfrac{ab}{a+b}$　　　⑤ $\dfrac{1}{a+b}$

0561 상 중

오른쪽 그림과 같은 사다리꼴 ABCD에
서 $\overline{AD} \parallel \overline{EF} \parallel \overline{BC}$이고 점 O는 두 대각
선의 교점이다. $\overline{AE} : \overline{EB} = 3 : 4$일 때,
$\overline{BC}$의 길이를 구하시오.

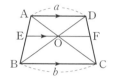

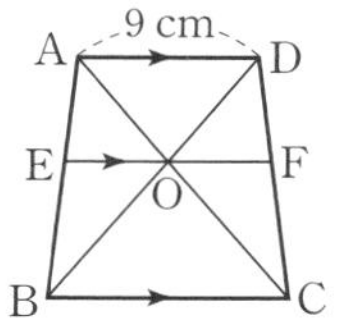

0562 상 중

오른쪽 그림과 같은 사다리꼴 ABCD
에서 $\overline{AD} \parallel \overline{EF} \parallel \overline{BC}$이고 점 G는 두 대
각선의 교점일 때, $\overline{BC}$의 길이를 구하시오.

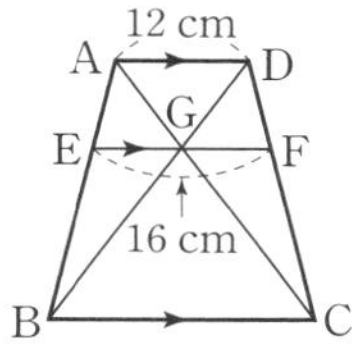

중요 **유형 | 10** 평행선과 선분의 길이의 비의 응용

$\overline{AB} \parallel \overline{EF} \parallel \overline{DC}$일 때
(1) △ABE∽△CDE(AA 닮음)
　⇒ 닮음비는 $a : b$
(2) △CEF∽△CAB(AA 닮음)
　⇒ 닮음비는 $b : (a+b)$
(3) △BFE∽△BCD(AA 닮음)
　⇒ 닮음비는 $a : (a+b)$

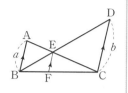

0563 ●● 대표문제

오른쪽 그림에서
$\overline{AB} \parallel \overline{EF} \parallel \overline{DC}$이고
$\overline{AB}=8$ cm, $\overline{CD}=12$ cm
일 때, $\overline{EF}$의 길이를 구하시오.

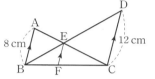

0564 중

오른쪽 그림에서
$\overline{AB} \parallel \overline{EF} \parallel \overline{DC}$이고
$\overline{EF}=6$ cm, $\overline{CD}=15$ cm일
때, $\overline{AB}$의 길이를 구하시오.

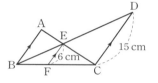

0565 상 중

오른쪽 그림에서 $\overline{AB} \parallel \overline{EF} \parallel \overline{CD}$이고
$\overline{AB}=10$ cm, $\overline{BD}=20$ cm,
$\overline{CD}=15$ cm일 때, $\overline{BF}$의 길이를 구
하시오.

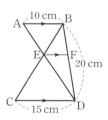

0566 상 중 ●● 서술형

오른쪽 그림에서 $\overline{AB}$, $\overline{CD}$가
모두 $\overline{BC}$에 수직이고
$\overline{AB}=6$ cm, $\overline{CD}=10$ cm,
$\overline{BC}=16$ cm일 때, △EBC의
넓이를 구하시오.

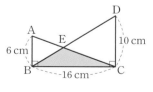

0567

오른쪽 그림과 같은 △ABC에서
$\overline{BC} /\!/ \overline{DE}$일 때, $y-x$의 값을 구하시오.

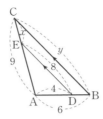

0568

오른쪽 그림에서 $\overline{AP} : \overline{PD} = 3 : 2$,
$\overline{BD} : \overline{DC} = 2 : 3$이다.
$\overline{EC} /\!/ \overline{FD}$이고 $\overline{AE} = 18$ cm일 때,
$\overline{BF}$의 길이는?

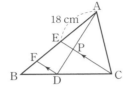

① 6 cm   ② 7 cm   ③ 8 cm
④ 9 cm   ⑤ 10 cm

0569

오른쪽 그림에서 두 점 D, E는 각각
$\overline{AB}$, $\overline{AC}$의 연장선 위의 점이고
$\overline{BC} /\!/ \overline{DE}$일 때, △ABC의 둘레의 길
이를 구하시오.

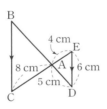

0570

오른쪽 그림에서 $\overline{DE} /\!/ \overline{BC}$일 때,
$\overline{AE}$의 길이는?

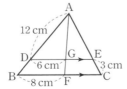

① 6 cm   ② 7 cm
③ 8 cm   ④ 9 cm
⑤ 10 cm

0571

다음 중 $\overline{BC} /\!/ \overline{DE}$인 것은?

① 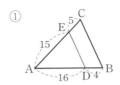   ②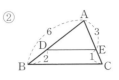

③ 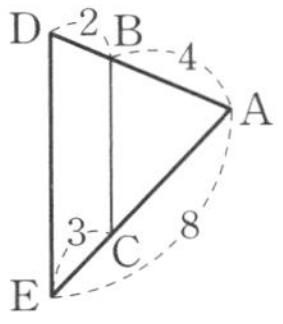   ④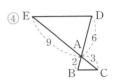

⑤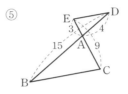

0572

오른쪽 그림과 같이 ∠B=90°인 직
각삼각형 ABC에서 $\overline{AD}$는 ∠A의
이등분선일 때, △ABD의 넓이를 구
하시오.

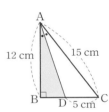

0573

오른쪽 그림과 같은 △ABC에서
∠BAD= ∠CAD,
∠CAE= ∠FAE일 때, $\overline{CE}$
의 길이를 구하시오.

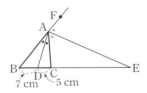

0574

오른쪽 그림에서 $l /\!/ m /\!/ n$일
때, xy의 값을 구하시오.

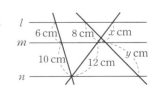

0575

오른쪽 그림에서 $l /\!/ m /\!/ n$일 때, x의 값을 구하시오.

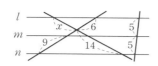

0576

오른쪽 그림과 같은 사다리꼴 ABCD에서 $\overline{AD} /\!/ \overline{EF} /\!/ \overline{BC}$이고 $\overline{AE} : \overline{EB} = 3 : 2$일 때, $\overline{BC}$의 길이는?

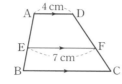

① 7 cm   ② 8 cm   ③ 9 cm
④ 10 cm   ⑤ 11 cm

0577

오른쪽 그림과 같은 사다리꼴 ABCD에서 $\overline{AD} /\!/ \overline{EF} /\!/ \overline{BC}$이고 점 O는 두 대각선의 교점일 때, $\overline{EO}$의 길이를 구하시오.

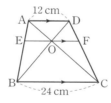

0578

오른쪽 그림에서 $\overline{AB} /\!/ \overline{EF} /\!/ \overline{DC}$이고 $\overline{AB} = 15$ cm, $\overline{BC} = 33$ cm, $\overline{CD} = 30$ cm일 때, x, y의 값을 각각 구하시오.

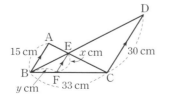

서술형 주관식

0579

오른쪽 그림에서 $\overline{DE} /\!/ \overline{BC}$, $\overline{FE} /\!/ \overline{DC}$이고 $\overline{AD} = 12$ cm, $\overline{DB} = 8$ cm일 때, $\overline{AF}$의 길이를 구하시오.

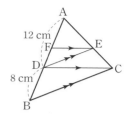

0580

오른쪽 그림과 같은 사다리꼴 ABCD에서 $\overline{AD} /\!/ \overline{EF} /\!/ \overline{BC}$이고 $\overline{AE} = 2\overline{EB}$, $\overline{AD} = 21$ cm, $\overline{BC} = 24$ cm일 때, $\overline{MN}$의 길이를 구하시오.

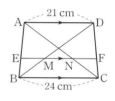

실력 UP

○ **실력 UP** 집중 학습은 **실력** Up^{+}로!!

0581

오른쪽 그림의 △ABC에서 $\angle A = \angle DBC$이고, $\overline{BE}$가 $\angle ABD$의 이등분선이다. $\overline{AC} = 12$ cm, $\overline{BC} = 9$ cm일 때, $\overline{DE}$의 길이를 구하시오.

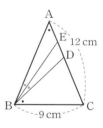

0582

오른쪽 그림과 같이 일정한 간격으로 다리가 놓여 있는 사다리에서 파손된 다리를 새로 만들려고 한다. 새로 만들 다리의 길이를 구하시오.

(단, 다리의 두께는 생각하지 않는다.)

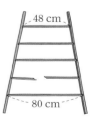

07 삼각형의 무게중심

개념플러스

07-1 삼각형의 두 변의 중점을 연결한 선분의 성질

(1) △ABC에서 $\overline{AM}=\overline{MB}$, $\overline{AN}=\overline{NC}$이면

$$\overline{MN} /\!/ \overline{BC}, \overline{MN}=\frac{1}{2}\overline{BC}$$

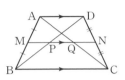

(2) △ABC에서 $\overline{AM}=\overline{MB}$, $\overline{MN} /\!/ \overline{BC}$이면

$$\overline{AN}=\overline{NC}$$

▪ $\overline{AM}=\overline{MB}$, $\overline{AN}=\overline{NC}$이므로
$\overline{AB}:\overline{AM}=\overline{AC}:\overline{AN}$
$=2:1$
∴ $\overline{MN} /\!/ \overline{BC}$
$\overline{BC}:\overline{MN}=\overline{AB}:\overline{AM}$
$=2:1$
∴ $\overline{MN}=\frac{1}{2}\overline{BC}$

07-2 사다리꼴의 두 변의 중점을 연결한 선분의 성질

$\overline{AD} /\!/ \overline{BC}$인 사다리꼴 ABCD에서 $\overline{AB}$, $\overline{DC}$의 중점을 각각 M, N이라 하면

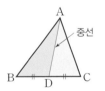

(1) $\overline{AD} /\!/ \overline{MN} /\!/ \overline{BC}$

(2) $\overline{MN}=\overline{MP}+\overline{PN}=\frac{1}{2}(\overline{AD}+\overline{BC})$

(3) $\overline{PQ}=\overline{MQ}-\overline{MP}=\frac{1}{2}(\overline{BC}-\overline{AD})$ (단, $\overline{BC}>\overline{AD}$)

▪ $\overline{MP}=\overline{QN}=\frac{1}{2}\overline{AD}$
$\overline{MQ}=\overline{PN}=\frac{1}{2}\overline{BC}$

07-3 삼각형의 중선

(1) **삼각형의 중선**: 삼각형에서 한 꼭짓점과 그 대변의 중점을 이은 선분
(2) **삼각형의 중선의 성질**
　　삼각형의 중선은 그 삼각형의 넓이를 이등분한다.

$\Rightarrow$ △ABC에서 $\overline{AD}$가 중선이면 $\triangle ABD=\triangle ADC=\frac{1}{2}\triangle ABC$

▪ 한 삼각형에는 세 개의 중선이 있다.

▪ 정삼각형의 세 중선의 길이는 모두 같다.

07-4 삼각형의 무게중심

(1) **삼각형의 무게중심**: 삼각형의 세 중선의 교점
(2) **삼각형의 무게중심의 성질**
　① 삼각형의 세 중선은 한 점(무게중심)에서 만난다.
　② 삼각형의 무게중심은 세 중선의 길이를 각 꼭짓점으로부터
　　2 : 1로 나눈다.

$\Rightarrow$ 점 G가 △ABC의 무게중심이면

$$\overline{AG}:\overline{GD}=\overline{BG}:\overline{GE}=\overline{CG}:\overline{GF}=2:1$$
$\longrightarrow \overline{CG}=\frac{2}{3}\overline{CF}, \overline{GF}=\frac{1}{3}\overline{CF}$

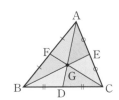

무게중심

▪ ① 이등변삼각형은 무게중심, 외심, 내심이 모두 꼭지각의 이등분선 위에 있다.
② 정삼각형은 무게중심, 외심, 내심이 모두 일치한다.

07-5 삼각형의 무게중심과 넓이

△ABC에서 점 G가 무게중심일 때

(1) $\triangle GAF=\triangle GFB=\triangle GBD=\triangle GDC$

$$=\triangle GCE=\triangle GEA=\frac{1}{6}\triangle ABC$$

(2) $\triangle GAB=\triangle GBC=\triangle GCA=\frac{1}{3}\triangle ABC$

07-1 삼각형의 두 변의 중점을 연결한 선분의 성질

[0583~0584] 다음 그림의 △ABC에서 $\overline{AB}$, $\overline{AC}$의 중점을 각각 M, N이라 할 때, x의 값을 구하시오.

0583

0584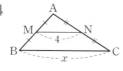

[0585~0586] 다음 그림의 △ABC에서 점 M은 $\overline{AB}$의 중점이고 $\overline{MN} /\!/ \overline{BC}$일 때, x의 값을 구하시오.

0585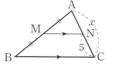

0586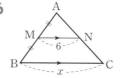

07-2 사다리꼴의 두 변의 중점을 연결한 선분의 성질

[0587~0590] 오른쪽 그림과 같이 $\overline{AD} /\!/ \overline{BC}$인 사다리꼴 ABCD에서 $\overline{AB}$, $\overline{DC}$의 중점을 각각 M, N이라 할 때, 다음을 구하시오.

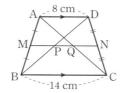

0587 $\overline{MQ}$의 길이

0588 $\overline{QN}$의 길이

0589 $\overline{MN}$의 길이

0590 $\overline{PQ}$의 길이

07-3 삼각형의 중선

[0591~0592] 오른쪽 그림에서 $\overline{AD}$가 △ABC의 중선일 때, 다음을 구하시오.

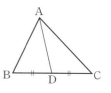

0591 △ABC의 넓이가 20 cm²일 때, △ABD의 넓이

0592 △ADC의 넓이가 6 cm²일 때, △ABC의 넓이

07-4 삼각형의 무게중심

[0593~0596] 다음 그림에서 점 G가 △ABC의 무게중심일 때, x, y의 값을 각각 구하시오.

0593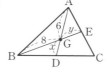

0594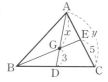

0595

0596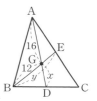

07-5 삼각형의 무게중심과 넓이

[0597~0600] 다음 그림에서 점 G가 △ABC의 무게중심이고 △ABC의 넓이가 18 cm²일 때, 색칠한 부분의 넓이를 구하시오.

0597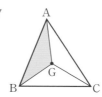

0598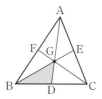

0599

0600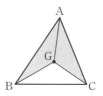

개념원리 중학수학 2-2 149쪽

유형 | 01 **중요**　삼각형의 두 변의 중점을 연결한 선분의 성질(1)

△ABC에서 $\overline{AM}=\overline{MB}$, $\overline{AN}=\overline{NC}$이면
⇨ $\overline{MN}/\!/\overline{BC}$, $\overline{MN}=\dfrac{1}{2}\overline{BC}$

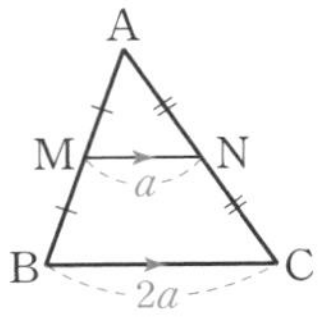

0601 ●대표문제

오른쪽 그림과 같은 △ABC에서 $\overline{AB}$, $\overline{BC}$의 중점을 각각 M, N이라 하자. $\overline{MN}=8$ cm, ∠A=70°, ∠B=65°일 때, $y-x$의 값을 구하시오.

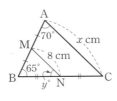

0602 중

오른쪽 그림의 △ABC에서 점 P, Q는 각각 $\overline{AB}$, $\overline{AC}$의 중점이고, △DBC에서 점 M, N은 각각 $\overline{DB}$, $\overline{DC}$의 중점이다. $\overline{MN}=9$ cm, $\overline{RQ}=5$ cm일 때, $\overline{PR}$의 길이는?

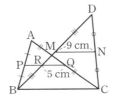

① 2 cm
② $\dfrac{5}{2}$ cm
③ 3 cm
④ $\dfrac{7}{2}$ cm
⑤ 4 cm

0603 상중

오른쪽 그림과 같은 □ABCD에서 $\overline{AD}$, $\overline{BC}$, $\overline{BD}$의 중점을 각각 E, F, G라 하자. $\overline{AB}$와 $\overline{DC}$의 길이의 합이 18 cm이고 $\overline{EF}=7$ cm일 때, △EGF의 둘레의 길이를 구하시오.

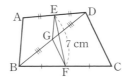

개념원리 중학수학 2-2 149쪽

유형 | 02 삼각형의 두 변의 중점을 연결한 선분의 성질(2)

△ABC에서
$\overline{AM}=\overline{MB}$, $\overline{MN}/\!/\overline{BC}$이면
⇨ $\overline{AN}=\overline{NC}$

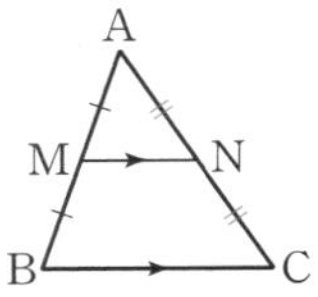

0604 ●대표문제

오른쪽 그림과 같은 △ABC에서 점 M은 $\overline{AB}$의 중점이고, $\overline{MN}/\!/\overline{BC}$이다. $\overline{MN}=5$ cm, $\overline{AC}=16$ cm일 때, $x+y$의 값을 구하시오.

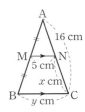

0605 중하

오른쪽 그림과 같은 △ABC에서 점 E는 $\overline{AC}$의 중점이고, $\overline{DE}/\!/\overline{BC}$이다. $\overline{EF}=6$, $\overline{BG}=6$일 때, xy의 값을 구하시오.

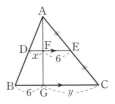

0606 중 ●서술형

오른쪽 그림과 같은 △ABC에서 $\overline{AD}=\overline{DB}$이고 $\overline{DE}/\!/\overline{BC}$, $\overline{AB}/\!/\overline{EF}$이다. $\overline{DE}=18$ cm일 때, $\overline{FC}$의 길이를 구하시오.

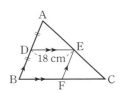

0607 상중

오른쪽 그림에서 $\overline{AB}/\!/\overline{DC}$이고, 두 점 M, N은 각각 $\overline{AC}$, $\overline{BC}$의 중점이다. $\overline{MN}$과 $\overline{BD}$의 교점을 P라 할 때, $\overline{MP}$의 길이를 구하시오.

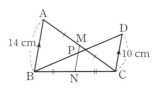

개념원리 중학수학 2-2 149쪽

유형 | 03 삼각형의 세 변의 중점을 연결하여 만든 삼각형

△ABC에서 $\overline{AB}$, $\overline{BC}$, $\overline{CA}$의 중점을 각각
D, E, F라 하면

(1) $\overline{AB}/\!/\overline{FE}$, $\overline{BC}/\!/\overline{DF}$, $\overline{CA}/\!/\overline{ED}$

$\overline{FE}=\dfrac{1}{2}\overline{AB}$, $\overline{DF}=\dfrac{1}{2}\overline{BC}$, $\overline{ED}=\dfrac{1}{2}\overline{CA}$

(2) (△DEF의 둘레의 길이)$=\dfrac{1}{2}\times$(△ABC의 둘레의 길이)

0608 ●●대표문제

오른쪽 그림의 △ABC에서 $\overline{AB}$, $\overline{BC}$, $\overline{CA}$의 중점을 각각 D, E, F라 할 때, △DEF의 둘레의 길이를 구하시오.

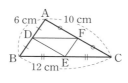

0609 중

오른쪽 그림과 같은 △ABC에서 $\overline{AB}$, $\overline{BC}$, $\overline{CA}$의 중점을 각각 D, E, F라 하자. △DEF의 둘레의 길이가 9 cm일 때, △ABC의 둘레의 길이를 구하시오.

개념원리 중학수학 2-2 151쪽

유형 | 04 사각형의 네 변의 중점을 연결하여 만든 사각형

□ABCD에서 $\overline{AB}$, $\overline{BC}$, $\overline{CD}$, $\overline{DA}$의 중점을 각각 E, F, G, H라 하면

(1) $\overline{AC}/\!/\overline{EF}/\!/\overline{HG}$, $\overline{EF}=\overline{HG}=\dfrac{1}{2}\overline{AC}$

(2) $\overline{BD}/\!/\overline{EH}/\!/\overline{FG}$, $\overline{EH}=\overline{FG}=\dfrac{1}{2}\overline{BD}$

(3) (□EFGH의 둘레의 길이)$=\overline{AC}+\overline{BD}$

0610 ●●대표문제

오른쪽 그림과 같은 □ABCD에서 네 변의 중점을 각각 E, F, G, H라 할 때, □EFGH의 둘레의 길이를 구하시오.

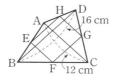

0611 중 ●●서술형

오른쪽 그림과 같은 마름모 ABCD에서 네 변의 중점을 각각 P, Q, R, S라 할 때, □PQRS의 넓이를 구하시오.

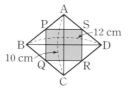

개념원리 중학수학 2-2 151쪽

유형 | 05 사다리꼴의 두 변의 중점을 연결한 선분의 성질

$\overline{AD}/\!/\overline{BC}$인 사다리꼴 ABCD에서 $\overline{AB}$, $\overline{DC}$의 중점이 각각 M, N이고 $\overline{AD}=a$, $\overline{BC}=b$일 때

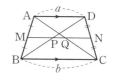

(1) $\overline{MP}=\overline{QN}=\dfrac{1}{2}a$

(2) $\overline{MQ}=\overline{PN}=\dfrac{1}{2}b$　　(3) $\overline{MN}=\dfrac{1}{2}(a+b)$

(4) $\overline{PQ}=\overline{MQ}-\overline{MP}=\dfrac{1}{2}(b-a)$ (단, $b>a$)

0612 ●●대표문제

오른쪽 그림과 같이 $\overline{AD}/\!/\overline{BC}$인 사다리꼴 ABCD에서 두 점 M, N은 각각 $\overline{AB}$, $\overline{DC}$의 중점이다. $\overline{AD}=4$ cm, $\overline{BC}=10$ cm일 때, $\overline{PQ}$의 길이를 구하시오.

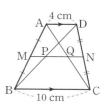

0613 중 하

오른쪽 그림과 같이 $\overline{AD}/\!/\overline{BC}$인 사다리꼴 ABCD에서 두 점 M, N은 각각 $\overline{AB}$, $\overline{DC}$의 중점이다. $\overline{AD}=7$ cm, $\overline{BC}=10$ cm일 때, $x-y$의 값을 구하시오.

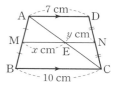

0614 중

오른쪽 그림과 같이 $\overline{AD}/\!/\overline{BC}$인 사다리꼴 ABCD에서 두 점 M, N은 각각 $\overline{AB}$, $\overline{DC}$의 중점이다. $\overline{AD}=4$ cm, $\overline{PQ}=3$ cm일 때, $\overline{BC}$의 길이를 구하시오.

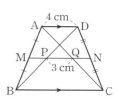

0615 상 중

오른쪽 그림과 같이 $\overline{AD}/\!/\overline{BC}$인 사다리꼴 ABCD에서 두 점 M, N은 각각 $\overline{AB}$, $\overline{DC}$의 중점이다. $\overline{AD}=3$ cm, $\overline{MN}=5$ cm일 때, $\overline{BC}$의 길이를 구하시오.

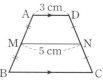

개념원리 중학수학 2-2 157쪽

유형 | 06 삼각형의 중선

$\overline{AD}$가 △ABC의 중선일 때

(1) △ABD=△ADC=$\dfrac{1}{2}$△ABC

(2) △ABP=△APC
△PBD=△PDC

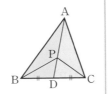

0620 ● 대표문제

오른쪽 그림에서 $\overline{AM}$은 △ABC의 중선이고, 점 P는 $\overline{AM}$의 중점이다. △ABC의 넓이가 24 cm²일 때, △ABP의 넓이를 구하시오.

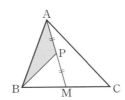

0617 중

오른쪽 그림에서 $\overline{AM}$은 △ABC의 중선이고, $\overline{AP}=\overline{PQ}=\overline{QM}$이다. △PBQ의 넓이가 5 cm²일 때, △ABC의 넓이를 구하시오.

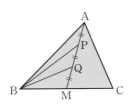

0618 중

오른쪽 그림에서 $\overline{AD}$는 △ABC의 중선이고, $\overline{AH}\perp\overline{BC}$이다. △ABC의 넓이는 30 cm²이고 $\overline{AH}=6$ cm일 때, $\overline{BD}$의 길이를 구하시오.

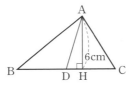

0619 상 중

오른쪽 그림에서 $\overline{AM}$은 △ABC의 중선이고, 점 P는 $\overline{AM}$ 위의 점이다. △ABC의 넓이는 24 cm²이고 △ABP의 넓이는 8 cm²일 때, △PMC의 넓이를 구하시오.

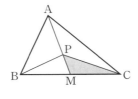

개념원리 중학수학 2-2 157쪽

유형 | 07 삼각형의 무게중심

점 G가 △ABC의 무게중심일 때

(1) $\overline{AG}:\overline{GD}=\overline{BG}:\overline{GE}=\overline{CG}:\overline{GF}$
$=2:1$

(2) $\overline{AG}=\dfrac{2}{3}\overline{AD}$, $\overline{GD}=\dfrac{1}{3}\overline{AD}$

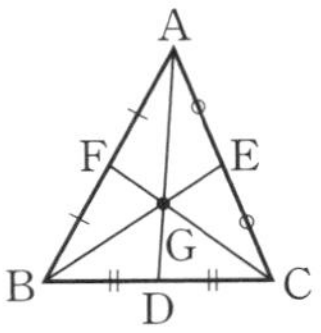

0620 ● 대표문제

오른쪽 그림에서 점 G는 △ABC의 무게중심이고, 점 G′은 △GBC의 무게중심이다. $\overline{AD}=36$ cm일 때, $\overline{GG'}$의 길이를 구하시오.

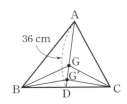

0621 중 하

오른쪽 그림에서 점 G는 △ABC의 무게중심이고 $\overline{AG}=10$ cm, $\overline{BD}=8$ cm일 때, $x+y$의 값을 구하시오.

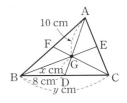

0622 중

오른쪽 그림에서 점 G는 △ABC의 무게중심이고, 점 G′은 △GBC의 무게중심이다. $\overline{G'D}=3$ cm일 때, $\overline{AD}$의 길이를 구하시오.

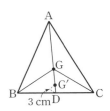

0623 상 중

오른쪽 그림에서 점 G는 ∠C=90°인 직각삼각형 ABC의 무게중심이다. $\overline{AB}=18$ cm일 때, $\overline{CG}$의 길이를 구하시오.

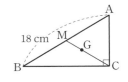

개념원리 중학수학 2-2 158쪽

유형 08 삼각형의 무게중심의 응용 — 삼각형의 두 변의 중점을 연결한 선분의 성질을 이용하는 경우

점 G가 △ABC의 무게중심이고 $\overline{BE} /\!/ \overline{DF}$일 때

(1) $\overline{BG}=2\overline{GE}$

(2) $\overline{DF}=\frac{1}{2}\overline{BE}=\frac{3}{2}\overline{GE}$

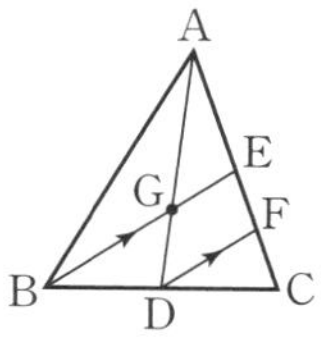

0624 대표문제

오른쪽 그림에서 점 G는 △ABC의 무게중심이고, $\overline{BE} /\!/ \overline{DF}$이다. $\overline{DF}=9$일 때, $x+y$의 값은?

① 24 ② 26 ③ 28 ④ 30 ⑤ 32

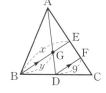

0625 중

오른쪽 그림에서 점 G는 △ABC의 무게중심이고, 점 E는 $\overline{DC}$의 중점이다. $\overline{AG}=12$ cm일 때, $\overline{EF}$의 길이를 구하시오.

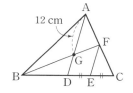

0626 중

오른쪽 그림에서 점 G는 △ABC의 무게중심이고 $\overline{BF}=\overline{FD}$일 때, $\overline{AG}:\overline{EF}$는?

① 2 : 1 ② 3 : 1 ③ 4 : 3 ④ 5 : 3 ⑤ 5 : 4

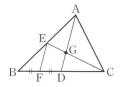

중요

개념원리 중학수학 2-2 158쪽

유형 09 삼각형의 무게중심의 응용 — 닮음을 이용하는 경우

점 G가 △ABC의 무게중심이고 $\overline{DE} /\!/ \overline{BC}$일 때

(1) △AGE∽△AFC (AA 닮음)

(2) $\overline{AE}:\overline{AC}=\overline{GE}:\overline{FC}=2:3$

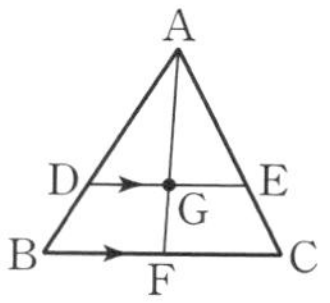

0627 대표문제

오른쪽 그림에서 점 G는 △ABC의 무게중심이고, $\overline{DE} /\!/ \overline{BC}$이다. $\overline{GM}=3$, $\overline{BC}=12$일 때, xy의 값은?

① 18 ② 21 ③ 24 ④ 28 ⑤ 30

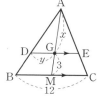

0628 중

오른쪽 그림에서 점 G는 △ABC의 무게중심이고, $\overline{FE} /\!/ \overline{BC}$이다. $\overline{AD}=9$ cm일 때, $\overline{FG}$의 길이는?

① 1 cm ② $\frac{3}{2}$ cm ③ 2 cm ④ $\frac{5}{2}$ cm ⑤ 3 cm

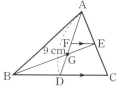

0629 상 중 서술형

오른쪽 그림과 같은 △ABC에서 점 M은 $\overline{BC}$의 중점이고, 두 점 G, G′은 각각 △ABM, △AMC의 무게중심이다. $\overline{BC}=12$ cm일 때, $\overline{GG'}$의 길이를 구하시오.

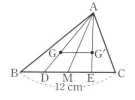

개념원리 중학수학 2-2 159쪽

유형 | 10 삼각형의 무게중심과 넓이

점 G가 △ABC의 무게중심일 때

(1) △GAB=△GBC=△GCA

  $=\dfrac{1}{3}$△ABC

(2) △GAF=△GFB=△GBD

  =△GDC=△GCE

  =△GEA$=\dfrac{1}{6}$△ABC

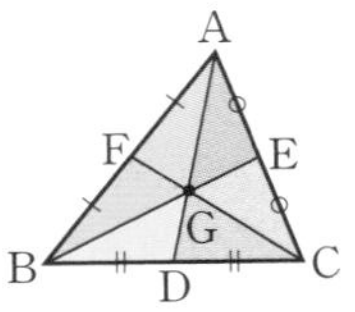

0630 ●─대표문제

오른쪽 그림에서 점 G는 △ABC의
무게중심이고 △ABC의 넓이가
60 cm²일 때, □EBDG의 넓이를 구
하시오.

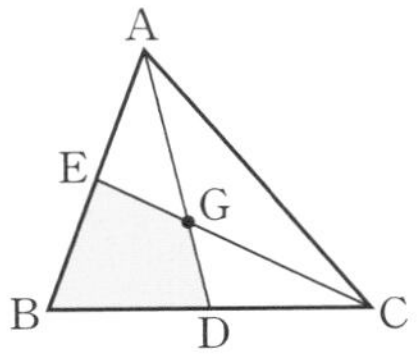

0631 중

다음 그림에서 점 G는 △ABC의 무게중심이다. △ABC
의 넓이가 48 cm²일 때, 색칠한 부분의 넓이를 구하시오.

(1)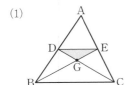

(2)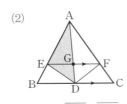

(단, $\overline{EF}$∥$\overline{BC}$)

0632 상 중

오른쪽 그림에서 점 G는 △ABC의
무게중심이고 $\overline{BD}=\overline{DG}$,
$\overline{GE}=\overline{EC}$이다. △ABC의 넓이가
18 cm²일 때, 색칠한 부분의 넓이
를 구하시오.

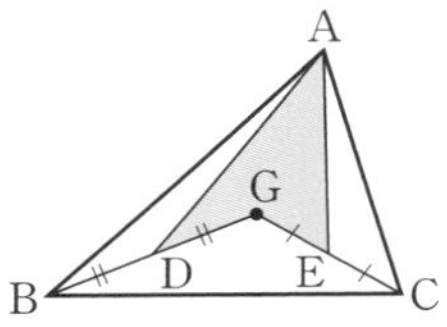

0633 상 중 ●─서술형

오른쪽 그림에서 두 점 G, G′은 각
각 △ABC와 △GBC의 무게중심이
다. △GG′C의 넓이가 6 cm²일 때,
△ABC의 넓이를 구하시오.

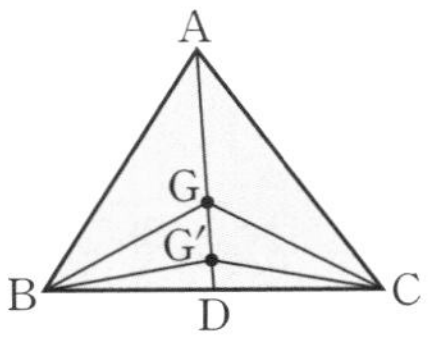

개념원리 중학수학 2-2 159쪽

유형 | 11 평행사변형에서 삼각형의 무게중심의 응용

평행사변형 ABCD에서 두 점 M, N이
각각 $\overline{BC}$, $\overline{CD}$의 중점일 때

(1) 점 P는 △ABC의 무게중심이다.

(2) 점 Q는 △ACD의 무게중심이다.

(3) $\overline{BP}=2\overline{PO}$, $\overline{BP}=\overline{PQ}=\overline{QD}$

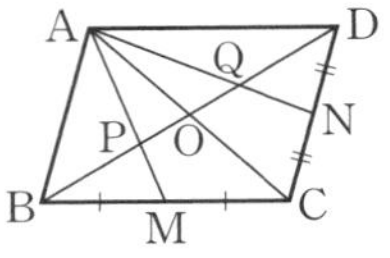

0634 ●─대표문제

오른쪽 그림과 같은 평행사변형
ABCD에서 $\overline{BC}$, $\overline{CD}$의 중점을 각
각 M, N이라 하자. $\overline{BD}=18$ cm
일 때, $\overline{PQ}$의 길이를 구하시오.

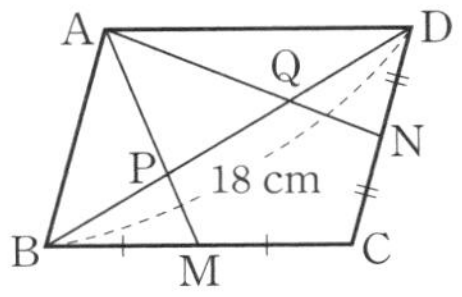

0635 중

오른쪽 그림과 같은 평행사변형
ABCD에서 점 O는 두 대각선의
교점이고, 점 M은 $\overline{BC}$의 중점이다.
$\overline{PO}=2$ cm일 때, $\overline{BD}$의 길이를 구
하시오.

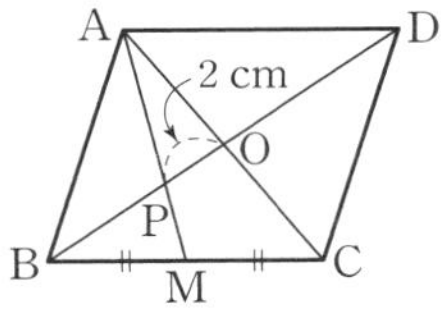

0636 상 중

오른쪽 그림과 같은 평행사변형
ABCD에서 두 점 M, N은 각각
$\overline{BC}$, $\overline{CD}$의 중점이다.
$\overline{PQ}=24$ cm일 때, $\overline{MN}$의 길이를
구하시오.

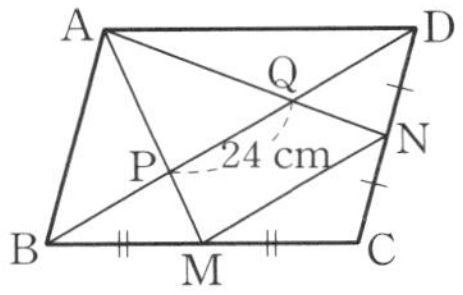

0637 상 중

다음 그림의 평행사변형 ABCD의 넓이가 48 cm²일 때,
색칠한 부분의 넓이를 구하시오.

(단, 점 O는 두 대각선의 교점이다.)

(1)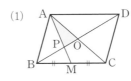

(2)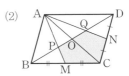

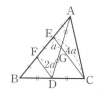

유형 UP

개념원리 중학수학 2-2 150쪽

유형 | 12 삼각형의 두 변의 중점을 연결한 선분의 성질의 응용 – 삼등분점이 주어진 경우

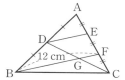

$\triangle ABC$에서 $\overline{AE}=\overline{EF}=\overline{FB}$, $\overline{BD}=\overline{DC}$이고 $\overline{EG}=a$일 때

(1) $\triangle AFD$에서 $\overline{AG}=\overline{GD}$, $\overline{FD}=2a$

(2) $\triangle EBC$에서 $\overline{EC}=4a$

(3) $\overline{GC}=4a-a=3a$

0638 대표문제

오른쪽 그림과 같은 $\triangle ABC$에서 $\overline{AB}$의 중점을 D, $\overline{AC}$의 삼등분점을 각각 E, F라 하자. $\overline{BF}=12$ cm일 때, $\overline{GF}$의 길이는?

① 2 cm ② 3 cm ③ 4 cm ④ 5 cm ⑤ 6 cm

0639 중 서술형

오른쪽 그림과 같은 $\triangle ABC$에서 $\overline{AD}=\overline{DB}$, $\overline{AE}=\overline{EF}=\overline{FC}$이고 $\overline{BF}$와 $\overline{CD}$의 교점을 G라 하자. $\overline{GF}=6$ cm일 때, $\overline{BG}$의 길이를 구하시오.

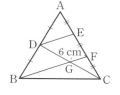

0640 상 중

오른쪽 그림과 같은 $\triangle ABC$에서 $\overline{BC}$의 중점을 D, $\overline{AB}$의 삼등분점을 각각 E, F라 하자. $\overline{PC}=9$ cm일 때, $\overline{EP}$의 길이를 구하시오.

개념원리 중학수학 2-2 150쪽

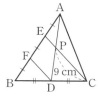

유형 | 13 삼각형의 두 변의 중점을 연결한 선분의 성질의 응용 – 평행한 보조선을 이용하는 경우

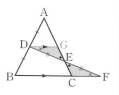

오른쪽 그림에서 $\overline{AD}=\overline{DB}$, $\overline{DE}=\overline{EF}$일 때, $\overline{DG}/\!/\overline{BC}$가 되도록 점 G를 잡으면

(1) $\triangle DEG\equiv\triangle FEC$(ASA 합동)

(2) $\overline{BC}=2\overline{DG}=2\overline{CF}$

0641 대표문제

오른쪽 그림에서 $\overline{AF}=\overline{FC}$, $\overline{DE}=\overline{EF}$이고 $\overline{DC}=24$ cm일 때, $\overline{DB}$의 길이는?

① 6 cm ② 7 cm ③ 8 cm ④ 9 cm ⑤ 10 cm

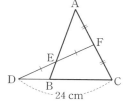

0642 중

오른쪽 그림에서 $\overline{AD}=\overline{DB}$, $\overline{DE}=\overline{EF}$이고 $\overline{BC}=10$ cm일 때, $\overline{CF}$의 길이는?

① 3 cm ② 4 cm ③ 5 cm ④ 6 cm ⑤ 7 cm

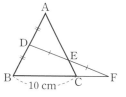

0643 상 중

오른쪽 그림에서 $\overline{AD}=\overline{DB}$, $\overline{DE}=\overline{EF}$이고 $\overline{AE}=12$ cm일 때, $\overline{EC}$의 길이를 구하시오.

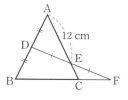

0644 상

오른쪽 그림과 같은 $\triangle ABC$에서 $\overline{AE}=\overline{EB}$이고 $\overline{BD}:\overline{DC}=2:3$일 때, $\overline{AF}:\overline{FD}$를 가장 간단한 자연수의 비로 나타내시오.

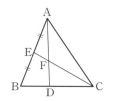

0645

다음은 오른쪽 그림의 △ABC에서 두 점 M, N이 각각 $\overline{AB}$, $\overline{AC}$의 중점일 때, $\overline{MN}/\!/\overline{BC}$, $\overline{MN}=\frac{1}{2}\overline{BC}$임을 설명하는 과정이다. (개)~(매)에 알맞은 것을 써넣으시오.

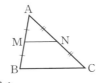

△ABC와 △AMN에서
$\overline{AB}:\overline{AM}=\overline{AC}:\overline{AN}=$ (개) : 1
∠A는 공통
∴ △ABC∽ (내) (SAS 닮음)
따라서 ∠AMN=∠B이므로 $\overline{MN}/\!/$ (대)
또 $\overline{MN}:\overline{BC}=\overline{AM}:\overline{AB}=$ (래) 이므로
$\overline{MN}=$ (매)

0646

오른쪽 그림과 같은 △ABC에서 점 D는 $\overline{BC}$의 중점이고 $\overline{AE}=\overline{ED}$, $\overline{BF}/\!/\overline{DG}$이다. $\overline{DG}=8$ cm일 때, $\overline{BE}$의 길이를 구하시오.

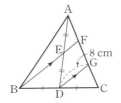

0647

오른쪽 그림과 같은 △ABC에서 $\overline{AB}$, $\overline{BC}$, $\overline{CA}$의 중점을 각각 D, E, F라 할 때, 다음 보기 중 옳은 것을 모두 고르시오.

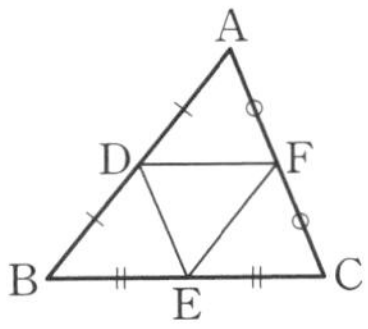

┤ 보기 ├
ㄱ. $\overline{DE}/\!/\overline{AC}$
ㄴ. $\overline{DE}=\overline{EF}$
ㄷ. ∠DBE=∠FEC
ㄹ. △ABC∽△ADF
ㅁ. $\overline{DF}:\overline{BC}=1:3$

0648

오른쪽 그림과 같은 직사각형 ABCD에서 네 변의 중점을 각각 P, Q, R, S라 하자. $\overline{AC}=10$ cm일 때, □PQRS의 둘레의 길이를 구하시오.

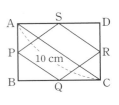

0649

오른쪽 그림과 같이 $\overline{AD}/\!/\overline{BC}$인 □ABCD에서 $\overline{AB}$, $\overline{DC}$의 중점을 각각 E, F라 하자. $\overline{EG}=\overline{GH}=\overline{HF}$이고 $\overline{BC}=6$ cm일 때, $\overline{AD}$의 길이는?

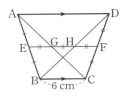

① 8 cm ② 9 cm ③ 10 cm
④ 12 cm ⑤ 15 cm

0650

오른쪽 그림에서 점 G는 △ABC의 무게중심이고, $\overline{BE}/\!/\overline{DF}$이다. $\overline{BG}=8$일 때, $y-x$의 값을 구하시오.

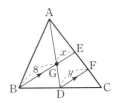

0651

오른쪽 그림에서 점 G는 △ABC의 무게중심일 때, 다음 중 옳지 않은 것은?

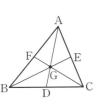

① $\overline{AF}=\overline{BF}$
② $\overline{BG}:\overline{GE}=2:1$
③ $\overline{AG}=\overline{BG}=\overline{CG}$
④ △GBD=$\frac{1}{6}$△ABC
⑤ △GAB=□GDCE

0652

오른쪽 그림에서 두 점 G, G′은 각각 △ABC, △GBC의 무게중심이다. △ABC의 넓이가 72 cm²일 때, △G′BD의 넓이를 구하시오.

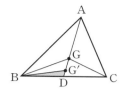

0653

오른쪽 그림과 같은 평행사변형 ABCD에서 두 점 M, N은 각각 $\overline{AD}$, $\overline{BC}$의 중점이다. $\overline{AC}=30$ cm일 때, $\overline{PQ}$의 길이를 구하시오.

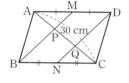

0654

오른쪽 그림과 같은 △ABC에서 점 D는 $\overline{AB}$의 중점이고, 두 점 E, F는 $\overline{AC}$의 삼등분점이다. $\overline{BP}=6$ cm일 때, $\overline{DE}$의 길이를 구하시오.

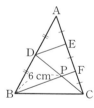

0655

오른쪽 그림에서 $\overline{AE}=\overline{EB}$, $\overline{EF}=\overline{FD}$이고 $\overline{FC}=8$ cm일 때, $\overline{AF}$의 길이는?

① 18 cm   ② 20 cm
③ 22 cm   ④ 24 cm
⑤ 26 cm

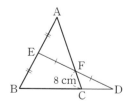

서술형 주관식

0656

오른쪽 그림에서 점 G는 △ABC의 무게중심이고, 점 G′은 △GBC의 무게중심이다. $\overline{GG'}=4$ cm일 때, $\overline{AD}$의 길이를 구하시오.

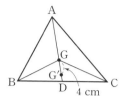

0657

오른쪽 그림에서 점 G는 △ABC의 무게중심이다. 점 G를 지나고 $\overline{BC}$에 평행한 직선이 $\overline{AB}$, $\overline{AC}$와 만나는 점을 각각 E, F라 하자. △ABC의 넓이가 54 cm²일 때, △EDG의 넓이를 구하시오.

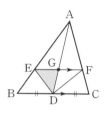

실력 UP

◎ 실력 UP 집중 학습은 실력 Up⁺로!!

0658

오른쪽 그림과 같이 $\overline{AD} /\!/ \overline{BC}$인 등변사다리꼴 ABCD에서 점 E, F, G는 각각 $\overline{AD}$, $\overline{BC}$, $\overline{BD}$의 중점이다. ∠ABD=30°, ∠BDC=100°일 때, ∠GFE의 크기를 구하시오.

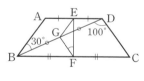

0659

오른쪽 그림과 같은 평행사변형 ABCD에서 $\overline{AB}$, $\overline{AD}$의 중점을 각각 M, N이라 하자. △BEM의 넓이가 10 cm²일 때, □BCDE의 넓이를 구하시오.

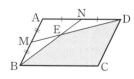

08 피타고라스 정리

08-1 피타고라스 정리

직각삼각형 ABC에서 직각을 낀 두 변의 길이를 각각 a, b라 하고,
빗변의 길이를 c라 하면
$$a^2+b^2=c^2$$

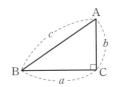

- 피타고라스 정리는 직각삼각형
에서만 적용할 수 있다.

참고 피타고라스 정리의 설명 − 유클리드의 방법
직각삼각형 ABC의 각 변을 한 변으로 하는 세 정사각형 ADEB,
BFGC, ACHI를 그리고, 꼭짓점 A에서 $\overline{BC}$에 내린 수선의 발을 L, 그
연장선과 $\overline{FG}$가 만나는 점을 M이라 하면

$$\underset{\overline{EB}\,/\!/\,\overline{DC}}{\underline{\triangle EBA}}=\overset{\triangle EBC\equiv\triangle ABF(SAS\ 합동)}{\underline{\triangle EBC}=\triangle ABF}=\underset{\overline{BF}\,/\!/\,\overline{AM}}{\underline{\triangle LBF}}$$

즉, △EBA=△LBF이므로
$$□ADEB=2△EBA=2△LBF=□BFML$$
같은 방법으로 하면
$$△HAC=△HBC=△AGC=△LGC$$
즉, △HAC=△LGC이므로
$$□ACHI=2△HAC=2△LGC=□LMGC$$
따라서 □ADEB=□BFML, □ACHI=□LMGC이므로
$$□ADEB+□ACHI=□BFGC$$
$$\therefore \overline{AB}^2+\overline{AC}^2=\overline{BC}^2$$

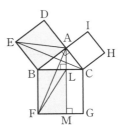

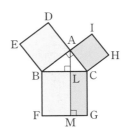

- 평행한 두 직선 l, m에 대하여
△ABC와 △ABD는 $\overline{AB}$가
밑변이고 높이가 같으므로
△ABC=△ABD

08-2 직각삼각형이 되는 조건

세 변의 길이가 각각 a, b, c인 △ABC에서
$$a^2+b^2=c^2$$
이면 이 삼각형은 빗변의 길이가 c인 직각삼각형이다.

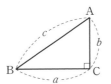

- **피타고라스의 수**
$a^2+b^2=c^2$을 만족시키는 세
자연수 a, b, c를 피타고라스의
수라 한다.
예 $(3, 4, 5)$, $(5, 12, 13)$,
$(6, 8, 10)$, $(7, 24, 25)$,
…

08-3 삼각형의 변의 길이와 각의 크기 사이의 관계

△ABC에서 $\overline{AB}=c$, $\overline{BC}=a$, $\overline{CA}=b$이고 c가 가장 긴 변의
길이일 때
(1) $c^2 < a^2+b^2$이면 $\angle C < 90°$ (예각삼각형)
(2) $c^2 = a^2+b^2$이면 $\angle C = 90°$ (직각삼각형)
(3) $c^2 > a^2+b^2$이면 $\angle C > 90°$ (둔각삼각형)

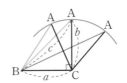

- 삼각형의 모양은 가장 긴 변
의 길이의 제곱과 나머지 두 변의
길이의 제곱의 합의 대소를 비
교하여 판단한다.

교과서문제 정복하기

08-1 피타고라스 정리

[0660~0663] 다음 그림의 직각삼각형에서 x의 값을 구하시오.

0660
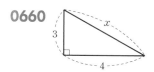

0661
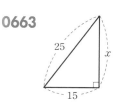

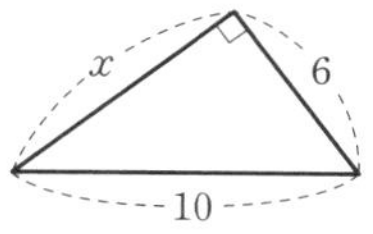

0662
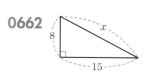

0663

[0664~0665] 다음 그림에서 x, y의 값을 각각 구하시오.

0664

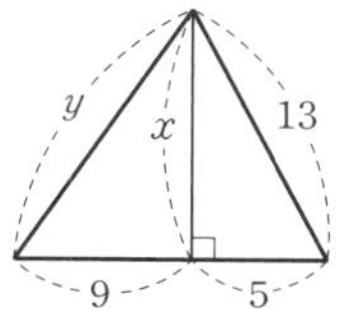

0665
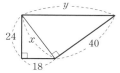

0666 다음은 오른쪽 그림과 같이 $\angle A = 90°$인 직각삼각형 ABC의 각 변을 한 변으로 하는 세 정사각형을 이용하여 피타고라스 정리를 설명하는 과정이다. ㈎~㈐에 알맞은 것을 써넣으시오.

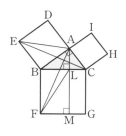

△EBC와 △ABF에서 $\overline{EB} = \overline{AB}$, $\overline{BC} = \overline{BF}$,
$\angle EBC = 90° + \angle ABC = \angle ABF$
이므로 △EBC ≡ △ABF (㈎ 합동)
이때 $\overline{EB} \parallel \overline{DC}$, $\overline{BF} \parallel \overline{AM}$이므로
△EBA = △EBC = △ABF = ㈏
∴ □ADEB = ㈐ ...... ㉠
같은 방법으로 하면 □ACHI = ㈑ ...... ㉡
㉠, ㉡에 의해 □ADEB + □ACHI = □BFGC
∴ $\overline{AB}^2 + \overline{AC}^2 =$ ㈒

08-2 직각삼각형이 되는 조건

0667 직각삼각형인 것을 다음 보기에서 모두 고르시오.

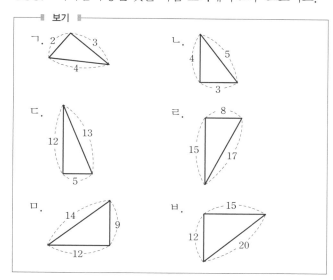

08-3 삼각형의 변의 길이와 각의 크기 사이의 관계

[0668~0673] 세 변의 길이가 각각 다음과 같은 삼각형은 어떤 삼각형인지 말하시오.

0668 2, 2, 3

0669 9, 12, 15

0670 6, 8, 9

0671 3, 4, 6

0672 4, 6, 7

0673 8, 15, 17

08 피타고라스 정리

08-4 피타고라스 정리를 이용한 도형의 성질

○ 개념플러스

(1) **피타고라스 정리를 이용한 직각삼각형의 성질**

∠A＝90°인 직각삼각형 ABC에서 점 D, E가 각각 $\overline{AB}$, $\overline{AC}$ 위에 있을 때

$$\overline{BE}^2 + \overline{CD}^2 = \overline{DE}^2 + \overline{BC}^2$$

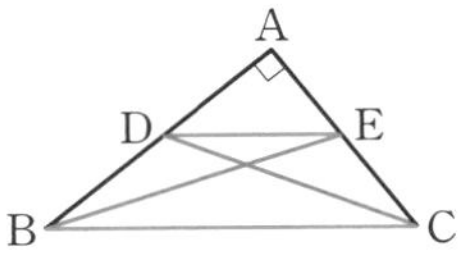

[참고] $\overline{BE}^2 + \overline{CD}^2 = (\overline{AB}^2 + \overline{AE}^2) + (\overline{AC}^2 + \overline{AD}^2)$
$= (\overline{AD}^2 + \overline{AE}^2) + (\overline{AB}^2 + \overline{AC}^2) = \overline{DE}^2 + \overline{BC}^2$

(2) **피타고라스 정리를 이용한 사각형의 성질**

① 두 대각선이 직교하는 사각형의 성질

사각형 ABCD에서 두 대각선이 직교할 때, 즉 $\overline{AC} \perp \overline{BD}$일 때

$$\overline{AB}^2 + \overline{CD}^2 = \overline{AD}^2 + \overline{BC}^2$$

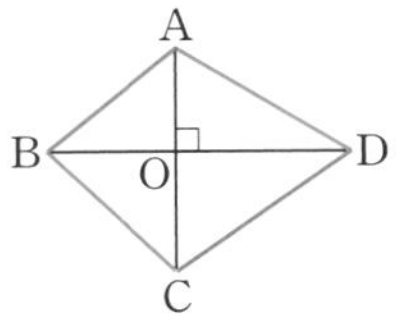

[참고] $\overline{AB}^2 + \overline{CD}^2 = (\overline{AO}^2 + \overline{BO}^2) + (\overline{CO}^2 + \overline{DO}^2)$
$= (\overline{AO}^2 + \overline{DO}^2) + (\overline{BO}^2 + \overline{CO}^2) = \overline{AD}^2 + \overline{BC}^2$

② 직사각형의 성질

직사각형 ABCD의 내부에 있는 점 P에 대하여

$$\overline{AP}^2 + \overline{CP}^2 = \overline{BP}^2 + \overline{DP}^2$$

[참고] $\overline{AP}^2 + \overline{CP}^2 = (\overline{AH}^2 + \overline{HP}^2) + (\overline{PG}^2 + \overline{GC}^2)$
$= (\overline{AH}^2 + \overline{GC}^2) + (\overline{HP}^2 + \overline{PG}^2)$
$= (\overline{BF}^2 + \overline{PF}^2) + (\overline{DG}^2 + \overline{PG}^2) = \overline{BP}^2 + \overline{DP}^2$

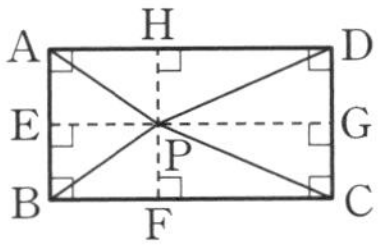

▪ 두 대각선이 직교하는 사각형의 변형

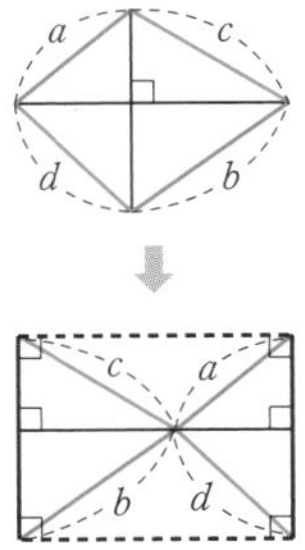

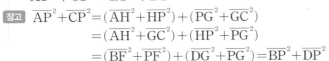

$\therefore a^2 + b^2 = c^2 + d^2$

08-5 직각삼각형에서 세 반원 사이의 관계

(1) ∠A＝90°인 직각삼각형 ABC에서 세 변 AB, AC, BC를 각각 지름으로 하는 반원의 넓이를 P, Q, R라 할 때

$$P + Q = R$$

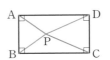

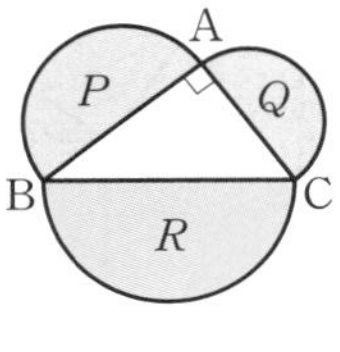

[참고] △ABC에서 $\overline{AB}=c$, $\overline{BC}=a$, $\overline{CA}=b$라 하면

$$P + Q = \frac{1}{2} \times \pi \times \left(\frac{c}{2}\right)^2 + \frac{1}{2} \times \pi \times \left(\frac{b}{2}\right)^2 = \frac{1}{8}\pi(b^2 + c^2)$$

$$R = \frac{1}{2} \times \pi \times \left(\frac{a}{2}\right)^2 = \frac{1}{8}\pi a^2$$

피타고라스 정리에 의해 $b^2 + c^2 = a^2$이므로 $P + Q = R$

(2) 오른쪽 그림과 같이 직각삼각형 ABC의 세 변을 각각 지름으로 하는 세 반원에서

$$S_1 + S_2 = \triangle ABC = \frac{1}{2}bc$$

[참고]

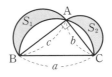

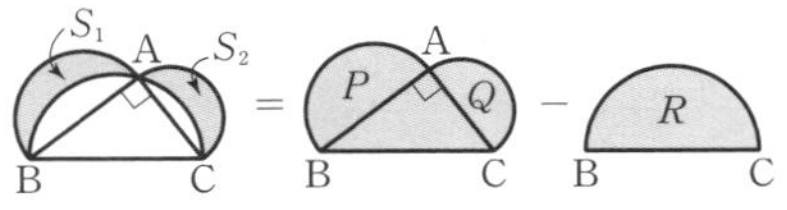

$S_1 + S_2 = (P + Q + \triangle ABC) - R = (R + \triangle ABC) - R = \triangle ABC$

▪ 직각삼각형의 세 변을 각각 지름으로 하는 세 반원 또는 세 변을 각각 한 변으로 하는 세 정다각형의 넓이 사이에는 항상 다음과 같은 관계가 성립한다.
(가장 큰 도형의 넓이)
＝(다른 두 도형의 넓이의 합)

교과서문제 정복하기

08-4 피타고라스 정리를 이용한 도형의 성질

[0674~0676] 다음 그림의 직각삼각형 ABC에서 x^2의 값을 구하시오.

0674

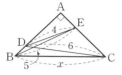

0675

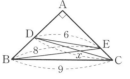

0676

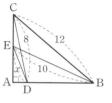

[0677~0679] 다음 그림의 □ABCD에서 $\overline{AC} \perp \overline{BD}$일 때, x^2의 값을 구하시오.

0677

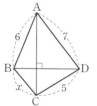

0678

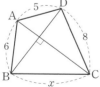

0679

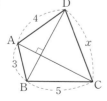

[0680~0681] 다음 그림의 직사각형 ABCD에서 x^2의 값을 구하시오.

0680

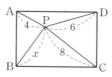

0681

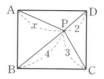

08-5 직각삼각형에서 세 반원 사이의 관계

[0682~0685] 다음 그림에서 색칠한 부분의 넓이를 구하시오.

0682

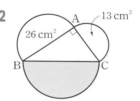

0683

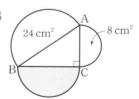

0684

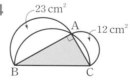

0685

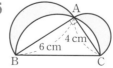

유형 익히기

개념원리 중학수학 2-2 171쪽

유형 | 01 피타고라스 정리를 이용하여 삼각형의 변의 길이 구하기

직각삼각형 ABC에서 직각을 낀 두 변의 길이를 각각 a, b라 하고, 빗변의 길이를 c라 하면
$\Rightarrow a^2+b^2=c^2$

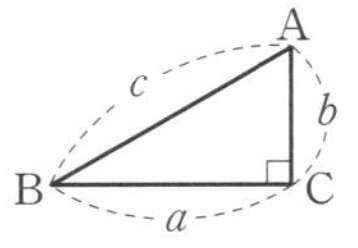

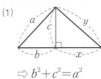

0690 ●대표문제

오른쪽 그림과 같은 △ABC에서 $\overline{AH}\perp\overline{BC}$이다. $\overline{AC}=20\ cm$, $\overline{BH}=5\ cm$, $\overline{CH}=16\ cm$일 때, $\overline{AB}$의 길이를 구하시오.

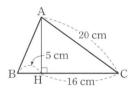

0686 ●대표문제

오른쪽 그림과 같은 직각삼각형 ABC에서 $\overline{BC}=4\ cm$이고 △ABC의 넓이가 $6\ cm^2$일 때, $\overline{AB}$의 길이를 구하시오.

0691 중 하

오른쪽 그림과 같은 직각삼각형 ABC에서 $\overline{AD}=10\ cm$, $\overline{BD}=6\ cm$, $\overline{CD}=9\ cm$일 때, $\overline{AC}$의 길이를 구하시오.

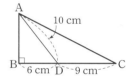

0687 중

오른쪽 그림과 같이 두 대각선의 길이가 각각 24 cm, 32 cm인 마름모 ABCD의 한 변의 길이를 구하시오.

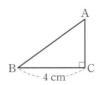

0692 중

오른쪽 그림과 같은 △ABC에서 $\overline{AD}\perp\overline{BC}$이다. $\overline{AB}=26$, $\overline{AC}=30$, $\overline{BD}=10$일 때, △ADC의 둘레의 길이를 구하시오.

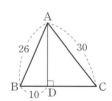

0688 중

오른쪽 그림과 같이 넓이가 각각 $81\ cm^2$, $9\ cm^2$인 두 정사각형을 이어 붙였을 때, x의 값을 구하시오.

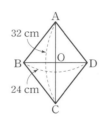

0693 상 중

오른쪽 그림과 같은 직각삼각형 ABC에서 ∠A의 이등분선이 $\overline{BC}$와 만나는 점을 D라 하자. $\overline{AB}=20\ cm$, $\overline{AC}=12\ cm$일 때, △ADC의 넓이를 구하시오.

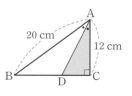

0689 상 중 ●서술형

오른쪽 그림에서 점 G는 직각삼각형 ABC의 무게중심이고 $\overline{AC}=6\ cm$, $\overline{BC}=8\ cm$일 때, $\overline{CG}$의 길이를 구하시오.

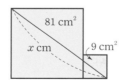

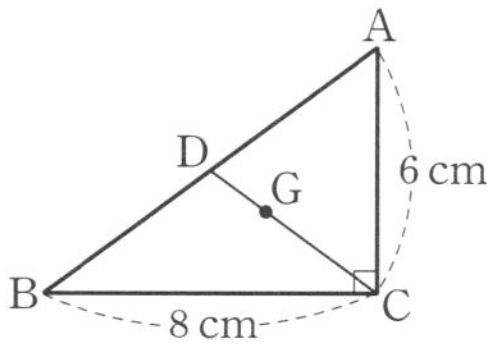

유형 | 02 삼각형에서 피타고라스 정리의 이용

개념원리 중학수학 2-2 171쪽

직각삼각형을 찾아 피타고라스 정리를 이용한다.

(1)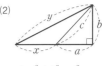
$\Rightarrow b^2+c^2=a^2$
$x^2+c^2=y^2$

(2)
$\Rightarrow a^2+b^2=c^2$
$(x+a)^2+b^2=y^2$

유형 | 03 사각형에서 피타고라스 정리의 이용

직각삼각형이 되도록 대각선 또는 수선을 그어 피타고라스 정리를 이용한다.

(1)
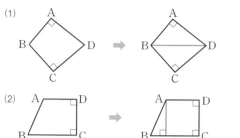

(2)

0694 ●대표문제

오른쪽 그림과 같은 사다리꼴 ABCD의 넓이를 구하시오.
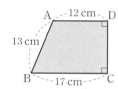

0695 중

오른쪽 그림과 같은 □ABCD에서 ∠B=∠D=90°이고 $\overline{AB}=7$ cm, $\overline{BC}=24$ cm, $\overline{CD}=15$ cm일 때, □ABCD의 둘레의 길이를 구하시오.
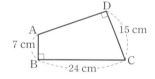

0696 상 중

오른쪽 그림과 같은 사다리꼴 ABCD에서 $\overline{AB}=10$ cm, $\overline{BC}=15$ cm, $\overline{AD}=9$ cm일 때, $\overline{BD}$의 길이를 구하시오.
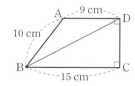

0697 상 중 ●서술형

오른쪽 그림과 같은 등변사다리꼴 ABCD에서 $\overline{AB}=5$ cm, $\overline{BC}=10$ cm, $\overline{AD}=4$ cm, $\overline{CD}=5$ cm일 때, □ABCD의 넓이를 구하시오.
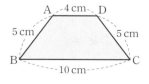

유형 | 04 피타고라스 정리의 응용 (1)

(1) 직각삼각형 ABC에서 한 변의 길이가 $a+b$인 정사각형 CDEF를 그렸을 때,
△ABC≡△GAD≡△HGE≡△BHF (SAS 합동)
⇨ □GHBA는 정사각형

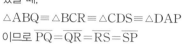

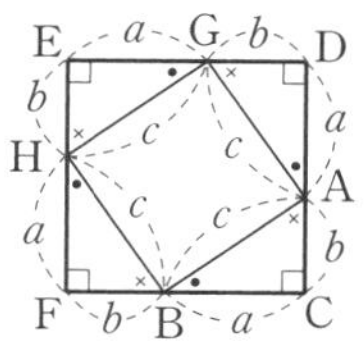

(2) 직각삼각형 ABQ와 합동인 직각삼각형 4개로 이루어진 정사각형 ABCD를 그렸을 때,
△ABQ≡△BCR≡△CDS≡△DAP 이므로 $\overline{PQ}=\overline{QR}=\overline{RS}=\overline{SP}$
⇨ □PQRS는 정사각형

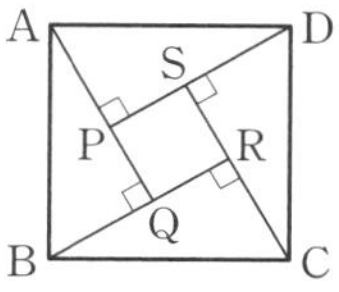

0698 ●대표문제

오른쪽 그림과 같이 한 변의 길이가 14 cm인 정사각형 ABCD의 각 변 위에 $\overline{AE}=\overline{BF}=\overline{CG}=\overline{DH}=8$ cm가 되도록 점 E, F, G, H를 잡았을 때, □EFGH의 넓이를 구하시오.
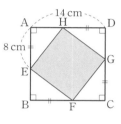

0699 중

오른쪽 그림과 같이 합동인 4개의 직각삼각형을 맞추어 한 변의 길이가 17 cm인 정사각형 ABCD를 만들었다. $\overline{CG}=8$ cm일 때, □EFGH의 둘레의 길이를 구하시오.
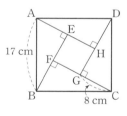

0700 중

오른쪽 그림에서 △ABC≡△CDE이고 세 점 B, C, D는 한 직선 위에 있다. $\overline{AB}=12$ cm이고 △ACE의 넓이가 200 cm²일 때, □ABDE의 넓이는?
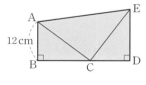

① 242 cm² ② 288 cm² ③ 338 cm²
④ 392 cm² ⑤ 450 cm²

유형 | 05   피타고라스 정리의 응용 (2)

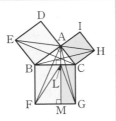

(1) △EBA＝△EBC＝△ABF
　　　＝△LBF
(2) △HAC＝△HBC＝△AGC
　　　＝△LGC
(3) □ADEB＝□BFML
　　　□ACHI＝□LMGC
(4) □ADEB＋□ACHI＝□BFGC ⇨ $\overline{AB}^2+\overline{AC}^2=\overline{BC}^2$

0701 ◆대표문제

오른쪽 그림은 ∠A＝90°인 직각
삼각형 ABC에서 세 변 AB,
BC, CA를 각각 한 변으로 하는
정사각형을 그린 것이다. △ABF
의 넓이를 구하시오.

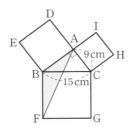

0702 중

오른쪽 그림은 직각삼각형 ABC
의 각 변을 한 변으로 하는 세 정
사각형을 그린 것이다. 다음 중 넓
이가 나머지 넷과 다른 하나는?

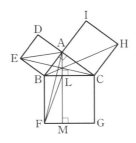

① △ABF　　　② △BCH
③ △BFL　　　④ △EBA
⑤ △EBC

0703 중

오른쪽 그림은 ∠A＝90°인 직
각삼각형 ABC에서 $\overline{AB}$, $\overline{AC}$
를 각각 한 변으로 하는 정사각
형을 그린 것이다. □AFGB의
넓이가 120 cm², □ACDE의
넓이가 49 cm²일 때, $\overline{BC}$의 길이를 구하시오.

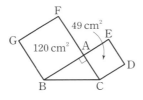

0704 심 중

오른쪽 그림은 ∠A＝90°인 직각삼각
형 ABC에서 $\overline{BC}$를 한 변으로 하는 정
사각형 BDEC를 그린 것이다.
$\overline{AC}$＝6 cm, $\overline{BC}$＝12 cm일 때,
△FDG의 넓이를 구하시오.

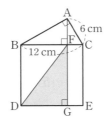

유형 | 06   직각삼각형이 되는 조건

세 변의 길이가 각각 a, b, c인 △ABC에서
$a^2+b^2=c^2$이면 이 삼각형은 빗변의 길이가
c인 직각삼각형이다.

0705 ◆대표문제

세 변의 길이가 다음 **보기**와 같은 삼각형 중에서 직각삼각
형인 것을 모두 고르시오.

┤ 보기 ├
ㄱ. 3, 4, 5　　　　　　ㄴ. 6, 6, 10
ㄷ. 5, 12, 13　　　　　ㄹ. 7, 24, 25
ㅁ. 9, 15, 20　　　　　ㅂ. 12, 16, 18

0706 중

길이가 각각 3 cm, 6 cm, x cm인 세 막대로 직각삼각형
을 만들려고 할 때, 가능한 x^2의 값을 모두 구하시오.

유형 | 07   삼각형의 변의 길이와 각의 크기 사이의 관계

△ABC에서 $\overline{AB}=c$, $\overline{BC}=a$, $\overline{CA}=b$이고 c가 가장 긴 변의
길이일 때
(1) $c^2<a^2+b^2$이면 ∠C<90° (예각삼각형)
(2) $c^2=a^2+b^2$이면 ∠C=90° (직각삼각형)
(3) $c^2>a^2+b^2$이면 ∠C>90° (둔각삼각형)

0707 ◆대표문제

세 변의 길이가 각각 다음과 같은 삼각형 중에서 둔각삼각
형인 것은?

① 4, 6, 7　　　② 4, 8, 9　　　③ 6, 7, 9
④ 6, 9, 10　　　⑤ 9, 12, 15

0708 중 하

세 변의 길이가 각각 다음과 같은 삼각형 중에서 예각삼각
형인 것을 모두 고르면? (정답 2개)

① 2 cm, 3 cm, 4 cm　　　② 3 cm, 6 cm, 6 cm
③ 4 cm, 5 cm, 6 cm　　　④ 6 cm, 8 cm, 12 cm
⑤ 8 cm, 15 cm, 17 cm

개념원리 중학수학 2-2 178쪽

유형 08 피타고라스 정리를 이용한 직각삼각형의 성질

$\angle A=90^\circ$인 직각삼각형 ABC에서 점 D, E가 각각 $\overline{AB}$, $\overline{AC}$ 위에 있을 때

⇨ $\overline{BE}^2+\overline{CD}^2=\overline{DE}^2+\overline{BC}^2$

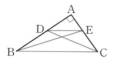

0709 대표문제

오른쪽 그림과 같이 $\angle A=90^\circ$인 직각삼각형 ABC에서 $\overline{BC}=6$, $\overline{BE}=4$, $\overline{CD}=5$일 때, x^2의 값을 구하시오.

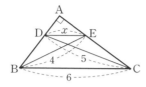

0710 중

오른쪽 그림과 같이 $\angle B=90^\circ$인 직각삼각형 ABC에서 점 D, E는 각각 $\overline{AB}$, $\overline{BC}$의 중점이다. $\overline{AC}=10$ cm, $\overline{AE}=7$ cm일 때, x^2의 값을 구하시오.

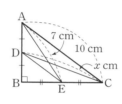

0711 중

오른쪽 그림과 같이 $\angle A=90^\circ$인 직각삼각형 ABC에서 $\overline{AB}=8$, $\overline{AC}=6$, $\overline{DE}=4$일 때, $\overline{BE}^2+\overline{CD}^2$의 값을 구하시오.

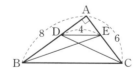

0712 상 중 서술형

오른쪽 그림과 같이 $\angle A=90^\circ$인 직각삼각형 ABC에서 $\overline{AD}=3$, $\overline{AE}=2$, $\overline{BD}=5$일 때, $\overline{BC}^2-\overline{CD}^2$의 값을 구하시오.

중요

개념원리 중학수학 2-2 179쪽

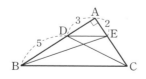

유형 09 피타고라스 정리를 이용한 사각형의 성질

(1) 사각형 ABCD에서 두 대각선이 직교할 때, 즉 $\overline{AC}\perp\overline{BD}$일 때

⇨ $\overline{AB}^2+\overline{CD}^2=\overline{AD}^2+\overline{BC}^2$

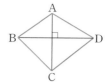

(2) 직사각형 ABCD의 내부에 있는 점 P에 대하여

⇨ $\overline{AP}^2+\overline{CP}^2=\overline{BP}^2+\overline{DP}^2$

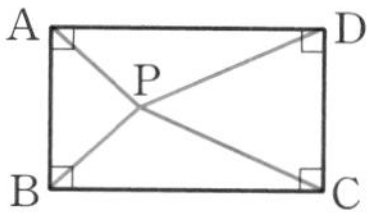

0713 대표문제

오른쪽 그림과 같은 □ABCD에서 $\overline{AC}\perp\overline{BD}$이고 $\overline{BC}=6$, $\overline{CD}=5$일 때, y^2-x^2의 값을 구하시오.

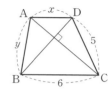

0714 중

오른쪽 그림과 같이 직사각형 ABCD의 내부의 한 점 P에 대하여 $\overline{AP}=5$, $\overline{BP}=4$일 때, $\overline{DP}^2-\overline{CP}^2$의 값을 구하시오.

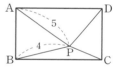

0715 중

오른쪽 그림과 같은 □ABCD에서 두 대각선이 직교할 때, 그 교점을 O라 하자. $\overline{AO}=3$, $\overline{BO}=2$, $\overline{CD}=6$일 때, $\overline{AD}^2+\overline{BC}^2$의 값을 구하시오.

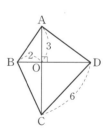

0716 상 서술형

오른쪽 그림과 같은 직사각형 ABCD의 꼭짓점 A에서 대각선 BD에 내린 수선의 발을 P라 하자. $\overline{AD}=20$, $\overline{CD}=15$일 때, $\overline{CP}^2$의 값을 구하시오.

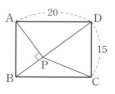

개념원리 중학수학 2-2 179쪽

유형 | 10 **직각삼각형에서 세 반원 사이의 관계**

∠A＝90°인 직각삼각형 ABC에서 세 변 AB, AC, BC를 각각 지름으로 하는 반원의 넓이를 P, Q, R라 할 때
⇨ $P+Q=R$

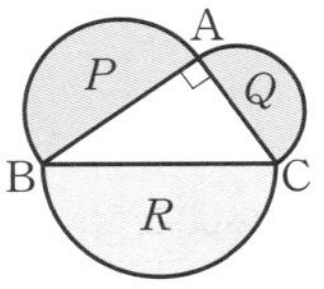

0717 ◀● 대표문제

오른쪽 그림과 같이 직각삼각형 ABC의 세 변을 각각 지름으로 하는 반원의 넓이를 P, Q, R라 하자. $\overline{BC}=12$일 때, $P+Q+R$의 값을 구하시오.

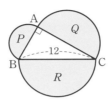

0718 중

오른쪽 그림과 같이 직각삼각형 ABC에서 $\overline{AB}$, $\overline{AC}$를 각각 지름으로 하는 반원의 넓이를 S_1, S_2라 하자. $\overline{BC}=16$일 때, S_1+S_2의 값은?

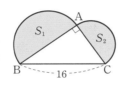

① 16π ② 24π ③ 32π
④ 40π ⑤ 48π

0719 중

오른쪽 그림과 같은 직각삼각형 ABC에서 $\overline{AB}$, $\overline{AC}$를 각각 지름으로 하는 반원의 넓이가 12π cm², 6π cm²일 때, $\overline{BC}$의 길이를 구하시오.

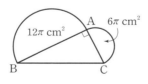

0720 상 중

오른쪽 그림과 같은 직각삼각형 ABC에서 $\overline{AC}=6$ cm이고, $\overline{BC}$를 지름으로 하는 반원의 넓이가 8π cm²일 때, $\overline{AB}$를 지름으로 하는 반원의 둘레의 길이를 구하시오.

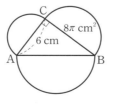

개념원리 중학수학 2-2 179쪽

유형 | 11 **히포크라테스의 원의 넓이**

∠A＝90°인 직각삼각형 ABC의 세 변을 각각 지름으로 하는 반원을 그렸을 때 (색칠한 부분의 넓이)＝△ABC＝$\frac{1}{2}bc$

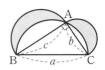

참고 위의 그림에서 색칠한 부분의 넓이를 히포크라테스의 원의 넓이라 한다.

0721 ◀● 대표문제

오른쪽 그림과 같이 직각삼각형 ABC의 세 변을 각각 지름으로 하는 반원을 그렸다. $\overline{AC}=9$ cm, $\overline{BC}=15$ cm일 때, 색칠한 부분의 넓이를 구하시오.

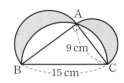

0722 중 ◀● 서술형

오른쪽 그림과 같이 직각삼각형 ABC의 세 변을 각각 지름으로 하는 반원을 그렸다. $\overline{AC}=5$ cm이고 색칠한 부분의 넓이가 30 cm²일 때, $\overline{BC}$의 길이를 구하시오.

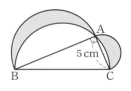

0723 중

오른쪽 그림은 직각삼각형 ABC의 세 변을 각각 지름으로 하는 반원을 그린 것이다. $\overline{AB}=8$ cm, $\overline{AC}=6$ cm일 때, 색칠한 부분의 넓이를 구하시오.

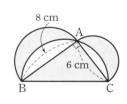

0724 상 중

오른쪽 그림과 같이 $\overline{AB}=\overline{AC}$인 직각이등변삼각형 ABC의 세 변을 각각 지름으로 하는 반원을 그렸다. $\overline{BC}=10$ cm일 때, 색칠한 부분의 넓이를 구하시오.

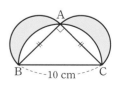

정답과 풀이 p.64

0725

오른쪽 그림과 같은 직각삼각형 ABC에서 $\overline{AC}=30$ cm, $\overline{BC}=24$ cm일 때, $\triangle ABC$의 넓이를 구하시오.

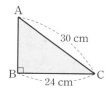

0726

오른쪽 그림과 같은 $\triangle ABC$에서 $\overline{AH}\perp\overline{BC}$이다. $\overline{AB}=20$ cm, $\overline{BC}=21$ cm, $\overline{AH}=12$ cm일 때, $\overline{AC}$의 길이는?

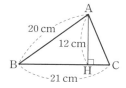

① $\dfrac{25}{2}$ cm   ② 13 cm   ③ $\dfrac{27}{2}$ cm

④ 14 cm   ⑤ $\dfrac{29}{2}$ cm

0727

오른쪽 그림과 같이 좌표평면 위의 원점 O에서 일차방정식 $3x+4y=12$의 그래프에 내린 수선의 발을 H라 할 때, $\overline{OH}$의 길이를 구하시오.

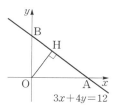

0728

오른쪽 그림에서 4개의 직각삼각형은 모두 합동이다. $\overline{AE}=4$ cm이고 □EFGH의 넓이가 25 cm²일 때, □ABCD의 넓이를 구하시오.

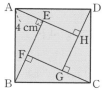

0729

오른쪽 그림은 직각삼각형 ABC의 각 변을 한 변으로 하는 세 정사각형을 그린 것이다. 다음 중 옳은 것은?

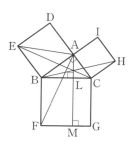

① $\triangle EBA=\triangle ECA$

② $\triangle EBC=\dfrac{1}{2}$□BFGC

③ $\triangle BCH=\dfrac{1}{2}$□LMGC

④ □ADEB=□BFGC

⑤ $\triangle ABF=$□BFML

0730

오른쪽 그림의 □ABCD에서 $\overline{AB}=12$ cm, $\overline{BC}=13$ cm, $\overline{CD}=3$ cm, $\overline{DA}=4$ cm이고 $\angle D=90°$일 때, □ABCD의 넓이를 구하시오.

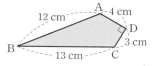

0731

세 변의 길이가 각각 4, 5, x인 삼각형이 직각삼각형일 때, x^2의 값을 모두 구하시오.

0732

다음 **보기**에서 세 변의 길이가 각각 6, 8, x인 삼각형에 대한 설명으로 옳은 것을 모두 고르시오.

┌─── ▌ **보기** ▐ ───

ㄱ. $x=4$이면 둔각삼각형이다.

ㄴ. $x=6$이면 예각삼각형이다.

ㄷ. $x=10$이면 직각삼각형이다.

ㄹ. $x=12$이면 예각삼각형이다.

└───────────────

0733

오른쪽 그림의 직각삼각형 ABC에서 점 D, E는 각각 $\overline{AB}$, $\overline{AC}$의 중점이고 $\overline{BC}=12$일 때, $\overline{BE}^2+\overline{CD}^2$의 값을 구하시오.

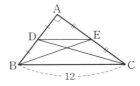

0734

오른쪽 그림과 같은 □ABCD에서 두 대각선이 직교할 때, 그 교점을 O 라 하자. $\overline{AB}=5$, $\overline{BC}=7$, $\overline{CD}=6$, $\overline{DO}=3$일 때, $\overline{AO}^2$의 값을 구하시오.

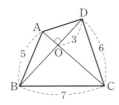

0735

오른쪽 그림과 같이 공원 A, B, C, D를 일직선으로 연결하면 직사각형이 된다. 집 P에서 공원 A, C, D까지의 거리가 각각 4 km, 18 km, 14 km일 때,

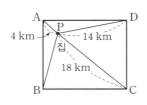

집 P에서 출발하여 자전거를 타고 시속 12 km로 공원 B 까지 최단 거리로 가는 데 걸리는 시간을 구하시오.

0736

오른쪽 그림과 같이 직각삼각형 ABC 의 세 변을 각각 지름으로 하는 반원의 넓이를 P, Q, R라 하자. $P=32\pi$, $R=50\pi$일 때, $\overline{AC}$의 길이는?

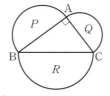

① 12 ② 13 ③ 14
④ 15 ⑤ 16

서술형 주관식

0737

어느 가게 앞에 오른쪽 그림과 같이 직사각형 모양의 천막을 설치하려 고 한다. 천막의 가로의 길이가 4 m 일 때, 천막의 넓이를 구하시오.

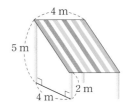

0738

오른쪽 그림은 직각삼각형 ABC의 각 변을 한 변으로 하 는 세 정사각형을 그린 것이다. □ACHI의 넓이가 36 cm², □BFGC의 넓이가 100 cm²일 때, △ABC의 넓이를 구하시오.

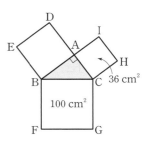

실력 UP

○ 실력 UP 집중 학습은 실력 UP⁺로!!

0739

오른쪽 그림과 같은 직각삼각형 ABC에서 점 M은 $\overline{BC}$의 중점 이고 $\overline{AH}\perp\overline{BC}$, $\overline{PH}\perp\overline{AM}$이 다. $\overline{AB}=20$, $\overline{AC}=15$일 때, $\overline{PH}$의 길이를 구하시오.

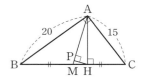

0740

오른쪽 그림과 같이 원에 내접하는 직 사각형 ABCD의 각 변을 지름으로 하는 반원을 그렸다. $\overline{AB}=4$, $\overline{AD}=3$일 때, 색칠한 부분의 넓이를 구하시오.

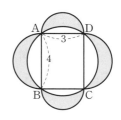

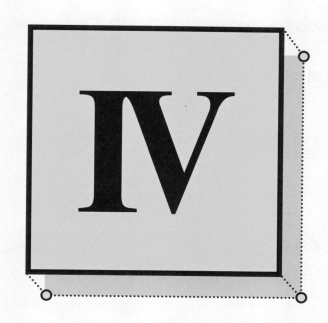

확률

09 경우의 수

09-1 사건과 경우의 수

(1) **사건**: 같은 조건에서 반복할 수 있는 실험이나 관찰에 의하여 나타나는 결과
(2) **경우의 수**: 어떤 사건이 일어나는 가짓수

실험, 관찰	한 개의 주사위를 던진다.
사건	홀수의 눈이 나온다.
경우	⚀ ⚂ ⚄
경우의 수	3

09-2 사건 A 또는 사건 B가 일어나는 경우의 수

두 사건 A, B가 동시에 일어나지 않을 때, 사건 A가 일어나는 경우의 수가 m, 사건 B가 일어나는 경우의 수가 n이면

（사건 A 또는 사건 B가 일어나는 경우의 수）$= m+n$

예 한 개의 주사위를 던질 때

（2 이하 또는 5 이상의 눈이 나오는 경우의 수）
$=$（2 이하의 눈이 나오는 경우의 수）$+$（5 이상의 눈이 나오는 경우의 수）
$= 2+2 = 4$

09-3 두 사건 A, B가 동시에 일어나는 경우의 수

사건 A가 일어나는 경우의 수가 m, 그 각각에 대하여 사건 B가 일어나는 경우의 수가 n이면

（두 사건 A, B가 동시에 일어나는 경우의 수）$= m \times n$

예 동전 한 개와 주사위 한 개를 동시에 던질 때

（동전은 앞면이 나오고, 주사위는 홀수의 눈이 나오는 경우의 수）
$=$（동전의 앞면이 나오는 경우의 수）$\times$（주사위의 홀수의 눈이 나오는 경우의 수）
$= 1 \times 3 = 3$

참고 ① 동전을 던질 때의 경우의 수

서로 다른 n개의 동전을 동시에 던질 때, 일어나는 모든 경우의 수

$\Rightarrow \underbrace{2 \times 2 \times 2 \times \cdots \times 2}_{n개} = 2^n$ └→ 앞면, 뒷면의 2가지

② 주사위를 던질 때의 경우의 수

서로 다른 n개의 주사위를 동시에 던질 때, 일어나는 모든 경우의 수

$\Rightarrow \underbrace{6 \times 6 \times 6 \times \cdots \times 6}_{n개} = 6^n$ └→ 1, 2, 3, 4, 5, 6의 6가지

○ 개념플러스

▪ 경우의 수는 모든 경우를 빠짐 없이 중복되지 않게 구한다.

▪ '또는', '~이거나'라는 표현이 있으면 일반적으로 두 사건이 일어나는 경우의 수를 더한다.

▪ '동시에', '그리고', '~와', '~하고 나서'라는 표현이 있으면 일반적으로 두 사건이 일어나는 경우의 수를 곱한다.

▪ 두 사건 A, B가 동시에 일어난다는 것은 두 사건이 같은 시간에 일어난다는 의미만이 아니라 사건 A의 각각의 경우에 대하여 사건 B가 일어나는 경우도 의미한다.

09-1 사건과 경우의 수

[0741~0744] 한 개의 주사위를 던질 때, 다음을 구하시오.

0741 일어나는 모든 경우의 수

0742 3 미만의 눈이 나오는 경우의 수

0743 3의 배수의 눈이 나오는 경우의 수

0744 6의 약수의 눈이 나오는 경우의 수

[0745~0748] 오른쪽 그림과 같이 1부터 10까지의 자연수가 각각 적힌 10개의 공이 들어 있는 상자가 있다. 이 상자에서 한 개의 공을 꺼낼 때, 다음을 구하시오.

0745 2의 배수가 적힌 공이 나오는 경우의 수

0746 8의 약수가 적힌 공이 나오는 경우의 수

0747 7 이상의 수가 적힌 공이 나오는 경우의 수

0748 소수가 적힌 공이 나오는 경우의 수

09-2 사건 A 또는 사건 B가 일어나는 경우의 수

[0749~0751] 1부터 10까지의 자연수가 각각 적힌 10장의 카드 중에서 한 장을 뽑을 때, 다음을 구하시오.

0749 4 미만 또는 8 이상의 수가 적힌 카드가 나오는 경우의 수

0750 3의 배수 또는 5의 배수가 적힌 카드가 나오는 경우의 수

0751 6의 약수 또는 4의 배수가 적힌 카드가 나오는 경우의 수

[0752~0754] 아래 그림과 같이 민서네 집에서 이모 댁까지 가는 버스 노선은 3가지, 지하철 노선은 2가지가 있다. 다음을 구하시오.

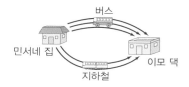

0752 버스를 이용하여 이모 댁에 가는 방법의 수

0753 지하철을 이용하여 이모 댁에 가는 방법의 수

0754 버스 또는 지하철을 이용하여 이모 댁에 가는 방법의 수

09-3 두 사건 A, B가 동시에 일어나는 경우의 수

0755 서로 다른 동전 3개를 동시에 던질 때, 일어나는 모든 경우의 수를 구하시오.

0756 서로 다른 주사위 2개를 동시에 던질 때, 일어나는 모든 경우의 수를 구하시오.

0757 한 개의 동전과 한 개의 주사위를 동시에 던질 때, 일어나는 모든 경우의 수를 구하시오.

0758 찬솔이네 집과 서점, 도서관 사이의 길이 다음 그림과 같을 때, 찬솔이가 집에서 출발하여 서점에 들렀다가 도서관으로 가는 방법의 수를 구하시오.

09-4 한 줄로 세우는 경우의 수

(1) n명을 한 줄로 세우는 경우의 수 $\Rightarrow n \times (n-1) \times (n-2) \times \cdots \times 2 \times 1$

(2) n명 중에서 2명을 뽑아 한 줄로 세우는 경우의 수 $\Rightarrow n \times (n-1)$

(3) n명 중에서 3명을 뽑아 한 줄로 세우는 경우의 수 $\Rightarrow \underline{n} \times \underline{(n-1)} \times \underline{(n-2)}$

n명 중에서 1명을 뽑는 경우의 수 ←┘ ┘ 1명을 뽑고 남은 $(n-1)$명 중에서 1명을 뽑는 경우의 수

2명을 뽑고 남은 $(n-2)$명 중에서 1명을 뽑는 경우의 수

(4) 한 줄로 세울 때 이웃하여 서는 경우의 수는 다음과 같다.

$$\left(\begin{array}{c}\text{이웃하는 것을 하나로 묶어}\\\text{한 줄로 세우는 경우의 수}\end{array}\right) \times \left(\begin{array}{c}\text{묶음 안에서 자리를}\\\text{바꾸는 경우의 수}\end{array}\right)$$

┘ 묶음 안에서 한 줄로 세우는 경우의 수와 같다.

◉ A, B, C, D 4명을 한 줄로 세울 때, A, B가 이웃하여 서는 경우의 수를 구하시오.

(i) 이웃하는 A, B를 한 명으로 생각하여 AB, C, D 3명을 한 줄로 세우는 경우의 수는

$3 \times 2 \times 1 = 6$

(ii) (i)의 각각에 대하여 A, B가 자리를 바꾸는 경우의 수는 $2 \times 1 = 2$

(i), (ii)에 의해 구하는 경우의 수는 $6 \times 2 = 12$

■ A, B, C, D 4명을 한 줄로 세울 때, A, B가 이웃하여 서는 경우는
ABCD, ABDC, CABD, DABC, CDAB, DCAB, BACD, BADC, CBAD, DBAC, CDBA, DCBA
의 12가지이다.

09-5 자연수를 만드는 경우의 수

(1) **0을 포함하지 않는 경우**: 0이 아닌 서로 다른 한 자리 숫자가 각각 적힌 n장의 카드 중에서

① 2장을 뽑아 만들 수 있는 두 자리 자연수의 개수 $\Rightarrow n \times (n-1)$(개)

② 3장을 뽑아 만들 수 있는 세 자리 자연수의 개수 $\Rightarrow n \times (n-1) \times (n-2)$(개)

(2) **0을 포함하는 경우**: 0을 포함한 서로 다른 한 자리 숫자가 각각 적힌 n장의 카드 중에서

① 2장을 뽑아 만들 수 있는 두 자리 자연수의 개수 $\Rightarrow (n-1) \times (n-1)$(개)

② 3장을 뽑아 만들 수 있는 세 자리 자연수의 개수 $\Rightarrow (n-1) \times (n-1) \times (n-2)$(개)

◉ (1) 1, 2, 3의 숫자가 각각 적힌 3장의 카드 중에서 2장을 뽑아 만들 수 있는 두 자리 자연수의 개수

$\Rightarrow 3 \times 2 = 6$(개)

(2) 0, 1, 2, 3의 숫자가 각각 적힌 4장의 카드 중에서 3장을 뽑아 만들 수 있는 세 자리 자연수의 개수

$\Rightarrow 3 \times 3 \times 2 = 18$(개)

■ 0을 포함하지 않는 경우

백	십	일

$\Rightarrow n \times (n-1) \times (n-2)$

■ 0을 포함하는 경우

백	십	일

$\Rightarrow (n-1) \times (n-1) \times (n-2)$

09-6 대표를 뽑는 경우의 수

(1) **자격이 다른 대표 뽑기(뽑는 순서와 관계가 있는 경우)**

① n명 중에서 자격이 다른 대표 2명을 뽑는 경우의 수 $\Rightarrow n \times (n-1)$

② n명 중에서 자격이 다른 대표 3명을 뽑는 경우의 수 $\Rightarrow n \times (n-1) \times (n-2)$

(2) **자격이 같은 대표 뽑기(뽑는 순서와 관계가 없는 경우)**

① n명 중에서 자격이 같은 대표 2명을 뽑는 경우의 수 $\Rightarrow \dfrac{n \times (n-1)}{2}$

┘ 2명이 자리를 바꾸는 경우의 수. 즉 $2 \times 1 = 2$로 나눈다.

② n명 중에서 자격이 같은 대표 3명을 뽑는 경우의 수

$\Rightarrow \dfrac{n \times (n-1) \times (n-2)}{6}$

┘ 3명이 자리를 바꾸는 경우의 수. 즉 $3 \times 2 \times 1 = 6$으로 나눈다.

◉ (1) A, B, C, D 네 명의 학생 중 회장, 부회장을 각각 1명씩 뽑는 경우의 수 $\Rightarrow 4 \times 3 = 12$

(2) A, B, C, D, E 다섯 명의 학생 중 대표 2명을 뽑는 경우의 수 $\Rightarrow \dfrac{5 \times 4}{2} = 10$

■ 대표 뽑기에서 뽑는 순서와 관계가 없는 경우의 수는 뽑는 순서와 관계가 있는 경우의 수를 구하여 대표가 서로 자리를 바꾸는 경우의 수로 나눈다.

09-4 한 줄로 세우는 경우의 수

[0759~0761] A, B, C, D 네 명의 학생이 있다. 다음을 구하시오.

0759 4명을 한 줄로 세우는 경우의 수

0760 4명 중에서 2명을 뽑아 한 줄로 세우는 경우의 수

0761 4명 중에서 3명을 뽑아 한 줄로 세우는 경우의 수

0762 서로 다른 다섯 권의 책을 책꽂이에 한 줄로 꽂는 경우의 수를 구하시오.

[0763~0764] A, B, C, D 네 명의 학생을 한 줄로 세우려고 한다. 다음을 구하시오.

0763 A, C가 이웃하여 서는 경우의 수

0764 A, B, C가 이웃하여 서는 경우의 수

0765 부모님, 언니, 예원, 동생 5명을 한 줄로 세울 때, 부모님이 이웃하여 서는 경우의 수를 구하시오.

09-5 자연수를 만드는 경우의 수

[0766~0767] 1, 2, 3, 4의 숫자가 각각 적힌 4장의 카드가 있다. 다음을 구하시오.

0766 2장을 뽑아 만들 수 있는 두 자리 자연수의 개수

0767 3장을 뽑아 만들 수 있는 세 자리 자연수의 개수

[0768~0770] 0, 1, 2, 3, 4, 5의 숫자가 각각 적힌 6장의 카드가 있다. 다음을 구하시오.

0768 2장을 뽑아 만들 수 있는 두 자리 자연수의 개수

0769 3장을 뽑아 만들 수 있는 세 자리 자연수의 개수

0770 4장을 뽑아 만들 수 있는 네 자리 자연수의 개수

09-6 대표를 뽑는 경우의 수

[0771~0775] A, B, C, D 네 명의 학생이 있다. 다음을 구하시오.

0771 반장 1명을 뽑는 경우의 수

0772 반장, 부반장을 각각 1명씩 뽑는 경우의 수

0773 반장, 부반장, 총무를 각각 1명씩 뽑는 경우의 수

0774 대표 2명을 뽑는 경우의 수

0775 대표 3명을 뽑는 경우의 수

0776 육상부 6명 중에서 대회에 출전할 대표 2명을 뽑는 경우의 수를 구하시오.

[0777~0780] 남학생 3명과 여학생 2명이 있다. 다음을 구하시오.

0777 반장 1명을 뽑는 경우의 수

0778 반장, 부반장을 각각 1명씩 뽑는 경우의 수

0779 반장, 부반장, 총무를 각각 1명씩 뽑는 경우의 수

0780 남학생 대표 1명, 여학생 대표 1명을 뽑는 경우의 수

유형 익히기

중요

개념원리 중학수학 2-2 190쪽

유형 01 경우의 수

(1) 사건: 같은 조건에서 반복할 수 있는 실험이나 관찰에 의하여 나타나는 결과
(2) 경우의 수: 어떤 사건이 일어나는 가짓수

0781 대표문제

서로 다른 두 개의 주사위를 동시에 던질 때, 나오는 두 눈의 수의 합이 8인 경우의 수를 구하시오.

0782 중

1부터 20까지의 자연수가 각각 적힌 20장의 카드 중에서 한 장을 뽑을 때, 다음 중 그 경우의 수가 가장 큰 사건은?

① 3의 배수가 나온다.
② 12의 약수가 나온다.
③ 홀수가 나온다.
④ 소수가 나온다.
⑤ 6 이상 15 미만의 수가 나온다.

개념원리 중학수학 2-2 190쪽

유형 02 돈을 지불하는 방법의 수

동전으로 값을 지불하는 방법의 수
⇨ 액수가 큰 동전의 개수부터 정한다.

0783 대표문제

서우는 고궁에 놀러 갔는데 입장료가 1000원이었다. 50원짜리 동전 4개, 100원짜리 동전 10개, 500원짜리 동전 2개를 가지고 있을 때, 입장료를 지불하는 방법의 수를 구하시오.

0784 중

민규는 50원, 100원, 500원짜리 동전을 각각 5개씩 가지고 있다. 세 가지 동전을 각각 한 개 이상 사용하여 1750원을 지불하는 방법의 수를 구하시오.

중요

개념원리 중학수학 2-2 191쪽

유형 03 경우의 수의 합 – 수를 뽑거나 주사위를 던지는 경우

서로 다른 두 개의 주사위를 동시에 던질 때, 나오는 두 눈의 수의 합이 a 또는 b인 경우의 수
⇨ (두 눈의 수의 합이 a인 경우의 수)
+(두 눈의 수의 합이 b인 경우의 수)

참고 두 사건 A, B가 중복되는 경우가 있으면 중복되는 경우의 수는 한 번만 센다.
(사건 A 또는 사건 B가 일어나는 경우의 수)
=(사건 A가 일어나는 경우의 수)
+(사건 B가 일어나는 경우의 수)
−(두 사건 A, B가 중복되는 경우의 수)

0785 대표문제

두 개의 주사위 A, B를 동시에 던질 때, 나오는 두 눈의 수의 차가 1 또는 4인 경우의 수는?

① 10 ② 14 ③ 16 ④ 20 ⑤ 36

0786 중 하

상자 속에 1부터 20까지의 자연수가 각각 적힌 20개의 공이 들어 있다. 이 상자에서 한 개의 공을 꺼낼 때, 4의 배수 또는 9의 배수가 적힌 공이 나오는 경우의 수는?

① 5 ② 7 ③ 10 ④ 12 ⑤ 15

0787 중 서술형

1부터 10까지의 자연수가 각각 적힌 10장의 카드 중에서 한 장을 뽑을 때, 홀수 또는 8의 약수가 적힌 카드가 나오는 경우의 수를 구하시오.

유형 | 04 경우의 수의 합
― 교통수단 또는 물건을 선택하는 경우

개념원리 중학수학 2−2 191쪽

(1) 교통수단을 한 가지 선택하는 경우: 교통수단은 동시에 두 가지를 선택할 수 없다.

(2) 물건을 한 개 고르는 경우: 물건은 동시에 두 개를 고를 수 없다.

0788 ●◀대표문제▶

도윤이네 집에서 동물원으로 가는 버스 노선은 4가지, 지하철 노선은 2가지가 있다. 도윤이가 집에서 동물원까지 가는 경우의 수를 구하시오.

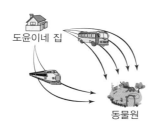

0789 하

용진이는 유기 동물 보호 센터에 있는 개 5마리와 고양이 3마리 중에서 한 마리를 입양하기로 하였다. 이 유기 동물 보호 센터에서 개나 고양이를 입양하는 경우의 수를 구하시오.

0790 중하

은기는 노트북을 사려고 판매점에 갔다. 판매점에 노트북이 A 회사 제품 3가지, B 회사 제품 4가지, C 회사 제품 2가지가 있을 때, 이 판매점에서 노트북을 사는 경우의 수는?

① 5 　　　　② 6 　　　　③ 7
④ 8 　　　　⑤ 9

0791 중하

나영이의 MP3 플레이어에는 발라드가 4곡, 락이 5곡, 팝이 2곡, 힙합이 3곡 수록되어 있다. 이 MP3 플레이어에서 한 곡을 틀었을 때, 락이나 힙합이 나오는 경우의 수는?

① 5 　　　　② 6 　　　　③ 7
④ 8 　　　　⑤ 9

유형 | 05 경우의 수의 곱 ― 길을 선택하는 경우

개념원리 중학수학 2−2 192쪽

A 지점에서 B 지점까지 가는 방법이 m가지, B 지점에서 C 지점까지 가는 방법이 n가지일 때,
A 지점에서 B 지점을 거쳐 C 지점까지 가는 방법의 수
⇨ $m \times n$

0792 ●◀대표문제▶

지원이네 학교에서 서점으로 가는 길은 4가지, 서점에서 집으로 가는 길은 3가지가 있다. 지원이가 학교에서 출발하여 서점에 들렀다가 집으로 가는 방법의 수는?

① 6 　　　　② 7 　　　　③ 12
④ 15 　　　　⑤ 18

0793 중

어느 산의 정상까지 가는 등산로는 5가지가 있다. 현진이가 정상까지 올라갔다가 내려오려고 하는데 내려올 때는 올라갈 때와 다른 길을 선택하려고 한다. 현진이가 이 산의 정상까지 올라갔다가 내려오는 방법의 수를 구하시오.

0794 중

오른쪽 그림은 어느 쇼핑몰의 평면도이다. 의류 매장에서 나와 통로를 거쳐 신발 매장으로 들어가는 방법의 수를 구하시오.

0795 중

A, B, C 세 지점 사이에 오른쪽 그림과 같은 길이 있다. A 지점에서 C 지점까지 가는 방법의 수는?
(단, 한 번 지나간 지점은 다시 지나지 않는다.)

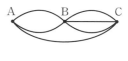

① 3 　　　　② 4 　　　　③ 5
④ 6 　　　　⑤ 7

유형 | 06   경우의 수의 곱 − 물건을 선택하는 경우

물건 A가 m개, 물건 B가 n개 있을 때,
A와 B를 각각 한 개씩 선택하는 경우의 수
⇨ $m \times n$

0796 ●대표문제

어느 영화 상영관에서 한국 영화 3편과 외국 영화 6편이 상영되고 있다. 이 상영관에서 한국 영화와 외국 영화를 각각 1편씩 관람하는 경우의 수를 구하시오.

0797 중하

어느 주스 가게에서는 과일 1가지와 채소 1가지를 같이 갈아서 만드는 주스를 판매하고 있다. 선택할 수 있는 과일과 채소의 종류가 다음과 같을 때 만들 수 있는 주스의 종류는 몇 가지인지 구하시오.

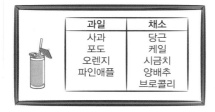

과일	채소
사과	당근
포도	케일
오렌지	시금치
파인애플	양배추
	브로콜리

0798 중하

다음과 같이 4개의 자음과 2개의 모음이 각각 적힌 6장의 카드가 있다. 자음이 적힌 카드와 모음이 적힌 카드를 각각 한 장씩 사용하여 만들 수 있는 글자의 개수를 구하시오.

0799 중

어느 선물 가게에는 3종류의 상자, 7종류의 포장지, 2종류의 리본이 있다. 이 선물 가게에서 선물을 상자에 담아 포장지와 리본으로 포장하는 경우의 수를 구하시오.

유형 | 07   경우의 수의 곱
− 동전 또는 주사위를 던지는 경우

(1) 서로 다른 n개의 동전을 동시에 던질 때, 일어나는 모든 경우의 수 ⇨ $\underbrace{2 \times 2 \times \cdots \times 2}_{n개} = 2^n$

(2) 서로 다른 n개의 주사위를 동시에 던질 때, 일어나는 모든 경우의 수 ⇨ $\underbrace{6 \times 6 \times \cdots \times 6}_{n개} = 6^n$

0800 ●대표문제

주사위 1개와 서로 다른 동전 2개를 동시에 던질 때, 일어나는 모든 경우의 수는?

① 8   ② 10   ③ 12
④ 24   ⑤ 32

0801 중하

한 개의 주사위를 두 번 던질 때, 처음에는 2의 배수의 눈이 나오고 나중에는 6의 약수의 눈이 나오는 경우의 수를 구하시오.

0802 중

서로 다른 동전 2개와 주사위 1개를 동시에 던질 때, 동전은 서로 다른 면이 나오고 주사위는 3의 배수의 눈이 나오는 경우의 수를 구하시오.

0803 상중

다음 그림과 같은 5개의 전구를 켜거나 꺼서 신호를 만들려고 한다. 전구가 모두 꺼진 경우는 신호로 생각하지 않을 때, 만들 수 있는 신호의 개수를 구하시오.

유형 | **08** 한 줄로 세우는 경우의 수

개념원리 중학수학 2-2 197쪽

(1) n명을 한 줄로 세우는 경우의 수
$\Rightarrow n \times (n-1) \times (n-2) \times \cdots \times 2 \times 1$

(2) n명 중에서 2명을 뽑아 한 줄로 세우는 경우의 수
$\Rightarrow n \times (n-1)$

(3) n명 중에서 3명을 뽑아 한 줄로 세우는 경우의 수
$\Rightarrow n \times (n-1) \times (n-2)$

0804 •○ 대표문제

선주네 가족은 A, B, C, D, E 5개의 도시 중 3개를 골라 여행을 하려고 한다. 이때 여행하는 순서를 정하는 경우의 수를 구하시오.

0805 중 하

지혜는 시험 대비를 위해 이번 주에는 국어, 영어, 수학, 과학의 4가지 과목을 공부하려고 한다. 공부할 과목의 순서를 정하는 경우의 수를 구하시오.

유형 | **09** 한 줄로 세우는 경우의 수
― 특정한 사람의 자리를 고정하는 경우

개념원리 중학수학 2-2 197쪽

A를 포함한 n명을 한 줄로 세울 때, A를 특정한 위치에 세우는 경우의 수는 A를 특정한 위치에 고정시킨 후 나머지 $(n-1)$명을 한 줄로 세우는 경우의 수와 같다.

0806 •○ 대표문제

미나, 재혁, 수현, 영재 4명이 긴 의자에 나란히 앉을 때, 미나가 오른쪽에서 두 번째 자리에 앉는 경우의 수를 구하시오.

0807 중

아버지, 어머니와 3명의 자녀가 한 줄로 설 때, 아버지와 어머니가 양 끝에 서는 경우의 수를 구하시오.

중요 유형 | **10** 한 줄로 세우는 경우의 수 ― 이웃하는 경우

개념원리 중학수학 2-2 197쪽

이웃하는 것을 하나로 묶어서 한 묶음으로 생각한다.
$\Rightarrow$ (이웃하는 것을 하나로 묶어 한 줄로 세우는 경우의 수)
$\times$ (묶음 안에서 자리를 바꾸는 경우의 수)

0808 •○ 대표문제

연수, 지훈, 우진, 경은, 태경, 미현 6명이 한 줄로 설 때, 경은, 태경이가 이웃하여 서는 경우의 수를 구하시오.

0809 중

유정이는 서로 다른 국어 문제집 2권, 서로 다른 수학 문제집 3권을 책꽂이에 한 줄로 꽂으려고 한다. 수학 문제집끼리 나란히 꽂는 경우의 수는?

① 24 ② 30 ③ 36
④ 42 ⑤ 48

0810 실 중

우리, 아름, 나라, 다운 4명을 한 줄로 세울 때, 아름이와 다운이가 이웃하고, 우리와 나라가 이웃하도록 세우는 경우의 수는?

① 2 ② 4 ③ 6
④ 8 ⑤ 12

0811 실 중 •○ 서술형

남학생 2명, 여학생 4명이 한 줄로 설 때, 남학생은 남학생끼리, 여학생은 여학생끼리 이웃하여 서는 경우의 수를 구하시오.

유형 | **11**   자연수의 개수 − 0을 포함하지 않는 경우

0이 아닌 서로 다른 한 자리의 숫자 n개 중에서

(1) 두 수를 뽑아 만들 수 있는 두 자리 자연수의 개수
  ⇨ $n \times (n-1)$(개)

(2) 세 수를 뽑아 만들 수 있는 세 자리 자연수의 개수
  ⇨ $n \times (n-1) \times (n-2)$(개)

0812 ●●대표문제

2, 3, 5, 7의 숫자가 각각 적힌 4장의 카드가 있다. 이 중에서 3장을 뽑아 만들 수 있는 세 자리 자연수 중 527보다 큰 수의 개수를 구하시오.

0813 중하

1부터 6까지의 숫자가 각각 적힌 6장의 카드 중에서 3장을 뽑아 만들 수 있는 세 자리 자연수의 개수는?

① 48개 ② 60개 ③ 80개
④ 100개 ⑤ 120개

0814 중

1, 2, 3, 4, 5의 숫자가 각각 적힌 5장의 카드가 있다. 다음 물음에 답하시오.

(1) 2장을 뽑아 만들 수 있는 두 자리 자연수의 개수를 구하시오.

(2) 2장을 뽑아 만들 수 있는 두 자리 자연수 중 홀수의 개수를 구하시오.

0815 상중

1, 2, 3, 4의 숫자가 각각 적힌 4장의 카드가 들어 있는 주머니에서 3장을 뽑아 만들 수 있는 세 자리 자연수를 작은 수부터 차례로 나열할 때, 20번째에 오는 수를 구하시오.

유형 | **12**   자연수의 개수 − 0을 포함하는 경우

0을 포함한 서로 다른 한 자리의 숫자 n개 중에서

(1) 두 수를 뽑아 만들 수 있는 두 자리 자연수의 개수
  ⇨ $(n-1) \times (n-1)$(개)

(2) 세 수를 뽑아 만들 수 있는 세 자리 자연수의 개수
  ⇨ $(n-1) \times (n-1) \times (n-2)$(개)

참고 맨 앞의 자리에는 0이 올 수 없다.

0816 ●●대표문제

0, 1, 2, 3, 4의 숫자가 각각 적힌 5장의 카드 중에서 3장을 뽑아 만들 수 있는 세 자리 자연수의 개수는?

① 24개 ② 30개 ③ 48개
④ 60개 ⑤ 72개

0817 중

0, 1, 2, 3, 4의 숫자가 각각 적힌 5장의 카드 중에서 2장을 뽑아 만들 수 있는 두 자리 자연수 중 31 미만인 수의 개수를 구하시오.

0818 중

어느 웹 사이트에서는 0부터 9까지의 숫자를 사용하여 만든 네 자리 자연수로 비밀번호를 정할 수 있다고 한다. 같은 숫자를 여러 번 사용해도 될 때, 비밀번호를 만들 수 있는 방법의 수를 구하시오.

0819 상중 ●●서술형

0, 1, 2, 3, 4, 5의 숫자가 각각 적힌 6장의 카드 중에서 3장을 뽑아 만들 수 있는 세 자리 자연수 중 5의 배수의 개수를 구하시오.

유형 | 13 **대표를 뽑는 경우의 수 ― 자격이 다른 경우**

개념원리 중학수학 2-2 199쪽

n명 중에서 자격이 다른 r명을 뽑는 경우의 수

⇨ n명 중에서 r명을 뽑아 한 줄로 세우는 경우의 수와 같다.

참고 뽑는 순서와 관계가 있다.

0820 ●대표문제

윤모네 학교에서 올해 학생 회장 선거에 5명의 후보가 출마하였다. 이 중에서 회장, 부회장, 총무를 각각 1명씩 뽑는 경우의 수를 구하시오.

0821 중

A, B, C, D, E 5명의 후보 중에서 대표, 부대표, 총무를 각각 1명씩 뽑을 때, A가 대표에 뽑히는 경우의 수는?

① 5 ② 8 ③ 12

④ 15 ⑤ 24

유형 | 14 중요 **대표를 뽑는 경우의 수 ― 자격이 같은 경우**

개념원리 중학수학 2-2 199쪽

(1) n명 중에서 자격이 같은 2명의 대표를 뽑는 경우의 수

⇨ $\dfrac{n\times(n-1)}{2}$

(2) n명 중에서 자격이 같은 3명의 대표를 뽑는 경우의 수

⇨ $\dfrac{n\times(n-1)\times(n-2)}{6}$

참고 뽑는 순서와 관계가 없다.

0822 ●대표문제

8명의 학생 중에서 영어 말하기 대회에 나갈 학생 2명을 뽑는 경우의 수를 구하시오.

0823 중

체육대회에서 정태, 도연, 연희, 혜선, 상훈 5명의 학생 중 100 m, 200 m 달리기에 나갈 선수를 각각 2명, 1명씩 뽑는 경우의 수를 구하시오.

0824 중

어느 모임에서 만난 6명이 한 사람도 빠짐없이 서로 한 번씩 악수를 할 때, 악수를 한 총 횟수는?

① 12회 ② 15회 ③ 18회

④ 24회 ⑤ 30회

0825 상 중

남학생 5명, 여학생 4명 중에서 대표 3명을 뽑을 때, 3명 모두 남학생이거나 3명 모두 여학생인 경우의 수를 구하시오.

유형 | 15 **선분 또는 삼각형의 개수**

개념원리 중학수학 2-2 200쪽

(1) n개의 점 중에서 두 점을 이어 만든 선분의 개수

⇨ $\dfrac{n\times(n-1)}{2}$ (개)

(2) 어느 세 점도 한 직선 위에 있지 않은 n개의 점 중에서 세 점을 이어 만든 삼각형의 개수

⇨ $\dfrac{n\times(n-1)\times(n-2)}{6}$ (개)

참고 선분 또는 삼각형의 개수는 뽑는 순서와 관계가 없다.

0826 ●대표문제

오른쪽 그림과 같이 원 위에 5개의 점이 있다. 이 중에서 두 점을 이어 만들 수 있는 선분의 개수를 구하시오.

0827 중 ●서술형

오른쪽 그림과 같이 원 위에 7개의 점이 있다. 다음을 구하시오.

(1) 두 점을 이어 만들 수 있는 선분의 개수

(2) 세 점을 꼭짓점으로 하는 삼각형의 개수

유형 UP

개념원리 중학수학 2-2 192쪽

유형 16 경우의 수의 곱 — 최단 거리로 가는 방법의 수

A 지점에서 출발하여 P 지점을 거쳐
B 지점까지 최단 거리로 가는 방법의
수 구하기

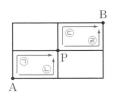

① A 지점에서 P 지점까지 최단 거리
로 가는 방법은 ㉠, ㉡의 2가지
② P 지점에서 B 지점까지 최단 거리로 가는 방법은
㉢, ㉣의 2가지
③ ①, ②에서 구하는 방법의 수는 $2 \times 2 = 4$

0828 ●대표문제

오른쪽 그림과 같은 길이 있을 때, A 지점
에서 출발하여 P 지점을 거쳐 B 지점까지
최단 거리로 가는 방법의 수를 구하시오.

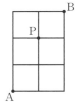

0829 상

오른쪽 그림과 같은 모양의
도로가 있을 때, 현주가 집에
서 출발하여 서점을 거쳐 학
교까지 최단 거리로 가는 방
법의 수를 구하시오.

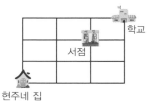

0830 상

보영이의 스마트폰 잠금 화면은 오른쪽
그림과 같고, 다음 규칙에 따라 잠금 해
제 패턴을 설정할 수 있다고 한다. 잠금
해제 패턴을 만들 수 있는 방법의 수를
구하시오.

규칙

⑺ 잠금 해제 패턴은 다섯 개의 이웃하는 점을 연속으로
지나야 한다.
⑻ 잠금 해제 패턴은 위에서 아래로, 왼쪽에서 오른쪽으
로만 이동할 수 있으며 대각선으로는 이동할 수 없다.

개념원리 중학수학 2-2 200쪽

유형 17 색칠하는 경우의 수

서로 다른 색을 칠하는 경우 먼저 한 부분을 정하여 경우의 수를
구하고 다른 부분으로 옮겨가면서 이전에 칠한 색을 제외하며 경
우의 수를 구한다.

0831 ●대표문제

오른쪽 그림의 A, B, C 세 부분에 분홍
색, 노란색, 연두색, 보라색의 4가지 색
중 3가지 색을 한 번씩만 사용하여 칠하려
고 한다. 색을 칠하는 경우의 수를 구하시
오.

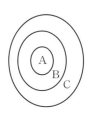

0832 중

오른쪽 그림의 A, B, C, D, E 다섯 부
분에 빨간색, 파란색, 보라색, 초록색,
노란색의 5가지 색을 한 번씩만 사용하
여 칠하려고 한다. C 부분에 초록색을
칠하려고 할 때, 색을 칠하는 경우의 수는?

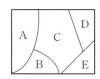

① 12
② 18
③ 24
④ 36
⑤ 48

0833 상중 ●서술형

오른쪽 그림의 A, B, C, D, E 다섯 부
분에 빨간색, 노란색, 파란색, 보라색,
초록색의 5가지 색을 사용하여 칠하려
고 한다. 같은 색을 두 번 이상 사용해
도 좋으나 이웃하는 부분은 서로 다른 색을 칠하려고 할
때, 색을 칠하는 경우의 수를 구하시오.

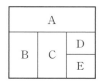

0834

원주, 유선, 지영이가 술래잡기를 하려고 한다. 가위바위보를 하여 진 사람이 술래를 한다고 할 때, 가위바위보를 한 번 하여 유선이가 술래로 결정되는 경우의 수는?

① 3   ② 6   ③ 9
④ 10   ⑤ 15

0835

두 개의 주사위 A, B를 동시에 던져서 나온 눈의 수를 각각 a, b라 할 때, 점 (a, b)가 직선 $2x-y=6$ 위에 있는 경우의 수를 구하시오.

0836

100원, 50원, 10원짜리 동전이 각각 7개씩 있다. 이 동전을 사용하여 350원을 지불하는 방법의 수는?

① 6   ② 7   ③ 8
④ 9   ⑤ 10

0837

다음 그림과 같이 6등분된 서로 다른 두 개의 원판이 있다. 두 원판을 돌린 후 멈추었을 때, 두 원판의 각 바늘이 가리킨 수의 합이 7 또는 12인 경우의 수를 구하시오.
(단, 바늘이 경계선을 가리키는 경우는 생각하지 않는다.)

0838

국어 문제집 4종류, 수학 문제집 7종류, 영어 문제집 3종류 중에서 한 권의 문제집을 선택하는 경우의 수는?

① 7   ② 10   ③ 11
④ 14   ⑤ 19

0839

오른쪽 그림은 세 지점 A, P, B 사이의 길을 나타낸 것이다. A 지점에서 출발하여 두 지점 A, B 사이를 왕복하는데 P 지점을 반드시 한 번 지나려고 할 때, 두 지점 A, B 사이를 왕복하는 방법의 수를 구하시오.

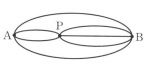

0840 중요

은채는 흰색, 분홍색, 파란색, 갈색 셔츠 4벌과 흰색, 갈색, 검은색 바지 3벌이 있다. 은채가 셔츠와 바지를 각각 하나씩 짝 지어 입는 경우의 수는?

① 6   ② 7   ③ 10
④ 12   ⑤ 14

0841 중요

다음 중 그 값이 가장 큰 것은?

① 한 개의 주사위를 던질 때, 일어나는 모든 경우의 수
② 서로 다른 동전 3개를 동시에 던질 때, 일어나는 모든 경우의 수
③ 4개의 윷가락을 동시에 던질 때, 일어나는 모든 경우의 수
④ 두 사람이 가위바위보를 할 때, 일어나는 모든 경우의 수
⑤ 서로 다른 동전 2개와 주사위 1개를 동시에 던질 때, 일어나는 모든 경우의 수

0842

서로 다른 두 개의 주사위를 동시에 던질 때, 나오는 두 눈의 수의 합이 짝수인 경우의 수는?

① 12   ② 18   ③ 24
④ 30   ⑤ 36

0843

서로 다른 조각 케익 6개가 있다. 이 중에서 2개를 골라 현인이와 선화에게 각각 한 개씩 주는 경우의 수는?

① 15   ② 20   ③ 25
④ 30   ⑤ 35

0844

A, B, C, D, E, F 6명이 한 줄로 설 때, A, B는 이웃하여 서고 C는 맨 앞에 서는 경우의 수를 구하시오.

0845

1, 2, 3, 4, 5의 숫자가 각각 적힌 5장의 카드가 있다. 이 중에서 3장을 뽑아 만들 수 있는 세 자리 자연수 중 352보다 큰 수의 개수는?

① 17개   ② 19개   ③ 21개
④ 23개   ⑤ 25개

0846

0, 1, 2, 3, $\cdots$, 7, 8의 숫자가 각각 적힌 9장의 카드 중에서 2장을 뽑아 만들 수 있는 두 자리 자연수 중 3의 배수의 개수를 구하시오.

0847

몇 개의 축구팀이 다른 모든 팀과 서로 한 번씩 경기를 했더니 28번의 경기가 이루어졌다. 경기에 참가한 축구팀은 모두 몇 개의 팀인가?

① 6개 팀   ② 8개 팀   ③ 10개 팀
④ 12개 팀   ⑤ 14개 팀

0848

다음 그림과 같이 평행한 두 직선 l, m 위에 10개의 점이 있다. 직선 l 위의 한 점과 직선 m 위의 한 점을 연결하여 만들 수 있는 선분의 개수를 구하시오.

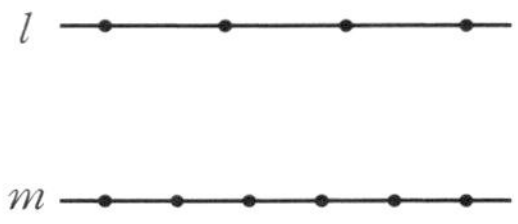

l •——•——•——•——•

m •——•——•——•——•——•

0849

오른쪽 그림의 A, B, C, D 네 부분에 빨간색, 노란색, 파란색, 초록색의 4가지 색을 한 번씩만 사용하여 칠하려고 한다. 색을 칠하는 경우의 수는?

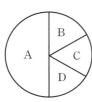

① 6   ② 10   ③ 12
④ 24   ⑤ 30

서술형 주관식

0850

오른쪽 그림과 같이 각 면에 1부터 8까지의 자연수가 각각 적혀 있는 정팔면체 모양의 주사위가 있다. 이 주사위를 한 번 던질 때, 바닥에 닿은 면에 적혀 있는 수가 2의 배수 또는 3의 배수인 경우의 수를 구하시오.

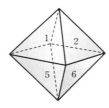

0851

여학생 2명, 남학생 3명을 한 줄로 세울 때, 다음을 구하시오.

(1) 여학생끼리 이웃하여 서는 경우의 수
(2) 여학생끼리 이웃하지 않게 서는 경우의 수

중요

0852

0, 1, 2, 3, 4의 숫자가 각각 적힌 5장의 카드 중에서 3장을 뽑아 만들 수 있는 세 자리 자연수 중 짝수의 개수를 구하시오.

0853

남학생 3명, 여학생 4명 중에서 회장 1명을 뽑고, 부회장은 남학생, 여학생 각각 1명씩 뽑는 경우의 수를 구하시오.

실력 UP

○ 실력 UP 집중 학습은 실력 up⁺로!!

0854

a, b, c, d 네 개의 문자를 $abcd$, $abdc$, $acbd$, …와 같이 사전식으로 배열할 때, $cabd$는 몇 번째에 나오는가?

① 10번째   ② 11번째   ③ 12번째
④ 13번째   ⑤ 14번째

0855

5개의 의자가 있는 고사실에 5명의 수험생이 무심코 앉았을 때, 2명은 자기 수험 번호가 적힌 의자에 앉고, 나머지 3명은 다른 학생의 수험 번호가 적힌 의자에 앉게 되는 경우의 수를 구하시오.

0856

오른쪽 그림과 같이 반원 위에 7개의 점이 있다. 다음을 구하시오.

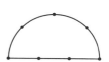

(1) 두 점을 지나는 직선의 개수
(2) 세 점을 꼭짓점으로 하는 삼각형의 개수

0857

오른쪽 그림과 같은 바둑판 모양의 길이 있다. A 지점에서 B 지점까지 최단 거리로 가는 방법의 수를 구하시오. (단, P 지점은 지나갈 수 없다.)

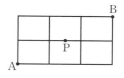

10 확률

10-1 확률의 뜻

(1) **확률** : 같은 조건에서 실험이나 관찰을 여러 번 반복할 때, 어떤 사건이 일어나는 상대도
수가 일정한 값에 가까워지면 이 일정한 값을 그 사건이 일어날 **확률**이라 한다.

(2) **사건 A가 일어날 확률** : 어떤 실험이나 관찰에서 일어나는 모든 경우의 수가 n이고 각
경우가 일어날 가능성이 같을 때, 사건 A가 일어나는 경우의 수가 a이면 사건 A가 일
어날 확률 p는

$$p = \frac{(\text{사건 } A \text{가 일어나는 경우의 수})}{(\text{모든 경우의 수})} = \frac{a}{n}$$

예 한 개의 주사위를 던질 때, 5 이상의 눈이 나올 확률은

$$\frac{(5 \text{ 이상의 눈이 나오는 경우의 수})}{(\text{모든 경우의 수})} = \frac{2}{6} = \frac{1}{3}$$

- 확률은 어떤 사건이 일어날 가능성을 수로 나타낸 것이다.

10-2 확률의 성질

(1) 어떤 사건이 일어날 확률을 p라 하면 $0 \le p \le 1$이다.
(2) 반드시 일어나는 사건의 확률은 1이다.
(3) 절대로 일어나지 않는 사건의 확률은 0이다.

예 한 개의 주사위를 던질 때

① 6 이하의 눈이 나올 확률은 $\frac{6}{6} = 1$

② 7 이상의 눈이 나올 확률은 $\frac{0}{6} = 0$

- 사건이 일어날 가능성이 커질수록 확률이 커지고, 사건이 일어날 가능성이 작아질수록 확률이 작아진다.

10-3 어떤 사건이 일어나지 않을 확률

사건 A가 일어날 확률을 p라 하면

$$(\text{사건 } A \text{가 일어나지 않을 확률}) = 1 - p$$

참고 '~가 아닐 확률', '~을 못할 확률', '적어도 하나는 ~일 확률' 등의 표현이 있으면 어떤 사건이
일어나지 않을 확률을 이용하는 것이 편리하다.

- 사건 A가 일어날 확률을 p, 사건 A가 일어나지 않을 확률을 q라 하면 $p + q = 1$이다.

10-4 사건 A 또는 사건 B가 일어날 확률(확률의 덧셈)

두 사건 A, B가 동시에 일어나지 않을 때, 사건 A가 일어날 확률을 p, 사건 B가 일어
날 확률을 q라 하면

$$(\text{사건 } A \text{ 또는 사건 } B \text{가 일어날 확률}) = p + q$$

예 한 개의 주사위를 던질 때, 2 이하 또는 5 이상의 눈이 나올 확률은

$$(2 \text{ 이하의 눈이 나올 확률}) + (5 \text{ 이상의 눈이 나올 확률}) = \frac{2}{6} + \frac{2}{6} = \frac{4}{6} = \frac{2}{3}$$

- 일반적으로 문제에 '또는', '~이거나'와 같은 표현이 있으면 확률의 덧셈을 이용한다.

10-1 확률의 뜻

0858 1부터 10까지의 자연수가 각각 적힌 10장의 카드 중에서 한 장을 뽑을 때, 다음을 구하시오.

(1) 모든 경우의 수
(2) 3의 배수가 적힌 카드를 뽑는 경우의 수
(3) 3의 배수가 적힌 카드를 뽑을 확률

0859 두 개의 주사위 A, B를 동시에 던질 때, 다음을 구하시오.

(1) 모든 경우의 수
(2) 두 눈의 수의 합이 4인 경우의 수
(3) 두 눈의 수의 합이 4일 확률

10-2 확률의 성질

[0860~0862] 주머니 속에 크기와 모양이 같은 흰 공 2개, 검은 공 4개가 들어 있다. 이 주머니에서 한 개의 공을 꺼낼 때, 다음을 구하시오.

0860 검은 공이 나올 확률

0861 흰 공 또는 검은 공이 나올 확률

0862 빨간 공이 나올 확률

[0863~0866] 서로 다른 두 개의 주사위를 동시에 던질 때, 다음을 구하시오.

0863 두 눈의 수의 합이 2보다 작을 확률

0864 두 눈의 수의 차가 6 이상일 확률

0865 두 눈의 수의 합이 12 이하일 확률

0866 두 눈의 수의 곱이 36 이하일 확률

10-3 어떤 사건이 일어나지 않을 확률

[0867~0868] 서로 다른 두 개의 주사위를 동시에 던질 때, 다음을 구하시오.

0867 두 눈의 수의 합이 5일 확률

0868 두 눈의 수의 합이 5가 아닐 확률

[0869~0870] 서로 다른 두 개의 동전을 동시에 던질 때, 다음을 구하시오.

0869 두 개 모두 앞면이 나올 확률

0870 적어도 하나는 뒷면이 나올 확률

10-4 사건 A 또는 사건 B가 일어날 확률

0871 주머니 속에 크기와 모양이 같은 빨간 공 2개, 파란 공 3개, 노란 공 5개가 들어 있다. 이 주머니에서 한 개의 공을 꺼낼 때, 다음을 구하시오.

(1) 빨간 공이 나올 확률
(2) 노란 공이 나올 확률
(3) 빨간 공 또는 노란 공이 나올 확률

[0872~0873] 1부터 10까지의 자연수가 각각 적힌 10장의 카드 중에서 한 장을 뽑을 때, 다음을 구하시오.

0872 카드에 적힌 수가 3의 배수 또는 5의 배수일 확률

0873 카드에 적힌 수가 4의 배수 또는 6의 배수일 확률

10-5 두 사건 A, B가 동시에 일어날 확률(확률의 곱셈)

두 사건 A, B가 서로 영향을 끼치지 않을 때, 사건 A가 일어날 확률을 p, 사건 B가 일어날 확률을 q라 하면

(두 사건 A, B가 동시에 일어날 확률)$=p \times q$

예 두 개의 주사위 A, B를 동시에 던질 때, 주사위 A에서는 2 이하의 눈이 나오고 주사위 B에서는 5 이상의 눈이 나올 확률은

(A에서 2 이하의 눈이 나올 확률)×(B에서 5 이상의 눈이 나올 확률)

$$=\frac{2}{6} \times \frac{2}{6} = \frac{1}{9}$$

○ 개념플러스

■ 일반적으로 문제에 '동시에', '그리고', '~와', '~하고 나서' 와 같은 표현이 있으면 확률의 곱셈을 이용한다.

10-6 연속하여 뽑는 경우의 확률

(1) **꺼낸 것을 다시 넣고 연속하여 뽑는 경우**

처음에 뽑은 것을 나중에 다시 뽑을 수 있으므로 **처음과 나중의 조건이 같다.**

(2) **꺼낸 것을 다시 넣지 않고 연속하여 뽑는 경우**

처음에 뽑은 것을 나중에 다시 뽑을 수 없으므로 **처음과 나중의 조건이 다르다.**

예 크기와 모양이 같은 빨간 공 3개와 파란 공 2개가 들어 있는 주머니에서 차례로 2개의 공을 꺼낼 때, 2개 모두 빨간 공일 확률은 다음과 같다.

(1) 꺼낸 공을 다시 넣을 때

$$\Rightarrow \frac{3}{5} \times \frac{3}{5} = \frac{9}{25}$$

(2) 꺼낸 공을 다시 넣지 않을 때

$$\Rightarrow \frac{3}{5} \times \frac{2}{4} = \frac{3}{10}$$

■ 연속하여 뽑는 경우의 확률
(1) 처음 꺼낸 것을 다시 넣으면
(처음 뽑을 때 전체 개수)
=(나중 뽑을 때 전체 개수)
(2) 처음 꺼낸 것을 다시 넣지 않으면
(처음 뽑을 때 전체 개수)
≠(나중 뽑을 때 전체 개수)

10-7 도형에서의 확률

모든 경우의 수는 도형의 전체 넓이로, 어떤 사건이 일어나는 경우의 수는 해당하는 부분의 넓이로 생각한다. 즉,

$$(\text{도형에서의 확률}) = \frac{(\text{사건에 해당하는 부분의 넓이})}{(\text{도형의 전체 넓이})}$$

예 오른쪽 그림과 같이 6등분된 원판을 돌린 후 멈췄을 때, 바늘이 '꽝'이 쓰여진 부분을 가리킬 확률은

$$\frac{(\text{'꽝'이 쓰여진 부분의 넓이})}{(\text{도형의 전체 넓이})} = \frac{2}{6} = \frac{1}{3}$$

■ '등분'은 똑같은 넓이로 나눈다는 뜻이므로 n등분된 도형에서의 확률은
$\frac{(\text{해당하는 조각의 개수})}{n}$이다.

10-5 두 사건 *A*, *B*가 동시에 일어날 확률

0874 한 개의 동전과 한 개의 주사위를 동시에 던질 때, 다음을 구하시오.

(1) 동전은 앞면이 나올 확률
(2) 주사위는 소수의 눈이 나올 확률
(3) 동전은 앞면이 나오고, 주사위는 소수의 눈이 나올 확률

[0875~0877] 한 개의 주사위를 두 번 던질 때, 다음을 구하시오.

0875 첫 번째는 3 미만의 눈이 나오고, 두 번째는 5 이상의 눈이 나올 확률

0876 첫 번째는 짝수의 눈이 나오고, 두 번째는 4의 약수의 눈이 나올 확률

0877 첫 번째는 6의 약수의 눈이 나오고, 두 번째는 소수의 눈이 나올 확률

0878 어떤 문제를 A가 맞힐 확률은 $\frac{1}{3}$, B가 맞힐 확률은 $\frac{1}{4}$이다. 이 문제를 A, B가 모두 맞힐 확률을 구하시오.

10-6 연속하여 뽑는 경우의 확률

[0879~0880] 주머니 속에 크기와 모양이 같은 흰 공 4개, 검은 공 3개가 들어 있다. 한 개의 공을 꺼내어 확인하고 주머니에 넣은 후 다시 한 개의 공을 꺼낼 때, 다음을 구하시오.

0879 두 개 모두 흰 공일 확률

0880 두 개 모두 검은 공일 확률

[0881~0882] 주머니 속에 크기와 모양이 같은 빨간 공 3개, 파란 공 5개가 들어 있다. 두 개의 공을 차례로 꺼낼 때, 다음을 구하시오. (단, 꺼낸 공은 다시 넣지 않는다.)

0881 두 개 모두 빨간 공일 확률

0882 두 개 모두 파란 공일 확률

[0883~0884] 상자 안에 3개의 당첨 제비를 포함한 10개의 제비가 들어 있다. 다음을 구하시오.

0883 한 개의 제비를 뽑아 확인하고 넣은 후 다시 한 개의 제비를 뽑을 때, 두 개 모두 당첨 제비일 확률

0884 두 개의 제비를 차례로 뽑을 때, 두 개 모두 당첨 제비일 확률 (단, 뽑은 제비는 다시 넣지 않는다.)

10-7 도형에서의 확률

0885 오른쪽 그림과 같이 크기가 모두 같은 9개의 정사각형으로 이루어진 과녁에 화살을 한 번 쏠 때, 색칠한 부분을 맞힐 확률을 구하시오. (단, 화살이 과녁을 벗어나거나 경계선을 맞히는 경우는 없다.)

0886 오른쪽 그림과 같이 10등분된 원판에 화살을 한 번 쏠 때, 소수가 적힌 부분을 맞힐 확률을 구하시오. (단, 화살이 원판을 벗어나거나 경계선을 맞히는 경우는 없다.)

유형 | **01**　확률

$$(사건\ A가\ 일어날\ 확률)=\frac{(사건\ A가\ 일어나는\ 경우의\ 수)}{(모든\ 경우의\ 수)}$$

0887 ●●대표문제

0부터 4까지의 숫자가 각각 적힌 5장의 카드 중에서 2장을 뽑아 두 자리 자연수를 만들 때, 23 이상일 확률을 구하시오.

0888 중

흰 공 6개, 빨간 공 4개와 파란 공이 들어 있는 주머니에서 한 개의 공을 꺼낼 때, 흰 공이 나올 확률이 $\frac{2}{5}$이다. 이때 파란 공의 개수는?

① 4개　　　　② 5개　　　　③ 6개
④ 7개　　　　⑤ 8개

0889 중 ●●서술형

남학생 3명, 여학생 2명이 한 줄로 설 때, 남학생 3명이 이웃하여 설 확률을 구하시오.

0890 상 중

선거를 하는데 후보자로 남자 5명과 유진이를 포함한 여자 3명이 출마하였다. 다음 물음에 답하시오.

(1) 회장 1명, 부회장 1명을 뽑을 때, 유진이가 부회장으로 뽑힐 확률을 구하시오.
(2) 대의원 3명을 뽑을 때, 유진이가 대의원으로 뽑힐 확률을 구하시오.

유형 | **02**　방정식, 부등식에서의 확률

방정식, 부등식에서의 확률은 다음과 같은 순서로 구한다.
① 모든 경우의 수를 구한다.
② 순서쌍을 이용하여 주어진 방정식 또는 부등식을 만족시키는 경우의 수를 구한다.
③ $(확률)=\dfrac{(②에서\ 구한\ 경우의\ 수)}{(①에서\ 구한\ 경우의\ 수)}$

0891 ●●대표문제

주사위 한 개를 두 번 던져서 처음에 나오는 눈의 수를 x, 나중에 나오는 눈의 수를 y라 할 때, $3x+y<10$일 확률은?

① $\dfrac{1}{4}$　　　　② $\dfrac{5}{12}$　　　　③ $\dfrac{4}{9}$

④ $\dfrac{1}{2}$　　　　⑤ $\dfrac{11}{18}$

0892 중

두 개의 주사위 A, B를 동시에 던져서 나오는 두 눈의 수를 각각 x, y라 할 때, $3x-y=5$일 확률을 구하시오.

0893 중

두 개의 주사위 A, B를 동시에 던져서 나오는 두 눈의 수를 각각 a, b라 할 때, 일차함수 $y=ax+b$의 그래프가 점 $(2, 8)$을 지날 확률을 구하시오.

0894 상 중

한 개의 주사위를 연속하여 두 번 던져서 처음 나오는 눈의 수를 a, 두 번째 나오는 눈의 수를 b라 할 때, 방정식 $ax=b$의 해가 정수일 확률을 구하시오.

유형 | 03 **확률의 성질** 개념원리 중학수학 2−2 213쪽

(1) 어떤 사건이 일어날 확률을 p라 하면 $0 \le p \le 1$이다.

(2) 반드시 일어나는 사건의 확률은 1이다.

(3) 절대로 일어나지 않는 사건의 확률은 0이다.

0895 ●◀대표문제

다음 중 확률이 1인 것은?

① 한 개의 주사위를 던질 때, 1보다 큰 눈이 나올 확률

② 검은 공만 들어 있는 주머니에서 한 개의 공을 꺼낼 때, 흰 공이 나올 확률

③ 한 개의 주사위를 던질 때, 6 이하의 눈이 나올 확률

④ 한 개의 동전을 던질 때, 앞면이 나올 확률

⑤ 두 사람이 가위바위보를 할 때, 서로 비길 확률

0896 중 하

다음 **보기** 중 옳은 것을 모두 고르시오.

┌─ **보기** ─
ㄱ. 반드시 일어나는 사건의 확률은 1이다.
ㄴ. 절대로 일어나지 않는 사건의 확률은 0이다.
ㄷ. 어떤 사건이 일어날 확률을 p, 일어나지 않을 확률을 q라 하면 $q = p - 1$이다.
└─

유형 | 04 **어떤 사건이 일어나지 않을 확률** 개념원리 중학수학 2−2 214쪽

사건 A가 일어날 확률을 p라 하면

(사건 A가 일어나지 않을 확률) $= 1 - p$

0897 ●◀대표문제

광수네 반과 중기네 반이 농구 경기를 하기로 하였다. 광수네 반이 이길 확률이 $\dfrac{5}{8}$일 때, 중기네 반이 이길 확률을 구하시오. (단, 비기는 경우는 없다.)

0898 중

다음 물음에 답하시오.

(1) 두 개의 주사위 A, B를 동시에 던질 때, 서로 다른 눈이 나올 확률을 구하시오.

(2) A, B, C, D 네 명의 후보 중에서 대표 2명을 뽑을 때, A가 뽑히지 않을 확률을 구하시오.

유형 | 05 **'적어도 하나는 ∼일' 확률** 개념원리 중학수학 2−2 214쪽

(적어도 하나는 ∼일 확률)

$= 1 -$ (하나도 일어나지 않을 확률)

참고 '적어도 하나는 ∼일', '∼하지 않을'
⇨ 사건이 일어나지 않을 확률을 이용

0899 ●◀대표문제

남학생 4명과 여학생 3명 중에서 2명의 대표를 뽑을 때, 적어도 한 명은 여학생이 뽑힐 확률을 구하시오.

0900 중

혜진이가 3개의 ○, × 문제에 임의로 답할 때, 적어도 한 문제는 맞힐 확률은?

① $\dfrac{1}{4}$ 　② $\dfrac{3}{8}$ 　③ $\dfrac{1}{2}$

④ $\dfrac{3}{4}$ 　⑤ $\dfrac{7}{8}$

0901 중

두 개의 주사위 A, B를 동시에 던질 때, 적어도 한 개는 5의 눈이 나올 확률을 구하시오.

0902 상 중

크기가 같은 정육면체 64개를 쌓아서 오른쪽 그림과 같이 큰 정육면체를 만들었다. 이 큰 정육면체의 겉면에 색칠을 하고 다시 흩어 놓은 다음 한 개의 작은 정육면체를 임의로 선택했을 때, 적어도 한 면이 색칠된 정육면체일 확률을 구하시오.

유형 06 사건 A 또는 사건 B가 일어날 확률

> 두 사건 A, B가 동시에 일어나지 않을 때, 사건 A가 일어날 확률을 p, 사건 B가 일어날 확률을 q라 하면
>
> (사건 A 또는 사건 B가 일어날 확률)$=p+q$
>
> **참고** '또는', '~이거나' ➡ 확률의 덧셈

0903 ◦◄대표문제

서로 다른 두 개의 주사위를 동시에 던져서 나오는 두 눈의 수의 합이 3 또는 6일 확률을 구하시오.

0904 중하

다음은 수지네 반 학생이 좋아하는 과목을 나타낸 것이다. 이 반 학생 중 임의로 한 명을 선택할 때, 그 학생이 좋아하는 과목이 국어 또는 수학일 확률을 구하시오.

과목	국어	영어	수학	과학
학생 수(명)	6	9	8	7

0905 중

0, 1, 2, 3, 4의 숫자가 각각 적힌 5장의 카드가 있다. 이 중에서 2장을 뽑아 두 자리 자연수를 만들 때, 이 수가 10 이하이거나 23 이상일 확률은?

① $\dfrac{1}{2}$ ② $\dfrac{9}{16}$ ③ $\dfrac{5}{8}$

④ $\dfrac{11}{16}$ ⑤ $\dfrac{3}{4}$

0906 중

1부터 30까지의 자연수가 각각 적힌 30장의 카드 중에서 한 장을 뽑을 때, 2의 배수 또는 5의 배수가 적힌 카드가 나올 확률을 구하시오.

유형 07 두 사건 A, B가 동시에 일어날 확률

> 두 사건 A, B가 서로 영향을 끼치지 않을 때, 사건 A가 일어날 확률을 p, 사건 B가 일어날 확률을 q라 하면
>
> (두 사건 A, B가 동시에 일어날 확률)$=p \times q$
>
> **참고** '~이고', '동시에' ➡ 확률의 곱셈

0907 ◦◄대표문제

A 주머니에는 모양과 크기가 같은 흰 공 5개, 파란 공 4개가 들어 있고, B 주머니에는 모양과 크기가 같은 흰 공 3개, 파란 공 2개가 들어 있다. A, B 두 주머니에서 각각 공을 한 개씩 꺼낼 때, A 주머니에서는 흰 공, B 주머니에서는 파란 공이 나올 확률을 구하시오.

0908 중하

어느 농구 선수의 자유투 성공률이 80 %라 한다. 이 선수가 자유투를 두 번 던질 때, 두 번 모두 성공할 확률을 구하시오.

0909 중

서로 다른 동전 2개와 주사위 1개를 동시에 던질 때, 동전은 같은 면이 나오고, 주사위는 소수의 눈이 나올 확률을 구하시오.

0910 중

어느 핫도그 가게에는 다음 그림과 같이 4종류의 핫도그와 3종류의 소스가 있다고 한다. 핫도그 1가지에 소스 2가지를 임의로 선택할 때, 치즈 핫도그에 칠리 소스를 포함한 소스 2가지를 선택할 확률을 구하시오.

개념원리 중학수학 2-2 222쪽

유형 | 08   확률의 덧셈과 곱셈

(1) '또는', '~이거나' ⇨ 확률의 덧셈
(2) '~이고', '동시에' ⇨ 확률의 곱셈

0911 ●대표문제

A 주머니에는 모양과 크기가 같은 흰 공 2개, 빨간 공 4개가 들어 있고, B 주머니에는 모양과 크기가 같은 흰 공 3개, 빨간 공 2개가 들어 있다. A, B 두 주머니에서 각각 공을 한 개씩 꺼낼 때, 같은 색의 공을 꺼낼 확률을 구하시오.

0912 중

동전 1개와 주사위 1개를 동시에 던질 때, 동전은 앞면, 주사위는 3의 배수의 눈이 나오거나 동전은 뒷면, 주사위는 소수의 눈이 나올 확률은?

① $\frac{1}{24}$ ② $\frac{1}{16}$ ③ $\frac{1}{12}$

④ $\frac{5}{12}$ ⑤ $\frac{7}{12}$

0913 중

A 접시에는 고기 만두 3개, 김치 만두 2개가 놓여 있고, B 접시에는 고기 만두 2개, 김치 만두 3개가 놓여 있다. 임의로 한 개의 접시를 선택하여 만두를 집을 때, 고기 만두일 확률을 구하시오.

(단, 두 접시 A, B를 선택할 확률은 같다.)

0914 상 중

두 수 a, b가 짝수일 확률이 각각 $\frac{3}{4}$, $\frac{4}{9}$일 때, $a+b$가 짝수일 확률을 구하시오.

개념원리 중학수학 2-2 222쪽

유형 | 09   연속하여 뽑는 경우의 확률 — 꺼낸 것을 다시 넣는 경우

꺼낸 것을 다시 넣는 경우에는 처음 뽑은 것이 나중 뽑는 것에 영향을 주지 않는다.

⇨ (처음 뽑을 때의 전체 개수)=(나중 뽑을 때의 전체 개수)

0915 ●대표문제

주머니 속에 모양과 크기가 같은 빨간 공 5개, 파란 공 4개, 흰 공 1개가 들어 있다. 이 주머니에서 한 개의 공을 꺼내어 확인하고 다시 넣은 후 한 개의 공을 또 꺼낼 때, 두 개 모두 파란 공일 확률을 구하시오.

0916 중

1부터 10까지의 자연수가 각각 적힌 10장의 카드 중에서 한 장을 뽑아 확인하고 다시 넣은 후 한 장을 더 뽑을 때, 첫 번째는 짝수, 두 번째는 10의 약수가 나올 확률을 구하시오.

개념원리 중학수학 2-2 222쪽

유형 | 10   연속하여 뽑는 경우의 확률 — 꺼낸 것을 다시 넣지 않는 경우

꺼낸 것을 다시 넣지 않는 경우에는 처음 뽑은 것이 나중 뽑는 것에 영향을 준다.

⇨ (처음 뽑을 때의 전체 개수)≠(나중 뽑을 때의 전체 개수)

0917 ●대표문제

15개의 제비 중 당첨 제비가 3개 들어 있다. A, B 두 사람이 차례로 제비를 한 개씩 뽑을 때, B가 당첨 제비를 뽑을 확률을 구하시오. (단, 한 번 꺼낸 제비는 다시 넣지 않는다.)

0918 상 중 ●서술형

주머니 속에 모양과 크기가 같은 노란 공 3개, 파란 공 2개가 들어 있다. 이 주머니에서 2개의 공을 연속하여 꺼낼 때, 두 공이 서로 다른 색일 확률을 구하시오.

(단, 한 번 꺼낸 공은 다시 넣지 않는다.)

중요

개념원리 중학수학 2-2 223쪽

유형 11 어떤 사건이 일어나지 않을 확률 — 확률의 곱셈을 이용

두 사건 A, B가 서로 영향을 끼치지 않을 때, 사건 A가 일어날 확률을 p, 사건 B가 일어날 확률을 q라 하면

(1) 두 사건 A, B가 모두 일어나지 않을 확률
⇨ $(1-p)\times(1-q)$

(2) 두 사건 A, B 중 적어도 하나가 일어날 확률
⇨ $1-(1-p)\times(1-q)$

0919 대표문제

9개의 제품 중 2개의 불량품이 섞여 있다. 이 중에서 2개의 제품을 연속하여 꺼낼 때, 적어도 한 개의 제품이 불량품일 확률을 구하시오. (단, 한 번 꺼낸 제품은 다시 넣지 않는다.)

0920 중

야구 경기에서 안타를 칠 확률이 각각 0.3, 0.25인 두 타자가 연속해서 타석에 들어설 때, 적어도 한 타자는 안타를 칠 확률은?

① $\frac{3}{8}$ ② $\frac{17}{40}$ ③ $\frac{19}{40}$
④ $\frac{21}{40}$ ⑤ $\frac{5}{8}$

0921 중

명중률이 각각 $\frac{1}{3}$, $\frac{1}{2}$, $\frac{3}{4}$인 A, B, C 세 사람이 동시에 한 마리의 새를 향하여 총을 쏠 때, 새가 총에 맞을 확률을 구하시오.

0922 상 중 서술형

현진이와 창민이가 어떤 수학 문제를 푸는데 현진이가 이 문제를 풀 확률이 $\frac{3}{4}$이고, 두 사람 모두 이 문제를 풀지 못할 확률이 $\frac{1}{10}$이다. 이때 창민이가 이 문제를 풀 확률을 구하시오.

개념원리 중학수학 2-2 220~223쪽

유형 12 여러 가지 확률

(1) (A, B 두 사람 중 A만 합격할 확률)
=(A가 합격할 확률)×(B가 불합격할 확률)

(2) (A, B가 만나지 못할 확률)=1−(A, B가 만날 확률)

(3) 세 사람이 가위바위보를 할 때
(비길 확률)=(모두 다른 것을 낼 확률)
+(모두 같은 것을 낼 확률)
(승부가 결정될 확률)=1−(비길 확률)

0923 대표문제

운전면허 시험에서 A가 합격할 확률은 $\frac{2}{3}$, B가 합격할 확률은 $\frac{3}{5}$이다. A, B가 운전면허 시험을 볼 때, A만 합격할 확률을 구하시오.

0924 중

종근이와 윤모는 국립중앙박물관에서 만나기로 약속하였다. 종근이가 약속을 지키지 않을 확률이 $\frac{1}{3}$, 윤모가 약속을 지키지 않을 확률이 $\frac{4}{5}$일 때, 두 사람이 약속 장소에서 만나지 못할 확률을 구하시오.

0925 중

은주와 현주가 가위바위보를 세 번 하는데 첫 번째와 두 번째는 비기고, 세 번째에 현주가 이길 확률을 구하시오.

0926 상 중

A, B, C 세 사람이 가위바위보를 할 때, 다음을 구하시오.

(1) 서로 비길 확률
(2) A가 이길 확률

유형 | 13 승패에 대한 확률

(1) A, B 두 사람이 먼저 한 번 성공하면 이기는 게임을 1회에는
　　A, 2회에는 B, 3회에는 A, 4회에는 B, …의 순서로 번갈아
　　가며 할 때
　　① 4회 이내에 A가 이기는 경우
　　　⇨ A가 1회 또는 3회에 성공한다.
　　② 4회 이내에 B가 이기는 경우
　　　⇨ B가 2회 또는 4회에 성공한다.
(2) A, B 두 사람이 세 번의 경기 중 두 번을 먼저 이기면 승리하
　　는 게임을 할 때 A가 승리하는 경우
　　⇨ A−A 또는 A−B−A 또는 B−A−A의 순서로 이긴다.

0927 〈대표문제〉

A, B 두 사람이 주사위 1개를 한 번씩 던져 3의 배수의 눈
이 먼저 나오는 사람이 이기는 게임을 한다. 1회에는 A, 2
회에는 B, 3회에는 A, 4회에는 B, …의 순서로 번갈아 가
며 주사위를 던진다고 할 때, 4회 이내에 A가 이길 확률을
구하시오.

0928 상

용진이와 주아가 세 번의 경기 중 두 번을 먼저 이기면 승
리하는 게임을 한다. 한 번의 경기에서 용진이가 이길 확률
이 $\frac{2}{3}$일 때, 이 게임에서 용진이가 승리할 확률을 구하시오.
　　　　　　　　　　　　　　　　（단, 비기는 경우는 없다.）

0929 상

A팀과 B팀이 5번의 경기 중 3번의 경기를 먼저 이기면 우
승하는 시합을 한다. 3번의 경기까지 A팀이 2승 1패로 앞
서고 있다고 할 때, A팀이 우승할 확률을 구하시오.
　　　（단, 비기는 경우는 없고 이길 확률과 질 확률은 같다.）

유형 | 14 도형에서의 확률

(1) 넓이의 비를 이용한 확률
　　(도형에서의 확률)=$\dfrac{(사건에\ 해당하는\ 부분의\ 넓이)}{(도형의\ 전체\ 넓이)}$
(2) 도형 위를 움직이는 점에 대한 확률
　　① 구하는 위치에 점이 있을 확률을 각각 구한다.
　　② ①에서 구한 확률을 더한다.

0930 〈대표문제〉

다음 그림과 같이 4등분된 원판 A와 5등분된 원판 B가 있
다. 두 원판에 각각 화살을 한 번씩 쏠 때, 두 원판 모두 소
수가 적힌 부분을 맞힐 확률을 구하시오. (단, 화살이 원판
을 벗어나거나 경계선을 맞히는 경우는 없다.)

A　　　　　　B

0931 상 중

오른쪽 그림과 같은 원판에 화살을 쏘
아 맞힌 부분에 적힌 점수를 얻는 게
임을 하려고 한다. 이 원판에 화살을
한 번 쏠 때, 3점을 얻을 확률을 구하
시오. (단, 화살이 원판을 벗어나거나
경계선을 맞히는 경우는 없다.)

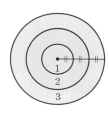

0932 상

오른쪽 그림과 같이 한 변의 길이가 1
인 정사각형 ABCD에서 점 P가 꼭
짓점 A에서 출발하여 주사위를 한 번
던져서 나온 눈의 수만큼 정사각형의
변을 따라 시계 반대 방향으로 이동한

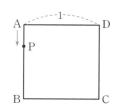

다. 주사위를 두 번 던질 때, 점 P가 첫 번째 던진 후에는
꼭짓점 C에, 두 번째 던진 후에는 꼭짓점 B에 위치할 확률
을 구하시오.

0933

다음 중 그 값이 가장 작은 것은?

① 서로 다른 두 개의 동전을 동시에 던질 때, 모두 앞면이 나올 확률
② 서로 다른 두 개의 주사위를 동시에 던질 때, 두 눈의 수의 합이 5일 확률
③ 1부터 20까지의 자연수가 각각 적힌 20장의 카드 중에서 한 장을 뽑을 때, 20의 약수가 적힌 카드가 나올 확률
④ A, B, C, D 4명 중에서 2명의 대표를 뽑을 때, A가 뽑힐 확률
⑤ A, B, C, D, E 5명이 한 줄로 설 때, A, B가 양 끝에 설 확률

0934

길이가 각각 2 cm, 3 cm, 4 cm, 5 cm인 4개의 끈이 있다. 이 4개의 끈 중 3개를 선택할 때, 삼각형이 만들어질 확률을 구하시오.

0935

어떤 사건 A가 일어날 확률을 p, 일어나지 않을 확률을 q라 할 때, 다음 중 옳지 <u>않은</u> 것은?

① $0 \le p \le 1$
② $0 \le q \le 1$
③ $p = q - 1$
④ $p = 0$이면 사건 A는 절대로 일어나지 않는다.
⑤ $q = 0$이면 사건 A는 반드시 일어난다.

중요

0936

A, B, C, D, E, F 6명의 학생이 한 줄로 서서 사진을 찍을 때, B, C가 이웃하여 서지 않을 확률을 구하시오.

중요

0937

서로 다른 동전 네 개를 동시에 던질 때, 적어도 한 개는 앞면이 나올 확률을 구하시오.

0938

현숙이가 친구들과 모여서 윷놀이를 하려고 한다. 현숙이가 윷을 한 번 던질 때, 개나 걸이 나올 확률을 구하시오.
(단, 윷의 등과 배가 나올 확률은 같다.)

0939

오른쪽 그림과 같은 전기회로에서 A, B의 스위치가 닫힐 확률이 각각 $\frac{2}{5}$, $\frac{3}{4}$일 때, 전구에 불이 들어올 확률은?

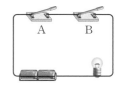

① $\frac{3}{20}$
② $\frac{3}{10}$
③ $\frac{9}{20}$
④ $\frac{3}{5}$
⑤ $\frac{7}{10}$

0940

용산역에 오전 9시 도착 예정인 어떤 열차가 정시에 도착할 확률은 $\frac{7}{12}$이고 정시보다 일찍 도착할 확률은 $\frac{1}{4}$이다. 이 열차가 오늘은 정시보다 일찍 도착하고 내일은 정시보다 늦게 도착할 확률을 구하시오.

0941

유훈이는 사격을 할 때 평균 10발 중에서 6발은 명중시킨다. 유훈이가 2발을 쏘았을 때, 한 발만 명중시킬 확률을 구하시오.

중요
0942

비가 온 날의 다음 날 비가 올 확률은 $\dfrac{2}{5}$이고, 비가 오지 않은 날의 다음 날 비가 올 확률은 $\dfrac{1}{3}$이라 한다. 금요일에 비가 왔을 때, 이틀 후인 일요일에도 비가 올 확률을 구하시오.

0943

주머니 속에 크기와 모양이 같은 흰 공 3개, 검은 공 2개, 빨간 공 4개가 들어 있다. 이 주머니에서 3개의 공을 연속하여 꺼낼 때, 차례로 빨간 공, 빨간 공, 흰 공이 나올 확률을 구하시오. (단, 꺼낸 공은 다시 넣지 않는다.)

중요
0944

명호와 진영이가 화살을 쏘아 풍선을 터트리는 게임을 하고 있다. 명호가 풍선을 터트릴 확률은 $\dfrac{2}{3}$이고, 진영이가 풍선을 터트릴 확률은 $\dfrac{4}{7}$이다. 풍선 한 개를 향해 두 사람이 동시에 화살을 쏠 때, 풍선이 터질 확률을 구하시오.

0945

민정이가 수학 시험에서 객관식 3문제를 풀지 못하여 임의로 답을 체크하여 답안지를 제출하였을 때, 세 문제 중 적어도 한 문제는 맞힐 확률을 구하시오. (단, 객관식 문제는 5개의 보기에서 하나를 고르는 문제이다.)

0946

두 개의 주사위 A, B를 동시에 던져서 나오는 두 눈의 수의 곱이 짝수일 확률을 구하시오.

중요
0947

유진이와 성희가 가위바위보를 할 때, 승부가 결정될 확률은?

① $\dfrac{1}{9}$　　　　② $\dfrac{1}{3}$　　　　③ $\dfrac{1}{2}$

④ $\dfrac{5}{9}$　　　　⑤ $\dfrac{2}{3}$

0948

A, B 두 사람이 배드민턴 시합을 하는데 3번의 경기 중 2번의 경기를 먼저 이기면 우승이라고 한다. A의 승률이 0.6일 때, 세 번째 경기에서 A가 우승할 확률은?

(단, 비기는 경우는 없다.)

① $\dfrac{6}{25}$　　　　② $\dfrac{36}{125}$　　　　③ $\dfrac{8}{25}$

④ $\dfrac{48}{125}$　　　　⑤ $\dfrac{2}{5}$

0949

오른쪽 그림과 같이 중심이 일치하고 반지름의 길이가 각각 2 cm, 4 cm, 6 cm인 세 원으로 이루어진 원판이 있다. 희은이가 화살 한 발을 쏠 때, 화살이 표적 B에 맞을 확률을 구하시오. (단, 화살이 원판을 벗어나거나 경계선을 맞히는 경우는 없다.)

서술형 주관식

0950

두 개의 주사위 A, B를 동시에 던져서 나오는 눈의 수를 각각 a, b라 할 때, 방정식 $ax-b=0$의 해가 1 또는 5일 확률을 구하시오.

0951

A 주머니에는 모양과 크기가 같은 흰 공 4개, 검은 공 3개가 들어 있고, B 주머니에는 모양과 크기가 같은 흰 공 2개, 검은 공 4개가 들어 있다. A, B 두 주머니에서 각각 공을 한 개씩 꺼낼 때, 두 공이 서로 다른 색일 확률을 구하시오.

0952

어떤 자격시험에서 경민이가 합격할 확률은 $\frac{2}{5}$이고, 윤서가 합격할 확률은 $\frac{1}{3}$이다. 경민이와 윤서 중 적어도 한 명은 합격할 확률을 구하시오.

0953

오른쪽 그림과 같이 한 변의 길이가 1인 정오각형 ABCDE에서 점 P는 꼭짓점 A를 출발하여 주사위를 던져서 나오는 눈의 수만큼 오각형의 변을 따라 시계 반대 방향으로 움직인다. 주사위를 두 번 던졌을 때, 점 P가 꼭짓점 C에 올 확률을 구하시오.

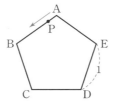

실력 UP

○ 실력 UP 집중 학습은 실력 Up⁺로!!

0954

오른쪽 그림과 같이 9개의 점이 있다. 이 중에서 4개의 점을 택하여 이를 꼭짓점으로 하는 직사각형을 만들 때, 무심코 만든 직사각형이 정사각형이 될 확률을 구하시오. (단, 가로, 세로로 인접한 두 점 사이의 거리는 모두 같다.)

0955

다음 수직선에서 10의 위치에 점 P가 있다. 주사위 한 개를 던져서 2의 배수가 나오면 +2만큼, 3의 배수가 나오면 −3만큼 점 P를 움직이기로 할 때, 주사위를 세 번 던져서 점 P가 11의 위치에 있을 확률을 구하시오.

(단, 6의 눈이 나오는 경우에는 움직이지 않는다.)

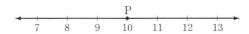

0956

한 개의 주사위를 연속하여 두 번 던져서 처음 나오는 눈의 수를 a, 두 번째 나오는 눈의 수를 b라 할 때, $5a+b$가 4의 배수일 확률을 구하시오.

0957

오른쪽 그림과 같이 입구에 공을 넣으면 A, B, C, D 중 어느 한 곳으로 공이 나오는 관이 있다. 입구에 공을 넣었을 때, 공이 B로 나올 확률을 구하시오. (단, 각 갈림길에서 공이 어느 한쪽으로 빠져나갈 확률은 모두 같다.)

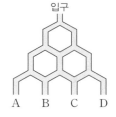

실력
UP⁺

실력 Up⁺

01 오른쪽 그림과 같이 $\overline{AB}=\overline{AC}$인 이등변삼각형 ABC에서 $\overline{BC}=\overline{BD}$이고 ∠C=66°일 때, ∠ABD의 크기를 구하시오.

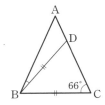

02 다음 그림과 같은 △ABC에서 $\overline{BA}=\overline{BE}$, $\overline{CA}=\overline{CD}$ 이고 ∠DAE=32°일 때, ∠B+∠C의 크기를 구하시오.

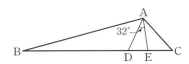

03 오른쪽 그림과 같이 $\overline{AB}=\overline{AC}$인 이등변삼각형 ABC에서 ∠A의 이등분선이 $\overline{BC}$와 만나는 점을 D라 하고, $\overline{AD}$ 위에 $\overline{AE}:\overline{ED}=2:1$이 되도록 점을 E를 잡았다. $\overline{AD}=12$ cm, $\overline{BC}=10$ cm일 때, △BDE의 넓이는?

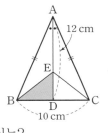

① 8 cm² ② 10 cm² ③ 12 cm²
④ 14 cm² ⑤ 16 cm²

04 오른쪽 그림에서 $\overline{AC}=\overline{AD}=\overline{ED}=\overline{EB}$ 이고 ∠BAC=96°일 때, ∠DAC의 크기는?

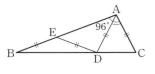

① 48° ② 50° ③ 52°
④ 54° ⑤ 56°

05 오른쪽 그림에서 △ABC와 △CBD는 각각 $\overline{AB}=\overline{AC}$, $\overline{CB}=\overline{CD}$인 이등변삼각형이다. ∠ACD=∠DCE이고 ∠A=44°일 때, ∠BDC의 크기는?

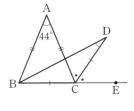

① 28° ② 29° ③ 30°
④ 31° ⑤ 32°

06 오른쪽 그림과 같이 ∠B=∠C인 △ABC의 $\overline{BC}$ 위의 점 D에서 $\overline{AB}$, $\overline{AC}$에 내린 수선의 발을 각각 E, F 라 하자. $\overline{AB}=8$ cm, $\overline{DE}=3$ cm이고 △ABC의 넓이가 30 cm²일 때, $\overline{DF}$의 길이는?

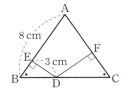

① $\dfrac{7}{2}$ cm ② 4 cm ③ $\dfrac{9}{2}$ cm

④ 5 cm ⑤ $\dfrac{11}{2}$ cm

07 오른쪽 그림에서 △ABC는 $\overline{AB}=\overline{AC}$인 이등변삼각형이다. 두 점 B, C에서 $\overline{AC}$, $\overline{AB}$에 각각 내린 수선의 발을 D, E라 하고, $\overline{BD}$와 $\overline{CE}$의 교점을 F라 하자. ∠A=48°일 때, ∠CFD의 크기는?

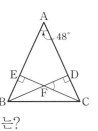

① 46° ② 48° ③ 50°
④ 52° ⑤ 54°

08 오른쪽 그림과 같이 $\overline{AB}=\overline{AC}$인 직각이등변삼각형 ABC의 꼭짓점 B, C에서 꼭짓점 A를 지나는 직선 l에 내린 수선의 발을 각각 D, E라 하자. $\overline{BD}=8$ cm, $\overline{DE}=14$ cm일 때, △ABC의 넓이는?

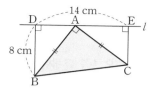

① 48 cm^2 ② 50 cm^2 ③ 52 cm^2
④ 54 cm^2 ⑤ 56 cm^2

09 오른쪽 그림과 같이 $\overline{CA}=\overline{CB}$인 직각이등변삼각형 ABC에서 $\overline{AB}\perp\overline{DE}$이고 $\overline{BC}=\overline{BE}$이다. $\overline{CD}=6$ cm일 때, △AED의 넓이는?

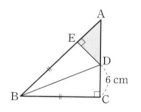

① 12 cm^2 ② 18 cm^2 ③ 24 cm^2
④ 30 cm^2 ⑤ 36 cm^2

10 오른쪽 그림과 같이 ∠B=90°인 직각삼각형 ABC에서 ∠A의 이등분선이 $\overline{BC}$와 만나는 점을 D라 하자. $\overline{AB}=12$ cm, $\overline{AC}=20$ cm, $\overline{BD}=6$ cm일 때, △ABC의 넓이는?

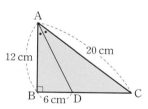

① 60 cm^2 ② 72 cm^2 ③ 84 cm^2
④ 96 cm^2 ⑤ 100 cm^2

11 오른쪽 그림과 같이 $\overline{AB}=\overline{AC}$인 이등변삼각형 ABC에서 $\overline{BD}=\overline{CE}$, $\overline{BE}=\overline{CF}$이다. ∠A=68°일 때, ∠$x$의 크기는?

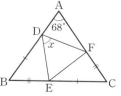

① 59°   ② 60°   ③ 61°
④ 62°   ⑤ 63°

도전
12 다음 그림에서 $\overline{CA}=\overline{CB}=\overline{CD}$이고 ∠ACB=104°일 때, ∠ADB의 크기는?

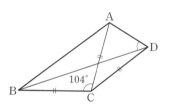

① 48°   ② 49°   ③ 50°
④ 51°   ⑤ 52°

도전
13 오른쪽 그림과 같이 $\overline{AB}=\overline{AC}$인 이등변삼각형 ABC의 $\overline{AB}$ 위의 점 D에서 $\overline{AC}$∥$\overline{DE}$가 되도록 $\overline{BC}$ 위에 점 E를 잡고, $\overline{CE}=\overline{BF}$가 되도록 $\overline{BC}$의 연장선 위에 점 F를 잡았다. ∠DAC=∠DCA이고 ∠BFD=36°일 때, ∠DAC의 크기를 구하시오.

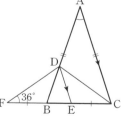

실력 Up⁺

01 오른쪽 그림에서 점 O는
△ABC의 외심이다.
$\overline{AD}=4$ cm, $\overline{OD}=5$ cm
이고 사각형 EBFO의 넓이
가 18 cm²일 때, △ABC의
넓이를 구하시오.

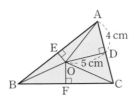

02 오른쪽 그림에서 점 O는
∠BAC=90°인 직각삼각형 ABC
의 외심이고, 점 H는 꼭짓점 A에
서 빗변 BC에 내린 수선의 발이다.
∠OAH=28°일 때, ∠B의 크기
는?

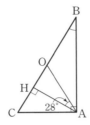

① 31°　　　② 32°　　　③ 33°
④ 34°　　　⑤ 35°

03 오른쪽 그림과 같은 △ABC
에서 $\overline{AD}=\overline{DB}$, $\overline{AC}/\!/\overline{DE}$
이고, $\overline{AH}\perp\overline{BC}$이다.
∠B=76°, ∠BAC=62°일
때, ∠HDE의 크기를 구하
시오.

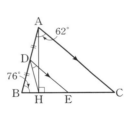

04 오른쪽 그림에서 점 O는 △ABC
의 외심이다.
∠BAC : ∠ABC : ∠BCA
=4 : 5 : 6
일 때, ∠BOC의 크기는?

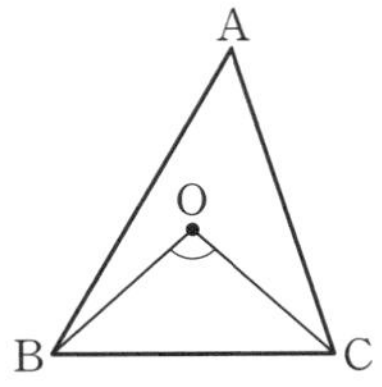

① 68°　　　② 72°　　　③ 84°
④ 96°　　　⑤ 102°

05 오른쪽 그림에서 점 I는 △ABC
의 내심이다. ∠C=64°일 때,
∠ADB+∠AEB의 크기는?

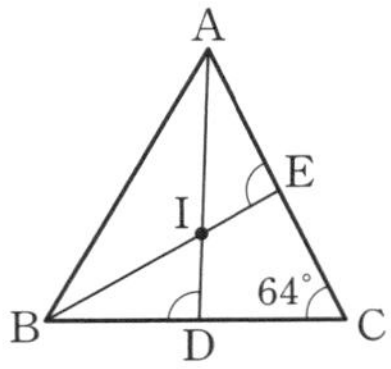

① 184°　　　② 186°
③ 188°　　　④ 190°
⑤ 192°

06 오른쪽 그림에서 점 I는
△ABC의 내심이다.
$\overline{DE}/\!/\overline{BC}$이고,
$\overline{BC}=15$ cm, $\overline{BD}=5$ cm,
$\overline{CE}=6$ cm일 때, $\overline{DE}$의 길
이는?

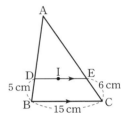

① 9 cm　　　② 10 cm　　　③ 11 cm
④ 12 cm　　　⑤ 13 cm

07 오른쪽 그림에서 점 I는
$\overline{AB}=\overline{AC}$인 이등변삼각
형 ABC의 내심이다.
$\overline{AB}=\overline{AC}=10$ cm,
$\overline{BC}=12$ cm, $\overline{AD}=8$ cm
일 때, $\overline{AE}$의 길이는?

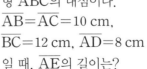

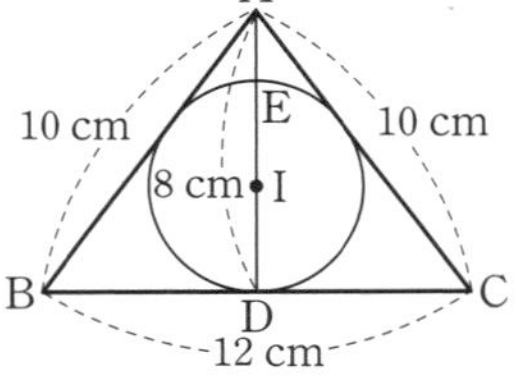

① 1 cm　　　② 1.5 cm　　　③ 2 cm
④ 2.5 cm　　　⑤ 3 cm

08 오른쪽 그림에서 점 I는
∠B=90°인 직각삼각형
ABC의 내심이다.
$\overline{AB}+\overline{BC}=21$ cm이고
$\overline{AC}=15$ cm일 때, △ABC
의 내접원의 반지름의 길이는?

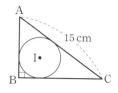

① 1 cm ② 2 cm ③ 3 cm
④ 4 cm ⑤ 5 cm

11 오른쪽 그림과 같이 ∠C=90°인
직각삼각형 ABC에서 점 O는 외
심, 점 I는 내심이다. △ABC의
내접원의 반지름의 길이는 1 cm
이고 외접원의 반지름의 길이는
3 cm일 때, △ABC의 넓이를 구
하시오.

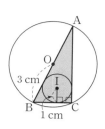

09 오른쪽 그림에서 두 점 O, I는 각
각 $\overline{AB}=\overline{AC}$인 이등변삼각형
ABC의 외심과 내심이다.
∠A=44°일 때, ∠OBI+∠ICB
의 크기는?

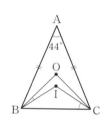

① 46° ② 48°
③ 50° ④ 52° ⑤ 54°

12 오른쪽 그림과 같이
$\overline{AB}=\overline{AC}$인 이등변삼각형
ABC에서 점 O는 외심,
점 I는 내심이다.
$\overline{AD}=\overline{CD}$이고
∠BAC=76°일 때, ∠DEC의 크기를 구하시오.

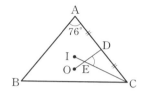

10 오른쪽 그림에서 점 O는
△ABC의 외심이면서 동시에
△ACD의 외심이고, 점 I는
△ACD의 내심이다.
∠B=68°일 때, ∠AIC의 크
기는?

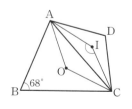

① 138° ② 140° ③ 142°
④ 144° ⑤ 146°

13 오른쪽 그림에서 △ABD와
△BCD는 각각 $\overline{AB}=\overline{AD}$,
$\overline{BC}=\overline{BD}$인 이등변삼각형
이고 $\overline{AD}/\!/\overline{BC}$이다. 두 점 I,
I'은 각각 △ABD와 △BCD의 내심이고, 점 E는
$\overline{AI}$의 연장선과 $\overline{DI'}$의 연장선의 교점이다.
∠AED=55°일 때, ∠x의 크기를 구하시오.

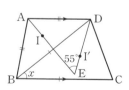

실력 Up⁺

01 오른쪽 그림과 같은 평행사변형 ABCD에서 ∠A, ∠D의 이등분선이 $\overline{BC}$와 만나는 점을 각각 E, F라 하자. $\overline{AB}=8$ cm, $\overline{AD}=10$ cm일 때, $\overline{FE}$의 길이는?

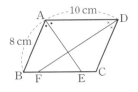

① $\dfrac{9}{2}$ cm   ② 5 cm   ③ $\dfrac{11}{2}$ cm

④ 6 cm   ⑤ $\dfrac{13}{2}$ cm

02 오른쪽 그림과 같이 평행사변형 ABCD를 꼭짓점 D가 $\overline{AB}$의 중점 M에 오도록 접었다. 점 F는 $\overline{BA}$와 $\overline{CE}$의 연장선의 교점이고, $\overline{AB}=12$ cm, $\overline{BC}=13$ cm일 때, $\overline{AF}$의 길이를 구하시오.

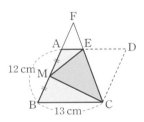

03 오른쪽 그림과 같은 평행사변형 ABCD에서 $\overline{AH}$는 ∠A의 이등분선이고 $\overline{AH}\perp\overline{DE}$이다. ∠BED=145°일 때, ∠C의 크기를 구하시오.

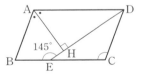

04 오른쪽 그림과 같은 평행사변형 ABCD에서 ∠ADE : ∠EDC =3 : 1 이고 ∠B=56°, ∠AED=88°일 때, ∠BAE의 크기를 구하시오.

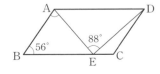

05 오른쪽 그림과 같은 평행사변형 ABCD에서 ∠C, ∠D의 이등분선의 교점을 P라 할 때, ∠DPC의 크기를 구하시오.

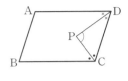

06 오른쪽 그림과 같은 평행사변형 ABCD에서 ∠DAC의 이등분선과 $\overline{BC}$의 연장선의 교점을 E라 하자. ∠B=68°, ∠ACD=54°일 때, ∠AEC의 크기는?

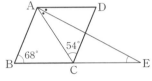

① 28°   ② 29°   ③ 30°
④ 31°   ⑤ 32°

07 오른쪽 그림과 같은 평행사변형 ABCD에서 $\overline{BC}$와 $\overline{DC}$의 연장선 위에 각각 $\overline{BC}=\overline{CE}$, $\overline{DC}=\overline{CF}$가 되도록 두 점 E, F를 잡았다. △ABD의 넓이가 6 cm²일 때, □BFED의 넓이는?

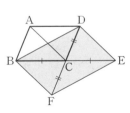

① 12 cm²   ② 18 cm²   ③ 24 cm²
④ 30 cm²   ⑤ 36 cm²

08 오른쪽 그림과 같이 평행사변형 ABCD에서 내부의 한 점 P와 각 꼭짓점을 연결했을 때, 다음 중 옳은 것은?

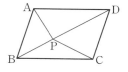

① $\overline{PA}=\overline{PC}$, $\overline{PB}=\overline{PD}$

② ∠ABP=∠PDC

③ △PAB≡△PCD

④ △PAB+△PCD=$\dfrac{1}{2}$□ABCD

⑤ △PAD≡△PCB

09 오른쪽 그림에서 □ABCD와 □OCDE는 모두 평행사변형이다. 점 O는 $\overline{AC}$와 $\overline{BD}$의 교점이고 점 F는 $\overline{AD}$와 $\overline{OE}$의 교점이다. $\overline{AF}+\overline{OF}=32$ cm일 때, □ABCD의 둘레의 길이는?

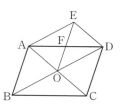

① 64 cm   ② 84 cm   ③ 96 cm
④ 120 cm   ⑤ 128 cm

10 오른쪽 그림과 같이 $\overline{AB}=80$ cm인 평행사변형 ABCD에서 점 P는 점 A를 출발하여 점 B까지 매초 4 cm의 속력으로, 점 Q는 점 C를 출발하여 점 D까지 매초 6 cm의 속력으로 변을 따라 움직인다. 점 P가 점 A를 출발한 지 4초 후에 점 Q가 점 C를 출발할 때, □APCQ가 평행사변형이 되는 것은 점 P가 출발한 지 몇 초 후인가?

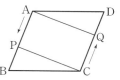

① 8초 후   ② 9초 후   ③ 10초 후
④ 11초 후   ⑤ 12초 후

11 오른쪽 그림과 같은 평행사변형 ABCD에서 $\overline{AB}$, $\overline{CD}$의 중점을 각각 E, F라 하고, $\overline{BD}$와 $\overline{EC}$, $\overline{AF}$의 교점을 각각 G, H라 하자. □ABCD의 넓이가 60 cm²일 때, □AEGH의 넓이를 구하시오.

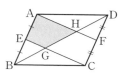

도전
12 오른쪽 그림과 같은 평행사변형 ABCD에서 점 P가 점 B를 출발하여 변을 따라 점 C까지 움직일 때, ∠DAP의 이등분선과 $\overline{BC}$ 또는 그 연장선이 만나는 점을 Q라 하자. $\overline{AB}=8$ cm, $\overline{AD}=10$ cm, $\overline{AC}=12$ cm일 때, 점 P가 점 B에서 점 C까지 움직이는 동안 점 Q가 움직인 거리는?

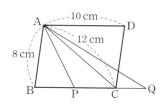

① 14 cm   ② 16 cm   ③ 18 cm
④ 20 cm   ⑤ 22 cm

도전
13 오른쪽 그림과 같은 평행사변형 ABCD에서 $\overline{CD}$의 중점을 E라 하고, 점 A에서 $\overline{BE}$에 내린 수선의 발을 H라 하자. ∠ABH=28°, ∠ADH=44°일 때, ∠C의 크기를 구하시오.

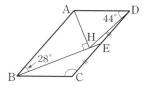

01 오른쪽 그림과 같은 직사각형 ABCD에서 ∠BAC의 이등분선과 $\overline{BC}$의 교점을 E라 하자. $\overline{AE}=\overline{CE}$일 때, ∠AEC의 크기는?

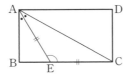

① 110° ② 115° ③ 120°
④ 125° ⑤ 130°

02 오른쪽 그림과 같이 ∠B=60°인 마름모 ABCD의 둘레의 길이가 32 cm일 때, $\overline{AC}$의 길이는?

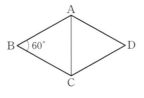

① 6 cm ② 8 cm ③ 12 cm
④ 14 cm ⑤ 16 cm

03 오른쪽 그림과 같은 마름모 ABCD에서 점 A에서 $\overline{BC}$에 내린 수선의 발을 H라 하자. $\overline{BH}=\overline{CH}$일 때, ∠x − ∠y의 크기는?

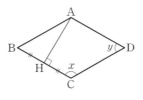

① 55° ② 60° ③ 65°
④ 70° ⑤ 75°

04 오른쪽 그림과 같이 정사각형 ABCD에서 $\overline{BD}$ 위의 한 점 E에 대하여 $\overline{AE}$의 연장선과 $\overline{CD}$의 교점을 F라 하자. ∠BEC=68°일 때, ∠DAE의 크기를 구하시오.

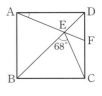

05 오른쪽 그림에서 □ABCD는 $\overline{AD}\,/\!/\,\overline{BC}$인 등변사다리꼴이다. ∠C=60°, ∠BDC=85°일 때, ∠x+∠y의 크기는?

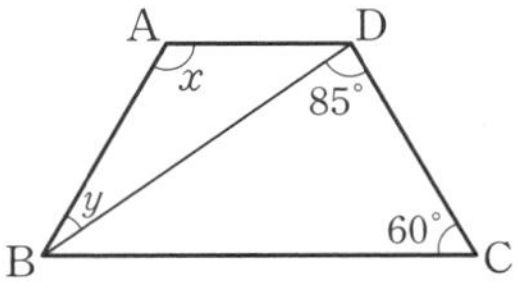

① 135° ② 140° ③ 145°
④ 150° ⑤ 155°

06 오른쪽 그림에서 □ABCD는 $\overline{AD}\,/\!/\,\overline{BC}$인 등변사다리꼴이다. $\overline{AD}=6$ cm, $\overline{CD}=10$ cm, ∠B=60°일 때, □ABCD의 둘레의 길이를 구하시오.

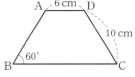

07 오른쪽 그림과 같은 직사각형 ABCD에서 대각선 AC의 수직이등분선과 $\overline{AD}$, $\overline{BC}$의 교점을 각각 E, F라 하자. $\overline{AB}=8$ cm, $\overline{AD}=16$ cm, $\overline{DE}=6$ cm일 때, □AFCE의 둘레의 길이를 구하시오.

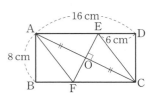

08 다음 사각형 중에서 두 대각선이 서로 다른 것을 이등분하는 것은 a개, 두 대각선의 길이가 같은 것은 b개, 두 대각선이 수직으로 만나는 것은 c개일 때, $a+b+c$의 값을 구하시오.

> 사다리꼴,   등변사다리꼴,   평행사변형
> 직사각형,   마름모,   정사각형

09 오른쪽 그림에서 $\overline{AC}/\!\!/\overline{BF}$, $\overline{AD}/\!\!/\overline{EG}$이고 $\triangle AFD=42\ \text{cm}^2$, $\triangle ACD=24\ \text{cm}^2$, $\triangle ACG=38\ \text{cm}^2$일 때, 오각형 ABCDE의 넓이는?

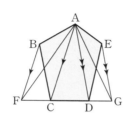

① $56\ \text{cm}^2$ ② $60\ \text{cm}^2$ ③ $64\ \text{cm}^2$
④ $68\ \text{cm}^2$ ⑤ $72\ \text{cm}^2$

10 오른쪽 그림과 같은 $\triangle ABC$에서 $\overline{AE}:\overline{EC}=3:4$ $\overline{BO}:\overline{OE}=3:2$이다. $\triangle EOC$의 넓이가 $16\ \text{cm}^2$일 때, $\triangle ABC$의 넓이를 구하시오.

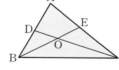

11 오른쪽 그림과 같은 평행사변형 ABCD에서 $\overline{BD}/\!\!/\overline{EF}$일 때, 다음 중 넓이가 나머지 넷과 <u>다른</u> 하나는?

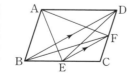

① $\triangle ABE$ ② $\triangle AFD$ ③ $\triangle DBE$
④ $\triangle DBF$ ⑤ $\triangle DEC$

12 오른쪽 그림과 같이 $\overline{AD}/\!\!/\overline{BC}$인 사다리꼴 ABCD에서 두 대각선의 교점을 O라 하자. $\overline{OB}:\overline{OD}=3:2$이고 $\triangle OCD$의 넓이가 $20\ \text{cm}^2$일 때, $\triangle AOD$의 넓이를 구하시오.

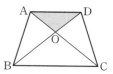

13 오른쪽 그림과 같이 마름모 ABCD의 내부에 $\triangle ABP$가 정삼각형이 되도록 점 P를 잡았다. $\angle ABC=74°$일 때, $\angle x+\angle y$의 크기는?

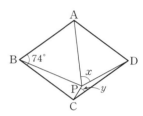

① $84°$ ② $86°$ ③ $88°$
④ $90°$ ⑤ $92°$

14 오른쪽 그림과 같은 평행사변형 ABCD에서 $\overline{AB}$의 연장선 위에 점 E를 잡고 $\overline{BC}$와 $\overline{DE}$의 교점을 F라 하자. $\triangle ABF$의 넓이가 $15\ \text{cm}^2$, $\triangle DFC$의 넓이가 $25\ \text{cm}^2$일 때, $\triangle FEC$의 넓이를 구하시오.

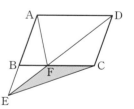

01 다음 중 항상 닮은 도형인 것은?

① 넓이가 같은 두 평행사변형
② 한 내각의 크기가 같은 두 마름모
③ 한 내각의 크기가 90°인 두 삼각형
④ 네 변의 길이가 모두 같은 두 사각형
⑤ 밑변의 길이가 같은 두 이등변삼각형

02 아래 그림에서 □ABCD∽□EFGH일 때, 다음 중 옳은 것은?

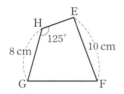

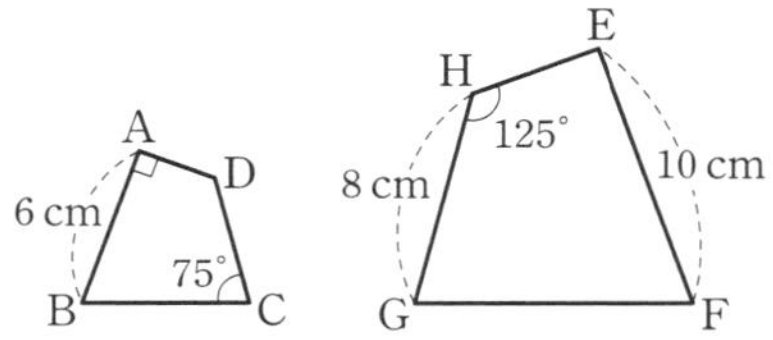

① 점 B의 대응점은 점 G이다.
② □ABCD와 □EFGH의 닮음비는 3 : 4이다.
③ $\overline{BC} : \overline{FG} = 3 : 4$
④ $\overline{CD} = \dfrac{24}{5}$ cm
⑤ ∠F=75°

03 다음 그림에서 △AOB∽△BOC, △BOC∽△COD이고 $\overline{AO}=4$ cm, $\overline{BO}=6$ cm일 때, $\overline{CO}+\overline{DO}$의 길이는?

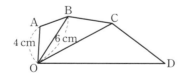

① 22 cm
② $\dfrac{45}{2}$ cm
③ 23 cm

④ $\dfrac{47}{2}$ cm
⑤ 24 cm

04 오른쪽 그림과 같은 △ABC에서 $\overline{AD}=\overline{DF}=\overline{FB}$, $\overline{AE}=\overline{EG}=\overline{GC}$일 때, □DFGE와 □FBCG의 넓이의 비는?

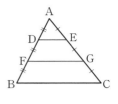

① 2 : 3
② 2 : 5
③ 3 : 4

④ 3 : 5
⑤ 4 : 9

05 다음 그림에서 두 구 O, O′을 각각 두 구의 중심을 지나는 평면으로 자른 단면의 넓이의 비가 4 : 25이다. 구 O′의 부피가 $\dfrac{125}{2}\pi$ cm³일 때, 구 O의 부피를 구하시오.

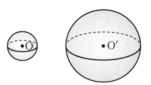

06 오른쪽 그림과 같이 높이가 12 cm인 원뿔 모양의 그릇에 물 6π cm³를 부었더니 높이가 4 cm가 되었다. 그릇에 물을 가득 채우려면 물을 얼마나 더 부어야 하는가? (단, 그릇의 두께는 생각하지 않는다.)

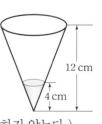

① 48π cm³
② 54π cm³
③ 126π cm³

④ 156π cm³
⑤ 162π cm³

07 오른쪽 그림과 같은 △ABC에서 $\overline{AB}=2\overline{AC}$, $\overline{BD}=3\overline{AD}$이다. $\overline{BC}=9$ cm일 때, $\overline{CD}$의 길이는?

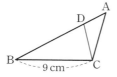

① $\dfrac{5}{2}$ cm   ② 3 cm

③ $\dfrac{7}{2}$ cm   ④ 4 cm   ⑤ $\dfrac{9}{2}$ cm

08 오른쪽 그림과 같은 △ABC에서 ∠ABC=∠CAD이고 $\overline{AB}=6$ cm, $\overline{AC}=4$ cm, $\overline{BC}=8$ cm일 때, $\overline{BD}$의 길이를 구하시오.

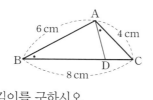

09 오른쪽 그림과 같이 ∠A=90°인 직각삼각형 ABC의 꼭짓점 A에서 $\overline{BC}$에 내린 수선의 발을 D라 하자. $\overline{AB}=20$ cm, $\overline{BD}=16$ cm일 때, △ADC의 넓이는?

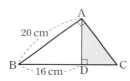

① 46 cm²   ② 48 cm²   ③ 50 cm²

④ 52 cm²   ⑤ 54 cm²

10 오른쪽 그림과 같은 평행사변형 ABCD에서 꼭짓점 B와 $\overline{AD}$ 위의 점 E를 이은 선분이 대각선 AC와 만나는 점을 F라 하자. $\overline{AF}=6$ cm, $\overline{CF}=9$ cm, $\overline{BC}=18$ cm일 때, $\overline{DE}$의 길이를 구하시오.

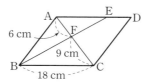

11 오른쪽 그림은 정삼각형 ABC를 $\overline{DE}$를 접는 선으로 하여 꼭짓점 A가 $\overline{BC}$ 위의 점 F에 오도록 접은 것이다. $\overline{BD}=16$ cm, $\overline{DF}=14$ cm, $\overline{CF}=20$ cm일 때, △CEF의 둘레의 길이는?

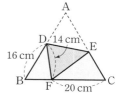

① 50 cm   ② 52 cm   ③ 54 cm

④ 56 cm   ⑤ 58 cm

12 (도전) 반지름의 길이가 10 cm인 큰 쇠공 1개를 녹여 반지름의 길이가 2 cm인 작은 쇠공을 최대한 많이 만들었다. 만들어진 모든 작은 쇠공의 겉넓이의 합과 큰 쇠공 1개의 겉넓이의 비는? (단, 쇠공은 구 모양이다.)

① 4 : 1   ② 5 : 1   ③ 25 : 1

④ 1 : 5   ⑤ 1 : 25

13 (도전) 오른쪽 그림과 같은 직사각형 ABCD에서 점 E는 $\overline{AD}$의 중점이고, $\overline{BC}=4\overline{BF}=4\overline{CG}$이다. 대각선 BD가 $\overline{EF}$, $\overline{EG}$와 만나는 점을 각각 P, Q라 하자. □ABCD의 넓이가 120 cm²일 때, △EPQ의 넓이는?

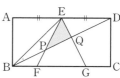

① 8 cm²   ② 9 cm²   ③ 10 cm²

④ 11 cm²   ⑤ 12 cm²

실력 Up⁺

01 오른쪽 그림과 같은 △ABC에서 $\overline{BC}\,/\!/\,\overline{DE}$일 때, $\overline{AE}:\overline{EC}$는?

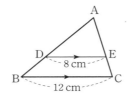

① 2 : 1　　② 3 : 1
③ 4 : 1　　④ 5 : 2
⑤ 5 : 3

02 오른쪽 그림에서 원 I는 △ABC의 내접원이고 점 I를 지나면서 $\overline{AB}$에 평행한 직선이 $\overline{AC}$, $\overline{BC}$와 만나는 점을 각각 D, E라 할 때, $\overline{AB}$의 길이를 구하시오.

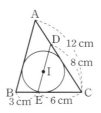

03 오른쪽 그림에서 $\overline{BC}\,/\!/\,\overline{DE}$, $\overline{DC}\,/\!/\,\overline{FE}$일 때, $\overline{FD}$의 길이를 구하시오.

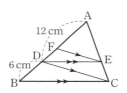

04 오른쪽 그림에서 $\overline{DE}\,/\!/\,\overline{FG}\,/\!/\,\overline{HC}$, $\overline{FE}\,/\!/\,\overline{HG}\,/\!/\,\overline{BC}$일 때, $\overline{HB}$의 길이를 구하시오.

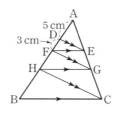

05 오른쪽 그림과 같은 △ABC에서 ∠B=∠CAE, ∠BAD=∠EAD이다. $\overline{AC}=10$ cm, $\overline{BC}=15$ cm일 때, $\overline{DE}$의 길이는?

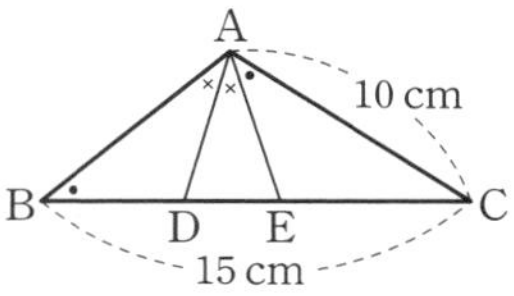

① $\dfrac{7}{3}$ cm　　② $\dfrac{8}{3}$ cm　　③ 3 cm

④ $\dfrac{10}{3}$ cm　　⑤ $\dfrac{11}{3}$ cm

06 다음 그림과 같은 △ABC에서 $\overline{AD}$, $\overline{AE}$는 각각 ∠A의 내각과 외각의 이등분선이다. $\overline{AB}=9$ cm, $\overline{AC}=6$ cm일 때, $\overline{BD}:\overline{DC}:\overline{CE}$를 가장 간단한 자연수의 비로 나타내시오.

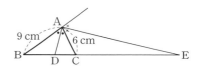

07 오른쪽 그림에서 $l\,/\!/\,m\,/\!/\,n$이고 $\overline{AB}:\overline{BC}=2:5$일 때, $x+y$의 값은?

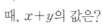

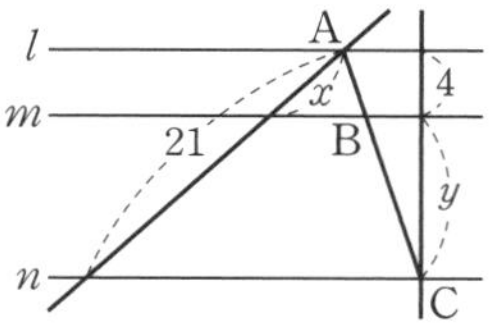

① 12　　② 13
③ 14　　④ 15
⑤ 16

08 아래 그림에서 $l /\!/ m /\!/ n$일 때, 다음 중 옳지 <u>않은</u> 것은?

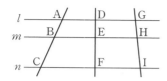

① $\overline{AB} : \overline{BC} = \overline{DE} : \overline{EF}$
② $\overline{AB} : \overline{AC} = \overline{GH} : \overline{GI}$
③ $\overline{AC} : \overline{GI} = \overline{AB} : \overline{GH}$
④ $\overline{AC} : \overline{DF} = \overline{DF} : \overline{GI}$
⑤ $\overline{DE} : \overline{EF} = \overline{GH} : \overline{HI}$

09 오른쪽 그림에서 $l /\!/ m /\!/ n$일 때, x의 값은?

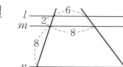

① 12   ② 14
③ 16   ④ 18
⑤ 20

10 오른쪽 그림과 같은 사다리꼴 ABCD에서 $\overline{AD} /\!/ \overline{EF} /\!/ \overline{BC}$일 때, $\overline{AE}$의 길이는?

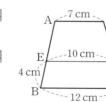

① 3 cm   ② 4 cm
③ 5 cm   ④ 6 cm
⑤ 7 cm

11 오른쪽 그림에서 $\overline{AB} /\!/ \overline{EF} /\!/ \overline{DC}$이고 △CEF의 넓이가 18 cm²일 때, △ABC의 넓이는?

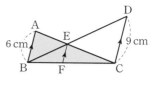

① 40 cm²   ② 45 cm²   ③ 50 cm²
④ 54 cm²   ⑤ 60 cm²

12 오른쪽 그림과 같은 △ABC에서 $\overline{BD} : \overline{DC} = 1 : 5$, ∠BAD=10°, ∠DAC=85°, $\overline{AD}$=20 cm일 때, $\overline{AB}$의 길이는?

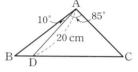

① 22 cm   ② 24 cm   ③ 26 cm
④ 28 cm   ⑤ 30 cm

13 오른쪽 그림과 같은 사다리꼴 ABCD에서 $\overline{AD} /\!/ \overline{EF} /\!/ \overline{BC}$이고 $\overline{AE} : \overline{EC} = \overline{DF} : \overline{FB} = 2 : 3$이다. $\overline{AD}$=15 cm, $\overline{BC}$=10 cm일 때, $\overline{EF}$의 길이를 구하시오.

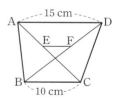

실력 Up⁺

01 다음 그림과 같이 $\overline{AD} /\!/ \overline{BC}$인 사다리꼴 ABCD에서 세 점 E, F, G는 각각 $\overline{AD}$, $\overline{BC}$, $\overline{BD}$의 중점이다. $\overline{EG} : \overline{FG} = 3 : 5$이고 $\overline{CD} = 10$ cm일 때, $\overline{AB}$의 길이는?

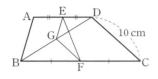

① 4 cm   ② 5 cm   ③ 6 cm
④ 7 cm   ⑤ 8 cm

02 오른쪽 그림과 같은 평행사변형 ABCD에서 점 E는 $\overline{AD}$의 중점이고 $\overline{AB} /\!/ \overline{EF}$이다. □ABCD의 넓이가 40 cm²일 때, △DFC의 넓이는?

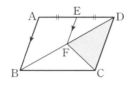

① 8 cm²   ② 10 cm²   ③ 12 cm²
④ 14 cm²   ⑤ 16 cm²

03 오른쪽 그림에서 세 점 D, E, F는 각각 $\overline{AB}$, $\overline{BC}$, $\overline{CA}$의 중점이다. △ABC의 둘레의 길이가 32 cm일 때, △DEF의 둘레의 길이를 구하시오.

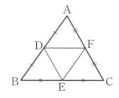

04 오른쪽 그림에서 점 G는 △ABC의 무게중심이고, 점 G′은 △DBC의 무게중심이다. $\overline{AB} = 12$ cm, $\overline{BC} = 25$ cm, $\overline{AC} = 20$ cm일 때, $\overline{GG'}$의 길이는?

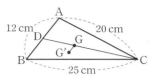

① $\dfrac{3}{2}$ cm   ② 2 cm   ③ $\dfrac{5}{2}$ cm

④ 3 cm   ⑤ $\dfrac{7}{2}$ cm

05 오른쪽 그림에서 △ABC, △BCD, △CDA의 무게중심을 각각 P, Q, R라 할 때, $\overline{PQ} + \overline{QR}$의 길이를 구하시오.

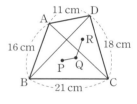

06 오른쪽 그림과 같은 직사각형 ABCD에서 두 점 M, N은 각각 $\overline{AD}$, $\overline{DC}$의 중점이다. □ABCD의 넓이가 48 cm²일 때, □MPQN의 넓이는?

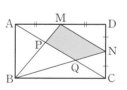

① 8 cm²   ② 9 cm²   ③ 10 cm²
④ 12 cm²   ⑤ 15 cm²

07 오른쪽 그림과 같은 △ABC에서 $\overline{AC}$의 중점을 D, $\overline{BC}$의 삼등분점을 각각 E, F라 하고, $\overline{AE}$, $\overline{AF}$가 $\overline{BD}$와 만나는 점을 각각 P, Q라 하자. $\overline{BD}=25$ cm일 때, $\overline{PQ}$의 길이는?

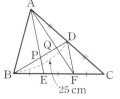

① 6 cm
② $\dfrac{13}{2}$ cm
③ 7 cm

④ $\dfrac{15}{2}$ cm
⑤ 8 cm

08 오른쪽 그림과 같은 △ABC에서 두 점 D, E는 $\overline{AC}$의 삼등분점이고, 두 점 F, G는 $\overline{BC}$의 삼등분점이다. △ABC의 넓이가 90 cm²일 때, △BFH의 넓이를 구하시오.

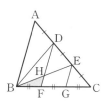

09 오른쪽 그림에서 $\overline{AB}=\overline{BC}$, $\overline{BF}=\overline{FE}$이고 $\overline{DE}=6$ cm일 때, $\overline{CD}$의 길이는?

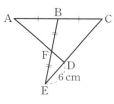

① 8 cm
② 9 cm

③ 10 cm
④ 11 cm

⑤ 12 cm

10 오른쪽 그림과 같은 △ABC에서 점 D는 $\overline{AC}$의 중점이고 $\overline{ED}\,/\!/\,\overline{BC}$이다. $\overline{BF}:\overline{FC}=3:2$일 때, $\overline{AG}:\overline{GF}$는?

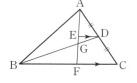

① 1 : 1
② 2 : 1
③ 3 : 2

④ 4 : 3
⑤ 5 : 3

11 오른쪽 그림과 같이 직사각형 ABCD의 변 BC 위의 한 점 P에 대하여 △ABP, △APD, △DPC의 무게중심을 각각 E, F, G라 하자. □ABCD의 넓이가 180 cm²일 때, □EPGF의 넓이는?

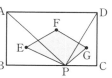

① 40 cm²
② 50 cm²
③ 60 cm²

④ 70 cm²
⑤ 80 cm²

도전
12 오른쪽 그림에서 세 점 D, E, F는 △ABC의 각 변의 중점이고, $\overline{DF}$의 연장선 위에 $\overline{DF}=\overline{FP}$가 되도록 점 P를 잡았다. △ABC의 넓이가 80 cm²일 때, △AEP의 넓이는?

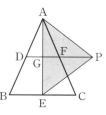

① 60 cm²
② 65 cm²
③ 70 cm²

④ 75 cm²
⑤ 80 cm²

도전
13 오른쪽 그림에서 점 G는 △ABC의 무게중심이고, 세 점 P, Q, R는 각각 $\overline{AB}$의 4등분점이다. $\overline{AD}=35$ cm일 때, $\overline{SD}$의 길이를 구하시오.

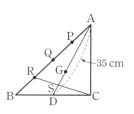

01 오른쪽 그림에서 △ABC, △ACD, △ADE가 모두 직각삼각형일 때, $\overline{AE}$의 길이는?

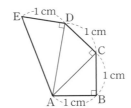

① 2 cm ② $\dfrac{5}{2}$ cm

③ 3 cm ④ $\dfrac{7}{2}$ cm

⑤ 4 cm

02 오른쪽 그림과 같은 △ABC에서 ∠BAD=∠CAD=45°이고 $\overline{AB}$=9 cm, $\overline{AC}$=12 cm일 때, $y-x$의 값은?

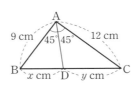

① 2 ② $\dfrac{15}{7}$ ③ $\dfrac{18}{7}$

④ 3 ⑤ $\dfrac{24}{7}$

03 오른쪽 그림과 같은 직사각형 ABCD에서 점 A에서 대각선 BD에 내린 수선의 발을 E, 점 E에서 $\overline{AD}$에 내린 수선의 발을 F라 하자. $\overline{AB}$=3 cm, $\overline{AD}$=4 cm일 때, $\overline{EF}$의 길이는?

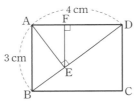

① $\dfrac{32}{25}$ cm ② $\dfrac{36}{25}$ cm ③ $\dfrac{8}{5}$ cm

④ $\dfrac{44}{25}$ cm ⑤ $\dfrac{48}{25}$ cm

04 오른쪽 그림과 같이 $\overline{AB}=\overline{AC}$인 이등변삼각형 ABC의 $\overline{BC}$ 위의 한 점 P에서 $\overline{AB}$, $\overline{AC}$에 내린 수선의 발을 각각 D, E라 하자. $\overline{AB}=\overline{AC}$=10 cm, $\overline{BC}$=12 cm, $\overline{DP}$=4 cm일 때, $\overline{PE}$의 길이는?

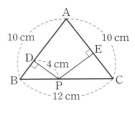

① 5 cm ② $\dfrac{28}{5}$ cm ③ 6 cm

④ $\dfrac{32}{5}$ cm ⑤ 7 cm

05 오른쪽 그림과 같은 △ABC에서 두 점 D, E는 각각 $\overline{AB}$, $\overline{BC}$의 중점이고 $\overline{AE}\perp\overline{CD}$이다. $\overline{AB}$=12 cm, $\overline{BC}$=16 cm일 때, $\overline{AC}^2$의 값을 구하시오.

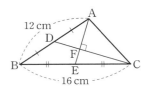

06 오른쪽 그림과 같이 높이가 10 cm인 원기둥의 점 A에서 점 B까지 최단 거리로 실을 두 바퀴 감았더니 실의 길이가 26 cm였다. 이때 밑면의 둘레의 길이는?

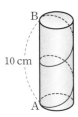

① 12 cm ② 13 cm ③ 14 cm
④ 15 cm ⑤ 16 cm

실력 Up⁺

01 자판기에서 600원짜리 음료수 2개를 사기 위해 동전을 넣으려고 한다. 500원짜리 동전 2개, 100원짜리 동전 8개, 50원짜리 동전 6개를 가지고 있을 때, 동전을 넣는 방법의 수는?

① 6   ② 7   ③ 8
④ 9   ⑤ 10

02 서로 다른 두 개의 주사위를 동시에 던질 때, 나오는 두 눈의 수의 차가 3 또는 5인 경우의 수를 구하시오.

03 2, 3, 5, 7, 11의 숫자가 각각 적힌 5장의 카드 중에서 2장을 뽑아서 분수를 만들 때, 1보다 큰 분수는 모두 몇 개인가?

① 4개   ② 8개   ③ 10개
④ 16개   ⑤ 20개

04 학교에서 분식점까지 가는 길은 4가지이고, 분식점에서 수지네 집까지 가는 길은 3가지이다. 수지가 하교 후에 학교에서 출발하여 분식점에 들러 집까지 가는 방법의 수는?

① 7   ② 12   ③ 15
④ 18   ⑤ 20

05 밥, 국, 반찬으로 구성된 식단을 짜려고 한다. 밥은 잡곡밥, 쌀밥 중에서 1가지, 국은 된장국, 미역국, 콩나물국 중에서 1가지, 반찬은 생선구이, 제육볶음, 오징어볶음 중에서 1가지를 고를 때, 식단을 짜는 경우의 수는?

① 8   ② 10   ③ 14
④ 16   ⑤ 18

06 지후, 서은, 여울 3명의 학생이 동아리에 가입하려고 한다. 한 학생이 A, B, C, D 4개의 동아리 중 하나를 선택하여 가입할 때, 세 학생이 동아리에 가입하는 경우의 수는? (단, 같은 동아리에 가입할 수 있다.)

① 12   ② 27   ③ 64
④ 81   ⑤ 256

07 0, 1, 2, 3, 4의 숫자가 각각 적힌 5장의 카드 중에서 3장을 뽑아 세 자리 자연수를 만들 때, 이 중 짝수의 개수는?

① 24개   ② 26개   ③ 28개
④ 30개   ⑤ 32개

08 다음 중 그 경우의 수가 가장 큰 사건은?

① 4명을 한 줄로 세운다.
② 동전 2개를 동시에 던진다.
③ 5명 중에서 대표 2명을 뽑는다.
④ 두 개의 주사위를 동시에 던질 때, 나오는 두 눈의 수의 합이 8 이상이다.
⑤ 1, 2, 3, 4, 5의 숫자가 각각 적힌 5장의 카드 중에서 2장을 뽑아 두 자리 자연수를 만든다.

09 유리병 속에 서로 다른 종류의 사탕 5개가 들어 있다. 이 유리병에서 사탕 2개를 꺼내는 경우의 수를 a, 사탕 3개를 꺼내는 경우의 수를 b라 할 때, $a+b$의 값은?

① 20　　　　② 30　　　　③ 40
④ 50　　　　⑤ 60

10 월드컵 예선전에서 4개의 국가가 A조에 편성되었다. A조의 모든 국가가 서로 한 번씩 경기를 한다고 할 때, A조는 총 몇 번의 경기를 해야 하는가?

① 6번　　　　② 8번　　　　③ 10번
④ 12번　　　　⑤ 14번

11 오른쪽 그림과 같이 직선 위에 서로 다른 5개의 점이 있고, 직선 위에 있지 않은 점 A가 있다. 점 A와 직선 위의 점 2개를 택하여 만들 수 있는 삼각형의 개수를 구하시오.

12 오른쪽 그림의 A, B, C 세 부분에 빨간색, 파란색, 노란색, 초록색의 4가지 색을 사용하여 칠하려고 한다. 같은 색을 여러 번 사용해도 좋으나 이웃한 부분은 서로 다른 색을 칠하는 방법의 수는?

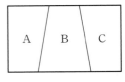

① 36　　　　② 42　　　　③ 48
④ 56　　　　⑤ 64

⑬ 13 주머니 속에 1, 2, 3, 4의 숫자가 각각 적힌 4장의 카드가 들어 있다. 이 주머니에서 카드를 한 장씩 세 번 뽑을 때, 세 장의 카드에 적힌 수의 합이 6인 경우의 수는? (단, 한 번 뽑은 카드는 다시 넣는다.)

① 8　　　　② 9　　　　③ 10
④ 11　　　　⑤ 12

⑭ 14 한 개의 주사위를 두 번 던져서 나오는 눈의 수를 차례대로 a, b라 하자. 연립방정식 $\begin{cases} 2x+(a+2)y=5 \\ bx+3y=1 \end{cases}$ 이 해를 갖지 않도록 하는 a, b의 값을 순서쌍 (a, b)로 나타낼 때, 순서쌍 (a, b)의 개수를 구하시오.

실력 Up⁺

01 주사위 한 개를 두 번 던져서 나온 두 눈의 수의 합이 7일 확률은?

① $\frac{1}{3}$ ② $\frac{1}{4}$ ③ $\frac{1}{6}$

④ $\frac{1}{9}$ ⑤ $\frac{1}{12}$

02 2부터 10까지의 자연수 중에서 한 개를 택하여 a라 할 때, $\frac{1}{a}$이 순환소수가 될 확률은?

① $\frac{1}{9}$ ② $\frac{2}{9}$ ③ $\frac{1}{3}$

④ $\frac{4}{9}$ ⑤ $\frac{5}{9}$

03 A, B, C 세 사람을 한 줄로 세울 때, 다음 중 그 확률이 나머지 넷과 <u>다른</u> 하나는?

① A가 맨 앞에 서는 경우
② B가 가운데에 서는 경우
③ C가 맨 뒤에 서는 경우
④ A와 B가 이웃하여 서는 경우
⑤ A와 B가 양 끝에 서는 경우

04 x는 -3 이상 2 이하의 정수이고, y는 -4 이상 0 이하의 정수이다. 점 (x, y)를 좌표평면 위에 나타낼 때, 제3사분면 위의 점일 확률은?

① $\frac{1}{6}$ ② $\frac{1}{5}$ ③ $\frac{2}{5}$

④ $\frac{3}{5}$ ⑤ $\frac{5}{6}$

05 수빈이와 지혁이가 가위바위보를 할 때, 두 사람이 서로 다른 것을 낼 확률은?

① $\frac{2}{9}$ ② $\frac{1}{3}$ ③ $\frac{4}{9}$

④ $\frac{2}{3}$ ⑤ $\frac{8}{9}$

06 주사위 한 개를 두 번 던져서 첫 번째에 나온 눈의 수를 a, 두 번째에 나온 눈의 수를 b라 할 때, 일차방정식 $ax+by=13$의 그래프가 점 $(1, 2)$를 지나지 않을 확률을 구하시오.

07 세아네 반에 안경을 쓴 학생은 전체의 60 %이고, 왼손잡이 학생은 전체의 20 %이다. 세아네 반 학생 중에서 한 명을 뽑을 때, 안경을 쓴 오른손잡이 학생일 확률을 구하시오.

08 주머니 속에 1, 2, 3, 4, 5의 숫자가 각각 적힌 5장의 카드가 들어 있다. 이 주머니에서 한 장의 카드를 꺼내 확인하고 다시 넣은 후 한 장을 더 꺼낼 때, 두 카드에 적힌 수의 합이 짝수일 확률은?

① $\dfrac{2}{5}$ ② $\dfrac{12}{25}$ ③ $\dfrac{13}{25}$

④ $\dfrac{14}{25}$ ⑤ $\dfrac{3}{5}$

09 주머니 속에 모양과 크기가 같은 파란 공 6개, 빨간 공 4개가 들어 있다. 이 주머니에서 2개의 공을 연속하여 꺼낼 때, 두 공이 서로 같은 색일 확률은?

(단, 한 번 꺼낸 공은 다시 넣지 않는다.)

① $\dfrac{7}{15}$ ② $\dfrac{8}{15}$ ③ $\dfrac{3}{5}$

④ $\dfrac{2}{3}$ ⑤ $\dfrac{11}{15}$

10 두 농구 선수 A, B의 자유투 성공률이 각각 $\dfrac{3}{5}$, $\dfrac{2}{3}$이다. A, B가 한 번씩 자유투를 던질 때, 적어도 한 명은 성공할 확률은?

① $\dfrac{3}{5}$ ② $\dfrac{2}{3}$ ③ $\dfrac{11}{15}$

④ $\dfrac{4}{5}$ ⑤ $\dfrac{13}{15}$

11 교내 체육대회에서 우리 반 농구팀이 이길 확률은 $\dfrac{5}{7}$, 축구팀이 이길 확률은 $\dfrac{9}{11}$일 때, 두 팀 중 한 팀만 이길 확률은?

① $\dfrac{25}{77}$ ② $\dfrac{4}{11}$ ③ $\dfrac{3}{7}$

④ $\dfrac{5}{11}$ ⑤ $\dfrac{40}{77}$

도전
12 다음 수직선에서 점 P가 원점에 있다. 동전 한 개를 던져서 앞면이 나오면 +1만큼, 뒷면이 나오면 −2만큼 점 P를 움직이기로 할 때, 동전을 다섯 번 던져서 점 P가 −1의 위치에 있을 확률은?

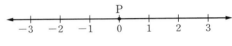

① $\dfrac{1}{4}$ ② $\dfrac{5}{16}$ ③ $\dfrac{3}{8}$

④ $\dfrac{1}{2}$ ⑤ $\dfrac{5}{8}$

도전
13 정훈이와 미나는 토요일에 비가 오지 않으면 함께 놀이동산에 가기로 하였다. 토요일에 비가 올 확률은 $\dfrac{1}{4}$이고, 정훈이와 미나가 약속을 지킬 확률은 각각 $\dfrac{3}{5}$, $\dfrac{2}{3}$일 때, 정훈이와 미나가 토요일에 같이 놀이동산에 갈 확률을 구하시오.

개념원리와 만나는 모든 방법

다양한 이벤트, 동기부여 콘텐츠 등
공부 자극에 필요한 모든 콘텐츠를 보고 싶다면?

개념원리 공식 인스타그램
@wonri_with

교재 속 QR코드 문제 풀이 영상 공부법까지
수학 공부에 필요한 모든 것

개념원리 공식 유튜브 채널
youtube.com/개념원리2022

개념원리에서 만들어지는 모든 콘텐츠를
정기적으로 받고 싶다면?

 TALK

개념원리 공식
카카오뷰 채널

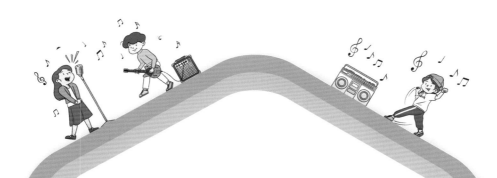

개념원리 RPM

중학 수학 2-2
_____
정답과 풀이

개념원리 수학연구소

개념원리 RPM 중학 수학 2-2

정답과 풀이

▮ 친절한 풀이   정확하고 이해하기 쉬운 친절한 풀이

▮ 다른 풀이   수학적 사고력을 키우는 다양한 해결 방법 제시

▮ 서술형 분석   모범 답안과 단계별 배점 제시로 서술형 문제 완벽 대비

개념원리 RPM

중학수학 2-2

정답과 풀이

01 이등변삼각형

I. 삼각형의 성질

교과서문제 정복하기

본문 p.9

0001 $\angle C=\angle B=60°$이므로
$\angle x=180°-(60°+60°)=60°$ 답 **60°**

0002 $\angle x=\frac{1}{2}\times(180°-120°)=30°$ 답 **30°**

0003 $\angle C=\angle ABC=180°-105°=75°$이므로
$\angle x=180°-(75°+75°)=30°$ 답 **30°**

0004 $\angle ACB=\angle B=\frac{1}{2}\times(180°-80°)=50°$이므로
$\angle x=180°-50°=130°$ 답 **130°**

0005 이등변삼각형의 꼭지각의 이등분선은 밑변을 수직이등분하므로
$\overline{BC}=2\overline{BD}=2\times5=10(\mathrm{cm})$ $\therefore x=10$
또 $\overline{AD}\perp\overline{BC}$에서 $\angle ADC=90°$ $\therefore y=90$
답 **$x=10$, $y=90$**

0006 이등변삼각형의 꼭지각의 이등분선은 밑변을 수직이등분하므로
$\overline{AD}\perp\overline{BC}$에서 $\angle ADC=90°$
이때 $\angle C=\angle B=55°$이므로 $\triangle ADC$에서
$\angle CAD=180°-(90°+55°)=35°$ $\therefore x=35$
또 $\overline{CD}=\overline{BD}=\frac{1}{2}\overline{BC}=\frac{1}{2}\times8=4(\mathrm{cm})$ $\therefore y=4$
답 **$x=35$, $y=4$**

0007 $\angle C=180°-(40°+70°)=70°$
따라서 $\angle A=\angle C$이므로
$\overline{BC}=\overline{BA}=12\ \mathrm{cm}$ $\therefore x=12$ 답 **12**

0008 $\angle BAC=180°-130°=50°$
$\triangle ABC$에서 $\angle C=180°-(65°+50°)=65°$
따라서 $\angle B=\angle C$이므로
$\overline{AC}=\overline{AB}=6\ \mathrm{cm}$ $\therefore x=6$ 답 **6**

0009 $\angle B=\angle C$이므로 $\triangle ABC$는 $\overline{AB}=\overline{AC}$인 이등변삼각형이다.
따라서 $\overline{DC}=\frac{1}{2}\overline{BC}=\frac{1}{2}\times8=4(\mathrm{cm})$이므로
$x=4$ 답 **4**

0010 $\angle A=\angle DBA$이므로

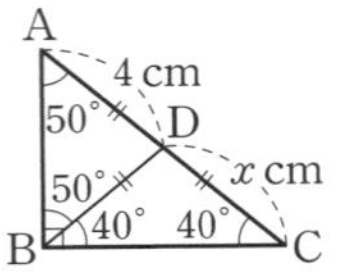

$\overline{DB}=\overline{DA}=4\ \mathrm{cm}$
$\angle DBC=90°-50°=40°$
$\triangle ABC$에서
$\angle C=180°-(50°+90°)=40°$
따라서 $\angle DBC=\angle C$이므로
$\overline{DC}=\overline{DB}=4\ \mathrm{cm}$ $\therefore x=4$ 답 **4**

0011 답 **$\triangle ABC\equiv\triangle FED$ (RHA 합동)**

0012 $\overline{DE}=\overline{CB}=4\ \mathrm{cm}$ 답 **4 cm**

0013 답 **$\triangle ABC\equiv\triangle EDF$ (RHS 합동)**

0014 $\overline{DF}=\overline{BC}=4\ \mathrm{cm}$ 답 **4 cm**

0015 답 **ㄱ. RHA 합동, ㄹ. RHS 합동**

0016 답 **4**

0017 답 **8**

0018 답 **35**

0019 답 **10**

유형 익히기

본문 p.10~17

0020 답 (가) $\overline{AC}$ (나) $\overline{AD}$ (다) $\angle CAD$ (라) SAS

0021 답 (가) $\overline{AD}$ (나) $\angle CAD$ (다) $\triangle ABD$
(라) SAS (마) $\angle ADC$

0022 답 ④

0023 이등변삼각형의 꼭지각의 이등분선은 밑변을 수직이등분하므로
$\overline{AD}\perp\overline{BC}$, $\overline{BD}=\overline{CD}$
$\triangle PBD$와 $\triangle PCD$에서
$\overline{BD}=\overline{CD}$, $\overline{PD}$는 공통, $\angle PDB=\angle PDC$
이므로 $\triangle PBD\equiv\triangle PCD$ (SAS 합동)
$\therefore \overline{PB}=\overline{PC}$ 답 ③, ④

0024 △ABC에서 $\overline{AB}=\overline{AC}$이므로

$\angle ABC=\angle C=\dfrac{1}{2}\times(180°-40°)=70°$

△BCD에서 $\overline{BC}=\overline{BD}$이므로 $\angle BDC=\angle C=70°$

$\therefore \angle DBC=180°-(70°+70°)=40°$

$\therefore \angle ABD=\angle ABC-\angle DBC=70°-40°=30°$ 　　　📋 ③

0025 △ABC에서 $\overline{AB}=\overline{AC}$이므로 $\angle B=\angle C=62°$

$\therefore \angle A=180°-(62°+62°)=56°$ 　　　📋 **56°**

0026 $\angle ABC=180°-130°=50°$

이때 △ABC에서 $\overline{BA}=\overline{BC}$이므로

$\angle C=\angle A=\dfrac{1}{2}\times(180°-50°)=65°$ 　　　📋 ④

0027 △ABC에서 $\overline{AB}=\overline{AC}$이므로 $\angle C=\angle B=2\angle A=2\angle x$

삼각형의 세 내각의 크기의 합은 180°이므로

$\angle x+2\angle x+2\angle x=180°$

$5\angle x=180°$ 　　$\therefore \angle x=36°$ 　　　📋 **36°**

0028 $\overline{AD}/\!/\overline{BC}$이므로

$\angle C=\angle DAC=67°$ (엇각)

·· ㉮

△ABC에서 $\overline{AB}=\overline{AC}$이므로

$\angle B=\angle C=67°$

·· ㉯

$\therefore \angle EAD=\angle B=67°$ (동위각)

·· ㉰

📋 **67°**

단계	채점 요소	배점
㉮	$\angle C$의 크기 구하기	30%
㉯	$\angle B$의 크기 구하기	40%
㉰	$\angle EAD$의 크기 구하기	30%

0029 $\angle BDC=180°-106°=74°$이고

△BCD에서 $\overline{BC}=\overline{BD}$이므로 $\angle C=\angle BDC=74°$

$\therefore \angle DBC=180°-(74°+74°)=32°$

△ABC에서 $\overline{AB}=\overline{AC}$이므로 $\angle ABC=\angle C=74°$

$\therefore \angle ABD=\angle ABC-\angle DBC=74°-32°=42°$ 　📋 **42°**

0030 $\angle BDE=\angle a$라 하면 $\angle DBE=\angle BDE=\angle a$이므로

△DBE에서 $\angle DEC=\angle a+\angle a=2\angle a$

또 $\angle CDE=\angle BDE=\angle a$이므로 △DEC에서

$\angle a+2\angle a+90°=180°,\ 3\angle a=90°$

$\therefore \angle a=30°$

$\therefore \angle DEC=2\angle a=2\times30°=60°$ 　　　📋 **60°**

0031 △BEA에서 $\overline{BA}=\overline{BE}$이므로

$\angle BEA=\angle BAE=\dfrac{1}{2}\times(180°-52°)=64°$

△CDE에서 $\overline{CD}=\overline{CE}$이므로

$\angle CED=\angle CDE=\dfrac{1}{2}\times(180°-34°)=73°$

$\therefore \angle AED=180°-(\angle BEA+\angle CED)$

$\qquad\qquad=180°-(64°+73°)$

$\qquad\qquad=43°$ 　　　📋 **43°**

0032 이등변삼각형의 꼭지각의 이등분선은 밑변을 수직이등분하므로

$\overline{BD}=\overline{CD}=5$ cm

$\therefore x=5$

$\angle CAD=\angle BAD=36°,\ \angle ADC=90°$이므로

△ADC에서

$\angle C=180°-(90°+36°)=54°$

$\therefore y=54$

$\therefore x+y=5+54=59$ 　　　📋 **59**

0033 ① △ABC에서 $\overline{AB}=\overline{AC}$이므로

　$\angle B=\angle C$

② $\angle BAD$의 크기는 알 수 없다.

③, ④ 이등변삼각형의 꼭지각의 이등분선은 밑변을 수직이등분하므로

$\overline{BD}=\dfrac{1}{2}\overline{BC}=\dfrac{1}{2}\times16=8\,(\text{cm})$

$\overline{AD}\perp\overline{BC}$에서 $\angle ADC=90°$

⑤ △ABD≡△ACD (SAS 합동) 　　　📋 ②

0034 △ABC에서 $\overline{AB}=\overline{AC}$이므로

$\angle C=\angle B=75°$

·· ㉮

△ABC는 이등변삼각형이고 점 D는 $\overline{BC}$의 중점이므로

$\angle ADC=90°$

·· ㉯

따라서 △ADC에서

$\angle CAD=180°-(90°+75°)=15°$

·· ㉰

📋 **15°**

단계	채점 요소	배점
㉮	$\angle C$의 크기 구하기	40%
㉯	$\angle ADC$의 크기 구하기	30%
㉰	$\angle CAD$의 크기 구하기	30%

0035 이등변삼각형의 꼭지각의 이등분선은 밑변을 수직이등

분하므로 $\overline{BD}=\dfrac{1}{2}\overline{BC}=\dfrac{1}{2}\times12=6(cm)$

또 $\overline{AD}\perp\overline{BC}$이고 $\triangle ABD=24\ cm^2$이므로

$\dfrac{1}{2}\times\overline{BD}\times\overline{AD}=24$에서

$\dfrac{1}{2}\times6\times\overline{AD}=24$ $\therefore\ \overline{AD}=8(cm)$ **딥 8 cm**

0036 $\triangle ABC$에서 $\overline{AB}=\overline{AC}$이므로

$\angle B=\angle ACB$

$=\dfrac{1}{2}\times(180°-100°)=40°$

$\triangle CDA$에서 $\overline{CA}=\overline{CD}$이므로

$\angle CDA=\angle CAD=180°-100°=80°$

따라서 $\triangle DBC$에서

$\angle DCE=\angle D+\angle B=80°+40°=120°$ **딥 120°**

0037 $\triangle ABD$에서 $\overline{DA}=\overline{DB}$이므로 $\angle BAD=\angle B=34°$

$\therefore\ \angle ADC=\angle B+\angle BAD=34°+34°=68°$

따라서 $\triangle ADC$에서 $\overline{DA}=\overline{DC}$이므로

$\angle x=\dfrac{1}{2}\times(180°-68°)=56°$ **딥 56°**

0038 $\angle A=\angle x$라 하면

$\triangle DCA$에서 $\overline{DA}=\overline{DC}$이므로

$\angle ACD=\angle A=\angle x$

$\angle BDC=\angle A+\angle ACD=\angle x+\angle x=2\angle x$

$\triangle CDB$에서 $\overline{CD}=\overline{CB}$이므로

$\angle CBD=\angle CDB=2\angle x$

$\triangle ABC$에서 $\overline{AB}=\overline{AC}$이므로 $\angle ACB=\angle ABC=2\angle x$

$\triangle ABC$의 세 내각의 크기의 합은 $180°$이므로

$\angle x+2\angle x+2\angle x=180°$

$5\angle x=180°$ $\therefore\ \angle x=36°$

따라서 $\triangle DCA$에서

$\angle ADC=180°-(36°+36°)=108°$ **딥 108°**

0039 $\triangle ABC$에서 $\overline{AB}=\overline{AC}$이므로

$\angle ACB=\angle B=\angle x$

------------------------------ ㉮

$\angle DAC=\angle B+\angle ACB=\angle x+\angle x=2\angle x$

$\triangle CDA$에서 $\overline{CA}=\overline{CD}$이므로

$\angle CDA=\angle CAD=2\angle x$

------------------------------ ㉯

$\triangle DBC$에서 $\angle DCE=\angle B+\angle BDC=\angle x+2\angle x=3\angle x$

$\triangle DCE$에서 $\overline{DC}=\overline{DE}$이므로

$\angle DEC=\angle DCE=3\angle x$

------------------------------ ㉰

$\triangle DBE$에서

$\angle FDE=\angle B+\angle DEB$이므로

$80°=\angle x+3\angle x,\ 4\angle x=80°$

$\therefore\ \angle x=20°$

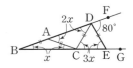

------------------------------ ㉱

딥 20°

단계	채점 요소	배점
㉮	$\angle ACB=\angle B=\angle x$임을 알기	20%
㉯	$\angle CDA=\angle CAD=2\angle x$임을 알기	30%
㉰	$\angle DEC=\angle DCE=3\angle x$임을 알기	30%
㉱	$\angle x$의 크기 구하기	20%

0040 (1) $\triangle ABC$에서 $\overline{AB}=\overline{AC}$이므로

$\angle ACB=\dfrac{1}{2}\times(180°-40°)=70°$

$\therefore\ \angle ACE=180°-\angle ACB=180°-70°=110°$

이때 $\angle ACD=\angle DCE$이므로

$\angle ACD=\dfrac{1}{2}\angle ACE=\dfrac{1}{2}\times110°=55°$

(2) $\angle BCD=\angle ACB+\angle ACD=70°+55°=125°$

$\triangle CDB$에서 $\overline{CB}=\overline{CD}$이므로

$\angle CDB=\dfrac{1}{2}\times(180°-125°)=27.5°$

딥 (1) 55° (2) 27.5°

0041 $\angle ACD=\angle DCE=60°$이므로

$\angle ACB=180°-(60°+60°)=60°$

이때 $\overline{AB}=\overline{AC}$이므로

$\angle ABC=\angle ACB=60°$

$\therefore\ \angle DBC=\dfrac{1}{2}\angle ABC=\dfrac{1}{2}\times60°=30°$

따라서 $\triangle DBC$에서

$\angle BDC=\angle DCE-\angle DBC$

$=60°-30°=30°$ **딥 ③**

0042 $\triangle ABC$에서 $\overline{AB}=\overline{AC}$이므로

$\angle ABC=\angle ACB=\dfrac{1}{2}\times(180°-28°)=76°$

$\therefore\ \angle DBC=\dfrac{1}{2}\angle ABC=\dfrac{1}{2}\times76°=38°$

이때 $\angle ACD:\angle ACE=1:4$에서

$\angle ACE=4\angle ACD$이므로

$\angle ACD=\dfrac{1}{4}\angle ACE=\dfrac{1}{4}\times(180°-\angle ACB)$

$=\dfrac{1}{4}\times(180°-76°)=26°$

따라서 $\triangle BCD$에서

$\angle D=180°-(38°+76°+26°)=40°$ **딥 40°**

0043 冒 (가) $\overline{AD}$ (나) $\angle CAD$ (다) $\angle C$
(라) $\angle ADC$ (마) ASA

0044 冒 (가) $\angle ACB$ (나) $\angle ABC$ (다) $\angle DCB$

0045 $\triangle ABC$에서 $\overline{AB}=\overline{AC}$이므로

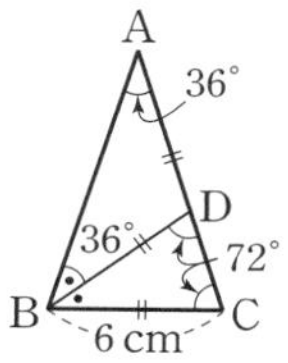

$\angle ABC=\angle C=\dfrac{1}{2}\times(180°-36°)=72°$

$\therefore \angle ABD=\dfrac{1}{2}\angle ABC$

$\qquad =\dfrac{1}{2}\times 72°=36°$

즉, $\angle A=\angle ABD$이므로 $\triangle DAB$는 $\overline{DA}=\overline{DB}$인 이등변삼각형이다.

또 $\triangle DAB$에서

$\angle BDC=\angle A+\angle ABD$

$\qquad =36°+36°=72°$

따라서 $\angle C=\angle BDC$이므로 $\triangle BCD$는 $\overline{BC}=\overline{BD}$인 이등변삼각형이다.

$\therefore \overline{AD}=\overline{BD}=\overline{BC}=6\text{ cm}$ 冒 **6 cm**

0046 $\triangle ABC$에서 $\angle B=\angle C$이므로 $\overline{AB}=\overline{AC}$이다.

$\therefore \overline{AB}=\dfrac{1}{2}\times(26-8)=9(\text{cm})$ 冒 ③

0047 $\triangle ABC$에서 $\angle A=180°-(90°+30°)=60°$

$\triangle DCA$에서 $\overline{DA}=\overline{DC}$이므로 $\angle ACD=\angle A=60°$

따라서 $\triangle DCA$는 한 변의 길이가 10 cm인 정삼각형이다.

$\therefore \overline{AD}=\overline{DC}=\overline{CA}=10\text{ cm}$

$\angle DCB=\angle ACB-\angle ACD=90°-60°=30°$

즉, $\angle B=\angle DCB$이므로 $\overline{BD}=\overline{CD}=10\text{ cm}$

$\therefore \overline{AB}=\overline{AD}+\overline{DB}$

$\qquad =10+10=20(\text{cm})$ 冒 **20 cm**

0048 $\triangle ABC$에서 $\angle B=\angle C$이므로

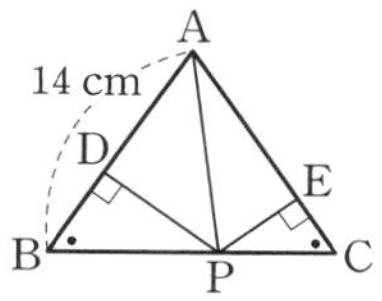

$\overline{AC}=\overline{AB}=14\text{ cm}$

오른쪽 그림과 같이 $\overline{AP}$를 그으면

$\triangle ABC=\triangle ABP+\triangle APC$이므로

$63=\dfrac{1}{2}\times 14\times\overline{PD}+\dfrac{1}{2}\times 14\times\overline{PE}$

$63=7(\overline{PD}+\overline{PE})$

$\therefore \overline{PD}+\overline{PE}=9(\text{cm})$ 冒 **9 cm**

0049 ① ASA 합동
② RHS 합동
③ RHA 합동
④ 모양은 같으나 크기가 같다고 할 수 없으므로 합동이 아니다.
⑤ SAS 합동 冒 ④

0050 ㄱ과 ㅁ: RHS 합동
ㄴ과 ㄷ: RHA 합동
冒 **ㄱ과 ㅁ, ㄴ과 ㄷ**

0051 $\triangle ABC$와 $\triangle EFD$에서
$\angle B=\angle F=90°$, $\overline{AC}=\overline{ED}$,
$\angle A=180°-(90°+60°)=30°=\angle E$
이므로 $\triangle ABC\equiv\triangle EFD$ (RHA 합동)
$\therefore \overline{DF}=\overline{CB}=5\text{ cm}$ 冒 ③

0052 ⑤ (마) ASA 冒 ⑤

0053 $\triangle ACD$와 $\triangle BAE$에서
$\angle ADC=\angle BEA=90°$, $\overline{AC}=\overline{BA}$,
$\angle DCA=90°-\angle CAD=\angle EAB$
이므로 $\triangle ACD\equiv\triangle BAE$ (RHA 합동)
따라서 $\overline{DA}=\overline{EB}=3\text{ cm}$, $\overline{AE}=\overline{CD}=4\text{ cm}$이므로
$\overline{DE}=\overline{DA}+\overline{AE}$
$\qquad =3+4=7(\text{cm})$ 冒 ②

0054 $\triangle ADM$과 $\triangle BCM$에서
$\angle ADM=\angle BCM=90°$, $\overline{AM}=\overline{BM}$,
$\angle AMD=\angle BMC$ (맞꼭지각)
이므로 $\triangle ADM\equiv\triangle BCM$ (RHA 합동)
따라서 $\overline{AD}=\overline{BC}=5\text{ cm}$이므로
$x=5$
또 $\angle BMC=\angle AMD=180°-(90°+65°)=25°$이므로
$y=25$
$\therefore x+y=5+25=30$ 冒 **30**

0055 $\triangle BMD$와 $\triangle CME$에서
$\angle BDM=\angle CEM=90°$, $\overline{BM}=\overline{CM}$
$\triangle ABC$에서 $\overline{AB}=\overline{AC}$이므로 $\angle B=\angle C$
$\therefore \triangle BMD\equiv\triangle CME$ (RHA 합동)
$\therefore \overline{MD}=\overline{ME}$ 冒 ②

0056 $\triangle BDM$과 $\triangle CEM$에서
$\angle BDM=\angle CEM=90°$, $\overline{BM}=\overline{CM}$,
$\angle BMD=\angle CME$ (맞꼭지각)
이므로 $\triangle BDM\equiv\triangle CEM$ (RHA 합동)
따라서 $\overline{BD}=\overline{CE}=8\text{ cm}$, $\overline{DM}=\overline{EM}=4\text{ cm}$이므로
$\triangle ABD=\dfrac{1}{2}\times\overline{BD}\times\overline{AD}$
$\qquad =\dfrac{1}{2}\times 8\times(16+4)$
$\qquad =80(\text{cm}^2)$ 冒 ④

0057 △ADB와 △CEA에서
∠BDA=∠AEC=90°, $\overline{AB}=\overline{CA}$,
∠DBA=90°−∠BAD=∠EAC
이므로 △ADB≡△CEA (RHA 합동)
따라서 $\overline{DA}=\overline{EC}=5$ cm, $\overline{AE}=\overline{BD}=7$ cm이므로
$\overline{DE}=5+7=12$(cm)

(사각형 DBCE의 넓이)$=\dfrac{1}{2}\times(\overline{BD}+\overline{CE})\times\overline{DE}$

$\qquad\qquad\qquad\qquad=\dfrac{1}{2}\times(7+5)\times12$

$\qquad\qquad\qquad\qquad=72(\text{cm}^2)$

∴ △ABC=(사각형 DBCE의 넓이)−(△ADB+△CEA)

$\qquad\quad=72-\left(\dfrac{1}{2}\times7\times5+\dfrac{1}{2}\times7\times5\right)$

$\qquad\quad=72-35=37(\text{cm}^2)$

답 37 cm²

0058 △ABD와 △CAE에서
∠ADB=∠CEA=90°, $\overline{AB}=\overline{CA}$,
∠ABD=90°−∠BAD=∠CAE
이므로 △ABD≡△CAE (RHA 합동) ……㉮

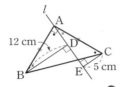

따라서 $\overline{AD}=\overline{CE}=5$ cm, $\overline{AE}=\overline{BD}=12$ cm이므로
$\overline{DE}=\overline{AE}-\overline{AD}$
$\qquad=12-5=7$(cm) ……㉯

답 7 cm

단계	채점 요소	배점
㉮	△ABD≡△CAE임을 알기	50%
㉯	$\overline{DE}$의 길이 구하기	50%

0059 △DBC와 △DBE에서
∠DCB=∠DEB=90°, $\overline{BD}$는 공통, $\overline{BC}=\overline{BE}$
이므로 △DBC≡△DBE (RHS 합동)(③)
∴ $\overline{DC}=\overline{DE}$(②), ∠BDC=∠BDE(①), ∠CBD=∠EBD(⑤)

답 ④

0060 △ADE와 △ACE에서
∠ADE=∠ACE=90°, $\overline{AE}$는 공통, $\overline{AD}=\overline{AC}$
이므로 △ADE≡△ACE (RHS 합동)
따라서 $\overline{DE}=\overline{CE}=7$ cm이므로
$x=7$
또 ∠DAE=∠CAE이고 △ABC에서
∠BAC=180°−(90°+32°)=58°이므로
∠DAE=$\dfrac{1}{2}$∠BAC=$\dfrac{1}{2}\times58°=29°$
∴ $y=29$
∴ $y-x=29-7=22$

답 22

0061 △BMD와 △CME에서
∠BDM=∠CEM=90°, $\overline{BM}=\overline{CM}$, $\overline{MD}=\overline{ME}$
이므로 △BMD≡△CME (RHS 합동)
따라서 ∠ABM=∠ACM=$\dfrac{1}{2}\times(180°-56°)=62°$이므로
△BMD에서 ∠BMD=180°−(90°+62°)=28°

답 28°

0062 △ADE와 △ACE에서
∠ADE=∠ACE=90°, $\overline{AE}$는 공통, $\overline{AD}=\overline{AC}$
이므로 △ADE≡△ACE (RHS 합동)
∴ $\overline{DE}=\overline{CE}$
또 $\overline{BD}=\overline{AB}-\overline{AD}=\overline{AB}-\overline{AC}=10-6=4$(cm)이므로
(△BED의 둘레의 길이)$=\overline{BE}+\overline{ED}+\overline{DB}$
$\qquad\qquad\qquad\qquad=(\overline{BE}+\overline{EC})+\overline{DB}$
$\qquad\qquad\qquad\qquad=\overline{BC}+\overline{DB}$
$\qquad\qquad\qquad\qquad=8+4=12$(cm)

답 12 cm

0063 **답** (가) ∠PAO (나) $\overline{OP}$ (다) ∠BOP
　　(라) RHA (마) $\overline{PB}$

0064 △PAO와 △PBO에서
∠PAO=∠PBO=90°, $\overline{OP}$는 공통, $\overline{PA}=\overline{PB}$
이므로 △PAO≡△PBO (RHS 합동)
∴ $\overline{AO}=\overline{BO}$(ㄱ), ∠APO=∠BPO(ㄴ)
또 ∠AOP=∠BOP이므로
∠AOP=$\dfrac{1}{2}$∠AOB(ㅁ)
따라서 옳은 것은 ㄱ, ㄴ, ㅁ이다.

답 ⑤

0065 오른쪽 그림과 같이 점 D에서
$\overline{AC}$에 내린 수선의 발을 E라 하면
$\overline{AD}$는 ∠BAC의 이등분선이므로 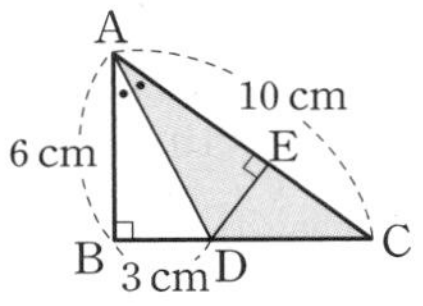
$\overline{DE}=\overline{DB}=3$ cm
∴ △ADC=$\dfrac{1}{2}\times\overline{AC}\times\overline{DE}$
$\qquad\quad=\dfrac{1}{2}\times10\times3$
$\qquad\quad=15(\text{cm}^2)$

답 15 cm²

0066 오른쪽 그림과 같이 점 D에서 $\overline{AC}$에
내린 수선의 발을 E라 하면
$\overline{CD}$는 ∠ACB의 이등분선이므로 $\overline{BD}=\overline{ED}$ 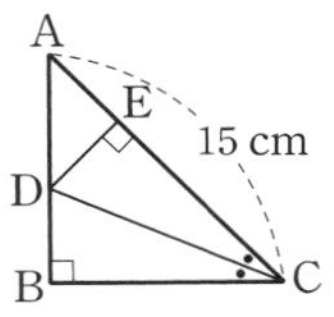
이때 △ADC=30 cm²이므로

$\dfrac{1}{2}\times15\times\overline{DE}=30$
∴ $\overline{DE}=4$(cm)
∴ $\overline{BD}=\overline{ED}=4$ cm

답 4 cm

0067 $\overline{PA}=\overline{PB}$이므로 $\overline{OP}$는 ∠AOB의 이등분선이다.

∴ ∠AOP=∠BOP=$\dfrac{1}{2}$∠AOB=$\dfrac{1}{2}\times40°=20°$

따라서 △AOP에서

∠APO=180°−(90°+20°)=70°　　　　　**冒 70°**

0068 $\overline{AD}$는 ∠BAC의 이등분선이므로

$\overline{DE}=\overline{DC}=4$ cm

△ABC에서 $\overline{CA}=\overline{CB}$이므로

∠B=$\dfrac{1}{2}\times(180°−90°)=45°$

이때 △BDE에서 ∠BDE=180°−(90°+45°)=45°

△BDE는 직각이등변삼각형이므로 $\overline{BE}=\overline{DE}=4$ cm

∴ △BDE=$\dfrac{1}{2}\times4\times4=8$(cm²)　　　　　**冒 8 cm²**

본문 p.18

유형 UP

0069 $\overline{AC}/\!/\overline{BD}$이므로

∠ACB=∠CBD=∠x (엇각)

∠ABC=∠CBD=∠x (접은 각)

따라서 △ABC에서

∠x=$\dfrac{1}{2}\times(180°−54°)=63°$　　　　　**冒 63°**

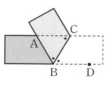

0070 $\overline{AD}/\!/\overline{BC}$이므로

∠BCA=∠DAC (엇각)

∠DAC=∠BAC (접은 각)

∴ ∠BCA=∠BAC

따라서 △ABC에서 $\overline{AB}=\overline{BC}=7$ cm　　　　**冒 7 cm**

0071 ④ $\overline{AC}/\!/\overline{BD}$이므로

∠ACB=∠CBD (엇각)

∠ABC=∠CBD (접은 각)

즉, ∠ACB=∠ABC이므로

$\overline{AB}=\overline{AC}$　　　　　　　　　　**冒 ④**

0072 $\overline{AC}/\!/\overline{BD}$이므로

∠ACB=∠CBD (엇각)

∠ABC=∠CBD (접은 각)

∴ ∠ABC=∠ACB

따라서 △ABC에서 $\overline{AC}=\overline{AB}=9$ cm

∴ △ABC=$\dfrac{1}{2}\times9\times6=27$(cm²)　　　　**冒 27 cm²**

0073 △ABC에서 $\overline{AB}=\overline{AC}$이므로

∠B=∠C=$\dfrac{1}{2}\times(180°−52°)=64°$

△BED와 △CFE에서

$\overline{BD}=\overline{CE}$, $\overline{BE}=\overline{CF}$, ∠B=∠C

이므로 △BED≡△CFE (SAS 합동)

∴ ∠BDE=∠CEF

∴ ∠DEF=180°−(∠DEB+∠CEF)

　　　　=180°−(∠DEB+∠BDE)

　　　　=∠B=64°　　　　　　　　　**冒 64°**

0074 △ABE와 △ACD에서

$\overline{AB}=\overline{AC}$, $\overline{BE}=\overline{CD}$, ∠B=∠C

이므로 △ABE≡△ACD (SAS 합동)

즉, $\overline{AE}=\overline{AD}$이므로 △ADE는 이등변삼각형이다.

∴ ∠ADE=∠AED=70°

또 △ABE에서 $\overline{BE}=\overline{BA}$이므로

∠B=180°−(70°+70°)=40°

따라서 △ABD에서

∠BAD=∠ADE−∠B=70°−40°=30°　　　**冒 ③**

0075 △ABC에서 $\overline{AB}=\overline{AC}$이므로

∠B=∠C=$\dfrac{1}{2}\times(180°−56°)=62°$

△BPR와 △CQP에서

$\overline{BP}=\overline{CQ}$, $\overline{BR}=\overline{CP}$, ∠B=∠C

이므로 △BPR≡△CQP (SAS 합동)

∴ $\overline{PR}=\overline{QP}$, ∠BRP=∠CPQ

∴ ∠RPQ=180°−(∠BPR+∠CPQ)

　　　　=180°−(∠BPR+∠BRP)

　　　　=∠B=62°

이때 △PQR에서 $\overline{PQ}=\overline{PR}$이므로

∠PQR=$\dfrac{1}{2}\times(180°−62°)=59°$　　　　**冒 ②**

중단원 마무리하기

본문 p.19~21

0076 **冒 ⑤**

0077 △ABC에서 $\overline{AB}=\overline{AC}$이므로 ∠C=∠B=2∠x+30°

△ABC의 세 내각의 크기의 합은 180°이므로

∠x+(2∠x+30°)+(2∠x+30°)=180°

5∠x=120°　　∴ ∠x=24°　　　　　　**冒 ③**

0078 △DAC에서 $\overline{DA}=\overline{DC}$이므로

$\angle DAC=\dfrac{1}{2}\times(180^\circ-100^\circ)=40^\circ$

$\overline{AD}\,/\!/\,\overline{BC}$이므로

$\angle ACB=\angle DAC=40^\circ$ (엇각)

따라서 △CAB에서 $\overline{CA}=\overline{CB}$이므로

$\angle B=\dfrac{1}{2}\times(180^\circ-40^\circ)=70^\circ$ 　　　**冒 70°**

0079 $\angle A=\angle x$라 하면

$\angle DBE=\angle A=\angle x$ (접은 각)

또 △ABC에서 $\overline{AB}=\overline{AC}$이므로

$\angle C=\angle ABC=\angle x+27^\circ$

삼각형의 세 내각의 크기의 합은 180°이므로

$\angle x+(\angle x+27^\circ)+(\angle x+27^\circ)=180^\circ$

$3\angle x=126^\circ$

$\therefore \angle x=42^\circ$ 　　　**冒 42°**

0080 이등변삼각형의 꼭지각의 이등분선은 밑변을 수직이등분하므로

$\overline{BD}=\overline{CD}$ (②), $\overline{AD}\perp\overline{BC}$ (④)

⑤ △ABD와 △ACD에서

$\overline{AB}=\overline{AC}$, $\overline{AD}$는 공통, $\angle BAD=\angle CAD$

이므로 △ABD≡△ACD (SAS 합동) 　　　**冒 ①, ③**

0081 △ABC에서 $\overline{AB}=\overline{AC}$이므로

$\angle ABC=\angle C$

$\quad=\dfrac{1}{2}\times(180^\circ-72^\circ)=54^\circ$

$\therefore \angle ABD=\dfrac{1}{2}\angle ABC$

$\quad=\dfrac{1}{2}\times54^\circ=27^\circ$

따라서 △ABD에서

$\angle BDC=\angle A+\angle ABD$

$\quad=72^\circ+27^\circ=99^\circ$ 　　　**冒 ②**

0082 △ABC에서 $\overline{AB}=\overline{AC}$이므로

$\angle B=\angle C=\dfrac{1}{2}\times(180^\circ-52^\circ)=64^\circ$

$\angle DBC=\dfrac{1}{2}\angle B$, $\angle DCB=\dfrac{1}{2}\angle C$이므로

$\angle DBC=\angle DCB$

$\quad=\dfrac{1}{2}\times64^\circ=32^\circ$

따라서 △DBC에서

$\angle BDC=180^\circ-(32^\circ+32^\circ)=116^\circ$ 　　　**冒 116°**

0083 △ABC에서 $\overline{AB}=\overline{AC}$이므로

$\angle ABC=\angle ACB$

$\quad=\dfrac{1}{2}\times(180^\circ-48^\circ)$

$\quad=66^\circ$

$\therefore \angle DBC=\dfrac{1}{2}\angle ABC=\dfrac{1}{2}\times66^\circ=33^\circ$

이때 $\angle ACE=180^\circ-66^\circ=114^\circ$이므로

$\angle DCE=\dfrac{1}{2}\angle ACE=\dfrac{1}{2}\times114^\circ=57^\circ$

따라서 △DBC에서

$\angle BDC=\angle DCE-\angle DBC$

$\quad=57^\circ-33^\circ=24^\circ$ 　　　**冒 24°**

0084 $\angle B=\angle C$이므로 △ABC는 이등변삼각형이다.

$\therefore \overline{AC}=\overline{AB}=6\text{ cm}$

또 $\overline{AD}$는 이등변삼각형 ABC의 꼭지각의 이등분선이므로 밑변 BC를 수직이등분한다.

$\therefore \overline{BD}=\overline{CD}=2\text{ cm}$

따라서 △ABC의 둘레의 길이는

$6+(2+2)+6=16\text{(cm)}$ 　　　**冒 16 cm**

0085 ① RHS 합동

② 모양은 같으나 크기가 같다고 할 수 없으므로 합동이 아니다.

③ SAS 합동

④ RHA 합동 　　　**冒 ②, ⑤**

0086 △BAD와 △CBE에서

$\angle ADB=\angle BEC=90^\circ$, $\overline{AB}=\overline{BC}$,

$\angle BAD=90^\circ-\angle ABD=\angle CBE$ (ㄴ)

이므로 △BAD≡△CBE (RHA 합동) (ㅁ)

$\therefore \overline{AD}=\overline{BE}$ (ㄷ), $\overline{DB}=\overline{EC}$ 　　　**冒 ㄴ, ㄷ, ㅁ**

0087 △AME와 △BMD에서

$\angle AEM=\angle BDM=90^\circ$, $\overline{AM}=\overline{BM}$, $\overline{ME}=\overline{MD}$

이므로 △AME≡△BMD (RHS 합동)

따라서 $\angle B=\angle A=28^\circ$이므로 △ABC에서

$\angle C=180^\circ-(28^\circ+28^\circ)=124^\circ$ 　　　**冒 124°**

0088 △BDM와 △ADM에서

$\overline{BM}=\overline{AM}$, $\overline{DM}$은 공통, $\angle DMB=\angle DMA$

이므로 △BDM≡△ADM (SAS 합동)

$\angle B=\angle a$라 하면 $\angle MAD=\angle B=\angle a$

△ADM과 △ADC에서

$\angle AMD=\angle ACD=90^\circ$,

$\overline{AD}$는 공통, $\overline{DM}=\overline{DC}$

이므로 △ADM≡△ADC (RHS 합동)

$\therefore \angle CAD=\angle MAD=\angle a$

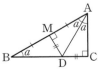

△ABC에서 세 내각의 크기의 합은 180°이므로

$\angle a + 2\angle a + 90° = 180°$

$3\angle a = 90°$

$\therefore \angle a = 30°$

$\therefore \angle B = 30°$ 답 **30°**

0089 △COP와 △DOP에서

$\angle PCO = \angle PDO = 90°$ (①), $\overline{OP}$는 공통, $\angle COP = \angle DOP$ (②)

이므로 △COP ≡ △DOP (RHA 합동) (④)

$\therefore \overline{PC} = \overline{PD}$ (③)   답 **⑤**

0090 오른쪽 그림과 같이 점 D에서 $\overline{AB}$에 내린 수선의 발을 E라 하면 $\overline{AD}$는 $\angle BAC$의 이등분선이므로

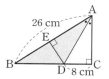

$\overline{DE} = \overline{DC} = 8\,cm$

$\therefore \triangle ABD = \dfrac{1}{2} \times \overline{AB} \times \overline{DE}$

$\qquad = \dfrac{1}{2} \times 26 \times 8 = 104\,(cm^2)$ 답 **104 cm²**

0091 $\overline{AC} /\!/ \overline{BD}$이므로

$\angle ACB = \angle CBD$ (엇각)

$\angle ABC = \angle CBD$ (접은 각)

즉, $\angle ABC = \angle ACB$이므로

$\overline{AC} = \overline{AB} = 8\,cm$

$\therefore$ (△ABC의 둘레의 길이)

$\quad = \overline{AB} + \overline{BC} + \overline{CA}$

$\quad = 8 + 6 + 8 = 22\,(cm)$ 답 **22 cm**

0092 △ABC에서 $\overline{AB} = \overline{AC}$이므로

$\angle ABC = \angle C = 70°$

$\therefore \angle A = 180° - (70° + 70°) = 40°$ ㉮

△DAB에서 $\overline{DA} = \overline{DB}$이므로

$\angle ABD = \angle A = 40°$ ㉯

$\therefore \angle BDC = \angle A + \angle ABD$

$\qquad = 40° + 40° = 80°$ ㉰

답 **80°**

단계	채점 요소	배점
㉮	$\angle A$의 크기 구하기	40%
㉯	$\angle ABD$의 크기 구하기	30%
㉰	$\angle BDC$의 크기 구하기	30%

0093 △PBD와 △PCD에서

$\overline{PD}$는 공통

$\overline{AD}$는 이등변삼각형 ABC의 꼭지각의 이등분선이므로

$\angle PDB = \angle PDC = 90°$, $\overline{BD} = \overline{CD}$

$\therefore \triangle PBD \equiv \triangle PCD$ (SAS 합동)   ㉮

즉, △PBC는 $\overline{PB} = \overline{PC}$인 직각이등변삼각형이므로

$\angle PBC = \angle PCB = 45°$

또 $\angle PBD = \angle PCD = 45°$이므로

△PBD와 △PCD도 각각 직각이등변삼각형이다.   ㉯

따라서 $\overline{BD} = \overline{PD} = \overline{CD} = 8\,cm$이므로

$\overline{BC} = \overline{BD} + \overline{DC} = 8 + 8 = 16\,(cm)$ ㉰

답 **16 cm**

단계	채점 요소	배점
㉮	△PBD ≡ △PCD임을 알기	40%
㉯	△PBD와 △PCD가 각각 직각이등변삼각형임을 알기	40%
㉰	$\overline{BC}$의 길이 구하기	20%

0094 △ABC에서 $\overline{AB} = \overline{AC}$이므로

$\angle ACB = \angle B = 20°$

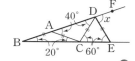

     ㉮

$\angle CAD = \angle B + \angle ACB$

$\qquad = 20° + 20° = 40°$

△CDA에서 $\overline{CA} = \overline{CD}$이므로

$\angle CDA = \angle CAD = 40°$ ㉯

△DBC에서

$\angle DCE = \angle B + \angle CDA$

$\qquad = 20° + 40° = 60°$

△DCE에서 $\overline{DC} = \overline{DE}$이므로

$\angle DEC = \angle DCE = 60°$ ㉰

따라서 △DBE에서

$\angle x = \angle B + \angle DEC$

$\qquad = 20° + 60° = 80°$ ㉱

답 **80°**

단계	채점 요소	배점
㉮	$\angle ACB$의 크기 구하기	20%
㉯	$\angle CDA$의 크기 구하기	30%
㉰	$\angle DEC$의 크기 구하기	30%
㉱	$\angle x$의 크기 구하기	20%

0095 (1) △BAD와 △ACE에서

∠ADB=∠CEA=90°,

$\overline{BA}=\overline{AC}$,

∠DBA=90°−∠BAD

=∠EAC

이므로 △BAD≡△ACE (RHA 합동) ··········· ㉮

∴ $\overline{AE}=\overline{BD}=8$ cm ··········· ㉯

∴ $\overline{CE}=\overline{AD}=\overline{DE}-\overline{AE}$

=14−8=6(cm) ··········· ㉰

(2) (사각형 DBCE의 넓이)$=\frac{1}{2}\times(\overline{BD}+\overline{CE})\times\overline{DE}$

$=\frac{1}{2}\times(8+6)\times14$

$=98(cm^2)$ ··········· ㉱

📋 (1) **6 cm** (2) **98 cm²**

단계	채점 요소	배점
㉮	△BAD≡△ACE임을 알기	30%
㉯	$\overline{AE}$의 길이 구하기	20%
㉰	$\overline{CE}$의 길이 구하기	20%
㉱	사각형 DBCE의 넓이 구하기	30%

0096 이등변삼각형의 꼭지각의 이등분선
은 밑변을 수직이등분하므로

$\overline{AD}\perp\overline{BC}$, $\overline{DC}=\frac{1}{2}\overline{BC}=\frac{1}{2}\times6=3(cm)$

△ADC의 넓이에서

$\frac{1}{2}\times\overline{DC}\times\overline{AD}=\frac{1}{2}\times\overline{AC}\times\overline{DE}$이므로

$\frac{1}{2}\times3\times4=\frac{1}{2}\times5\times\overline{DE}$

$\therefore \overline{DE}=\frac{12}{5}(cm)$ 📋 $\frac{12}{5}$ **cm**

0097 $\overline{AB}\,/\!/\,\overline{C'B'}$이므로

∠ABD=∠DEB′(엇각),

∠BAD=∠DB′E (엇각)

이때 △AB′C′은 △ABC를 회전시킨

것이므로 ∠ABD=∠DB′E

∴ ∠DEB′=∠ABD=∠DB′E=∠BAD

즉, △DAB는 $\overline{DA}=\overline{DB}$인 이등변삼각형이고,

△DB′E는 $\overline{DB'}=\overline{DE}$인 이등변삼각형이다.

∴ $\overline{BE}=\overline{BD}+\overline{DE}=\overline{AD}+\overline{DB'}$

$=\overline{AB'}=\overline{AB}=15$ cm 📋 **15 cm**

0098 △ABD와 △CAE에서

∠BDA=∠AEC=90°, $\overline{AB}=\overline{CA}$,

∠ABD=90°−∠BAD=∠CAE

이므로 △ABD≡△CAE (RHA 합동)

즉, $\overline{AD}=\overline{CE}$, $\overline{BD}=\overline{AE}$이므로

$\overline{DE}=\overline{AE}-\overline{AD}=\overline{BD}-\overline{CE}$

=12−6=6(cm)

이때 △BPD의 넓이에서

$\frac{1}{2}\times12\times\overline{DP}=24$

$\therefore \overline{DP}=4(cm)$

따라서 $\overline{PE}=\overline{DE}-\overline{DP}=6-4=2(cm)$이므로

$\triangle CPE=\frac{1}{2}\times\overline{EC}\times\overline{PE}$

$=\frac{1}{2}\times6\times2=6(cm^2)$ 📋 **6 cm²**

0099 △DEA와 △DFC에서

∠DAE=∠DCF=90°, $\overline{DE}=\overline{DF}$, $\overline{DA}=\overline{DC}$

이므로 △DEA≡△DFC (RHS 합동)

∴ ∠DEA=∠DFC=57°

또 ∠EDA=∠FDC이므로

∠EDF=∠EDA+∠ADF

=∠FDC+∠ADF

=∠ADC=90°

즉, △EFD는 $\overline{DE}=\overline{DF}$인 직각이등변삼각형이므로

$\angle DEF=\frac{1}{2}\times(180°-90°)=45°$

∴ ∠BEF=∠DEA−∠DEF

=57°−45°=12° 📋 **12°**

02 삼각형의 외심과 내심   <small>I. 삼각형의 성질</small>

본문 p.23, 25

0100 (가) $\overline{\text{OB}}$ (나) $\overline{\text{OC}}$ (다) $\overline{\text{OC}}$ (라) $\overline{\text{OD}}$
(마) **RHS** (바) $\overline{\text{CD}}$

0101 $\overline{\text{CD}}=\overline{\text{BD}}=4$ cm이므로 $x=4$ 目 **4**

0102 △OAB에서 $\overline{\text{OA}}=\overline{\text{OB}}$이므로
$\angle\text{OAB}=\dfrac{1}{2}\times(180°-120°)=30°$
$\therefore x=30$ 目 **30**

0103 目 ○

0104 目 ×

0105 目 ○

0106 $30°+25°+\angle x=90°$ $\therefore \angle x=35°$ 目 **35°**

0107 $\angle x=2\times70°=140°$ 目 **140°**

0108 △OCA에서 $\overline{\text{OC}}=\overline{\text{OA}}$이므로 $\angle x=\angle\text{OCA}=24°$
$\angle\text{BAC}=38°+24°=62°$이므로
$\angle y=2\times62°=124°$ 目 $\angle x=24°$, $\angle y=124°$

0109 △OCA에서 $\overline{\text{OC}}=\overline{\text{OA}}$이므로 $\angle\text{OCA}=\angle\text{OAC}=42°$
△OBC에서 $\overline{\text{OB}}=\overline{\text{OC}}$이므로 $\angle\text{OCB}=\angle\text{OBC}=23°$
$\therefore \angle x=42°+23°=65°$
$\therefore \angle y=2\times65°=130°$ 目 $\angle x=65°$, $\angle y=130°$

0110 △OBC에서 $\overline{\text{OB}}=\overline{\text{OC}}$이므로 $\angle\text{OBC}=\angle\text{OCB}=40°$
$\therefore \angle x=180°-(40°+40°)=100°$
$\therefore \angle y=\dfrac{1}{2}\times100°=50°$ 目 $\angle x=100°$, $\angle y=50°$

0111 $\angle x=2\times54°=108°$
△OBC에서 $\overline{\text{OB}}=\overline{\text{OC}}$이므로 $\angle y=\dfrac{1}{2}\times(180°-108°)=36°$
   目 $\angle x=108°$, $\angle y=36°$

0112 目 (가) $\overline{\text{IE}}$ (나) $\overline{\text{IC}}$ (다) $\overline{\text{IF}}$ (라) **RHS** (마) $\angle\text{ICF}$

0113 目 **36°**

0114 △IBC에서 $\angle\text{ICB}=180°-(130°+20°)=30°$
$\therefore \angle x=\angle\text{ICB}=30°$ 目 **30°**

0115 △ICE와 △ICF에서
$\angle\text{IEC}=\angle\text{IFC}=90°$, $\overline{\text{IC}}$는 공통, $\angle\text{ICE}=\angle\text{ICF}$
이므로 △ICE≡△ICF (RHA 합동)
$\therefore \overline{\text{CE}}=\overline{\text{CF}}$ 目 ○

0116 目 ×

0117 目 ○

0118 目 ×

0119 $\angle x+42°+28°=90°$ $\therefore \angle x=20°$ 目 **20°**

0120 $\angle x+15°+20°=90°$ $\therefore \angle x=55°$ 目 **55°**

0121 $\angle x=90°+\dfrac{1}{2}\times72°=126°$ 目 **126°**

0122 $\angle\text{BIC}=90°+\dfrac{1}{2}\angle\text{A}$이고
$\dfrac{1}{2}\angle\text{A}=\angle\text{IAC}=32°$이므로
$\angle x=90°+32°=122°$ 目 **122°**

0123 $\overline{\text{BE}}=\overline{\text{BD}}=4$ cm이므로 $x=4$ 目 **4**

0124 $\overline{\text{AF}}=\overline{\text{AD}}=5$ cm이므로
$\overline{\text{CF}}=12-5=7(\text{cm})$
따라서 $\overline{\text{CE}}=\overline{\text{CF}}=7$ cm이므로 $x=7$ 目 **7**

본문 p.26~30

0125 ㄱ. 삼각형의 외심에서 세 꼭짓점에 이르는 거리는 같으
므로 $\overline{\text{OA}}=\overline{\text{OB}}=\overline{\text{OC}}$
ㄷ. 삼각형의 외심은 세 변의 수직이등분선의 교점이므로
$\overline{\text{AD}}=\overline{\text{BD}}$
ㅁ. △OAD와 △OBD에서
$\overline{\text{AD}}=\overline{\text{BD}}$, $\overline{\text{OD}}$는 공통, $\angle\text{ODA}=\angle\text{ODB}=90°$
이므로 △OAD≡△OBD (SAS 합동)
$\therefore \angle\text{OAD}=\angle\text{OBD}$ 目 ㄱ, ㄷ, ㅁ

0126 삼각형의 외심은 세 변의 수직이등분선의 교점이므로
$\overline{BD}=\overline{AD}=7$ cm, $\overline{CE}=\overline{BE}=8$ cm, $\overline{CF}=\overline{AF}=6$ cm
$\therefore$ ($\triangle ABC$의 둘레의 길이)$=\overline{AB}+\overline{BC}+\overline{CA}$
$\qquad\qquad\qquad\qquad =14+16+12=42$(cm)

冒 42 cm

0127 점 O는 $\triangle ABC$의 외심이므로
$\overline{OA}=\overline{OB}=\overline{OC}$
이때 $\triangle AOC$의 둘레의 길이가 30 cm이므로
$2\overline{OA}+14=30$, $2\overline{OA}=16$ $\therefore \overline{OA}=8$(cm)
$\therefore \overline{OB}=\overline{OA}=8$ cm

冒 8 cm

0128 직각삼각형의 외심은 빗변의 중점이므로 $\triangle ABC$의 외접원의 반지름의 길이는
$\dfrac{1}{2}\overline{AB}=\dfrac{1}{2}\times 10=5$(cm)
$\therefore$ ($\triangle ABC$의 외접원의 둘레의 길이)$=2\pi\times 5=10\pi$(cm)

冒 10π cm

0129 점 M이 직각삼각형 ABC의 외심이므로
$\overline{AM}=\overline{BM}=\overline{CM}$
따라서 $\triangle MAB$는 $\overline{MA}=\overline{MB}$인 이등변삼각형이므로 $\angle MAB=\angle B=56^\circ$
$\therefore \angle AMC=\angle MAB+\angle B$
$\qquad\qquad =56^\circ+56^\circ=112^\circ$

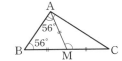

冒 112°

0130 직각삼각형의 외심은 빗변의 중점이므로 $\overline{OB}=\overline{OC}$
이때 $\triangle ABO=\triangle AOC$이므로
$\triangle ABO=\dfrac{1}{2}\triangle ABC=\dfrac{1}{2}\times\left(\dfrac{1}{2}\times 12\times 5\right)=15$(cm^2)

冒 15 cm²

0131 오른쪽 그림과 같이 빗변 AB의 중점을 O라 하면 점 O는 $\triangle ABC$의 외심이므로
$\overline{OA}=\overline{OB}=\overline{OC}$

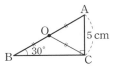

$\triangle OBC$에서 $\angle OCB=\angle B=30^\circ$이므로
$\angle AOC=\angle B+\angle OCB=30^\circ+30^\circ=60^\circ$
또 $\triangle OCA$에서 $\overline{OA}=\overline{OC}$이므로
$\angle OCA=\angle A=\dfrac{1}{2}\times(180^\circ-60^\circ)=60^\circ$
따라서 $\triangle AOC$는 정삼각형이므로 $\overline{OA}=\overline{AC}=5$ cm
$\therefore \overline{AB}=\overline{AO}+\overline{OB}=2\overline{AO}=2\times 5=10$(cm)

冒 10 cm

0132 $\overline{OB}=\overline{OC}$에서
$\angle OBC=\angle OCB=\dfrac{1}{2}\times(180^\circ-120^\circ)=30^\circ$이므로
$\angle x+30^\circ+40^\circ=90^\circ$ $\therefore \angle x=20^\circ$

冒 20°

0133 $5\angle x+2\angle x+3\angle x=90^\circ$
$10\angle x=90^\circ$
$\therefore \angle x=9^\circ$

冒 9°

0134 오른쪽 그림과 같이 $\overline{OB}$를 그으면 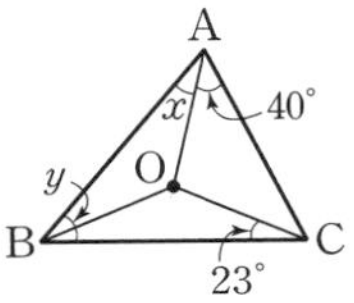
$\overline{OA}=\overline{OB}=\overline{OC}$이므로
$\angle x+23^\circ+40^\circ=90^\circ$ $\therefore \angle x=27^\circ$
이때 $\angle OBA=\angle OAB=27^\circ$,
$\angle OBC=\angle OCB=23^\circ$이므로
$\angle y=\angle OBA+\angle OBC=27^\circ+23^\circ=50^\circ$
$\therefore \angle y-\angle x=50^\circ-27^\circ=23^\circ$

冒 23°

다른 풀이
$\overline{OB}$를 그으면 $\overline{OA}=\overline{OB}=\overline{OC}$이므로
$\angle OBA=\angle OAB=\angle x$, $\angle OBC=\angle OCB=23^\circ$
$\therefore \angle y-\angle x=\angle ABC-\angle OBA=\angle OBC=23^\circ$

0135 오른쪽 그림과 같이 $\overline{OA}$, $\overline{OC}$를 그으면 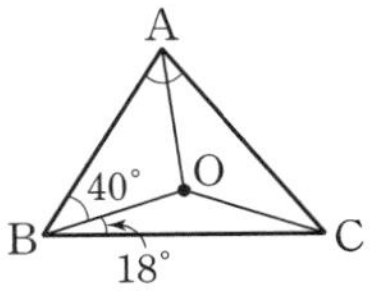
$\overline{OA}=\overline{OB}=\overline{OC}$에서
$\angle OAB=\angle OBA=40^\circ$,
$\angle OCB=\angle OBC=18^\circ$이므로
$40^\circ+18^\circ+\angle OAC=90^\circ$
$\therefore \angle OAC=32^\circ$
$\therefore \angle A=\angle OAB+\angle OAC$
$\qquad =40^\circ+32^\circ=72^\circ$

冒 72°

0136 $\overline{OA}=\overline{OB}$이므로
$\angle OBA=\angle OAB=25^\circ$
$\therefore \angle ABC=\angle ABO+\angle OBC=25^\circ+30^\circ=55^\circ$
$\therefore \angle x=2\angle ABC=2\times 55^\circ=110^\circ$

冒 ③

0137 $\angle AOB=2\angle C=2\times 58^\circ=116^\circ$
$\triangle OAB$에서 $\overline{OA}=\overline{OB}$이므로
$\angle x=\dfrac{1}{2}\times(180^\circ-116^\circ)=32^\circ$

冒 32°

0138 $\angle AOB:\angle BOC:\angle COA=4:2:3$이므로
$\angle COA=360^\circ\times\dfrac{3}{4+2+3}=120^\circ$

⸺⸺⸺⸺⸺⸺⸺⸺⸺⸺ ㉮

$\therefore \angle ABC=\dfrac{1}{2}\angle COA=\dfrac{1}{2}\times 120^\circ=60^\circ$

⸺⸺⸺⸺⸺⸺⸺⸺⸺⸺ ㉯

冒 60°

단계	채점 요소	배점
㉮	$\angle COA$의 크기 구하기	50%
㉯	$\angle ABC$의 크기 구하기	50%

0139 오른쪽 그림과 같이 $\overline{OA}$를 그으면
$\overline{OA}=\overline{OB}=\overline{OC}$이므로
$\angle OAB=\angle OBA=32°$,
$\angle OAC=\angle OCA=\angle x$

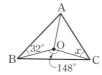

이때 $\angle BAC=\dfrac{1}{2}\angle BOC=\dfrac{1}{2}\times 148°=74°$이므로

$32°+\angle x=74°$

$\therefore \angle x=42°$ 　　　　　　　　　답 **42°**

0140 ① 삼각형의 내심에서 세 변에 이르는 거리는 같으므로
$\overline{ID}=\overline{IE}=\overline{IF}$

③ 삼각형의 내심은 세 내각의 이등분선의 교점이므로
$\angle IAD=\angle IAF$

⑤ $\triangle ICE$와 $\triangle ICF$에서
$\angle IEC=\angle IFC=90°$, $\overline{IC}$는 공통, $\angle ICE=\angle ICF$
이므로 $\triangle ICE\equiv\triangle ICF$ (RHA 합동) 　답 **②, ④**

0141 점 I는 $\triangle ABC$의 내심이므로
$\angle ICA=\angle ICB=32°$
$\triangle ICA$에서
$\angle x=180°-(103°+32°)=45°$ 　　　답 **45°**

0142 점 I는 $\triangle ABC$의 내심이므로
$\angle ABC=2\angle IBC=2\times 23°=46°$
$\angle ACB=2\angle ICB=2\times 36°=72°$
$\triangle ABC$에서 $\angle x=180°-(46°+72°)=62°$ 　답 **62°**

0143 $\angle y+25°+30°=90°$
$\therefore \angle y=35°$
이때 $\angle IAB=\angle y=35°$이므로
$\triangle IAB$에서 $\angle x=180°-(25°+35°)=120°$
$\therefore \angle x-\angle y=120°-35°=85°$ 　　답 **②**

0144 $32°+\angle x+24°=90°$
$\therefore \angle x=34°$
또 $\angle y=\angle ICA=24°$
$\therefore \angle x+\angle y=34°+24°=58°$ 　　　답 **58°**

0145 오른쪽 그림과 같이 $\overline{AI}$를 그으면 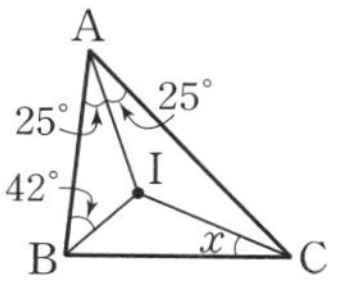
$\angle IAC=\dfrac{1}{2}\angle BAC=\dfrac{1}{2}\times 50°=25°$이므로

$25°+42°+\angle x=90°$

$\therefore \angle x=23°$ 　　　　　　　　　답 **23°**

0146 오른쪽 그림과 같이 $\overline{BI}$를 그으면 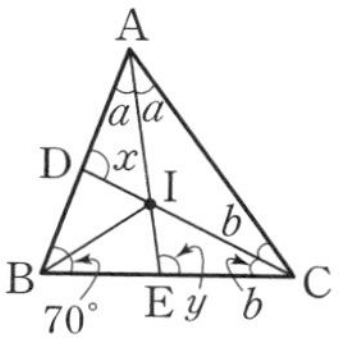
$\angle IBC=\dfrac{1}{2}\angle ABC=\dfrac{1}{2}\times 70°=35°$
$\angle BAE=\angle CAE=\angle a$,
$\angle BCD=\angle ACD=\angle b$라 하면
$\angle a+35°+\angle b=90°$ 　$\therefore \angle a+\angle b=55°$
$\triangle BCD$에서 $\angle x=70°+\angle b$
$\triangle ABE$에서 $\angle y=\angle a+70°$
$\therefore \angle x+\angle y=\angle a+\angle b+140°$
　　　　　$=55°+140°=195°$ 　　답 **195°**

0147 $\angle AIC=90°+\dfrac{1}{2}\angle ABC$이므로
$108°=90°+\dfrac{1}{2}\angle ABC$ 　$\therefore \angle ABC=36°$
$\therefore \angle x=\dfrac{1}{2}\angle ABC=\dfrac{1}{2}\times 36°=18°$ 　답 **18°**

0148 $\angle IBC=\angle IBA=30°$이므로 $\triangle IBC$에서
$\angle x=180°-(30°+27°)=123°$
또 $\angle BIC=90°+\dfrac{1}{2}\angle A$이므로
$123°=90°+\dfrac{1}{2}\angle y$ 　$\therefore \angle y=66°$
$\therefore \angle x+\angle y=123°+66°=189°$ 　답 **189°**

0149 $\angle AIB : \angle BIC : \angle CIA=5 : 6 : 7$이므로
$\angle CIA=360°\times\dfrac{7}{5+6+7}=140°$

---

　　　　　　　　　　　　　　　　　　　　⑦

따라서 $140°=90°+\dfrac{1}{2}\angle ABC$에서
$\angle ABC=100°$

---

　　　　　　　　　　　　　　　　　　　　④

　　　　　　　　　　　　　　　　　답 **100°**

단계	채점 요소	배점
⑦	$\angle CIA$의 크기 구하기	50 %
④	$\angle ABC$의 크기 구하기	50 %

0150 점 I가 $\triangle ABC$의 내심이므로 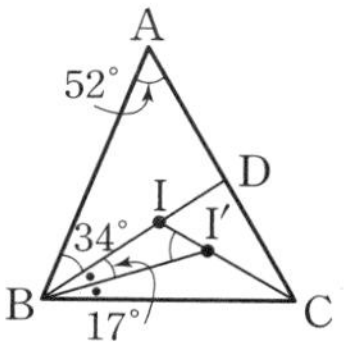
$\angle BIC=90°+\dfrac{1}{2}\angle A$
　　　$=90°+\dfrac{1}{2}\times 52°=116°$

한편 $\angle IBC=\angle IBA=34°$이고
점 I′은 $\triangle DBC$의 내심이므로
$\angle IBI'=\dfrac{1}{2}\angle IBC=\dfrac{1}{2}\times 34°=17°$
따라서 $\triangle IBI'$에서
$\angle II'B=180°-(116°+17°)=47°$ 　　답 **47°**

0151 점 I가 △ABC의 내심이므로

$\angle DBI = \angle IBC$, $\angle ECI = \angle ICB$

이때 $\overline{DE} \parallel \overline{BC}$이므로

$\angle DIB = \angle IBC$ (엇각),

$\angle EIC = \angle ICB$ (엇각)

$\therefore \angle DIB = \angle DBI$, $\angle EIC = \angle ECI$

즉, △DBI, △EIC는 이등변삼각형이므로 $\overline{DB} = \overline{DI}$, $\overline{EC} = \overline{EI}$

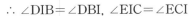

$\therefore$ (△ADE의 둘레의 길이) $= \overline{AD} + \overline{DE} + \overline{EA}$
$= \overline{AD} + (\overline{DI} + \overline{EI}) + \overline{EA}$
$= (\overline{AD} + \overline{DB}) + (\overline{EC} + \overline{EA})$
$= \overline{AB} + \overline{AC}$
$= 8 + 6 = 14 \text{(cm)}$ 🖪 **14 cm**

0152 (1) $\overline{DI} = \overline{DB} = \overline{AB} - \overline{AD} = 10 - 6 = 4$

$\overline{EC} = \overline{EI} = \overline{DE} - \overline{DI} = 10 - 4 = 6$

$\therefore \overline{AE} = \overline{AC} - \overline{EC} = 15 - 6 = 9$ $\therefore x = 9$

(2) $\overline{DI} = \overline{DB} = 7$ $\therefore \overline{EC} = \overline{EI} = \overline{DE} - \overline{DI} = 12 - 7 = 5$

$\therefore x = 5$ 🖪 (1) **9** (2) **5**

0153 $\overline{DI} = \overline{DB}$, $\overline{EI} = \overline{EC}$이므로

(△ADE의 둘레의 길이) $= \overline{AD} + \overline{DE} + \overline{EA}$
$= \overline{AD} + (\overline{DI} + \overline{EI}) + \overline{EA}$
$= (\overline{AD} + \overline{DB}) + (\overline{EC} + \overline{EA})$
$= \overline{AB} + \overline{AC} = 2\overline{AB}$

이때 △ADE의 둘레의 길이가 30 cm이므로

$2\overline{AB} = 30$ $\therefore \overline{AB} = 15 \text{(cm)}$ 🖪 **15 cm**

0154 $\overline{DI} = \overline{DB}$, $\overline{EI} = \overline{EC}$이므로

$\overline{DE} = \overline{DB} + \overline{EC}$

$\therefore$ (△ABC의 둘레의 길이)
$= (\overline{AD} + \overline{DB}) + \overline{BC} + (\overline{CE} + \overline{EA})$
$= \overline{AD} + \overline{DI} + \overline{BC} + \overline{IE} + \overline{EA}$
$= \overline{AD} + (\overline{DI} + \overline{IE}) + \overline{BC} + \overline{EA}$
$= \overline{AD} + \overline{DE} + \overline{BC} + \overline{EA}$
$= 7 + 9 + 13 + 6$
$= 35 \text{(cm)}$ 🖪 **35 cm**

0155 △ABC의 내접원의 반지름의 길이를 r cm라 하면 △ABC의 넓이가 12 cm²이므로

$\frac{1}{2} \times r \times (5 + 5 + 8) = 12$

$9r = 12$ $\therefore r = \frac{4}{3}$

따라서 △ABC의 내접원의 반지름의 길이는 $\frac{4}{3}$ cm이다.

🖪 $\frac{4}{3}$ **cm**

0156 △ABC의 넓이가 57 cm²이므로

$\frac{1}{2} \times 3 \times (\text{△ABC의 둘레의 길이}) = 57$

$\therefore$ (△ABC의 둘레의 길이) $= 38 \text{(cm)}$ 🖪 **38 cm**

0157 △ABC의 내접원의 반지름의 길이를 r cm라 하면 △ABC의 넓이에서

$\frac{1}{2} \times r \times (5 + 12 + 13) = \frac{1}{2} \times 12 \times 5$

$15r = 30$ $\therefore r = 2$

따라서 △ABC의 내접원의 반지름의 길이는 2 cm이다.

🖪 **2 cm**

0158 △ABC의 내접원의 반지름의 길이를 r cm라 하면 △ABC의 넓이에서

$\frac{1}{2} \times r \times (15 + 12 + 9) = \frac{1}{2} \times 12 \times 9$ ⑦

$18r = 54$ $\therefore r = 3$ ⓙ

$\therefore \text{△IBC} = \frac{1}{2} \times 12 \times 3 = 18 \text{(cm}^2) $ ⓗ

🖪 **18 cm²**

단계	채점 요소	배점
⑦	△ABC의 넓이를 이용하여 식 세우기	50%
ⓙ	△ABC의 내접원의 반지름의 길이 구하기	20%
ⓗ	△IBC의 넓이 구하기	30%

0159 $\overline{BD} = \overline{BE} = x$ cm라 하면

$\overline{AF} = \overline{AD} = (12 - x)$ cm, $\overline{CF} = \overline{CE} = (10 - x)$ cm

이때 $\overline{AC} = \overline{AF} + \overline{FC}$이므로

$8 = (12 - x) + (10 - x)$

$2x = 14$ $\therefore x = 7$

$\therefore \overline{BD} = 7$ cm 🖪 **7 cm**

0160 $\overline{AF} = \overline{AD} = 2$ cm, $\overline{CE} = \overline{CF} = 6 - 2 = 4 \text{(cm)}$

$\overline{BE} = \overline{BD} = 5$ cm

$\therefore$ (△ABC의 둘레의 길이) $= \overline{AB} + \overline{BC} + \overline{CA}$
$= (2 + 5) + (5 + 4) + 6$
$= 22 \text{(cm)}$ 🖪 **22 cm**

0161 $\overline{AD} = \overline{AF}$, $\overline{BD} = \overline{BE}$, $\overline{CF} = \overline{CE}$이므로

(△ABC의 둘레의 길이) $= 2(\overline{AD} + \overline{BD} + \overline{CF})$
$= 2(\overline{AB} + 8)$
$= 2\overline{AB} + 16$

이때 △ABC의 둘레의 길이가 40 cm이므로

$2\overline{AB} + 16 = 40$ $\therefore \overline{AB} = 12 \text{(cm)}$ 🖪 **12 cm**

0162 오른쪽 그림과 같이 $\overline{\text{IF}}$를 그 으면 사각형 IECF는 정사각형이다.

$\therefore \overline{\text{CE}} = \overline{\text{CF}} = \overline{\text{IE}} = 6$ cm

$\overline{\text{AD}} = \overline{\text{AF}} = 18 - 6 = 12(\text{cm})$

$\overline{\text{BE}} = \overline{\text{BD}} = 30 - 12 = 18(\text{cm})$

$\therefore \overline{\text{BC}} = \overline{\text{BE}} + \overline{\text{EC}}$

$\qquad = 18 + 6 = 24(\text{cm})$

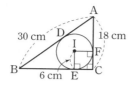

🖪 **24 cm**

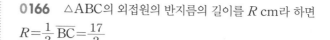

🧭 유형 UP

본문 p.31

0163 점 O가 △ABC의 외심이므로

$\angle \text{BOC} = 2\angle \text{A} = 2 \times 42° = 84°$

점 I가 △ABC의 내심이므로

$\angle \text{BIC} = 90° + \dfrac{1}{2}\angle \text{A} = 90° + \dfrac{1}{2} \times 42° = 111°$

$\therefore \angle \text{BIC} - \angle \text{BOC} = 111° - 84° = 27°$

🖪 **27°**

0164 점 I가 △ABC의 내심이므로

$119° = 90° + \dfrac{1}{2}\angle \text{A}$　　$\therefore \angle \text{A} = 58°$

──────────────── ㉮

점 O가 △ABC의 외심이므로

$\angle \text{BOC} = 2\angle \text{A} = 2 \times 58° = 116°$

──────────────── ㉯

이때 △OBC에서 $\overline{\text{OB}} = \overline{\text{OC}}$이므로

$\angle \text{OCB} = \dfrac{1}{2} \times (180° - 116°) = 32°$

──────────────── ㉰

🖪 **32°**

단계	채점 요소	배점
㉮	∠A의 크기 구하기	40 %
㉯	∠BOC의 크기 구하기	40 %
㉰	∠OCB의 크기 구하기	20 %

0165 점 O가 △ABC의 외심이므로

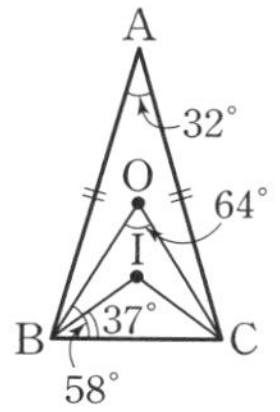

$\angle \text{BOC} = 2\angle \text{A} = 2 \times 32° = 64°$

△OBC에서 $\overline{\text{OB}} = \overline{\text{OC}}$이므로

$\angle \text{OBC} = \dfrac{1}{2} \times (180° - 64°) = 58°$

한편 △ABC에서 $\overline{\text{AB}} = \overline{\text{AC}}$이므로

$\angle \text{ABC} = \dfrac{1}{2} \times (180° - 32°) = 74°$

$\therefore \angle \text{IBC} = \dfrac{1}{2}\angle \text{ABC} = \dfrac{1}{2} \times 74° = 37°$

$\therefore \angle \text{OBI} = \angle \text{OBC} - \angle \text{IBC}$

$\qquad = 58° - 37° = 21°$

🖪 **21°**

0166 △ABC의 외접원의 반지름의 길이를 R cm라 하면

$R = \dfrac{1}{2}\overline{\text{BC}} = \dfrac{17}{2}$

이므로 외접원의 둘레의 길이는

$2\pi \times \dfrac{17}{2} = 17\pi(\text{cm})$

△ABC의 내접원의 반지름의 길이를 r cm라 하면

△ABC의 넓이에서 $\dfrac{1}{2} \times r \times (15 + 17 + 8) = \dfrac{1}{2} \times 15 \times 8$

$20r = 60$　　$\therefore r = 3$

즉, 내접원의 둘레의 길이는

$2\pi \times 3 = 6\pi(\text{cm})$

따라서 외접원과 내접원의 둘레의 길이의 합은

$17\pi + 6\pi = 23\pi(\text{cm})$

🖪 **23π cm**

0167 오른쪽 그림과 같이 $\overline{\text{ID}}$를 그으면 사각형 DBEI는 정사각형이다.

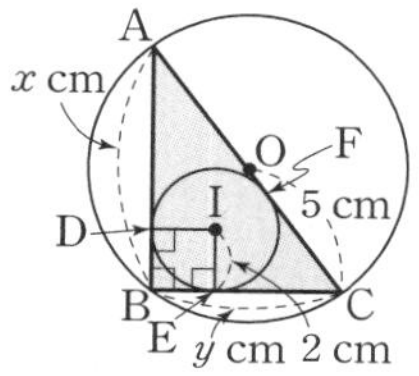

$\overline{\text{AB}} = x$ cm, $\overline{\text{BC}} = y$ cm라 하면

$\overline{\text{AF}} = \overline{\text{AD}} = (x - 2)$ cm

$\overline{\text{CF}} = \overline{\text{CE}} = (y - 2)$ cm

이때 $\overline{\text{AC}} = 2\overline{\text{OC}} = 2 \times 5 = 10(\text{cm})$이고

$\overline{\text{AC}} = \overline{\text{AF}} + \overline{\text{FC}}$이므로

$10 = (x - 2) + (y - 2)$　　$\therefore x + y = 14$

$\therefore \triangle \text{ABC} = \dfrac{1}{2} \times 2 \times (x + y + 10)$

$\qquad = \dfrac{1}{2} \times 2 \times 24 = 24(\text{cm}^2)$

🖪 **24 cm²**

0168 △ABC의 내접원의 반지름의 길이를 r cm라 하면

△ABC의 넓이에서 $\dfrac{1}{2} \times r \times (20 + 16 + 12) = \dfrac{1}{2} \times 16 \times 12$

$24r = 96$　　$\therefore r = 4$

$\overline{\text{AB}}$는 외접원의 지름이므로 외접원의 반지름의 길이는

$\dfrac{1}{2}\overline{\text{AB}} = \dfrac{1}{2} \times 20 = 10(\text{cm})$

$\therefore$ (색칠한 부분의 넓이) = (외접원의 넓이) - (내접원의 넓이)

$\qquad = \pi \times 10^2 - \pi \times 4^2$

$\qquad = 84\pi(\text{cm}^2)$

🖪 **84π cm²**

📖 중단원 마무리하기

본문 p.32~34

0169 오른쪽 그림과 같이 $\overline{\text{OA}}$를 그으면

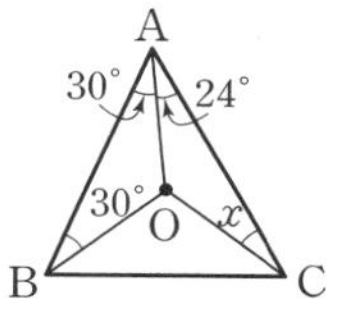

$\overline{\text{OA}} = \overline{\text{OB}} = \overline{\text{OC}}$이므로

$\angle \text{OAB} = \angle \text{OBA} = 30°$

따라서

$\angle \text{OAC} = \angle \text{BAC} - \angle \text{OAB}$

$\qquad = 54° - 30° = 24°$

이므로 $\angle x = \angle \text{OAC} = 24°$

🖪 **24°**

0170 원의 중심은 원 위의 세 점을 꼭짓점으로 하는 삼각형의 외심이므로 ⑤이다.　　　　　　　　　　　　　　**답** ⑤

0171 점 M이 직각삼각형 ABC의 외심이므로
$\overline{AM}=\overline{BM}=\overline{CM}$
$\therefore \angle MCB=\angle B=48°$
$\triangle HBC$에서 $\angle HCB=180°-(90°+48°)=42°$
$\therefore \angle MCH=\angle MCB-\angle HCB$
　　　　　　$=48°-42°=6°$　　　　　**답** 6°

0172 $\angle x+34°+43°=90°$　　$\therefore \angle x=13°$
$\triangle OCA$에서 $\overline{OA}=\overline{OC}$이므로 $\angle OAC=\angle OCA=43°$
$\therefore \angle y=180°-(43°+43°)=94°$
$\therefore \angle x+\angle y=13°+94°=107°$　　　**답** 107°

0173 $\angle OAB+12°+58°=90°$
$\therefore \angle OAB=20°$
이때 $\overline{OA}=\overline{OB}$이므로
$\angle OBA=\angle OAB=20°$
$\therefore \angle ABH=\angle ABO+\angle OBC=20°+12°=32°$
$\triangle ABH$에서
$\angle BAH=180°-(90°+32°)=58°$
$\therefore \angle OAH=\angle BAH-\angle OAB$
　　　　　　$=58°-20°=38°$　　　　　**답** 38°

0174 오른쪽 그림과 같이 $\overline{OC}$를 그으면 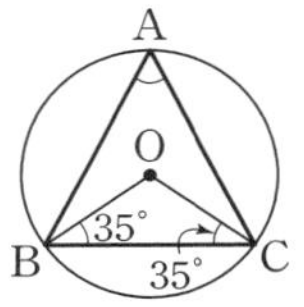
$\overline{OB}=\overline{OC}$이므로
$\angle OCB=\angle OBC=35°$
$\triangle OBC$에서
$\angle BOC=180°-(35°+35°)=110°$
$\therefore \angle BAC=\dfrac{1}{2}\angle BOC=\dfrac{1}{2}\times 110°=55°$
　　　　　　　　　　　　　　　　　답 55°

0175 삼각형의 외심은 삼각형의 세 변의 수직이등분선의 교점이므로 ㄴ이다.
삼각형의 내심은 삼각형의 세 내각의 이등분선의 교점이므로 ㄹ이다.　　　　　　　**답** 외심─ㄴ, 내심─ㄹ

0176 ① 삼각형의 내심에서 세 변에 이르는 거리가 같다.
④ 이등변삼각형의 외심과 내심은 모두 꼭지각의 이등분선 위에 있다.　　　　　　　　　　　　　　　**답** ①, ④

0177 $\angle IBC=\angle IBA=40°$, $\angle ICB=\angle ICA=30°$이므로
$\triangle IBC$에서
$\angle x=180°-(40°+30°)=110°$　　**답** 110°

0178 $\angle BAD=\angle CAD=\angle x$, 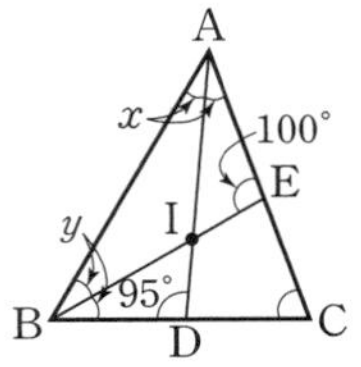
$\angle ABE=\angle CBE=\angle y$라 하면
$\triangle ABE$에서
$2\angle x+\angle y+100°=180°$　　　……㉠
$\triangle ABD$에서
$\angle x+2\angle y+95°=180°$　　　……㉡
㉠, ㉡을 연립하여 풀면 $\angle x=25°$, $\angle y=30°$
$\therefore \angle A=2\angle x=2\times 25°=50°$, $\angle B=2\angle y=2\times 30°=60°$
$\triangle ABC$에서 $\angle C=180°-(50°+60°)=70°$　　**답** 70°

다른 풀이
$\angle DIE=\angle AIB=90°+\dfrac{1}{2}\angle C$
$\angle IEC=180°-100°=80°$
$\angle IDC=180°-95°=85°$
사각형 IDCE에서
$80°+\left(90°+\dfrac{1}{2}\angle C\right)+85°+\angle C=360°$
$\dfrac{3}{2}\angle C=105°$　　$\therefore \angle C=70°$

0179 점 I가 $\triangle ABC$의 내심이므로
$\angle IBC=\angle IBA=36°$, $\angle ICB=\angle ICA=24°$
$\triangle IBC$에서
$\angle BIC=180°-(36°+24°)=120°$
점 I'이 $\triangle IBC$의 내심이므로
$\angle BI'C=90°+\dfrac{1}{2}\angle BIC$
　　　　$=90°+\dfrac{1}{2}\times 120°=150°$　　**답** ⑤

0180 점 I가 $\triangle ABC$의 내심이므로 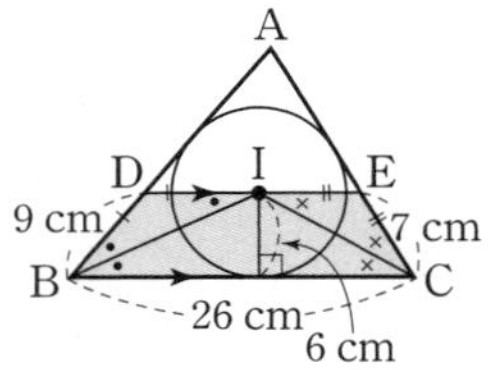
$\angle DBI=\angle IBC$, $\angle ECI=\angle ICB$
이때 $\overline{DE}\,/\!/\,\overline{BC}$이므로
$\angle DIB=\angle IBC$ (엇각),
$\angle EIC=\angle ICB$ (엇각)
$\therefore \angle DIB=\angle DBI$, $\angle EIC=\angle ECI$
즉, $\triangle DBI$, $\triangle EIC$는 이등변삼각형이므로 $\overline{DB}=\overline{DI}$, $\overline{EC}=\overline{EI}$
$\therefore \overline{DE}=\overline{DI}+\overline{EI}=\overline{DB}+\overline{EC}=9+7=16\,(cm)$
$\therefore$ (사각형 DBCE의 넓이)$=\dfrac{1}{2}\times(16+26)\times 6$
　　　　　　　　　$=126\,(cm^2)$　　**답** 126 cm²

0181 $\triangle ABC$의 내접원의 반지름의 길이를 r cm라 하면
$\triangle ABC$의 넓이에서
$\dfrac{1}{2}\times r\times(10+6+8)=\dfrac{1}{2}\times 6\times 8$
$12r=24$　　$\therefore r=2$
$\therefore \triangle IAB=\dfrac{1}{2}\times 10\times 2=10\,(cm^2)$　　**답** 10 cm²

0182 $\overline{CD}=\overline{CE}=x$ cm라 하면

$\overline{AF}=\overline{AE}=(12-x)$ cm

$\overline{BF}=\overline{BD}=(10-x)$ cm

이때 $\overline{AB}=\overline{AF}+\overline{FB}$이므로

$11=(12-x)+(10-x),\ 2x=11$

$\therefore x=\dfrac{11}{2}$

$\therefore \overline{CD}=\dfrac{11}{2}$ cm

目 ④

0183 점 I가 △ABC의 내심이므로

$\angle IBC=\angle IBA=30°,\ \angle ICB=\angle ICA=22°$

△IBC에서

$\angle BIC=180°-(30°+22°)=128°$

이때 $\angle BIC=90°+\dfrac{1}{2}\angle A$이므로

$128°=90°+\dfrac{1}{2}\angle A$

$\therefore \angle A=76°$

점 O가 △ABC의 외심이므로

$\angle BOC=2\angle A=2\times76°=152°$

$\therefore \angle BOC-\angle BIC=152°-128°=24°$

目 **24°**

다른 풀이

점 I가 △ABC의 내심이므로

$\angle IBC=\angle IBA=30°,\ \angle ICB=\angle ICA=22°$

△ABC에서

$\angle A=180°-(60°+44°)=76°$

$\therefore \angle BIC=90°+\dfrac{1}{2}\angle A=90°+\dfrac{1}{2}\times76°=128°$

점 O가 △ABC의 외심이므로

$\angle BOC=2\angle A=2\times76°=152°$

$\therefore \angle BOC-\angle BIC=152°-128°=24°$

0184 빗변의 중점 M은 직각삼각형 ABC의 외심이므로

$\overline{AM}=\overline{BM}=\overline{CM}=\dfrac{1}{2}\times10=5\ (cm)$

⸺⸺⸺⸺⸺⸺⸺⸺⸺⸺⸺⸺⸺ ㉮

△ABC에서 $\angle C=180°-(90°+30°)=60°$

이때 $\overline{MA}=\overline{MC}$이므로 $\angle MAC=\angle C=60°$

따라서 △AMC는 정삼각형이다.

⸺⸺⸺⸺⸺⸺⸺⸺⸺⸺⸺⸺⸺ ㉯

$\therefore$ (△AMC의 둘레의 길이)$=3\times5=15\ (cm)$

⸺⸺⸺⸺⸺⸺⸺⸺⸺⸺⸺⸺⸺ ㉰

目 **15 cm**

단계	채점 요소	배점
㉮	$\overline{AM}=\overline{BM}=\overline{CM}$임을 알기	40%
㉯	△AMC가 정삼각형임을 알기	30%
㉰	△AMC의 둘레의 길이 구하기	30%

0185 △ABC의 내접원의 반지름의 길이를 r cm라 하면 내접원의 둘레의 길이가 8π cm이므로

$2\pi r=8\pi$

$\therefore r=4$

⸺⸺⸺⸺⸺⸺⸺⸺⸺⸺⸺⸺⸺ ㉮

$\therefore \triangle ABC=\dfrac{1}{2}r(\overline{AB}+\overline{BC}+\overline{CA})$

$=\dfrac{1}{2}\times4\times36$

$=72\ (cm^2)$

⸺⸺⸺⸺⸺⸺⸺⸺⸺⸺⸺⸺⸺ ㉯

이때 (내접원의 넓이)$=\pi\times4^2=16\pi\ (cm^2)$이므로

⸺⸺⸺⸺⸺⸺⸺⸺⸺⸺⸺⸺⸺ ㉰

(색칠한 부분의 넓이)$=\triangle ABC-$(내접원의 넓이)

$=72-16\pi\ (cm^2)$

⸺⸺⸺⸺⸺⸺⸺⸺⸺⸺⸺⸺⸺ ㉱

目 $(72-16\pi)\ cm^2$

단계	채점 요소	배점
㉮	내접원의 반지름의 길이 구하기	20%
㉯	△ABC의 넓이 구하기	40%
㉰	내접원의 넓이 구하기	20%
㉱	색칠한 부분의 넓이 구하기	20%

0186 오른쪽 그림과 같이 $\overline{OC}$를 그으면 점 O가 △ABC의 외심이므로

$\angle AOC=2\angle B$

$=2\times42°=84°$

이때 △OCA에서 $\overline{OA}=\overline{OC}$이므로

$\angle OAC=\dfrac{1}{2}\times(180°-84°)=48°$

⸺⸺⸺⸺⸺⸺⸺⸺⸺⸺⸺⸺⸺ ㉮

△ABC에서

$\angle BAC=180°-(42°+58°)=80°$

점 I가 △ABC의 내심이므로

$\angle IAC=\dfrac{1}{2}\angle BAC$

$=\dfrac{1}{2}\times80°=40°$

⸺⸺⸺⸺⸺⸺⸺⸺⸺⸺⸺⸺⸺ ㉯

$\therefore \angle OAI=\angle OAC-\angle IAC$

$=48°-40°=8°$

⸺⸺⸺⸺⸺⸺⸺⸺⸺⸺⸺⸺⸺ ㉰

目 **8°**

단계	채점 요소	배점
㉮	$\angle OAC$의 크기 구하기	40%
㉯	$\angle IAC$의 크기 구하기	40%
㉰	$\angle OAI$의 크기 구하기	20%

0187 △ABC의 외접원의 반지름의 길이는

$$\frac{1}{2}\overline{CA}=\frac{1}{2}\times30=15$$

∴ (외접원의 넓이)$=\pi\times15^2=225\pi$

                                             ㉮

△ABC의 내접원의 반지름의 길이를 r라 하면
△ABC의 넓이에서

$$\frac{1}{2}\times r\times(18+24+30)=\frac{1}{2}\times18\times24$$

$36r=216$ ∴ $r=6$

∴ (내접원의 넓이)$=\pi\times6^2=36\pi$

                                             ㉯

따라서 △ABC의 외접원과 내접원의 넓이의 차는

$225\pi-36\pi=189\pi$

                                             ㉰

                                   📖 **189π**

단계	채점 요소	배점
㉮	외접원의 넓이 구하기	40%
㉯	내접원의 넓이 구하기	40%
㉰	외접원과 내접원의 넓이의 차 구하기	20%

0188 점 O가 △ABC의 외심이므로

∠AOC$=2∠B=2\times65°=130°$

오른쪽 그림과 같이 $\overline{OD}$를 그으면 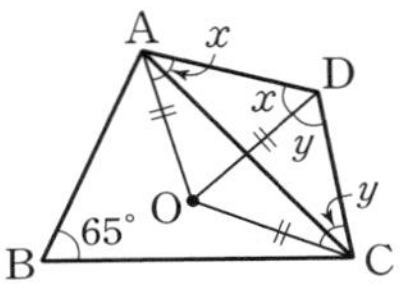
점 O는 △ACD의 외심이므로
$\overline{OA}=\overline{OD}=\overline{OC}$

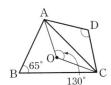

즉, △ODA, △OCD는 모두 이등변삼각
형이므로
∠OAD$=∠x$, ∠OCD$=∠y$라 하면
∠ODA$=∠OAD=∠x$, ∠ODC$=∠OCD=∠y$

사각형 AOCD에서 네 내각의 크기의 합은 360°이므로

$∠x+130°+∠y+(∠x+∠y)=360°$

$2(∠x+∠y)=230°$ ∴ $∠x+∠y=115°$

∴ ∠D$=115°$

                                    📖 **115°**

다른 풀이

점 O가 △ABC의 외심이므로

∠AOC$=2∠B=130°$

또 점 O가 △ACD의 외심이므로

∠D$=\frac{1}{2}\times(360°-130°)=115°$

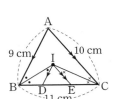

0189 오른쪽 그림과 같이 $\overline{IB}, \overline{IC}$를
그으면
$\overline{AB}\,/\!/\,\overline{ID}$이므로
∠ABI$=∠BID$ (엇각)
점 I가 △ABC의 내심이므로
∠ABI$=∠IBD$ ∴ ∠BID$=∠IBD$

따라서 △DIB는 $\overline{DB}=\overline{DI}$인 이등변삼각형이다.
같은 방법으로 △ECI도 $\overline{EI}=\overline{EC}$인 이등변삼각형이다.

∴ (△IDE의 둘레의 길이)$=\overline{ID}+\overline{DE}+\overline{EI}$

$=\overline{BD}+\overline{DE}+\overline{EC}$

$=\overline{BC}=11\text{ cm}$ 📖 **11 cm**

0190 $\overline{BD}=\overline{BE}=x$ cm라 하면

$\overline{AF}=\overline{AD}=(13-x)$ cm, $\overline{CF}=\overline{CE}=(16-x)$ cm

이때 $\overline{AC}=\overline{AF}+\overline{FC}$이므로

$9=(13-x)+(16-x)$

$2x=20$ ∴ $x=10$

그런데 $\overline{PG}=\overline{PD}, \overline{QG}=\overline{QE}$이므로

(△PBQ의 둘레의 길이)$=\overline{PB}+\overline{BQ}+\overline{QP}$

$=\overline{PB}+\overline{BQ}+(\overline{QG}+\overline{GP})$

$=\overline{PB}+\overline{BQ}+\overline{QE}+\overline{DP}$

$=(\overline{BP}+\overline{PD})+(\overline{BQ}+\overline{QE})$

$=\overline{BD}+\overline{BE}$

$=10+10=20\,(\text{cm})$ 📖 **20 cm**

0191 △ABC에서

∠ACB$=180°-(56°+90°)=34°$

점 O가 △ABC의 외심이므로

∠OBC$=∠OCB=34°$

점 I가 △ABC의 내심이므로

∠PCB$=\frac{1}{2}∠OCB=\frac{1}{2}\times34°=17°$

따라서 △PBC에서

∠BPC$=180°-(34°+17°)=129°$

                                    📖 **129°**

본문 p.37

교과서문제 정복하기

0192 $\overline{AD} \parallel \overline{BC}$이므로

$\angle x = \angle DAC = 70°$(엇각)

$\angle y = \angle ADB = 25°$(엇각)

답 $\angle x = 70°$, $\angle y = 25°$

0193 $\overline{AD} \parallel \overline{BC}$이므로 $\angle x = \angle DAC = 65°$(엇각)

$\overline{AB} \parallel \overline{DC}$이므로 $\angle y = \angle BAC = 60°$(엇각)

답 $\angle x = 65°$, $\angle y = 60°$

0194 $\overline{AD} = \overline{BC} = 12$ cm이므로 $x = 12$

$\overline{DC} = \overline{AB} = 7$ cm이므로 $y = 7$

답 $x = 12$, $y = 7$

0195 평행사변형의 두 대각선은 서로 다른 것을 이등분하므로

$x = 4$, $y = \dfrac{1}{2} \times 10 = 5$

답 $x = 4$, $y = 5$

0196 평행사변형에서 두 쌍의 대각의 크기는 각각 같으므로

$\angle x = \angle A = 115°$, $\angle y = \angle B = 65°$

답 $\angle x = 115°$, $\angle y = 65°$

0197 $\overline{AD} \parallel \overline{BC}$이므로 $\angle x = \angle DBC = 32°$(엇각)

$\angle C = \angle A = 110°$이므로 $\triangle BCD$에서

$\angle y = 180° - (110° + 32°) = 38°$

답 $\angle x = 32°$, $\angle y = 38°$

0198 ㄱ. 평행사변형의 두 대각선은 서로 다른 것을 이등분하므로

$\overline{AO} = \overline{CO}$, $\overline{BO} = \overline{DO}$

ㄴ. $\overline{AB} \parallel \overline{DC}$이므로 $\angle BAO = \angle DCO$ (엇각)

ㄷ. 평행사변형에서 두 쌍의 대변의 길이는 각각 같으므로

$\overline{AD} = \overline{BC}$, $\overline{AB} = \overline{DC}$

ㄹ. 평행사변형에서 두 쌍의 대각의 크기는 각각 같으므로

$\angle ABC = \angle ADC$, $\angle BAD = \angle BCD$

ㅁ. $\triangle BCO$와 $\triangle DAO$에서

$\overline{BO} = \overline{DO}$, $\overline{CO} = \overline{AO}$, $\angle BOC = \angle DOA$ (맞꼭지각)이므로

$\triangle BCO \equiv \triangle DAO$ (SAS 합동)

ㅂ. ㅁ과 같은 방법으로 $\triangle ABO \equiv \triangle CDO$ (SAS 합동)

답 ㄴ, ㄷ, ㄹ, ㅁ

0199 두 쌍의 대변이 각각 평행해야 하므로

$\overline{AB} \parallel \boxed{\overline{DC}}$, $\overline{AD} \parallel \boxed{\overline{BC}}$

답 $\overline{DC}$, $\overline{BC}$

0200 두 쌍의 대변의 길이가 각각 같아야 하므로

$\overline{AB} = \boxed{\overline{DC}}$, $\overline{AD} = \boxed{\overline{BC}}$

답 $\overline{DC}$, $\overline{BC}$

0201 두 쌍의 대각의 크기가 각각 같아야 하므로

$\angle BAD = \boxed{\angle BCD}$, $\angle ABC = \boxed{\angle ADC}$

답 $\angle BCD$, $\angle ADC$

0202 두 대각선이 서로 다른 것을 이등분해야 하므로

$\overline{AO} = \boxed{\overline{CO}}$, $\overline{BO} = \boxed{\overline{DO}}$

답 $\overline{CO}$, $\overline{DO}$

0203 한 쌍의 대변이 평행하고 그 길이가 같아야 하므로

$\overline{AD} \parallel \boxed{\overline{BC}}$, $\overline{AD} = \boxed{\overline{BC}}$

답 $\overline{BC}$, $\overline{BC}$

0204 $\triangle AOD = \triangle ABO = 7$ cm^2

답 7 cm^2

0205 $\triangle ABC = 2\triangle ABO$

$= 2 \times 7 = 14$(cm^2)

답 14 cm^2

0206 $\square ABCD = 4\triangle ABO$

$= 4 \times 7 = 28$(cm^2)

답 28 cm^2

0207 $\triangle PDA + \triangle PBC = \dfrac{1}{2}\square ABCD$

$= \dfrac{1}{2} \times 80 = 40$(cm^2)

답 40 cm^2

유형 익히기

본문 p.38~43

0208 $\overline{AD} \parallel \overline{BC}$이므로 $\angle ADB = \angle DBC = 40°$ (엇각)

$\triangle AOD$에서

$\angle AOD = 180° - (50° + 40°) = 90°$

답 ④

0209 ④ 평행사변형은 두 쌍의 대변이 각각 평행한 사각형이다.

답 ④

0210 (1) $\overline{AB} \parallel \overline{DC}$이므로 $\angle ABD = \angle CDB = 52°$ (엇각)

$\triangle ABC$에서

$\angle x + (52° + 30°) + \angle y = 180°$

$\therefore \angle x + \angle y = 98°$

(2) $\overline{AD} \parallel \overline{BC}$이므로 $\angle CBD = \angle ADB = \angle y$ (엇각)

$\overline{AB} \parallel \overline{DC}$이므로 $\angle BAC = \angle DCA = 65°$ (엇각)

$\triangle ABC$에서 $65° + (35° + \angle y) + \angle x = 180°$

$\therefore \angle x + \angle y = 80°$

답 (1) $98°$ (2) $80°$

0211 탑 (가) $\overline{AC}$ (나) $\angle DCA$ (다) $\angle BCA = \angle DAC$
(라) ASA

0212 탑 (가) $\overline{CD}$ (나) $\angle DCO$ (다) $\angle ABO$
(라) ASA (마) $\overline{CO}$ (바) $\overline{DO}$

0213 ⑤ $\angle ABC + \angle BCD = 180°$
$\angle ABC = \angle ADC$ 탑 ⑤

0214 $2x+6=5x$이므로 $x=2$
$\therefore \overline{BD} = 2\overline{BO} = 2 \times (3x-2) = 2 \times 4 = 8$ 탑 **8**

0215 $\angle B = \angle D = \angle x$이므로 $\triangle ABC$에서
$42° + \angle x + 65° = 180°$ $\therefore \angle x = 73°$ 탑 **73°**

0216 ㄱ. $\overline{AB} /\!/ \overline{DC}$이므로
$\angle BAO = \angle DCO = 50°$ (엇각)
ㄴ. $\angle ADO$와 $\angle OCB$의 크기가 같은지 알 수 없다.
ㄷ. $\overline{DC} = \overline{AB} = 7$ cm
ㄹ. $\overline{BD}$의 길이는 알 수 없다.
ㅁ. $\triangle ABC$와 $\triangle CDA$에서
$\overline{AB} = \overline{CD}$, $\overline{BC} = \overline{DA}$, $\angle ABC = \angle CDA$
이므로 $\triangle ABC \equiv \triangle CDA$ (SAS 합동) 탑 ㄱ, ㄷ, ㅁ

0217 $\overline{AB} /\!/ \overline{DC}$이므로 $\angle CEB = \angle ABE$ (엇각)
$\therefore \angle CBE = \angle CEB$
즉, $\triangle BCE$는 이등변삼각형이므로
$\overline{CE} = \overline{CB} = 8$ cm
이때 $\overline{CD} = \overline{AB} = 5$ cm이므로
$\overline{DE} = \overline{CE} - \overline{CD} = 8 - 5 = 3$ (cm) 탑 ③

0218 $\overline{AD} /\!/ \overline{BC}$이므로 $\angle BEA = \angle DAE$ (엇각)
$\therefore \angle BAE = \angle BEA$

────────────────────────────── ㉮

즉, $\triangle ABE$는 이등변삼각형이므로
$\overline{BE} = \overline{BA} = 6$ cm

────────────────────────────── ㉯

$\therefore \overline{AD} = \overline{BC} = \overline{BE} + \overline{EC}$
$= 6 + 2 = 8$ (cm)

────────────────────────────── ㉰

탑 **8 cm**

단계	채점 요소	배점
㉮	$\angle BAE = \angle BEA$임을 알기	30%
㉯	$\overline{BE}$의 길이 구하기	30%
㉰	$\overline{AD}$의 길이 구하기	40%

0219 $\overline{AD} /\!/ \overline{BC}$이므로
$\angle AEB = \angle CBE$ (엇각)
$\therefore \angle ABE = \angle AEB$
즉, $\triangle ABE$는 이등변삼각형이므로
$\overline{AE} = \overline{AB} = \overline{DC} = 10$ cm
이때 $\overline{AD} = \overline{BC} = 13$ cm이므로
$\overline{ED} = \overline{AD} - \overline{AE}$
$= 13 - 10 = 3$ (cm) 탑 ⑤

0220 점 D의 y좌표는 점 A의 y좌표와 같으므로
점 D의 좌표를 $(a, 2)$라 하면
$\overline{AD} = a$, $\overline{BC} = 2 - (-3) = 5$
이때 $\overline{AD} = \overline{BC}$이므로 $a = 5$
$\therefore$ D(5, 2) 탑 ④

0221 $\triangle ABE$와 $\triangle FCE$에서
$\overline{BE} = \overline{CE}$, $\angle ABE = \angle FCE$ (엇각),
$\angle AEB = \angle FEC$ (맞꼭지각)
이므로 $\triangle ABE \equiv \triangle FCE$ (ASA 합동)
$\therefore \overline{CF} = \overline{BA} = 6$ cm

────────────────────────────── ㉮

이때 $\overline{DC} = \overline{AB} = 6$ cm이므로

────────────────────────────── ㉯

$\overline{DF} = \overline{DC} + \overline{CF}$
$= 6 + 6 = 12$ (cm)

────────────────────────────── ㉰

탑 **12 cm**

단계	채점 요소	배점
㉮	$\overline{CF}$의 길이 구하기	50%
㉯	$\overline{DC}$의 길이 구하기	30%
㉰	$\overline{DF}$의 길이 구하기	20%

0222 $\overline{AD} /\!/ \overline{BC}$이므로
$\angle BEA = \angle DAE$ (엇각)
$\therefore \angle BAE = \angle BEA$
즉, $\triangle BEA$는 이등변삼각형이므로
$\overline{BE} = \overline{BA} = 7$ cm
또 $\overline{AD} /\!/ \overline{BC}$이므로 $\angle CFD = \angle ADF$ (엇각)
$\therefore \angle CDF = \angle CFD$
즉, $\triangle CDF$는 이등변삼각형이므로
$\overline{CF} = \overline{CD} = \overline{AB} = 7$ cm
이때 $\overline{BC} = \overline{AD} = 11$ cm이고
$\overline{BC} = \overline{BE} + \overline{CF} - \overline{FE}$이므로
$11 = 7 + 7 - \overline{FE}$
$\therefore \overline{FE} = 3$ (cm) 탑 **3 cm**

0223 $\overline{AB} \parallel \overline{DE}$이므로

$\angle DEA = \angle BAE$ (엇각)

$\therefore \angle DAE = \angle DEA$

즉, $\triangle DAE$는 이등변삼각형이므로

$\overline{DE} = \overline{DA} = 13\ cm$

또 $\overline{AB} \parallel \overline{FC}$이므로 $\angle CFB = \angle ABF$ (엇각)

$\therefore \angle CBF = \angle CFB$

즉, $\triangle CFB$는 이등변삼각형이므로

$\overline{CF} = \overline{CB} = \overline{AD} = 13\ cm$

이때 $\overline{DC} = \overline{AB} = 8\ cm$이므로

$\overline{FE} = \overline{DE} + \overline{CF} - \overline{DC}$

$\quad = 13 + 13 - 8 = 18\ (cm)$

🔖 18 cm

0224 $\angle ADC = \angle B = 70°$이므로

$\angle ADE = \dfrac{1}{2} \times 70° = 35°$

$\triangle AFD$에서 $\angle FAD = 180° - (90° + 35°) = 55°$

또 $\angle BAD + \angle B = 180°$이므로

$\angle BAD = 180° - 70° = 110°$

$\therefore \angle BAF = \angle BAD - \angle FAD$

$\quad = 110° - 55° = 55°$

🔖 55°

0225 $\angle D + \angle C = 180°$이므로

$\angle D = 180° - 100° = 80°$

$\triangle AED$에서

$\angle AED = 180° - (30° + 80°) = 70°$

🔖 70°

0226 $\angle A + \angle B = 180°$이고 $\angle A : \angle B = 7 : 5$이므로

$\angle A = 180° \times \dfrac{7}{7+5} = 105°$

$\therefore \angle C = \angle A = 105°$

🔖 105°

다른 풀이

$\angle A : \angle B = 7 : 5$이므로 $\angle A = 7\angle x$라 하면

$\angle B = 5\angle x$이다.

$\angle A + \angle B = 180°$에서

$7\angle x + 5\angle x = 180°$

$\therefore \angle x = 15°$

$\therefore \angle C = \angle A = 7 \times 15° = 105°$

0227 $\overline{AD} \parallel \overline{BC}$이므로 $\angle BEA = \angle DAE$ (엇각)

$\therefore \angle BAE = \angle BEA$

이때 $\angle B = \angle D = 80°$이므로 $\triangle ABE$에서

$\angle BEA = \dfrac{1}{2} \times (180° - 80°) = 50°$

$\therefore \angle x = 180° - 50° = 130°$

🔖 130°

0228 $\angle DAE = \angle E = 30°$(엇각)이므로

$\angle DAC = 2\angle DAE = 2 \times 30° = 60°$

㉮

이때 $\angle D = \angle B = 72°$이므로

㉯

$\triangle ACD$에서 $\angle x = 180° - (60° + 72°) = 48°$

㉰

🔖 48°

단계	채점 요소	배점
㉮	$\angle DAC$의 크기 구하기	40%
㉯	$\angle D$의 크기 구하기	30%
㉰	$\angle x$의 크기 구하기	30%

0229 $\angle ADC = \angle B = 69°$이고

$\angle ADE : \angle EDC = 2 : 1$이므로

$\angle ADE = \dfrac{2}{2+1}\angle ADC = \dfrac{2}{3} \times 69° = 46°$

이때 $\overline{AD} \parallel \overline{BC}$이므로

$\angle CED = \angle ADE = 46°$ (엇각)

$\therefore \angle AEB = 180° - (62° + 46°) = 72°$

🔖 72°

0230 $\angle BAD + \angle D = 180°$이므로

$\angle BAD = 180° - 76° = 104°$

$\therefore \angle BAP = \dfrac{1}{2}\angle BAD = \dfrac{1}{2} \times 104° = 52°$

이때 $\triangle ABP$에서

$\angle ABP = 180° - (90° + 52°) = 38°$

$\angle ABC = \angle D = 76°$이므로

$\angle PBC = \angle ABC - \angle ABP = 76° - 38° = 38°$

🔖 38°

0231 $\angle AFB = 180° - 140° = 40°$이므로

$\angle EBF = \angle AFB = 40°$ (엇각)

$\therefore \angle ABE = 2\angle EBF = 2 \times 40° = 80°$

또 $\angle BAF + \angle ABE = 180°$이므로

$\angle BAF = 180° - 80° = 100°$

$\therefore \angle BAE = \dfrac{1}{2}\angle BAF = \dfrac{1}{2} \times 100° = 50°$

따라서 $\triangle ABE$에서

$\angle x = \angle BAE + \angle ABE$

$\quad = 50° + 80° = 130°$

🔖 130°

0232 $\overline{AO} = \dfrac{1}{2}\overline{AC} = \dfrac{1}{2} \times 16 = 8\ (cm)$

$\overline{DO} = \overline{BO} = 14\ cm$

또 $\overline{AD} = \overline{BC} = 20\ cm$이므로

$\triangle AOD$의 둘레의 길이는

$\overline{AO} + \overline{OD} + \overline{DA} = 8 + 14 + 20 = 42\ (cm)$

🔖 42 cm

0233 $\overline{AO}=\overline{CO}$, $\overline{BO}=\overline{DO}$이므로

$(\overline{AO}+\overline{CO})+(\overline{BO}+\overline{DO})=2(\overline{AO}+\overline{BO})=28$

$\therefore \overline{AO}+\overline{BO}=14(\text{cm})$

따라서 △ABO의 둘레의 길이는

$\overline{AB}+\overline{BO}+\overline{OA}=9+14=23(\text{cm})$ **冟 23 cm**

0234 ① 평행사변형의 두 대각선은 서로 다른 것을 이등분하므로 $\overline{BO}=\overline{DO}$, $\overline{AO}=\overline{CO}$이다.

④ △AOP와 △COQ에서

$\overline{AO}=\overline{CO}$, $\angle OAP=\angle OCQ$ (엇각),

$\angle AOP=\angle COQ$ (맞꼭지각)

이므로 △AOP≡△COQ (ASA 합동)

$\therefore \overline{PO}=\overline{QO}$ (②)

⑤ △POD와 △QOB에서

$\overline{DO}=\overline{BO}$, $\angle ODP=\angle OBQ$ (엇각),

$\angle DOP=\angle BOQ$ (맞꼭지각)

이므로 △POD≡△QOB (ASA 합동) **冟 ③**

0235 冟 (가) $\overline{CD}$ (나) $\overline{BC}$ (다) SSS (라) $\angle DCA$

(마) $\angle DAC$ (바) $\overline{AD}\,/\!/\,\overline{BC}$

0236 冟 (가) $\angle DCA$ (나) SAS (다) $\angle DAC$

(라) $/\!/$ (마) **평행**

0237 ③ 한 쌍의 대변이 평행하고 그 길이가 같으므로 평행사변형이다. **冟 ③**

0238 ① 두 쌍의 대변의 길이가 각각 같으므로 평행사변형이다.

② 한 쌍의 대변이 평행하고 그 길이가 같으므로 평행사변형이다.

③ 두 대각선이 서로 다른 것을 이등분하므로 평행사변형이다.

⑤ 두 쌍의 대변이 각각 평행하므로 평행사변형이다. **冟 ④**

0239 (1) $\overline{AD}=\overline{BC}$, $\overline{AB}=\overline{DC}$이어야 하므로

$3x-1=2x+3$에서 $x=4$

$x+6=y$에서 $y=10$

(2) $\overline{AD}\,/\!/\,\overline{BC}$이어야 하므로

$\angle DAC=\angle BCA=40°$

$\therefore x=40$

△ABC에서 $\angle BAC=180°-(65°+40°)=75°$

$\overline{AB}\,/\!/\,\overline{DC}$이어야 하므로

$\angle DCA=\angle BAC=75°$

$\therefore y=75$

冟 (1) $x=4$, $y=10$ (2) $x=40$, $y=75$

0240 ① 두 쌍의 대변이 각각 평행하므로 평행사변형이다.

② 두 쌍의 대각의 크기가 각각 같으므로 평행사변형이다.

⑤ 두 대각선이 서로 다른 것을 이등분하므로 평행사변형이다.

冟 ③, ④

0241 $\overline{AM}\,/\!/\,\overline{BN}$, $\overline{AM}=\overline{BN}$이므로

□ABNM은 평행사변형이고

$\overline{MD}\,/\!/\,\overline{NC}$, $\overline{MD}=\overline{NC}$이므로

□MNCD는 평행사변형이다.

따라서 $\triangle MPN=\dfrac{1}{4}$□ABNM, $\triangle MNQ=\dfrac{1}{4}$□MNCD이므로

$\square MPNQ=\triangle MPN+\triangle MNQ$

$=\dfrac{1}{4}\square ABNM+\dfrac{1}{4}\square MNCD$

$=\dfrac{1}{4}(\square ABNM+\square MNCD)$

$=\dfrac{1}{4}\square ABCD$

$=\dfrac{1}{4}\times 32=8(\text{cm}^2)$ **冟 8 cm²**

0242 $\square ABCD=4\triangle AOD$

$=4\times 18$

$=72(\text{cm}^2)$ **冟 72 cm²**

0243 △AOE와 △COF에서

$\overline{AO}=\overline{CO}$, $\angle EAO=\angle FCO$ (엇각),

$\angle AOE=\angle COF$ (맞꼭지각)

이므로 △AOE≡△COF (ASA 합동) ⋯⋯ **㉮**

따라서 △AOE=△COF이므로 ⋯⋯ **㉯**

(색칠한 부분의 넓이)$=\triangle BFO+\triangle AOE+\triangle CDO$

$=\triangle BFO+\triangle COF+\triangle CDO$

$=\triangle BCD$

$=\dfrac{1}{2}\square ABCD$

$=\dfrac{1}{2}\times 60$

$=30(\text{cm}^2)$ ⋯⋯ **㉰**

冟 30 cm²

단계	채점 요소	배점
㉮	△AOE≡△COF임을 알기	40 %
㉯	△AOE=△COF임을 알기	20 %
㉰	색칠한 부분의 넓이 구하기	40 %

0244 $\overline{AB} /\!/ \overline{CF}$, $\overline{AB}=\overline{CF}$이므로
□ABFC는 평행사변형이다.
또 $\overline{BC}=\overline{CE}$, $\overline{DC}=\overline{CF}$이므로
□BFED는 평행사변형이다.
① △CED=△BCD=△ABC
    =2△ABO
    =2×30=60(cm²)
② △ACD=△ABC
    =2△ABO
    =2×30=60(cm²)
③ △CFE=△CED=60 cm²
④ □BFED=4△CED
    =4×60=240(cm²)
⑤ □ABFC=2△ABC
    =4△ABO
    =4×30=120(cm²)   답 ④

0245 △PDA+△PBC=△PAB+△PCD이므로
18+15=△PAB+19
∴ △PAB=14(cm²)   답 **14 cm²**

0246 △PDA+△PBC=$\frac{1}{2}$□ABCD이므로
5+2=$\frac{1}{2}$□ABCD
∴ □ABCD=14(cm²)   답 **14 cm²**

0247 □ABCD=10×7=70(cm²)이고
△PAB+△PCD=$\frac{1}{2}$□ABCD이므로
△PAB+25=$\frac{1}{2}$×70
∴ △PAB=35-25=10(cm²)   답 **10 cm²**

0248 □AEPH, □EBFP, □PFCG, □HPGD는 모두 평행사변형이므로
△PAE=$\frac{1}{2}$□AEPH, △PBF=$\frac{1}{2}$□EBFP
△PFC=$\frac{1}{2}$□PFCG, △PGD=$\frac{1}{2}$□HPGD
∴ (색칠한 부분의 넓이)
    =△PAE+△PBF+△PFC+△PGD
    =$\frac{1}{2}$(□AEPH+□EBFP+□PFCG+□HPGD)
    =$\frac{1}{2}$□ABCD
    =$\frac{1}{2}$×56=28(cm²)   답 **28 cm²**

0249 답 ㈎ ∠EDF   ㈏ ∠DFC   ㈐ ∠BFD

0250 □ABCD가 평행사변형이므로
$\overline{AO}=\overline{CO}$, $\overline{BO}=\overline{DO}$
이때 $\overline{BE}=\overline{DF}$이므로 $\overline{EO}=\overline{FO}$
따라서 두 대각선이 서로 다른 것을 이등분하므로 □AECF는 평행사변형이다.   답 ③

0251 △ABE와 △CDF에서
∠AEB=∠CFD=90°, $\overline{AB}=\overline{CD}$, ∠ABE=∠CDF (엇각)
이므로 △ABE≡△CDF (RHA 합동)
∴ $\overline{AE}=\overline{CF}$ (③)   …… ㉠
∠AEF=∠CFE=90°
즉, 엇각의 크기가 같으므로 $\overline{AE} /\!/ \overline{CF}$ (②)   …… ㉡
㉠, ㉡에 의해 □AECF는 한 쌍의 대변이 평행하고 그 길이가 같으므로 평행사변형이다. (⑤)   답 ①, ④

0252 $\overline{AD} /\!/ \overline{BC}$이므로 ∠BEA=∠DAE (엇각)
∴ ∠BAE=∠BEA
즉, △BEA는 이등변삼각형이다.
그런데 ∠B=60°이므로 △BEA는 정삼각형이다.
따라서 $\overline{BE}=\overline{AE}=\overline{AB}=10$ cm이고 $\overline{BC}=\overline{AD}=16$ cm이므로
$\overline{EC}=\overline{BC}-\overline{BE}=16-10=6$(cm)
이때 ∠BAF=∠ECD=120°에서 ∠EAF=∠ECF=60°이고,
∠AEB=∠EAF=60° (엇각), ∠DFC=∠ECF=60° (엇각)
에서 ∠AEC=∠AFC=120°이므로 □AECF는 평행사변형이다.
∴ (□AECF의 둘레의 길이)=2×(10+6)=32(cm)
                      답 **32 cm**

다른 풀이
∠BAD+∠B=180°이므로
∠BAD=180°-60°=120°
∴ ∠BAE=∠FAE=$\frac{1}{2}$×120°=60°
따라서 △ABE는 정삼각형이므로
$\overline{BE}=\overline{AE}=\overline{AB}=10$ cm
∴ $\overline{EC}=\overline{BC}-\overline{BE}=16-10=6$(cm)
같은 방법으로 하면 △CDF도 정삼각형이고
$\overline{CD}=\overline{AB}=10$ cm이므로 $\overline{DF}=\overline{FC}=\overline{CD}=10$ cm
∴ $\overline{AF}=\overline{AD}-\overline{DF}=16-10=6$(cm)
∴ (□AECF의 둘레의 길이)=$\overline{AE}+\overline{EC}+\overline{CF}+\overline{FA}$
                      =10+6+10+6=32(cm)

0253 $\overline{ED}=\overline{OC}=\overline{AO}$이고 $\overline{ED}$∥$\overline{OC}$에서 $\overline{ED}$∥$\overline{AO}$이므로
□AODE는 평행사변형이다.
따라서 $\overline{AF}=\overline{DF}$, $\overline{OF}=\overline{EF}$이므로

$\overline{OF}=\dfrac{1}{2}\overline{OE}=\dfrac{1}{2}\overline{CD}=\dfrac{1}{2}\overline{AB}=\dfrac{1}{2}\times16=8$

$\overline{AF}=\dfrac{1}{2}\overline{AD}=\dfrac{1}{2}\overline{BC}=\dfrac{1}{2}\times20=10$

$\therefore \overline{OF}+\overline{AF}=8+10=18$ **冒 18**

다른 풀이

△AOF와 △DEF에서
$\overline{AO}=\overline{OC}=\overline{DE}$, $\angle FAO=\angle FDE$ (엇각),
$\angle FOA=\angle FED$ (엇각)
이므로 △AOF≡△DEF (ASA 합동)
따라서 $\overline{OF}=\overline{EF}$, $\overline{AF}=\overline{DF}$이므로

$\overline{OF}=\dfrac{1}{2}\overline{EO}=\dfrac{1}{2}\overline{DC}=\dfrac{1}{2}\overline{AB}=\dfrac{1}{2}\times16=8$

$\overline{AF}=\dfrac{1}{2}\overline{AD}=\dfrac{1}{2}\overline{BC}=\dfrac{1}{2}\times20=10$

$\therefore \overline{OF}+\overline{AF}=8+10=18$

중단원 마무리하기

본문 p.45~47

0254 $\overline{AD}$∥$\overline{BC}$이므로
$\angle ACB=\angle DAC=51°$ (엇각)
$\overline{AB}$∥$\overline{DC}$이므로
$\angle BDC=\angle ABD=35°$ (엇각)
따라서 △BCD에서
$\angle x+(51°+\angle y)+35°=180°$
$\therefore \angle x+\angle y=94°$ **冒 94°**

0255 **冒** (가) $\angle DCA$ (나) $\angle BCA$ (다) ASA
(라) $\angle D$ (마) $\angle A=\angle C$

0256 ④ $\angle A+\angle B=180°$, $\angle A+\angle D=180°$ **冒 ④**

0257 $\overline{AB}$∥$\overline{GH}$∥$\overline{DC}$, $\overline{AD}$∥$\overline{EF}$∥$\overline{BC}$이므로
□AEPG, □GPFD, □EBHP, □PHCF는 모두 평행사변형
이다.
① $\overline{AG}=\overline{BH}=5\,\text{cm}$이므로 $\overline{GD}=8-5=3(\text{cm})$
② $\overline{GH}=\overline{AB}=6\,\text{cm}$, $\overline{GP}=\overline{DF}=2\,\text{cm}$이므로
$\overline{PH}=6-2=4(\text{cm})$
③ $\angle EPG=\angle A=110°$
④ $\angle D=180°-110°=70°$
⑤ $\angle PFC=\angle D=70°$ **冒 ⑤**

0258 $\overline{AD}$∥$\overline{BC}$이므로
$\angle BEA=\angle DAE$ (엇각)
$\therefore \angle BAE=\angle BEA$
따라서 △BEA는 이등변삼각형이므로
$\overline{BE}=\overline{BA}=7\,\text{cm}$
이때 $\overline{BC}=\overline{AD}=10\,\text{cm}$이므로
$\overline{EC}=\overline{BC}-\overline{BE}=10-7=3(\text{cm})$ **冒 3 cm**

0259 $\angle C+\angle D=180°$이고 $\angle C:\angle D=3:2$이므로
$\angle D=180°\times\dfrac{2}{3+2}=72°$
$\therefore \angle B=\angle D=72°$
△BPA에서 $\angle BPA=\dfrac{1}{2}\times(180°-72°)=54°$
이때 $\overline{AD}$∥$\overline{BC}$이므로
$\angle DAP=\angle BPA=54°$ (엇각) **冒 54°**

0260 $\angle B+\angle C=180°$이므로
$\angle y=180°-70°=110°$
$\angle BAD=\angle C=110°$이므로
$\angle DAE=\dfrac{1}{2}\angle BAD=\dfrac{1}{2}\times110°=55°$
$\angle BEA=\angle DAE=55°$ (엇각)
$\therefore \angle x=180°-55°=125°$

冒 $\angle x=125°$, $\angle y=110°$

0261 △AEO와 △CFO에서
$\overline{AO}=\overline{CO}$, $\angle EAO=\angle FCO$ (엇각),
$\angle AOE=\angle COF$ (맞꼭지각)
이므로 △AEO≡△CFO (ASA 합동)
$\therefore \triangle AEO=\triangle CFO=\dfrac{1}{2}\times6\times8=24(\text{cm}^2)$ **冒 24 cm²**

0262 □ABCD가 평행사변형이 되려면
$\overline{AB}=\overline{DC}$, $\overline{AD}=\overline{BC}$이어야 하므로
$3x+1=2x+3$에서 $x=2$
$\therefore \overline{AB}=\overline{DC}=x+8=2+8=10$ **冒 10**

0263 ① $\angle D=360°-(70°+110°+70°)=110°$
즉, 두 쌍의 대각의 크기가 각각 같으므로 평행사변형이다.
② 오른쪽 그림에서 $\angle A=\angle ABE$이므로
$\overline{AD}$∥$\overline{BC}$이다. 즉, 한 쌍의 대변이 평
행하고 그 길이가 같으므로 평행사변형
이다. 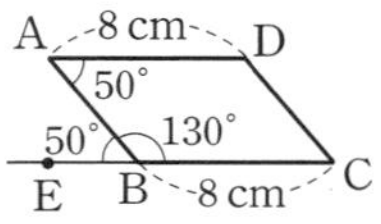
④ 한 쌍의 대변이 평행하고 그 길이가 같으므로 평행사변형이다.
⑤ 두 대각선이 서로 다른 것을 이등분하므로 평행사변형이다.

冒 ③

0264 $\overline{BC}=\overline{CE}$, $\overline{DC}=\overline{CF}$이므로 □BFED는 평행사변형이다.

$\therefore$ □BFED$=4\triangle DBC=4\triangle ABC$
$\qquad\qquad =4\times 6=24(cm^2)$ 　　🔲 **24 cm²**

0265 □ABCD$=2(\triangle PAB+\triangle PCD)$
$\qquad\qquad =2\times(16+18)=68(cm^2)$ 　🔲 **68 cm²**

0266 ① $\overline{AE}/\!/\overline{FC}$, $\overline{AE}=\overline{FC}$
즉, 한 쌍의 대변이 평행하고 그 길이가 같으므로 □AECF는 평행사변형이다.
② $\overline{ED}/\!/\overline{BF}$, $\overline{EB}/\!/\overline{DF}$
즉, 두 쌍의 대변이 각각 평행하므로 □EBFD는 평행사변형이다.
④ $\overline{EO}=\overline{FO}$, $\overline{BO}=\overline{DO}$
즉, 두 대각선이 서로 다른 것을 이등분하므로 □EBFD는 평행사변형이다.
⑤ $\overline{AE}=\overline{FC}$, $\overline{AE}/\!/\overline{FC}$
즉, 한 쌍의 대변이 평행하고 그 길이가 같으므로 □AECF는 평행사변형이다. 　🔲 **③**

0267 $\overline{AO}=\overline{CO}$, $\overline{AP}=\overline{CR}$이므로 $\overline{PO}=\overline{RO}$ $\quad\cdots\cdots$ ㉠
$\overline{BO}=\overline{DO}$, $\overline{BQ}=\overline{DS}$이므로 $\overline{QO}=\overline{SO}$ $\quad\cdots\cdots$ ㉡
㉠, ㉡에 의해 □PQRS는 두 대각선이 서로 다른 것을 이등분하므로 평행사변형이다.
$\therefore \overline{PS}=\overline{QR}$ (①), $\overline{PQ}/\!/\overline{SR}$ (②), $\angle PSR=\angle PQR$ (③),
$\quad \angle QPS+\angle PQR=180°$ (⑤) 　🔲 **④**

0268 $\triangle ACD$에서
$\angle ADC=180°-(35°+70°)=75°$
그런데 $\angle CDB=\angle ABD=48°$ (엇각)이므로
$\angle ADB=\angle ADC-\angle CDB$
$\qquad\quad =75°-48°=27°$
$\therefore x=27$ 　　　　　　　　　　　　⑦

또 □ABCD는 평행사변형이므로
$\overline{AD}=\overline{BC}$, $\overline{AB}=\overline{DC}$이고 □ABCD의 둘레의 길이가 16 cm이므로
$2(\overline{AB}+\overline{AD})=16$
즉, $2(3+\overline{AD})=16$이므로 $\overline{AD}=5(cm)$ 　$\therefore y=5$ ⑭

$\therefore x+y=27+5=32$ 　　　　　　　　⑭

🔲 **32**

단계	채점 요소	배점
⑦	x의 값 구하기	40%
⑭	y의 값 구하기	40%
⑭	$x+y$의 값 구하기	20%

0269 평행사변형에서 두 쌍의 대각의 크기는 각각 같으므로
$\angle ABC=\angle D=54°$
$\therefore \angle CBF=\dfrac{1}{2}\angle ABC=\dfrac{1}{2}\times 54°=27°$ 　⑦

$\triangle BCF$에서
$\angle BCF=180°-(27°+90°)=63°$ 　　　⑭

또 $\angle D+\angle BCD=180°$이므로
$\angle BCD=180°-\angle D$
$\qquad\quad =180°-54°=126°$ 　　　　　⑭

$\therefore \angle DCF=\angle BCD-\angle BCF$
$\qquad\qquad =126°-63°=63°$ 　　　　⑭

🔲 **63°**

단계	채점 요소	배점
⑦	$\angle CBF$의 크기 구하기	30%
⑭	$\angle BCF$의 크기 구하기	20%
⑭	$\angle BCD$의 크기 구하기	30%
⑭	$\angle DCF$의 크기 구하기	20%

0270 $\triangle AOE$와 $\triangle COF$에서
$\overline{AO}=\overline{CO}$, $\angle EAO=\angle FCO$ (엇각),
$\angle AOE=\angle COF$ (맞꼭지각)
이므로 $\triangle AOE\equiv\triangle COF$ (ASA 합동)
$\therefore \triangle AOE=\triangle COF=4$ cm² 　　　⑦

이때 $\triangle AOD=\dfrac{1}{4}$□ABCD$=\dfrac{1}{4}\times 60=15(cm^2)$이므로 ⑭

$\triangle EOD=\triangle AOD-\triangle AOE$
$\qquad\quad =15-4=11(cm^2)$ 　　　　　⑭

🔲 **11 cm²**

단계	채점 요소	배점
⑦	$\triangle AOE$의 넓이 구하기	50%
⑭	$\triangle AOD$의 넓이 구하기	30%
⑭	$\triangle EOD$의 넓이 구하기	20%

0271 (1) $\overline{AD}=\overline{BC}$이므로

$\overline{AH}=\overline{HD}=\overline{BF}=\overline{FC}$

이때 $\overline{AH}\,/\!/\,\overline{FC}$, $\overline{AH}=\overline{FC}$이므로

□AFCH는 평행사변형이다.

$\therefore \overline{EF}\,/\!/\,\overline{HG}$

또 $\overline{HD}\,/\!/\,\overline{BF}$, $\overline{HD}=\overline{BF}$이므로

□HBFD는 평행사변형이다.

$\therefore \overline{EH}\,/\!/\,\overline{FG}$

따라서 $\overline{EF}\,/\!/\,\overline{HG}$, $\overline{EH}\,/\!/\,\overline{FG}$이므로

□EFGH는 평행사변형이다.

─────────────────────── ㉮

(2) $\overline{AD}\,/\!/\,\overline{BC}$이므로

$\angle AFB=\angle FAH=58°$ (엇각)

따라서 △EBF에서

$\angle HEF=37°+58°=95°$

─────────────────────── ㉯

□EFGH가 평행사변형이므로

$\angle FGH=\angle HEF=95°$

─────────────────────── ㉰

🔲 (1) **풀이 참조** (2) **95°**

단계	채점 요소	배점
㉮	□EFGH가 평행사변형임을 설명하기	50%
㉯	∠HEF의 크기 구하기	30%
㉰	∠FGH의 크기 구하기	20%

0272 $\angle FDB=\angle CDB=\angle x$ (접은 각)

$\angle FBD=\angle CDB=\angle x$ (엇각)

따라서 △FBD에서

$88°+\angle x+\angle x=180°$

$2\angle x=92°$ $\therefore \angle x=46°$ 🔲 ②

0273 △ABC가 이등변삼각형이므로 $\angle B=\angle C$

$\overline{AC}\,/\!/\,\overline{QP}$이므로 $\angle C=\angle QPB$ (동위각)

$\therefore \angle B=\angle QPB$

즉, △QBP는 $\overline{QB}=\overline{QP}$인 이등변삼각형이다.

이때 $\overline{AQ}\,/\!/\,\overline{RP}$, $\overline{AR}\,/\!/\,\overline{QP}$에서 □AQPR는 평행사변형이므로

(□AQPR의 둘레의 길이)$=2(\overline{AQ}+\overline{QP})$

$\qquad\qquad\qquad =2(\overline{AQ}+\overline{QB})=2\overline{AB}$

$\qquad\qquad\qquad =2\times8=16(\text{cm})$ 🔲 **16 cm**

0274 △ABG와 △DFG에서

$\overline{AB}=\overline{DF}$, $\angle ABG=\angle DFG$ (엇각), $\angle BAG=\angle FDG$ (엇각)

이므로 △ABG≡△DFG (ASA 합동)

$\therefore \overline{AG}=\overline{DG}=\dfrac{1}{2}\overline{AD}=\overline{AB}$

△ABH와 △ECH에서

$\overline{AB}=\overline{EC}$, $\angle ABH=\angle ECH$ (엇각), $\angle BAH=\angle CEH$ (엇각)

이므로 △ABH≡△ECH (ASA 합동)

$\therefore \overline{BH}=\overline{CH}=\dfrac{1}{2}\overline{BC}=\overline{AB}$

즉, $\overline{AG}\,/\!/\,\overline{BH}$이고 $\overline{AG}=\overline{BH}$이므로

□ABHG는 평행사변형이다.

이때 △ABH$=18\ \text{cm}^2$이므로

△DFG$=$△ECH$=$△ABH$=18\ \text{cm}^2$

□GHCD$=$□ABHG$=2$△ABH$=2\times18=36(\text{cm}^2)$

△PHG$=\dfrac{1}{4}$□ABHG$=\dfrac{1}{4}\times36=9(\text{cm}^2)$

$\therefore$ △EFP$=$△PHG$+$□GHCD$+$△ECH$+$△DFG

$\qquad\qquad =9+36+18+18$

$\qquad\qquad =81(\text{cm}^2)$ 🔲 **81 cm²**

0275 △ABC와 △DBE에서

$\overline{AB}=\overline{DB}$, $\overline{BC}=\overline{BE}$,

$\angle ABC=60°-\angle EBA=\angle DBE$

이므로 △ABC≡△DBE (SAS 합동) (②) ······ ㉠

△ABC와 △FEC에서

$\overline{AC}=\overline{FC}$, $\overline{BC}=\overline{EC}$,

$\angle ACB=60°-\angle ECA=\angle FCE$ (①)

이므로 △ABC≡△FEC (SAS 합동) ······ ㉡

㉠, ㉡에 의해 △ABC≡△DBE≡△FEC

즉, $\overline{DA}=\overline{DB}=\overline{EF}$ (③), $\overline{DE}=\overline{AC}=\overline{AF}$이므로

□AFED는 두 쌍의 대변의 길이가 각각 같다.

따라서 □AFED는 평행사변형이다. (⑤) 🔲 ④

📝 **교과서문제** 정복하기

본문 p.49, 51

0276 $\overline{DO}=\overline{BO}=4$ cm   ∴ $x=4$ 답 **4**

0277 $\overline{BD}=\overline{AC}=2\overline{OC}$
$\qquad\quad=2\times5=10$(cm)
∴ $x=10$ 답 **10**

0278 ∠B=90°이므로 △ABC에서
∠$x=180°-(90°+35°)=55°$
또 □ABCD가 직사각형이므로 ∠$y=90°$
답 **∠$x=55°$, ∠$y=90°$**

0279 ∠BAC=90°−40°=50°
△OAB에서 $\overline{OA}=\overline{OB}$이므로
∠$x=180°-(50°+50°)=80°$
△ACD에서 ∠$y=180°-(90°+40°)=50°$
답 **∠$x=80°$, ∠$y=50°$**

0280 $\overline{CD}=\overline{AD}=8$ cm   ∴ $x=8$ 답 **8**

0281 마름모의 두 대각선은 서로 다른 것을 수직이등분하므로
$\overline{BO}=\overline{DO}=5$ cm   ∴ $x=5$ 답 **5**

0282 마름모의 두 대각선은 서로 다른 것을 수직이등분하므로
∠$x=90°$
△AOD에서 ∠$y=180°-(60°+90°)=30°$
답 **∠$x=90°$, ∠$y=30°$**

0283 $\overline{AB} /\!/ \overline{DC}$에서 ∠BAC=∠DCA (엇각)이므로
∠$x=38°$
△ABC는 $\overline{BA}=\overline{BC}$인 이등변삼각형이므로
∠BCA=∠BAC=38°
△OBC에서 ∠$y=180°-(90°+38°)=52°$
답 **∠$x=38°$, ∠$y=52°$**

0284 $\overline{CD}=\overline{AD}=3$ cm   ∴ $x=3$ 답 **3**

0285 $\overline{BD}=\overline{AC}=2\overline{AO}$
$\qquad\quad=2\times6=12$(cm)
∴ $x=12$ 답 **12**

0286 □ABCD가 정사각형이므로 $\overline{AC}\perp\overline{BD}$
∴ ∠$x=90°$
△OBC에서 $\overline{OB}=\overline{OC}$이므로
∠$y=\dfrac{1}{2}\times(180°-90°)=45°$ 답 **∠$x=90°$, ∠$y=45°$**

0287 $\overline{DC}=\overline{AB}=8$ cm   ∴ $x=8$ 답 **8**

0288 $\overline{AC}=\overline{BD}=5+3=8$(cm)   ∴ $x=8$ 답 **8**

0289 ∠B=∠C이므로 ∠$x=80°$ 답 **80°**

0290 ∠A+∠B=180°이므로
∠B=180°−∠A=180°−110°=70°
∴ ∠$x=$∠B=70°   답 **70°**

0291 $\overline{AD} /\!/ \overline{BC}$이므로
∠CBD=∠ADB=40° (엇각)
∠ABC=∠C=70°이므로
∠$x=70°-40°=30°$ 답 **30°**

0292 $\overline{AD} /\!/ \overline{BC}$이므로
∠BCA=∠DAC=45° (엇각)
∴ ∠$x=$∠DCB=45°+30°=75°   답 **75°**

0293 답 ◯

0294 답 ◯

0295 답 ×

0296 답 ◯

0297 한 내각이 직각인 평행사변형은 직사각형이다.
답 **직사각형**

0298 이웃하는 두 변의 길이가 같은 평행사변형은 마름모이다.
답 **마름모**

0299 $\overline{AO}=\overline{BO}$에서 $\overline{AC}=\overline{BD}$
즉, 두 대각선의 길이가 같은 평행사변형은 직사각형이다.
답 **직사각형**

0300 한 내각이 직각인 평행사변형은 직사각형이고, 이웃하는 두 변의 길이가 같은 직사각형은 정사각형이다. 답 **정사각형**

0301 이웃하는 두 변의 길이가 같은 평행사변형은 마름모이고, 두 대각선의 길이가 같은 마름모는 정사각형이다.

답 **정사각형**

0302 답 ○

0303 마름모의 두 대각선의 길이는 같지 않다. 답 ×

0304 답 ○

0305

답 **평행사변형**

0306

답 **마름모**

0307

답 **직사각형**

0308

답 **정사각형**

0309

답 **마름모**

0310

답 **평행사변형**

0311 $\triangle DBC = \triangle ABC$
$= \dfrac{1}{2} \times 10 \times 8 = 40$ 답 **40**

0312 $\triangle ABP = \dfrac{2}{3} \triangle ABC$
$= \dfrac{2}{3} \times 30$
$= 20\,(\text{cm}^2)$ 답 **20 cm²**

0313 $\triangle APC = \dfrac{1}{3} \triangle ABC$
$= \dfrac{1}{3} \times 30 = 10\,(\text{cm}^2)$ 답 **10 cm²**

0314 $\triangle ABP : \triangle APC = 20 : 10 = 2 : 1$ 답 **2 : 1**

0315 $\overline{BD} = \overline{AC} = 2\overline{AO} = 2 \times 6 = 12\,(\text{cm})$ ∴ $x = 12$
$\triangle OAB$에서 $\overline{OA} = \overline{OB}$이므로 $\angle OBA = \angle OAB = 55°$
∴ $\angle AOB = 180° - (55° + 55°) = 70°$
따라서 $\angle DOC = \angle AOB = 70°$ (맞꼭지각)이므로 $y = 70$
∴ $x + y = 12 + 70 = 82$ 답 **82**

0316 $\triangle OBC$에서 $\overline{OB} = \overline{OC}$이므로
$\angle OBC = \angle OCB$ ∴ $\angle x = 38°$
$\triangle ABC$에서 $\angle ABC = 90°$이므로
$\angle y = 180° - (90° + 38°) = 52°$

답 $\angle x = 38°$, $\angle y = 52°$

0317 답 (가) $\overline{DC}$ (나) $\overline{BC}$ (다) **SAS** (라) $\overline{DB}$

0318 $\angle AEF = \angle CEF$ (접은 각), $\angle AFE = \angle CEF$ (엇각)
이므로 $\angle AEF = \angle AFE$ ········· 가

$\angle BAF = 90°$이므로
$\angle EAF = \angle BAF - \angle BAE = 90° - 20° = 70°$ ········· 나

따라서 $\triangle AEF$에서 $\angle AFE = \dfrac{1}{2} \times (180° - 70°) = 55°$ ········· 다

답 **55°**

단계	채점 요소	배점
가	$\angle AEF = \angle AFE$임을 알기	40%
나	$\angle EAF$의 크기 구하기	30%
다	$\angle AFE$의 크기 구하기	30%

0319 ④, ⑤ 평행사변형이 마름모가 되는 조건이다.

답 ④, ⑤

0320 ②, ⑤ 평행사변형이 마름모가 되는 조건이다.

답 ①, ④

0321 답 (가) $\overline{BC}$ (나) **SSS** (다) $\angle C$ (라) $\angle D$

0322 $\triangle ODA$에서 $\angle OAD = \angle ODA$이면
$\overline{AO} = \overline{DO}$ ······ ㉠
평행사변형 ABCD에서
$\overline{AO} = \overline{CO}$, $\overline{BO} = \overline{DO}$ ······ ㉡
㉠, ㉡에 의해 $\overline{AO} = \overline{BO} = \overline{CO} = \overline{DO}$이므로 $\overline{AC} = \overline{BD}$
따라서 □ABCD는 직사각형이다. 답 **직사각형**

0323 $\overline{DO}=\overline{BO}$이므로

$4x+1=9$

$\therefore x=2$

$\angle AOD=90°$이고 $\angle ODA=\angle OBC=35°$ (엇각)이므로

$\triangle AOD$에서 $\angle OAD=180°-(90°+35°)=55°$

$\therefore y=55$

$\therefore x+y=2+55=57$

目 **57**

0324 ① 마름모는 네 변의 길이가 모두 같으므로

$\overline{AB}=\overline{BC}$

③ 마름모의 두 대각선은 수직으로 만나므로

$\overline{AC}\perp\overline{BD}$

⑤ $\triangle ADO$와 $\triangle CDO$에서

$\overline{AD}=\overline{CD}$, $\overline{AO}=\overline{CO}$, $\overline{DO}$는 공통

이므로 $\triangle ADO\equiv\triangle CDO$ (SSS 합동)

$\therefore \angle ADO=\angle CDO$

目 ②, ④

0325 $\triangle BCD$에서 $\overline{CB}=\overline{CD}$이므로

$\angle CBD=\dfrac{1}{2}\times(180°-136°)=22°$

이때 $\angle BPH=\angle APD=\angle x$ (맞꼭지각)이므로 $\triangle PBH$에서

$\angle x=180°-(90°+22°)=68°$

目 **68°**

0326 $\square EBFD$가 마름모이므로

$\overline{EB}=\overline{ED}$에서 $\angle EBD=\angle EDB$

$\overline{ED}/\!/\overline{BF}$이므로 $\angle EDB=\angle FBD$ (엇각)

즉, $\angle EBD=\angle FBD$이므로

$\angle EBD=\dfrac{1}{3}\angle ABC=\dfrac{1}{3}\times90°=30°$

따라서 $\triangle EBD$에서

$\angle x=180°-(30°+30°)=120°$

目 **120°**

0327 ㄱ. 평행사변형이 직사각형이 되는 조건이다.

ㄹ. $\angle AOB+\angle COB=180°$이므로

$\angle AOB=\angle COB$이면

$\angle AOB=\angle COB=90°$

$\therefore \overline{AC}\perp\overline{BD}$

따라서 $\square ABCD$는 마름모가 된다.

目 ㄴ, ㄷ, ㄹ

0328 目 (가) $\overline{DC}$ (나) $\overline{DO}$ (다) **SAS** (라) $\overline{AD}$

0329 $\overline{AD}/\!/\overline{BC}$이므로

$\angle ADB=\angle CBD$ (엇각)

$\therefore \angle ABD=\angle ADB$

즉, $\triangle ABD$에서 $\overline{AB}=\overline{AD}$이다.

따라서 평행사변형에서 이웃하는 두 변의 길이가 같으므로

$\square ABCD$는 마름모이다.

目 **마름모**

0330 $\overline{AD}/\!/\overline{BC}$이므로

$\angle ADB=\angle CBD=42°$ (엇각)

$\triangle AOD$에서 $\angle AOD=180°-(42°+48°)=90°$

따라서 $\square ABCD$는 마름모이다. ····· ㉮

$\overline{AB}=\overline{BC}=9$ cm이므로 $x=9$ ····· ㉯

$\angle CDB=\angle CBD=42°$이므로 $y=42$ ····· ㉰

$\therefore x+y=9+42=51$ ····· ㉱

目 **51**

단계	채점 요소	배점
㉮	$\square ABCD$가 마름모임을 알기	50%
㉯	x의 값 구하기	20%
㉰	y의 값 구하기	20%
㉱	$x+y$의 값 구하기	10%

0331 $\triangle BCE$와 $\triangle DCE$에서

$\overline{BC}=\overline{DC}$, $\overline{CE}$는 공통, $\angle BCE=\angle DCE=45°$

이므로 $\triangle BCE\equiv\triangle DCE$ (SAS 합동)

$\therefore \angle DEC=\angle BEC=62°$

$\triangle AED$에서 $45°+\angle ADE=62°$이므로

$\angle ADE=17°$

目 **17°**

0332 $\overline{BO}=\dfrac{1}{2}\overline{BD}=\dfrac{1}{2}\overline{AC}=\dfrac{1}{2}\times12=6$(cm)

$\therefore \square ABCD=2\triangle ABC$

$=2\times\left(\dfrac{1}{2}\times12\times6\right)=72$(cm²)

目 ④

0333 ①, ③, ⑤ 정사각형의 두 대각선은 길이가 같고 서로 다른 것을 수직이등분하므로

$\overline{AC}=\overline{BD}$, $\overline{AC}\perp\overline{BD}$, $\overline{AO}=\overline{BO}=\overline{CO}=\overline{DO}$

④ $\triangle DBC$에서 $\overline{CB}=\overline{CD}$이고 $\angle BCD=90°$이므로

$\angle DBC=\dfrac{1}{2}\times(180°-90°)=45°$

目 ②

0334 $\overline{AB}=\overline{AD}=\overline{AE}$이므로

$\triangle ABE$에서 $\angle AEB=\angle ABE=25°$

$\therefore \angle EAB=180°-(25°+25°)=130°$

이때 $\angle DAB=90°$이므로

$\angle EAD=\angle EAB-\angle DAB=130°-90°=40°$

$\triangle ADE$에서 $\overline{AD}=\overline{AE}$이므로

$\angle ADE=\dfrac{1}{2}\times(180°-40°)=70°$

目 **70°**

0335 △ABF와 △CDE에서

$\overline{AB}=\overline{CD}$, $\overline{BF}=\overline{DE}$, $\angle ABF=\angle CDE=90°$

이므로 △ABF≡△CDE (SAS 합동)

∴ $\angle AFB=\angle CED=62°$

또 $\angle GBF=45°$이므로 △BFG에서

$\angle AGB=45°+62°=107°$　　　　🔒 ③

0336 △ABE와 △BCF에서

$\overline{AB}=\overline{BC}$, $\overline{BE}=\overline{CF}$, $\angle ABE=\angle BCF=90°$

이므로 △ABE≡△BCF (SAS 합동)

∴ $\angle BAE=\angle CBF$ ⋯⋯⋯⋯⋯⋯⋯⋯⋯⋯⋯ ㉮

또 △ABE에서 $\angle BAE+\angle AEB=90°$이므로

$\angle CBF+\angle AEB=90°$

따라서 △OBE에서 $\angle BOE=180°-90°=90°$ ⋯ ㉯

∴ $\angle AOF=\angle BOE=90°$ (맞꼭지각) ⋯⋯⋯⋯ ㉰

　　　　　　　　　　　　　　　　　　🔒 **90°**

단계	채점 요소	배점
㉮	$\angle BAE=\angle CBF$임을 알기	40%
㉯	$\angle BOE$의 크기 구하기	40%
㉰	$\angle AOF$의 크기 구하기	20%

0337 △PBC가 정삼각형이므로

$\angle BPC=\angle PBC=\angle BCP=60°$

∴ $\angle ABP=\angle PCD=90°-60°=30°$

이때 □ABCD가 정사각형이므로 △ABP와 △PCD는 각각

$\overline{BA}=\overline{BP}$, $\overline{CP}=\overline{CD}$인 이등변삼각형이다.

∴ $\angle APB=\angle DPC=\dfrac{1}{2}\times(180°-30°)=75°$

∴ $\angle APD=360°-(75°+60°+75°)=150°$　🔒 ⑤

0338 ①, ② 평행사변형이 직사각형이 되는 조건이다.

③ $\overline{AO}=\overline{DO}$이면 $\overline{AO}=\overline{BO}=\overline{CO}=\overline{DO}$이므로 $\overline{AC}=\overline{BD}$

　따라서 $\overline{AC}\perp\overline{BD}$, $\overline{AC}=\overline{BD}$이므로

　□ABCD는 정사각형이 된다.

④, ⑤ 평행사변형이 마름모가 되는 조건이다.　🔒 ③

0339　🔒 ㄴ, ㄷ

0340 ② $\overline{AO}=\overline{BO}$이면 $\overline{AC}=\overline{BD}$이므로 □ABCD는 정사

　각형이 된다.

④ $\angle ABC=\angle DAB$이면 $\angle ABC+\angle DAB=180°$에서

　$\angle ABC=\angle DAB=90°$이므로 □ABCD는 정사각형이 된

　다.　　　　　　　　　　　　　　　　　🔒 ②, ④

0341 $\overline{AD}/\!/\overline{BC}$이므로 $\angle BCA=\angle DAC=50°$ (엇각)

△ABC에서 $\angle x=180°-(70°+50°)=60°$

$\angle BCD=\angle B=70°$이므로

$\angle y=70°-50°=20°$

∴ $\angle x+\angle y=60°+20°=80°$　　🔒 **80°**

0342 ①, ⑤ △ABC와 △DCB에서

$\overline{AB}=\overline{DC}$, $\overline{BC}$는 공통, $\angle ABC=\angle DCB$

이므로 △ABC≡△DCB (SAS 합동)

∴ $\overline{AC}=\overline{DB}$, $\angle ACB=\angle DBC$

② $\angle ACB=\angle DBC$이므로 △OBC에서 $\overline{OB}=\overline{OC}$

∴ $\overline{AO}=\overline{AC}-\overline{OC}=\overline{DB}-\overline{OB}=\overline{DO}$

④ $\overline{AD}/\!/\overline{BC}$이고 $\angle ABC=\angle DCB$이므로

　$\angle BAD=180°-\angle ABC$

　　　　　　$=180°-\angle DCB=\angle CDA$　　🔒 ③

참고

(ⅰ) △ABC와 △DCB에서

$\overline{AB}=\overline{DC}$, $\overline{BC}$는 공통, $\angle ABC=\angle DCB$

이므로 △ABC≡△DCB (SAS 합동)

(ⅱ) △ABD와 △DCA에서

$\overline{AB}=\overline{DC}$, $\overline{BD}=\overline{CA}$, $\overline{AD}$는 공통

이므로 △ABD≡△DCA (SSS 합동)

(ⅲ) △ABO와 △DCO에서

$\overline{AB}=\overline{DC}$, $\angle OAB=\angle ODC$, $\angle ABO=\angle DCO$

이므로 △ABO≡△DCO (ASA 합동)

0343 $\overline{AD}/\!/\overline{BC}$이므로 $\angle DAC=\angle ACB=32°$ (엇각)

△DAC에서 $\overline{DA}=\overline{DC}$이므로

$\angle DCA=\angle DAC=32°$

△ABC≡△DCB (SAS 합동)이므로

$\angle DBC=\angle ACB=32°$

따라서 △DBC에서

$\angle x=180°-(32°+32°+32°)=84°$　　🔒 **84°**

0344 오른쪽 그림과 같이 꼭짓점 D

를 지나고 $\overline{AB}$에 평행한 직선을 그어

$\overline{BC}$와 만나는 점을 E라 하면

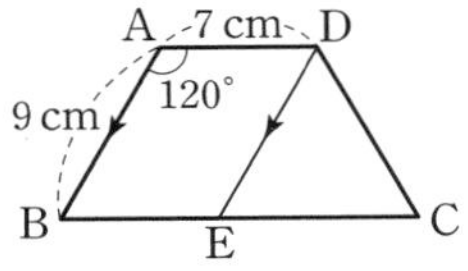

□ABED는 평행사변형이므로

$\overline{BE}=\overline{AD}=7\,\mathrm{cm}$, $\overline{DE}=\overline{AB}=9\,\mathrm{cm}$

또 $\angle BED=\angle A=120°$이므로

$\angle DEC=180°-120°=60°$

이때 $\angle C=\angle B=180°-120°=60°$이므로 △DEC는 정삼각형

이다.

∴ $\overline{EC}=\overline{DC}=\overline{AB}=9$

∴ $\overline{BC}=\overline{BE}+\overline{EC}=7+9=16\,(\mathrm{cm})$　　🔒 **16 cm**

0345 오른쪽 그림과 같이 꼭짓점 A에서 $\overline{BC}$에 내린 수선의 발을 H'이라 하면 $\overline{H'H}=\overline{AD}=8\,\text{cm}$

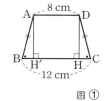

$\triangle ABH'\equiv\triangle DCH$ (RHA 합동)이므로

$\overline{CH}=\overline{BH'}=\dfrac{1}{2}\times(12-8)=2\,(\text{cm})$ 답 ①

0346 오른쪽 그림과 같이 꼭짓점 A를 지나고 $\overline{DC}$에 평행한 직선을 그어 $\overline{BC}$와 만나는 점을 E라 하면 □AECD는 마름모이다.

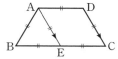

$\therefore \overline{AE}=\overline{EC}=\overline{CD}=\overline{DA}$

이때 $\overline{BC}=2\overline{AB}$이므로

$\overline{BE}=\overline{EC}$

따라서 $\overline{AB}=\overline{BE}=\overline{AE}$이므로 △ABE는 정삼각형이다.

$\therefore \angle B=60°$ 답 **60°**

0347 □ABCD는 평행사변형이므로

$\angle BAD+\angle ABC=180°$

$\therefore \angle EAB+\angle EBA=\dfrac{1}{2}(\angle BAD+\angle ABC)$

$\qquad\qquad\qquad\quad =\dfrac{1}{2}\times180°=90°$

△ABE에서

$\angle AEB=180°-90°=90°$

$\therefore \angle HEF=\angle AEB=90°$ (맞꼭지각)

같은 방법으로 하면 $\angle EFG=\angle FGH=\angle GHE=90°$

따라서 □EFGH는 네 내각의 크기가 모두 90°이므로 직사각형이다.   답 ②, ⑤

0348 △AEH, △BFE, △CGF, △DHG에서

$\overline{AE}=\overline{BF}=\overline{CG}=\overline{DH}$, $\overline{AH}=\overline{BE}=\overline{CF}=\overline{DG}$,

$\angle A=\angle B=\angle C=\angle D=90°$

이므로 $\triangle AEH\equiv\triangle BFE\equiv\triangle CGF\equiv\triangle DHG$ (SAS 합동)

$\therefore \overline{HE}=\overline{EF}=\overline{FG}=\overline{GH}$ …… ㉠

이때 $\angle AEH+\angle AHE=90°$이고

$\angle AHE=\angle BEF$이므로

$\angle AEH+\angle BEF=90°$

$\therefore \angle HEF=90°$ …… ㉡

㉠, ㉡에 의해 □EFGH는 한 내각의 크기가 90°인 마름모이므로 정사각형이다.   답 **정사각형**

0349 △EOD와 △FOB에서

$\overline{DO}=\overline{BO}$, $\angle EOD=\angle FOB=90°$, $\angle ODE=\angle OBF$ (엇각)

이므로 $\triangle EOD\equiv\triangle FOB$ (ASA 합동)   ㉮

즉, $\overline{EO}=\overline{FO}$에서 □EBFD는 두 대각선이 서로 다른 것을 수직이등분하므로 마름모이다.   ㉯

$\therefore$ (□EBFD의 둘레의 길이)$=4\overline{ED}$

$\qquad\qquad\qquad\qquad\quad =4\times10=40\,(\text{cm})$ ㉰

답 **40 cm**

단계	채점 요소	배점
㉮	$\triangle EOD\equiv\triangle FOB$임을 알기	40 %
㉯	□EBFD가 마름모임을 알기	40 %
㉰	□EBFD의 둘레의 길이 구하기	20 %

0350 $\overline{AF}\,/\!/\,\overline{BE}$이므로

$\angle AFB=\angle EBF$ (엇각)

즉, △ABF에서 $\angle ABF=\angle AFB$이므로

$\overline{AB}=\overline{AF}$ …… ㉠

$\overline{AF}\,/\!/\,\overline{BE}$이므로 $\angle BEA=\angle FAE$ (엇각)

즉, △BEA에서 $\angle BAE=\angle BEA$이므로

$\overline{AB}=\overline{BE}$ …… ㉡

㉠, ㉡에 의해 $\overline{AF}=\overline{BE}$

따라서 $\overline{AF}\,/\!/\,\overline{BE}$, $\overline{AF}=\overline{BE}$이므로 □ABEF는 평행사변형이다. 이때 $\overline{AB}=\overline{AF}$, 즉 이웃하는 두 변의 길이가 같으므로 □ABEF는 마름모이다.   답 ①, ⑤

0351 ④ 두 대각선이 직교하는 평행사변형은 마름모이다.   답 ④

0352 □ABCD는 한 쌍의 대변이 평행하고 그 길이가 같으므로 평행사변형이다. 또 두 대각선의 길이가 같으므로 직사각형이다.   답 **직사각형**

0353 답 ④, ⑤

0354 답 ㄱ, ㄹ, ㅂ

0355 두 대각선이 직교하는 평행사변형은 마름모이고, 마름모의 각 변의 중점을 연결하여 만든 사각형은 직사각형이다.   답 ③

0356 정사각형 ABCD의 각 변의 중점을 연결하여 만든 □PQRS는 정사각형이다.

따라서 □PQRS의 넓이는 $5\times5=25\,(\text{cm}^2)$ 답 ③

0357 직사각형 ABCD의 각 변의 중점을 연결하여 만든 □EFGH는 마름모이다.   **目 ③, ⑤**

0358 $\overline{AC}/\!/\overline{DE}$이므로

$\triangle ACD=\triangle ACE$

$\therefore \square ABCD=\triangle ABC+\triangle ACD$

$\qquad\qquad\quad=\triangle ABC+\triangle ACE$

$\qquad\qquad\quad=20+16$

$\qquad\qquad\quad=36(cm^2)$ **目 36 cm²**

0359 $\overline{AC}/\!/\overline{DE}$이므로

$\triangle ACD=\triangle ACE$

$\therefore \square ABCD=\triangle ABC+\triangle ACD$

$\qquad\qquad\quad=\triangle ABC+\triangle ACE$

$\qquad\qquad\quad=\triangle ABE$

$\qquad\qquad\quad=\dfrac{1}{2}\times(6+6)\times8$

$\qquad\qquad\quad=48(cm^2)$ **目 48 cm²**

0360 ① $\overline{AC}/\!/\overline{DE}$이므로

$\qquad\triangle ACE=\triangle ACD$

② $\triangle ODA=\triangle ACD-\triangle OAC$

$\qquad\qquad\quad=\triangle ACE-\triangle OAC$

$\qquad\qquad\quad=\triangle OCE$

③ $\overline{AC}/\!/\overline{DE}$이므로 $\triangle AED=\triangle CED$

④ $\triangle ACO=\triangle DOE$인지 알 수 없다.

⑤ $\triangle ABE=\triangle ABC+\triangle ACE$

$\qquad\qquad\quad=\triangle ABC+\triangle ACD$

$\qquad\qquad\quad=\square ABCD$ **目 ④**

0361 $\triangle ACE=\triangle ACD$이므로

$\triangle ABE=\square ABCD$

$\therefore \triangle AFD=\square ABCD-\square ABCF$

$\qquad\qquad\quad=\triangle ABE-\square ABCF$

$\qquad\qquad\quad=52-37$

$\qquad\qquad\quad=15(cm^2)$ **目 15 cm²**

0362 $\overline{BD}=\overline{DC}$이므로 $\triangle ABD=\triangle ADC$

$\overline{AP}:\overline{PD}=2:1$이므로

$\triangle ABP:\triangle PBD=2:1$

$\therefore \triangle ABP=\dfrac{2}{3}\triangle ABD=\dfrac{2}{3}\times\dfrac{1}{2}\triangle ABC$

$\qquad\qquad\quad=\dfrac{1}{3}\triangle ABC$

$\qquad\qquad\quad=\dfrac{1}{3}\times30=10(cm^2)$ **目 ①**

0363 $\overline{AE}:\overline{EB}=3:2$이므로

$\triangle BDE=\dfrac{2}{5}\triangle ABD$

$\therefore \triangle ABD=\dfrac{5}{2}\triangle BDE$

$\qquad\qquad\quad=\dfrac{5}{2}\times16=40(cm^2)$

                                      ㉮

$\overline{BD}:\overline{DC}=2:3$이므로

$\triangle ABD=\dfrac{2}{5}\triangle ABC$

$\therefore \triangle ABC=\dfrac{5}{2}\triangle ABD$

$\qquad\qquad\quad=\dfrac{5}{2}\times40=100(cm^2)$

                                      ㉯

    目 100 cm²

단계	채점 요소	배점
㉮	$\triangle ABD$의 넓이 구하기	50%
㉯	$\triangle ABC$의 넓이 구하기	50%

0364 $\overline{BM}:\overline{MC}=3:4$에서

$\triangle DBM:\triangle DMC=3:4$이므로

$12:\triangle DMC=3:4$

$\therefore \triangle DMC=16(cm^2)$

$\overline{DE}/\!/\overline{AC}$이므로 $\triangle ADE=\triangle CDE$

$\therefore \square ADME=\triangle ADE+\triangle DME$

$\qquad\qquad\qquad=\triangle CDE+\triangle DME$

$\qquad\qquad\qquad=\triangle DMC=16\ cm^2$ **目 ④**

유형 UP

0365 $\overline{AB}/\!/\overline{DC}$이므로 $\triangle EBC=\triangle EBD$

$\overline{AD}/\!/\overline{BC}$이므로 $\triangle FCD=\triangle FBD$

$\overline{EF}/\!/\overline{BD}$이므로 $\triangle EBD=\triangle FBD$

$\therefore \triangle EBC=\triangle EBD=\triangle FBD=\triangle FCD$ **目 ⑤**

0366 오른쪽 그림과 같이 $\overline{BD}$를 그으면

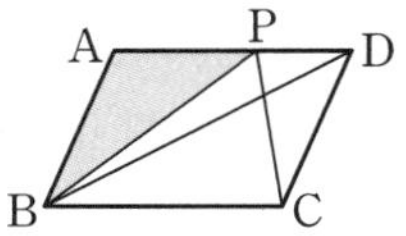

$\triangle ABD=\dfrac{1}{2}\square ABCD$

$\qquad\qquad\quad=\dfrac{1}{2}\times40=20(cm^2)$

$\overline{AP}:\overline{PD}=3:2$에서 $\triangle ABP:\triangle PBD=3:2$이므로

$\triangle ABP=\dfrac{3}{5}\triangle ABD$

$\qquad\qquad\quad=\dfrac{3}{5}\times20=12(cm^2)$ **目 12 cm²**

0367 오른쪽 그림과 같이 $\overline{OM}$을 그으면

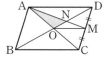

$\triangle AOM = \frac{1}{2}\triangle ACM$

$\quad = \frac{1}{2}\times\frac{1}{2}\triangle ACD$

$\quad = \frac{1}{4}\times\frac{1}{2}\square ABCD$

$\quad = \frac{1}{8}\square ABCD$

$\quad = \frac{1}{8}\times 24 = 3(cm^2)$

$\overline{AN}:\overline{NM}=2:1$에서 $\triangle AON:\triangle NOM=2:1$이므로

$\triangle AON = \frac{2}{3}\triangle AOM$

$\quad = \frac{2}{3}\times 3 = 2(cm^2)$ 　　　　　　　　**월 2 cm²**

0368 $\overline{AD}/\!/\overline{BC}$이므로 $\triangle ABF=\triangle DBF$

$\overline{BE}/\!/\overline{DC}$이므로 $\triangle BED=\triangle BEC$

$\therefore \triangle FEC = \triangle BEC-\triangle BEF$

$\quad = \triangle BED-\triangle BEF$

$\quad = \triangle DBF=\triangle ABF$

$\quad = \triangle ABG+\triangle BFG$

$\quad = 12+4 = 16(cm^2)$ 　　　　　　　　**월 16 cm²**

0369 $\overline{AD}/\!/\overline{BC}$이므로 $\triangle DBC=\triangle ABC=42\ cm^2$

$\therefore \triangle OBC = \triangle DBC-\triangle OCD$

$\quad = 42-14$

$\quad = 28(cm^2)$ 　　　　　　　　**월 28 cm²**

0370 $\overline{OB}:\overline{OD}=7:5$이므로

$\triangle OBC:\triangle OCD=7:5$

즉, $35:\triangle OCD=7:5$에서

$\triangle OCD=25(cm^2)$

$\therefore \triangle ABC = \triangle DBC=\triangle OBC+\triangle OCD$

$\quad = 35+25 = 60(cm^2)$ 　　　**월 60 cm²**

0371 $\triangle ABC=\triangle DBC$이므로

$\triangle OCD = \triangle DBC-\triangle OBC$

$\quad = \triangle ABC-\triangle OBC$

$\quad = \triangle OAB$

이때 $\overline{OA}:\overline{OC}=2:3$이므로

$\triangle OAB:\triangle OBC=2:3$

$\therefore \triangle OCD = \triangle OAB=\frac{2}{5}\triangle ABC$

$\quad = \frac{2}{5}\times 50 = 20(cm^2)$ 　　**월 20 cm²**

0372 $\overline{OB}:\overline{OD}=2:1$이므로 $\triangle OAB:\triangle ODA=2:1$

즉, $10:\triangle ODA=2:1$에서 $\triangle ODA=5(cm^2)$

한편 $\triangle ABD=\triangle ACD$이므로

$\triangle OCD = \triangle ACD-\triangle ODA=\triangle ABD-\triangle ODA$

$\quad = \triangle OAB=10\ cm^2$

$\overline{OB}:\overline{OD}=2:1$이므로 $\triangle OBC:\triangle OCD=2:1$

즉, $\triangle OBC:10=2:1$에서 $\triangle OBC=20(cm^2)$

$\therefore \square ABCD = \triangle OAB+\triangle OBC+\triangle OCD+\triangle ODA$

$\quad = 10+20+10+5 = 45(cm^2)$ 　　　**월 45 cm²**

📓 중단원 마무리하기

본문 p.60~63

0373 $\overline{BO}=\overline{DO}$이므로 $x+9=3x+1$, $2x=8$ 　∴ $x=4$

$\therefore \overline{AC}=\overline{BD}=4x+10=4\times 4+10=26$ 　　**월 26**

0374 $\triangle ABM$와 $\triangle DCM$에서

$\overline{AM}=\overline{DM}$, $\overline{AB}=\overline{DC}$, $\overline{BM}=\overline{CM}$

이므로 $\triangle ABM\equiv\triangle DCM$ (SSS 합동)

따라서 $\angle B=\angle C$이고, $\angle B+\angle C=180°$이므로

$2\angle B=180°$ 　∴ $\angle B=90°$ 　　　　　　**월 ⑤**

0375 $\triangle ABP$와 $\triangle ADQ$에서

$\angle APB=\angle AQD=90°$, $\overline{AB}=\overline{AD}$, $\angle ABP=\angle ADQ$

이므로 $\triangle ABP\equiv\triangle ADQ$ (RHA 합동)

$\therefore \overline{AP}=\overline{AQ}$

이때 $\angle BAP=\angle DAQ=180°-(52°+90°)=38°$

또 $\angle BAD+\angle B=180°$이므로

$\angle BAD=180°-52°=128°$

$\therefore \angle PAQ=128°-(38°+38°)=52°$

$\triangle APQ$는 $\overline{AP}=\overline{AQ}$인 이등변삼각형이므로

$\angle x=\frac{1}{2}\times(180°-52°)=64°$ 　　　　**월 64°**

0376 ② 평행사변형이 직사각형이 되는 조건이다.

④ $\angle ABD=\angle ADB$이면 $\overline{AB}=\overline{AD}$이므로 $\square ABCD$는 마름모가 된다. 　　　　　　　　　　**월 ②, ⑤**

0377 $\overline{AB}=\overline{DC}$이므로

$5a+1=2a+13$, $3a=12$ 　∴ $a=4$

$\overline{AB}=5a+1=5\times 4+1=21$,

$\overline{BC}=4a+5=4\times 4+5=21$이므로

$\overline{AB}=\overline{BC}$

따라서 $\square ABCD$는 마름모이므로 $\overline{AC}\perp\overline{BD}$

$\therefore \angle x=90°$ 　　　　　　　　　　**월 90°**

0378 정사각형의 두 대각선은 길이가 같고, 서로 다른 것을
수직이등분하므로

$$\overline{AO}=\overline{BO}=\frac{1}{2}\overline{AC}$$
$$=\frac{1}{2}\times 20=10\,(cm)$$

또 $\overline{AO}\perp\overline{BO}$이므로

$$\triangle ABO=\frac{1}{2}\times 10\times 10=50\,(cm^2)$$　　　　🔘 ⑤

0379 △DAE와 △DCE에서
$\overline{AD}=\overline{CD}$, $\overline{DE}$는 공통, $\angle ADE=\angle CDE=45°$
이므로 △DAE≡△DCE (SAS 합동)
$$\therefore \angle DCE=\angle DAE=20°$$
따라서 △DCE에서
$$\angle BEC=\angle CDE+\angle DCE$$
$$=45°+20°=65°$$　　　　🔘 **65°**

0380 △ABE와 △BCF에서
$\overline{AB}=\overline{BC}$, $\overline{BE}=\overline{CF}$, $\angle ABE=\angle BCF=90°$
이므로 △ABE≡△BCF (SAS 합동)
$\therefore \angle BAE=\angle CBF$(②), $\overline{AE}=\overline{BF}$(③), $\angle AEB=\angle BFC$
① $\overline{EC}=\overline{BC}-\overline{BE}$
$$=\overline{CD}-\overline{CF}=\overline{DF}$$
④ $\angle BAE+\angle BFC=\angle BAE+\angle AEB=90°$
⑤ $\angle BFC=\angle AEB$
$$=180°-118°=62°$$
$$\therefore \angle GBE=180°-(62°+90°)=28°$$　　　　🔘 ⑤

0381 $\overline{AB}/\!/\overline{DC}$, $\overline{AD}/\!/\overline{BC}$이므로 □ABCD는 평행사변형이
다.

ㄱ, ㄷ. 평행사변형이 직사각형이 되는 조건이다.
ㄴ. $\angle BCD=90°$이고 $\angle COD=90°$에서 $\overline{AC}\perp\overline{BD}$이므로
　　□ABCD는 정사각형이다.
ㄹ. 평행사변형이 마름모가 되는 조건이다.
ㅁ. △AOD에서 $\overline{AO}=\overline{DO}$이므로
　　$\angle OAD=\angle ODA=45°$
　　$\therefore \angle AOD=90°$
　　즉, $\overline{AC}\perp\overline{BD}$이고 $\overline{AO}=\overline{DO}$에서 $\overline{AC}=\overline{BD}$이므로
　　□ABCD는 정사각형이다.　　　　🔘 ㄴ, ㅁ

0382 △ABD에서 $\overline{AB}=\overline{AD}$이므로
$\angle ABD=\angle ADB=30°$
$$\therefore \angle A=180°-(30°+30°)=120°$$
$\angle ADC=\angle A=120°$이므로
$$\angle BDC=\angle ADC-\angle ADB$$
$$=120°-30°=90°$$　　　　🔘 **90°**

0383 $\angle C=\angle B=70°$이므로
△DEC에서 $\angle CDE=180°-(90°+70°)=20°$
$\therefore x=20$
꼭짓점 A에서 $\overline{BC}$에 내린 수선의 발을
F라 하면
$\overline{FE}=\overline{AD}=4\,cm$
또 △ABF≡△DCE (RHA 합동)이므로
$$\overline{BF}=\overline{CE}=\frac{1}{2}(\overline{BC}-\overline{FE})=\frac{1}{2}\times(8-4)=2\,(cm)$$
$\therefore y=2$
$$\therefore x+y=20+2=22$$　　　　🔘 **22**

0384 △ABP와 △ADQ에서
$\overline{AP}=\overline{AQ}$, $\angle APB=\angle AQD$이고
$\angle B=\angle D$이므로 $\angle BAP=\angle DAQ$
$\therefore$ △ABP≡△ADQ (ASA 합동)
$\therefore \overline{AB}=\overline{AD}$
따라서 □ABCD는 이웃하는 두 변의 길이가 같은 평행사변형이
므로 마름모이다.　　　　🔘 **마름모**

0385　🔘 ④

0386 ③ $\overline{AB}=\overline{BC}$인 평행사변형 ABCD는 마름모이다.
　　　　🔘 ①, ②

0387 두 대각선의 길이가 같은 사각형은 ㄷ, ㅁ, ㅂ의 3개이므
로 $a=3$
두 대각선이 직교하는 사각형은 ㄹ, ㅂ의 2개이므로 $b=2$
두 대각선의 길이가 같고 서로 다른 것을 수직이등분하는 사각형
은 ㅂ의 1개이므로 $c=1$
$$\therefore a+b+c=3+2+1=6$$　　　　🔘 **6**

0388　① 평행사변형 — 평행사변형　　　　🔘 ①

0389 □EFGH는 마름모이므로
□EFGH의 둘레의 길이는
$$4\overline{EF}=4\times 8=32\,(cm)$$　　　　🔘 **32 cm**

0390　① $\overline{BM}=\overline{CM}$이므로 △DBM=△DMC
② $\overline{AC}/\!/\overline{DE}$이므로 △ADC=△AEC
③ △ADP=△ADC−△APC
$$=△AEC−△APC=△CPE$$
④ △DMC=△DME+△DEC
$$=△DME+△DEA=□DMEA$$　　　　🔘 ⑤

0391 오른쪽 그림과 같이 $\overline{OA}$, $\overline{OB}$를 그
으면
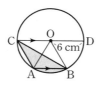
$\overline{AB} /\!/ \overline{CD}$이므로 $\triangle CAB = \triangle OAB$
따라서 색칠한 부분의 넓이는 부채꼴 OAB
의 넓이와 같으므로

(색칠한 부분의 넓이)$= \pi \times 6^2 \times \dfrac{1}{6}$

$\qquad\qquad\qquad = 6\pi\,(\mathrm{cm}^2)$ 답 ①

0392 $\overline{BM} = \overline{MC}$이므로
$\triangle ABM = \triangle AMC$
$\overline{AP} : \overline{PM} = 1 : 2$이므로
$\triangle ABP : \triangle PBM = 1 : 2$
$\therefore \triangle ABC = 2\triangle ABM$

$\qquad = 2 \times \dfrac{3}{2}\triangle PBM = 3\triangle PBM$

$\qquad = 3 \times 12 = 36\,(\mathrm{cm}^2)$ 답 **36 cm²**

0393 $\triangle ABD = \triangle CDB$이고
$\triangle ABD = \triangle ABF + \triangle AFD$,
$\triangle CDB = \triangle BCE + \triangle BED$이므로
$\triangle ABF + \triangle AFD = \triangle BCE + \triangle BED$
$\therefore 20 + \triangle AFD = 16 + \triangle BED$ …… ㉠
또 $\overline{AB} /\!/ \overline{DC}$에서
$\triangle BED = \triangle AED$이고
$\triangle AED = \triangle AFD + \triangle FED$이므로
㉠에서
$20 + \triangle AFD = 16 + \triangle AFD + \triangle FED$
$\therefore \triangle FED = 4\,(\mathrm{cm}^2)$ 답 **4 cm²**

0394 $\overline{OA} : \overline{OC} = 2 : 3$이므로
$\triangle ODA : \triangle OCD = 2 : 3$
$4 : \triangle OCD = 2 : 3$
$\therefore \triangle OCD = 6\,(\mathrm{cm}^2)$
한편 $\triangle ABD = \triangle ACD$이므로
$\triangle OAB = \triangle ABD - \triangle AOD$
$\qquad = \triangle ACD - \triangle AOD$
$\qquad = \triangle OCD = 6\,\mathrm{cm}^2$
$\overline{OA} : \overline{OC} = 2 : 3$이므로
$\triangle OAB : \triangle OBC = 2 : 3$
$6 : \triangle OBC = 2 : 3$
$\therefore \triangle OBC = 9\,(\mathrm{cm}^2)$
$\therefore \square ABCD = \triangle OAB + \triangle OBC + \triangle OCD + \triangle ODA$
$\qquad = 6 + 9 + 6 + 4$
$\qquad = 25\,(\mathrm{cm}^2)$ 답 **25 cm²**

0395 $\triangle BCD$에서 $\overline{CB} = \overline{CD}$이므로
$\angle CDB = \angle CBD = 35°$ ㉮

$\overline{AC} \perp \overline{BD}$이므로 $\angle COD = 90°$
$\triangle CDO$에서
$\angle x = 180° - (35° + 90°) = 55°$ ㉯

$\triangle DPH$에서
$\angle DPH = 180° - (35° + 90°) = 55°$
$\therefore \angle y = \angle DPH = 55°$ (맞꼭지각)   ㉰

$\therefore \angle x + \angle y = 55° + 55° = 110°$ ㉱

답 **110°**

단계	채점 요소	배점
㉮	$\angle CDB$의 크기 구하기	20%
㉯	$\angle x$의 크기 구하기	30%
㉰	$\angle y$의 크기 구하기	30%
㉱	$\angle x + \angle y$의 크기 구하기	20%

0396 $\triangle ADE$에서 $\overline{DA} = \overline{DE}$이므로
$\angle DEA = \angle DAE = 75°$
$\therefore \angle EDA = 180° - (75° + 75°) = 30°$ ㉮

$\overline{DE} = \overline{DA} = \overline{DC}$에서 $\triangle CDE$는 $\overline{DE} = \overline{DC}$인 이등변삼각형이
고, $\angle EDC = 30° + 90° = 120°$이므로

$\angle DCE = \dfrac{1}{2} \times (180° - 120°) = 30°$ ㉯

$\therefore \angle ECB = \angle DCB - \angle DCE$
$\qquad = 90° - 30°$
$\qquad = 60°$ ㉰

답 **60°**

단계	채점 요소	배점
㉮	$\angle EDA$의 크기 구하기	30%
㉯	$\angle DCE$의 크기 구하기	40%
㉰	$\angle ECB$의 크기 구하기	30%

0397 오른쪽 그림과 같이 꼭짓점 D
를 지나고 $\overline{AB}$에 평행한 직선을 그어
$\overline{BC}$와 만나는 점을 E라 하면
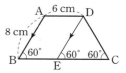
$\square ABED$는 평행사변형이므로
$\overline{DE} = \overline{AB} = 8\,\mathrm{cm}$, $\overline{BE} = \overline{AD} = 6\,\mathrm{cm}$ ㉮

또 ∠DEC=∠B=60°(동위각)이고 ∠C=∠B=60°이므로
△DEC는 정삼각형이다.

∴ $\overline{EC}=\overline{DC}=\overline{DE}=8$ cm

∴ $\overline{BC}=\overline{BE}+\overline{EC}$

$=6+8=14$(cm) ────────────── ❹

∴ (□ABCD의 둘레의 길이)

$=\overline{AB}+\overline{BC}+\overline{CD}+\overline{DA}$

$=8+14+8+6=36$(cm) ────────────── ❺

🅐 36 cm

단계	채점 요소	배점
❷	$\overline{BE}$, $\overline{DE}$의 길이 구하기	40%
❹	$\overline{BC}$, $\overline{DC}$의 길이 구하기	40%
❺	□ABCD의 둘레의 길이 구하기	20%

0398 $\overline{AC}\,/\!/\,\overline{DE}$이므로

△ACD=△ACE ────────────── ❷

∴ □ABCD=△ABC+△ACD

$=$△ABC+△ACE

$=$△ABE ────────────── ❹

$=\dfrac{1}{2}\times10\times8$

$=40$(cm²) ────────────── ❺

🅐 40 cm²

단계	채점 요소	배점
❷	△ACD=△ACE임을 알기	30%
❹	□ABCD=△ABE임을 알기	40%
❺	□ABCD의 넓이 구하기	30%

0399 △OBP와 △OCQ에서

$\overline{OB}=\overline{OC}$, ∠OBP=∠OCQ=45°,

∠BOP=90°−∠POC=∠COQ

이므로 △OBP≡△OCQ(ASA 합동)

∴ □OPCQ=△OPC+△OCQ

$=$△OPC+△OBP

$=$△OBC$=\dfrac{1}{4}$□ABCD

$=\dfrac{1}{4}\times8\times8=16$(cm²)

또 □OEFG=□ABCD=8×8=64(cm²)

∴ (색칠한 부분의 넓이)=□OEFG−□OPCQ

$=64-16=48$(cm²) **🅐 ③**

0400 오른쪽 그림과 같이 $\overline{CD}$의 연장선 위
에 $\overline{BP}=\overline{DE}$인 점 E를 잡으면

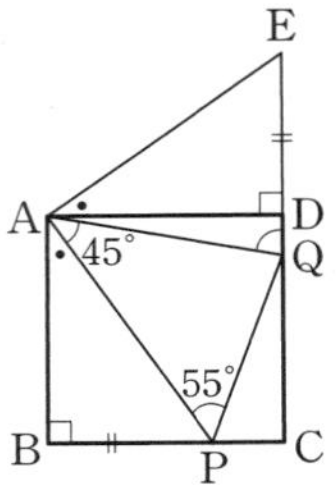

△ADE와 △ABP에서

$\overline{AD}=\overline{AB}$, $\overline{DE}=\overline{BP}$,

∠ADE=∠ABP=90°

이므로 △ADE≡△ABP(SAS 합동)

∴ $\overline{AE}=\overline{AP}$ ⋯⋯ ㉠

∠EAD=∠PAB ⋯⋯ ㉡

또 ∠PAQ=45°이므로

∠PAB+∠DAQ=45° ⋯⋯ ㉢

㉡, ㉢에 의해 ∠EAQ=45°

∴ ∠EAQ=∠PAQ ⋯⋯ ㉣

△EAQ와 △PAQ에서 $\overline{AQ}$는 공통이고, ㉠, ㉣에 의해

△EAQ≡△PAQ(SAS 합동)

∴ ∠AQD=∠AQP

$=180°-(45°+55°)=80°$ **🅐 80°**

0401 △ABG와 △DFG에서

$\overline{AB}=\overline{CD}=\overline{DF}$, ∠ABG=∠DFG(엇각),

∠BAG=∠FDG(엇각)

이므로 △ABG≡△DFG(ASA 합동)

∴ $\overline{AG}=\overline{DG}$ ⋯⋯ ㉠

같은 방법으로 하면 △ABH≡△ECH(ASA 합동)이므로

$\overline{BH}=\overline{CH}$ ⋯⋯ ㉡

그런데 $\overline{AD}=\overline{BC}$이므로 ㉠, ㉡에 의해 $\overline{AG}=\overline{BH}$

또 $\overline{AG}\,/\!/\,\overline{BH}$이므로 □ABHG는 평행사변형이다.

이때 $\overline{AD}=2\overline{AB}$에서 $\overline{AG}=\overline{AB}$, 즉 이웃하는 두 변의 길이가

같으므로 □ABHG는 마름모이다.

∴ ∠GPH=90°

△DFG는 $\overline{DF}=\overline{DG}$인 이등변삼각형이므로

∠DGF=∠DFG=∠ABG=35°

∴ ∠FDG=180°−(35°+35°)=110°

∴ ∠FDG+∠GPH=110°+90°=200° **🅐 200°**

0402 🖎 점 F

0403 🖎 $\overline{BC}$

0404 🖎 ∠G

0405 🖎 점 G

0406 🖎 $\overline{FG}$

0407 🖎 면 ABD

0408 $\overline{BC} : \overline{EF} = 6 : 8 = 3 : 4$　　　🖎 **3 : 4**

0409 $\angle A = \angle D = 180° - (100° + 25°)$
$\qquad\qquad = 55°$　　　🖎 **55°**

0410 $3 : \overline{DE} = 3 : 4$이므로 $3\overline{DE} = 12$
∴ $\overline{DE} = 4$(cm)　　　🖎 **4 cm**

0411 $8 : 12 = 2 : 3$　　　🖎 **2 : 3**

0412 $4 : r = 2 : 3$, $2r = 12$　　∴ $r = 6$　　🖎 **6**

0413 $\overline{BC} : \overline{EF} = 8 : 20 = 2 : 5$　　🖎 **2 : 5**

0414 $2^2 : 5^2 = 4 : 25$　　　🖎 **4 : 25**

0415 △ABC : △DEF = 4 : 25이므로
$32 : △DEF = 4 : 25$, $4△DEF = 800$
∴ △DEF = 200(cm²)　　🖎 **200 cm²**

0416 $10 : 5 = 2 : 1$　　　🖎 **2 : 1**

0417 $2^2 : 1^2 = 288 :$ (삼각기둥 B의 겉넓이)
$4 \times$ (삼각기둥 B의 겉넓이) $= 288$
∴ (삼각기둥 B의 겉넓이) $= 72$(cm²)　　🖎 **72 cm²**

0418 $2^3 : 1^3 =$ (삼각기둥 A의 부피) : 30
∴ (삼각기둥 A의 부피) $= 8 \times 30 = 240$(cm³)　🖎 **240 cm³**

0419 (i) △ABC와 △NMO에서
$\overline{AB} : \overline{NM} = \overline{BC} : \overline{MO} = \overline{AC} : \overline{NO} = 2 : 3$
∴ △ABC∽△NMO (SSS 닮음)
(ii) △DEF와 △LKJ에서
　$\angle D = 180° - (60° + 35°) = 85° = \angle L$, $\angle E = \angle K = 60°$
　∴ △DEF∽△LKJ (AA 닮음)
(iii) △GHI와 △QPR에서
　$\overline{GI} : \overline{QR} = \overline{HI} : \overline{PR} = 2 : 1$, $\angle I = \angle R = 40°$
　∴ △GHI∽△QPR (SAS 닮음)　　🖎 **풀이 참조**

0420 △ABC와 △DCA에서
$\overline{AB} : \overline{DC} = \overline{BC} : \overline{CA} = \overline{AC} : \overline{DA} = 1 : 2$
∴ △ABC∽△DCA (SSS 닮음)
🖎 **△ABC∽△DCA (SSS 닮음)**

0421 △ABE와 △CDE에서
$\overline{AE} : \overline{CE} = \overline{BE} : \overline{DE} = 2 : 5$, $\angle AEB = \angle CED$ (맞꼭지각)
∴ △ABE∽△CDE (SAS 닮음)
🖎 **△ABE∽△CDE (SAS 닮음)**

0422 △ABC와 △AED에서
∠A는 공통, $\angle B = \angle AED = 70°$
∴ △ABC∽△AED (AA 닮음)
🖎 **△ABC∽△AED (AA 닮음)**

0423 $\angle B + \angle BAD = 90°$이고
$\angle BAD + \angle CAD = 90°$이므로 $\angle B = \angle CAD$　　🖎 **∠CAD**

0424 $\angle C + \angle CAD = 90°$이고
$\angle CAD + \angle BAD = 90°$이므로 $\angle C = \angle BAD$　　🖎 **∠BAD**

0425 △ABC와 △DBA에서
$\angle BAC = \angle BDA = 90°$, ∠B는 공통
∴ △ABC∽△DBA (AA 닮음)
△ABC와 △DAC에서
$\angle BAC = \angle ADC = 90°$, ∠C는 공통
∴ △ABC∽△DAC (AA 닮음)　　🖎 **△DBA, △DAC**

0426 $\overline{AB}^2 = \overline{BD} \times \overline{BC}$이므로
$x^2 = 3 \times (3 + 9) = 36$
∴ $x = 6$　　　🖎 **6**

0427 $\overline{AC}^2 = \overline{CD} \times \overline{CB}$이므로
$x^2 = 4 \times (4 + 5) = 36$
∴ $x = 6$　　　🖎 **6**

0428 $\overline{\text{AD}}^2 = \overline{\text{DB}} \times \overline{\text{DC}}$이므로

$12^2 = x \times 9$

$\therefore x = 16$ 🖪 **16**

0429 $\overline{\text{BC}}^2 = \overline{\text{CD}} \times \overline{\text{CA}}$이므로

$6^2 = 4 \times (4 + x)$

$36 = 16 + 4x, \ 4x = 20$

$\therefore x = 5$ 🖪 **5**

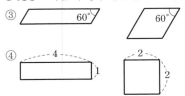

본문 p.70~75

0430 $\overline{\text{AD}}$의 대응변은 $\overline{\text{EH}}$이고, $\angle$B의 대응각은 $\angle$F이다.
🖪 $\overline{\text{EH}}, \angle$**F**

0431 🖪 $\overline{\text{EH}}$, 면 BCD

0432 모든 구, 면의 개수가 같은 모든 정다면체는 항상 닮은 도형이다.

따라서 항상 닮은 도형은 ㄴ, ㄹ, ㅂ, ㅅ이다. 🖪 **ㄴ, ㄹ, ㅂ, ㅅ**

0433 다음의 경우에는 닮은 도형이 아니다.

③

④

🖪 ③, ④

0434 $\overline{\text{AB}} : \overline{\text{A}'\text{B}'} = 6 : 9 = 2 : 3$이므로

$\square$ABCD와 $\square$A′B′C′D′의 닮음비는 $2 : 3$(⑤)이다.

① $4 : \overline{\text{B}'\text{C}'} = 2 : 3$이므로 $2\overline{\text{B}'\text{C}'} = 12$

$\quad \therefore \overline{\text{B}'\text{C}'} = 6\,(\text{cm})$

② $\angle$C′ = $\angle$C = 95°

③ $\overline{\text{AD}} : \overline{\text{A}'\text{D}'} = 2 : 3$

④ $\angle$B = $\angle$B′ = 120°이므로

$\quad \angle$D = $360° - (75° + 120° + 95°) = 70°$ 🖪 ④

0435 $\overline{\text{BC}}$에 대응하는 변은 $\overline{\text{DC}}$이고,

$\overline{\text{DC}} = \overline{\text{BD}} - \overline{\text{BC}} = 6 - 4 = 2\,(\text{cm})$이므로

△ABC와 △EDC의 닮음비는

$\overline{\text{BC}} : \overline{\text{DC}} = 4 : 2 = 2 : 1$ 🖪 **2 : 1**

0436 $12 : \overline{\text{DE}} = 3 : 2$이므로 $3\overline{\text{DE}} = 24$

$\therefore \overline{\text{DE}} = 8\,(\text{cm})$ ㉮

$15 : \overline{\text{EF}} = 3 : 2$이므로 $3\overline{\text{EF}} = 30$

$\therefore \overline{\text{EF}} = 10\,(\text{cm})$ ㉯

$\therefore$ (△DEF의 둘레의 길이) $= 8 + 10 + 10$

$= 28\,(\text{cm})$ ㉰

🖪 **28 cm**

단계	채점 요소	배점
㉮	$\overline{\text{DE}}$의 길이 구하기	40%
㉯	$\overline{\text{EF}}$의 길이 구하기	40%
㉰	△DEF의 둘레의 길이 구하기	20%

0437 $\overline{\text{FG}} : \overline{\text{F}'\text{G}'} = 7 : 14 = 1 : 2$이므로 닮음비는 $1 : 2$이다.

$x : 16 = 1 : 2$이므로 $2x = 16$

$\therefore x = 8$

$6 : y = 1 : 2$이므로 $y = 12$

$\therefore x + y = 8 + 12 = 20$ 🖪 **20**

0438 $\overline{\text{BE}} : \overline{\text{B}'\text{E}'} = 6 : 9 = 2 : 3$이므로 닮음비는 $2 : 3$(③)이다.

① $\overline{\text{E}'\text{F}'} = \overline{\text{B}'\text{C}'} = 15\,\text{cm}$이므로

$\quad \overline{\text{EF}} : 15 = 2 : 3, \ 3\overline{\text{EF}} = 30$

$\quad \therefore \overline{\text{EF}} = 10\,(\text{cm})$

② $8 : \overline{\text{A}'\text{C}'} = 2 : 3, \ 2\overline{\text{A}'\text{C}'} = 24$

$\quad \therefore \overline{\text{A}'\text{C}'} = 12\,(\text{cm})$

④ $\overline{\text{AB}} : 12 = 2 : 3, \ 3\overline{\text{AB}} = 24$

$\quad \therefore \overline{\text{AB}} = 8\,(\text{cm})$ 🖪 ②

0439 두 정사면체 A와 B의 닮음비가 $3 : 4$이므로

정사면체 A의 한 모서리의 길이를 x cm라 하면

$x : 12 = 3 : 4, \ 4x = 36$ $\quad \therefore x = 9$

따라서 정사면체 A의 한 모서리의 길이는 9 cm이고, 모서리는 6개이므로 모든 모서리의 길이의 합은

$9 \times 6 = 54\,(\text{cm})$ 🖪 **54 cm**

0440 두 원기둥 A, B의 높이의 비가 $12 : 9 = 4 : 3$이므로 닮음비는 $4 : 3$이다.

원기둥 A의 밑면의 반지름의 길이를 r cm라 하면

$r : 3 = 4 : 3$이므로 $3r = 12$ $\quad \therefore r = 4$

따라서 원기둥 A의 밑면의 반지름의 길이는 4 cm이다.

🖪 **4 cm**

0441 두 원뿔 A, B의 모선의 길이의 비가 $15 : 20 = 3 : 4$이
므로 닮음비는 $3 : 4$이다.

원뿔 A의 밑면의 반지름의 길이를 r cm라 하면

$r : 16 = 3 : 4$이므로

$4r = 48$ $\therefore r = 12$

따라서 원뿔 A의 밑면의 둘레의 길이는

$2\pi \times 12 = 24\pi$ (cm) **답 24π cm**

0442 처음 원뿔과 밑면에 평행한 평면으로 잘라서 생긴 작은
원뿔의 닮음비는 높이의 비와 같으므로

$(4 + 6) : 4 = 10 : 4 = 5 : 2$ ㉮

처음 원뿔의 밑면의 반지름의 길이를 r cm라 하면

$r : 2 = 5 : 2$이므로

$2r = 10$ $\therefore r = 5$

따라서 처음 원뿔의 밑면의 반지름의 길이는 5 cm이다. ㉯

답 5 cm

단계	채점 요소	배점
㉮	닮음비 구하기	60 %
㉯	처음 원뿔의 밑면의 반지름의 길이 구하기	40 %

0443 (채워진 물의 높이) $= 15 \times \dfrac{2}{3} = 10$ (cm)

원뿔 모양의 그릇과 채워진 물의 닮음비는 높이의 비와 같으므로

$15 : 10 = 3 : 2$이다.

수면의 반지름의 길이를 r cm라 하면

$9 : r = 3 : 2$이므로

$3r = 18$ $\therefore r = 6$

따라서 구하는 수면의 넓이는

$\pi \times 6^2 = 36\pi$ (cm^2) **답 36π cm^2**

0444 $\triangle ABC$와 $\triangle ADE$의 닮음비는 $4 : 10 = 2 : 5$이므로

$\triangle ABC : \triangle ADE = 2^2 : 5^2 = 4 : 25$

이때 $\triangle ABC$의 넓이가 12 cm^{2}이므로

$12 : \triangle ADE = 4 : 25$, $4\triangle ADE = 300$

$\therefore \triangle ADE = 75$ (cm^2) **답 75 cm^2**

0445 두 정사각형 ABCD, EBFG의 넓이의 비가

$16 : 9 = 4^2 : 3^2$

이므로 닮음비는 $4 : 3$이다.

즉, $\overline{BC} : \overline{BF} = 4 : 3$이므로

$\overline{BC} : 6 = 4 : 3$, $3\overline{BC} = 24$

$\therefore \overline{BC} = 8$ (cm)

$\therefore$ ($\square ABCD$의 둘레의 길이) $= 4 \times 8 = 32$ (cm) **답 32 cm**

0446 작은 원의 반지름의 길이를 r cm라 하면 큰 원의 반지
름의 길이는 $2r$ cm이다.

두 원의 닮음비가 $r : 2r = 1 : 2$이므로

넓이의 비는 $1^2 : 2^2 = 1 : 4$이다.

따라서 작은 원과 색칠한 부분의 넓이의 비는

$1 : (4 - 1) = 1 : 3$ **답 $1 : 3$**

0447 지름의 길이가 15 cm인 팬케이크와 지름의 길이가
20 cm인 팬케이크의 닮음비는 $15 : 20 = 3 : 4$이므로

넓이의 비는 $3^2 : 4^2 = 9 : 16$이다.

지름의 길이가 20 cm인 팬케이크의 가격을 x원이라 하면

$1800 : x = 9 : 16$

$9x = 28800$

$\therefore x = 3200$

따라서 지름의 길이가 20 cm인 팬케이크 1장의 가격은 3200원
이다. **답 3200원**

0448 ⑤ 밑넓이의 비는 $2^2 : 3^2 = 4 : 9$이다. **답 ⑤**

0449 두 직육면체 A, B의 겉넓이의 비가

$144 : 256 = 9 : 16 = 3^2 : 4^2$이므로

닮음비는 $3 : 4$이다.

따라서 부피의 비는 $3^3 : 4^3 = 27 : 64$이므로

$108 : $ (직육면체 B의 부피) $= 27 : 64$

$\therefore$ (직육면체 B의 부피) $= 256$ (cm^3) **답 256 cm^3**

0450 큰 쇠구슬과 작은 쇠구슬의 닮음비는 반지름의 길이에서
$8 : 1$이므로 부피의 비는

$8^3 : 1^3 = 512 : 1$

따라서 작은 쇠구슬을 512개까지 만들 수 있다. **답 512개**

0451 채워진 물과 그릇의 높이의 비가 $1 : 3$이므로 부피의 비는

$1^3 : 3^3 = 1 : 27$

더 부어야 하는 물의 양을 x L라 하면

$4 : x = 1 : (27 - 1)$

$\therefore x = 104$

따라서 더 부어야 하는 물의 양은 104 L이다. **답 104 L**

0452 $\triangle ABC$의 두 내각의 크기가 $40°$,
$80°$이므로 나머지 한 내각의 크기는 $60°$이다.

① AA 닮음

③ $2 : 3 = 3 : 4.5 = 4 : 6$이므로 SSS 닮음

④ $3 : 6 = 2 : 4$이고 그 끼인각의 크기가 $80°$이므로 SAS 닮음

답 ②, ⑤

0453 ㄱ. AA 닮음

ㄴ. 두 쌍의 대응변의 길이의 비가 같고, 그 끼인각의 크기가 같은 두 삼각형은 서로 닮음이다. 그런데 끼인각이 아닌 한 각의 크기가 같은 두 삼각형은 서로 닮음이 아닐 수도 있다.

ㄷ. SSS 닮음

ㄹ. 두 쌍의 대응각의 크기의 비가 아니라 두 쌍의 대응각의 크기가 각각 같은 두 삼각형이 서로 닮음이다. **답 ㄱ, ㄷ**

0454 $\triangle ABC$와 $\triangle EFD$에서 $\angle A = \angle E$

$\angle C = 180° - (70° + 60°) = 50°$이므로 $\angle C = \angle D$

$\therefore \triangle ABC \backsim \triangle EFD$ (AA 닮음)

따라서 두 삼각형의 닮음비는

$c : d = a : e = b : f$ **답 ⑤**

0455 ① AA 닮음 ② AA 닮음

③ SSS 닮음 ⑤ SAS 닮음 **답 ④**

0456 ④ $\triangle ABC$에서 $\angle A = 70°$이면

$\angle C = 180° - (50° + 70°) = 60°$

$\triangle DEF$에서 $\angle D = 50°$이면

$\angle F = 180° - (60° + 50°) = 70°$

따라서 $\angle A = \angle F$, $\angle B = \angle D$이므로

$\triangle ABC \backsim \triangle FDE$ (AA 닮음) **답 ④**

0457 $\triangle ABC$와 $\triangle AED$에서

$\overline{AB} : \overline{AE} = \overline{AC} : \overline{AD} = 2 : 1$, $\angle A$는 공통

$\therefore \triangle ABC \backsim \triangle AED$ (SAS 닮음)

$\overline{BC} : \overline{ED} = 2 : 1$이므로

$\overline{BC} : 6 = 2 : 1$

$\therefore \overline{BC} = 12 (cm)$ **답 ②**

0458 $\triangle ACE$와 $\triangle BDE$에서

$\overline{AE} : \overline{BE} = \overline{CE} : \overline{DE} = 1 : 4$, $\angle AEC = \angle BED$ (맞꼭지각)

$\therefore \triangle ACE \backsim \triangle BDE$ (SAS 닮음)

$\overline{AC} : \overline{BD} = 1 : 4$이므로

$x : 8 = 1 : 4$

$4x = 8$

$\therefore x = 2$ **답 2**

0459 $\triangle ABC$와 $\triangle CBD$에서

$\overline{AB} : \overline{CB} = \overline{BC} : \overline{BD} = 3 : 2$, $\angle B$는 공통

$\therefore \triangle ABC \backsim \triangle CBD$ (SAS 닮음)

$\overline{AC} : \overline{CD} = 3 : 2$이므로

$24 : \overline{CD} = 3 : 2$

$3\overline{CD} = 48$

$\therefore \overline{CD} = 16 (cm)$ **답 16 cm**

0460 $\triangle ABC$와 $\triangle DBA$에서

$\overline{AB} : \overline{DB} = \overline{BC} : \overline{BA} = 3 : 2$, $\angle B$는 공통

$\therefore \triangle ABC \backsim \triangle DBA$ (SAS 닮음)

$\overline{AC} : \overline{DA} = 3 : 2$이므로

$15 : \overline{AD} = 3 : 2$

$3\overline{AD} = 30$

$\therefore \overline{AD} = 10 (cm)$ **답 10 cm**

0461 $\triangle ABC$와 $\triangle EBD$에서

$\angle C = \angle BDE$, $\angle B$는 공통

$\therefore \triangle ABC \backsim \triangle EBD$ (AA 닮음)

$\overline{AB} : \overline{EB} = \overline{BC} : \overline{BD}$이므로

$10 : 4 = (4 + \overline{EC}) : 5$

$4(4 + \overline{EC}) = 50$

$4\overline{EC} = 34$

$\therefore \overline{EC} = \dfrac{17}{2} (cm)$ **답 $\dfrac{17}{2}$ cm**

0462 $\triangle ABC$와 $\triangle FBD$에서

$\angle A = \angle F$, $\angle B$는 공통

$\therefore \triangle ABC \backsim \triangle FBD$ (AA 닮음)

$\overline{AB} : \overline{FB} = \overline{BC} : \overline{BD}$이므로

$\overline{AB} : 24 = 10 : 12$

$12\overline{AB} = 240$

$\therefore \overline{AB} = 20 (cm)$

$\therefore \overline{AD} = \overline{AB} - \overline{DB}$

$= 20 - 12 = 8 (cm)$ **답 8 cm**

0463 (1) $\triangle ABC$와 $\triangle ACD$에서

$\angle B = \angle ACD$, $\angle A$는 공통

$\therefore \triangle ABC \backsim \triangle ACD$ (AA 닮음)

$\overline{AB} : \overline{AC} = \overline{AC} : \overline{AD}$이므로

$6 : 4 = 4 : x$

$6x = 16$

$\therefore x = \dfrac{8}{3}$

(2) $\triangle ABC$와 $\triangle CBD$에서

$\angle A = \angle BCD$, $\angle B$는 공통

$\therefore \triangle ABC \backsim \triangle CBD$ (AA 닮음)

$\overline{AB} : \overline{CB} = \overline{AC} : \overline{CD}$이므로

$x : 6 = 8 : 4$

$4x = 48$

$\therefore x = 12$ **답 (1) $\dfrac{8}{3}$ (2) 12**

0464 $\triangle ABC$와 $\triangle EDA$에서

$\overline{AD} /\!/ \overline{BC}$이므로 $\angle ACB = \angle EAD$ (엇각)

$\overline{AB} /\!/ \overline{DE}$이므로 $\angle BAC = \angle DEA$ (엇각)

$\therefore \triangle ABC \backsim \triangle EDA$ (AA 닮음)

$\qquad\qquad\qquad\qquad\qquad\qquad\qquad\qquad$ **㉮**

$\overline{AC} : \overline{EA} = \overline{BC} : \overline{DA}$이므로

$8 : (8-2) = \overline{BC} : 6$

$6\overline{BC} = 48$

$\therefore \overline{BC} = 8(\text{cm})$

$\qquad\qquad\qquad\qquad\qquad\qquad\qquad\qquad$ **㉯**

$\qquad\qquad\qquad\qquad\qquad\qquad$ **탑 8 cm**

단계	채점 요소	배점
㉮	$\triangle ABC \backsim \triangle EDA$임을 알기	60%
㉯	$\overline{BC}$의 길이 구하기	40%

0465 $\triangle ABD$와 $\triangle CBE$에서

$\angle ADB = \angle CEB = 90°$, $\angle B$는 공통

$\therefore \triangle ABD \backsim \triangle CBE$ (AA 닮음)

$\overline{AB} : \overline{CB} = \overline{BD} : \overline{BE}$이므로

$10 : 15 = \overline{BD} : 6$, $15\overline{BD} = 60$

$\therefore \overline{BD} = 4(\text{cm})$

$\therefore \overline{CD} = \overline{BC} - \overline{BD}$

$\qquad = 15 - 4 = 11(\text{cm})$

$\qquad\qquad\qquad\qquad\qquad\qquad$ **탑 11 cm**

0466 (i) $\triangle ABD$와 $\triangle ACE$에서

$\quad \angle ADB = \angle AEC = 90°$, $\angle A$는 공통

$\quad \therefore \triangle ABD \backsim \triangle ACE$ (AA 닮음)

(ii) $\triangle ABD$와 $\triangle FBE$에서

$\quad \angle ADB = \angle FEB = 90°$, $\angle ABD$는 공통

$\quad \therefore \triangle ABD \backsim \triangle FBE$ (AA 닮음)

(iii) $\triangle FBE$와 $\triangle FCD$에서

$\quad \angle FEB = \angle FDC = 90°$, $\angle EFB = \angle DFC$ (맞꼭지각)

$\quad \therefore \triangle FBE \backsim \triangle FCD$ (AA 닮음)

(i)~(iii)에서 $\triangle ABD \backsim \triangle ACE \backsim \triangle FBE \backsim \triangle FCD$

따라서 닮음이 아닌 삼각형은 ④이다. **탑 ④**

0467 $\triangle ADB$와 $\triangle BEC$에서

$\angle D = \angle E = 90°$ $\qquad\qquad\qquad$ ······ ㉠

$\angle ABD + \angle CBE = 90°$, $\angle BCE + \angle CBE = 90°$이므로

$\angle ABD = \angle BCE$ $\qquad\qquad$ ······ ㉡

㉠, ㉡에서 $\triangle ADB \backsim \triangle BEC$ (AA 닮음)

$\overline{AD} : \overline{BE} = \overline{BD} : \overline{CE}$이므로

$6 : 9 = \overline{BD} : 12$

$9\overline{BD} = 72$

$\therefore \overline{BD} = 8(\text{cm})$ $\qquad\qquad\qquad$ **탑 8 cm**

0468 $\triangle ABC$와 $\triangle ADF$에서

$\angle ACB = \angle AFD = 90°$, $\angle A$는 공통

$\therefore \triangle ABC \backsim \triangle ADF$ (AA 닮음)

이때 정사각형 $DECF$의 한 변의 길이를 x cm라 하면

$\overline{AC} : \overline{AF} = \overline{BC} : \overline{DF}$에서

$10 : (10-x) = 15 : x$, $15(10-x) = 10x$

$25x = 150$ $\quad \therefore x = 6$

$\therefore \square DECF = 6 \times 6 = 36(\text{cm}^2)$ $\qquad$ **탑 36 cm²**

0469 $\overline{AH}^2 = \overline{HB} \times \overline{HC}$이므로

$12^2 = 16 \times x$ $\quad \therefore x = 9$

$\overline{AC}^2 = \overline{CH} \times \overline{CB}$이므로

$y^2 = 9 \times (9+16) = 225$ $\quad \therefore y = 15$

$\therefore x + y = 9 + 15 = 24$ $\qquad\qquad$ **탑 24**

0470 ① AA 닮음 ② AA 닮음 ⑤ $\overline{AC}^2 = \overline{CH} \times \overline{CB}$

$\qquad\qquad\qquad\qquad\qquad\qquad\qquad$ **탑 ⑤**

0471 직각삼각형 ABD에서 $\overline{AD}^2 = \overline{DH} \times \overline{DB}$이므로

$10^2 = 8(8 + \overline{BH})$, $8\overline{BH} = 36$

$\therefore \overline{BH} = \dfrac{9}{2}(\text{cm})$

$\overline{AH}^2 = \overline{HB} \times \overline{HD} = \dfrac{9}{2} \times 8 = 36$이므로

$\overline{AH} = 6(\text{cm})$ $\qquad\qquad\qquad$ **탑 6 cm**

0472 $\overline{AD}^2 = \overline{DB} \times \overline{DC}$이므로

$\overline{AD}^2 = 2 \times 8 = 16$

$\therefore \overline{AD} = 4(\text{cm})$

$\qquad\qquad\qquad\qquad\qquad\qquad\qquad\qquad$ **㉮**

점 M은 직각삼각형 ABC의 외심이므로

$\overline{AM} = \overline{BM} = \overline{CM} = \dfrac{1}{2}\overline{BC} = \dfrac{1}{2} \times 10 = 5(\text{cm})$

$\therefore \overline{DM} = \overline{BM} - \overline{BD} = 5 - 2 = 3(\text{cm})$

$\qquad\qquad\qquad\qquad\qquad\qquad\qquad\qquad$ **㉯**

$\triangle ADM$에서 $\angle ADM = 90°$이므로

$\overline{AD} \times \overline{DM} = \overline{AM} \times \overline{DE}$

$4 \times 3 = 5 \times \overline{DE}$

$\therefore \overline{DE} = \dfrac{12}{5}(\text{cm})$

$\qquad\qquad\qquad\qquad\qquad\qquad\qquad\qquad$ **㉰**

$\qquad\qquad\qquad\qquad\qquad\qquad$ **탑 $\dfrac{12}{5}$ cm**

단계	채점 요소	배점
㉮	$\overline{AD}$의 길이 구하기	30%
㉯	$\overline{DM}$의 길이 구하기	40%
㉰	$\overline{DE}$의 길이 구하기	30%

0473 △AFD와 △EFB에서

∠DAF=∠BEF (엇각), ∠ADF=∠EBF (엇각)

∴ △AFD∽△EFB (AA 닮음)

$\overline{AD}:\overline{EB}=\overline{DF}:\overline{BF}$이므로

$12:\overline{EB}=6:4$, $6\overline{EB}=48$

∴ $\overline{EB}=8(cm)$

또 □ABCD는 평행사변형이므로

$\overline{BC}=\overline{AD}=12$ cm

∴ $\overline{CE}=\overline{BC}-\overline{BE}=12-8=4(cm)$　　**답 4 cm**

0474 △ABE와 △ADF에서

∠AEB=∠AFD=90°

□ABCD는 평행사변형이므로 ∠B=∠D

∴ △ABE∽△ADF (AA 닮음)

$\overline{BE}:\overline{DF}=\overline{AE}:\overline{AF}$이므로

$6:\overline{DF}=9:15$, $9\overline{DF}=90$

∴ $\overline{DF}=10(cm)$

∴ $\triangle AFD=\dfrac{1}{2}\times10\times15=75(cm^2)$　　**답 75 cm²**

0475 △AMF와 △ADC에서

∠AMF=∠D=90°, ∠CAD는 공통

∴ △AMF∽△ADC (AA 닮음)

$\overline{AF}:\overline{AC}=\overline{AM}:\overline{AD}$이고 $\overline{AD}=\overline{BC}=16$ cm이므로

$\overline{AF}:(10+10)=10:16$, $16\overline{AF}=200$

∴ $\overline{AF}=\dfrac{25}{2}(cm)$　　**답 $\dfrac{25}{2}$ cm**

0476 $\overline{AD}=\overline{AB}=12$ cm이므로

$\overline{DF}=\overline{AD}-\overline{AF}=12-9=3(cm)$

△ABF와 △DEF에서

∠ABF=∠DEF (엇각), ∠AFB=∠DFE (맞꼭지각)

∴ △ABF∽△DEF (AA 닮음)

$\overline{AF}:\overline{DF}=\overline{AB}:\overline{DE}$이므로

$9:3=12:\overline{DE}$, $9\overline{DE}=36$　　∴ $\overline{DE}=4(cm)$　　**답 4 cm**

0477 △AEB′과 △DB′C에서

∠A=∠D=90°　　　　　　　　　　……　㉠

∠AB′E+∠AEB′=90°, ∠AB′E+∠DB′C=90°이므로

∠AEB′=∠DB′C　　　　　　　　　……　㉡

㉠, ㉡에 의해 △AEB′∽△DB′C (AA 닮음)

$\overline{AB'}:\overline{DC}=\overline{AE}:\overline{DB'}$이므로

$3:9=4:\overline{B'D}$, $3\overline{B'D}=36$

∴ $\overline{B'D}=12(cm)$　　**답 ④**

0478 △BFD와 △CEF에서

∠B=∠C=60°　　　　　　　　　　……　㉠

∠BFD+∠BDF=120°, ∠BFD+∠CFE=120°이므로

∠BDF=∠CFE　　　　　　　　　　……　㉡

㉠, ㉡에 의해 △BFD∽△CEF (AA 닮음)　　**㉮**

$\overline{AD}=\overline{DF}=7$ cm

즉, $\overline{AB}=7+8=15(cm)$이므로 정삼각형 ABC의 한 변의 길이는 15 cm이다.

∴ $\overline{CF}=\overline{BC}-\overline{BF}$

$=15-5=10(cm)$　　**㉯**

이때 $\overline{BD}:\overline{CF}=\overline{FD}:\overline{EF}$이므로

$8:10=7:\overline{EF}$

$8\overline{EF}=70$

∴ $\overline{EF}=\dfrac{35}{4}(cm)$　　**㉰**

∴ $\overline{AE}=\overline{EF}=\dfrac{35}{4}$ cm　　**㉱**

답 $\dfrac{35}{4}$ cm

단계	채점 요소	배점
㉮	△BFD∽△CEF임을 알기	30 %
㉯	$\overline{CF}$의 길이 구하기	30 %
㉰	$\overline{EF}$의 길이 구하기	30 %
㉱	$\overline{AE}$의 길이 구하기	10 %

0479 $\overline{BD}$가 접는 선이므로

∠PBD=∠DBC (접은 각)

∠PDB=∠DBC (엇각)이므로

∠PBD=∠PDB

따라서 △PBD는 이등변삼각형이므로

$\overline{BQ}=\overline{DQ}=\dfrac{1}{2}\overline{BD}$

$=\dfrac{1}{2}\times20$

$=10(cm)$

또 △PQD와 △DCB에서

∠PDQ=∠DBC, ∠PQD=∠C=90°

∴ △PQD∽△DCB (AA 닮음)

$\overline{PQ}:\overline{DC}=\overline{DQ}:\overline{BC}$이므로

$\overline{PQ}:12=10:16$

$16\overline{PQ}=120$

∴ $\overline{PQ}=\dfrac{15}{2}(cm)$　　**답 $\dfrac{15}{2}$ cm**

0480 🖩 ①, ③

0481 ① $\angle C = \angle H = 100°$

② $\angle F = \angle A = 70°$

③, ④, ⑤ $\overline{CD} : \overline{HI} = 8 : 12 = 2 : 3$이므로

　오각형 ABCDE와 오각형 FGHIJ의 닮음비는 $2 : 3$이다.

　$\overline{AB} : \overline{FG} = 2 : 3$에서 $\overline{AB} : 9 = 2 : 3$

　$3\overline{AB} = 18$　∴ $\overline{AB} = 6 (cm)$

　$\overline{BC} : \overline{GH} = 2 : 3$에서 $2 : \overline{GH} = 2 : 3$

　$2\overline{GH} = 6$　∴ $\overline{GH} = 3 (cm)$　　🖩 ③, ⑤

0482 A4 용지의 짧은 변의 길이를 a라 하면

A6 용지의 짧은 변의 길이는 $\dfrac{1}{2}a$,

A8 용지의 짧은 변의 길이는 $\dfrac{1}{4}a$이다.

따라서 A4 용지와 A8 용지의 닮음비는

$a : \dfrac{1}{4}a = 4 : 1$　　🖩 **4 : 1**

0483 세 원의 반지름의 길이의 비가 $1 : 2 : 3$이므로

넓이의 비는 $1^2 : 2^2 : 3^2 = 1 : 4 : 9$

따라서 세 부분 A, B, C의 넓이의 비는

$1 : (4-1) : (9-4) = 1 : 3 : 5$　　🖩 ②

0484 32분 동안 채운 물과 그릇의 닮음비는 $\dfrac{2}{3} : 1 = 2 : 3$이

므로 부피의 비는 $2^3 : 3^3 = 8 : 27$이다.

이때 물을 채우는 데 걸리는 시간과 채워지는 물의 양은 정비례하

므로 물을 가득 채울 때까지 더 걸리는 시간을 x분이라 하면

$8 : (27-8) = 32 : x$, $8x = 608$　∴ $x = 76$

따라서 물을 가득 채울 때까지 76분이 더 걸린다.　　🖩 **76분**

0485 높이의 비가 $1 : 2 : 3$인 세 원뿔의 닮음비는 $1 : 2 : 3$이

다.

세 원뿔의 부피의 비는

$1^3 : 2^3 : 3^3 = 1 : 8 : 27$

A, B, C의 부피의 비는

$1 : (8-1) : (27-8) = 1 : 7 : 19$

원뿔대 C의 부피를 x cm³라 하면

$21 : x = 7 : 19$　∴ $x = 57$

따라서 원뿔대 C의 부피는 57 cm³이다.　　🖩 **57 cm³**

0486 ④ AA 닮음　　🖩 ④

0487 ① △ABC에서 $\angle A = 75°$이면

　$\angle C = 180° - (75° + 45°) = 60°$

　△DEF에서 $\angle D = 45°$이면

　$\angle F = 180° - (45° + 60°) = 75°$

　따라서 $\angle A = \angle F$, $\angle C = \angle E$이므로

　△ABC∽△FDE (AA 닮음)　　🖩 ①

0488 △ABC와 △EBD에서

$\overline{AB} : \overline{EB} = \overline{BC} : \overline{BD} = 3 : 1$, $\angle B$는 공통

∴ △ABC∽△EBD (SAS 닮음)

$\overline{AC} : 4 = 3 : 1$이므로 $\overline{AC} = 12 (cm)$

∴ (△ABC의 둘레의 길이) $= \overline{AB} + \overline{BC} + \overline{AC}$

　$= 18 + 24 + 12$

　$= 54 (cm)$　　🖩 **54 cm**

0489 △ABC와 △DBA에서

$\overline{AB} : \overline{DB} = \overline{BC} : \overline{BA} = 3 : 2$, $\angle B$는 공통

∴ △ABC∽△DBA (SAS 닮음)

$8 : \overline{AD} = 3 : 2$이므로 $3\overline{AD} = 16$

∴ $\overline{AD} = \dfrac{16}{3} (cm)$　　🖩 $\dfrac{16}{3}$ **cm**

0490 △BED와 △BAC에서

$\angle BDE = \angle C$, $\angle B$는 공통

∴ △BED∽△BAC (AA 닮음)

$\overline{ED} : \overline{AC} = \overline{BE} : \overline{BA}$이므로

$10 : 15 = x : 9$, $15x = 90$

∴ $x = 6$

또 $\overline{BD} : \overline{BC} = \overline{DE} : \overline{CA}$이므로

$8 : (6+y) = 10 : 15$, $10(6+y) = 120$

$10y = 60$　∴ $y = 6$

∴ $2x + y = 2 \times 6 + 6 = 18$　　🖩 **18**

0491 △ADC≡△ADE (RHA 합동)이므로

$\overline{AE} = \overline{AC} = 6$ cm

또 △ABC와 △DBE에서

$\angle C = \angle BED = 90°$, $\angle B$는 공통

∴ △ABC∽△DBE (AA 닮음)

$\overline{AB} : \overline{DB} = \overline{BC} : \overline{BE}$이므로

$10 : 5 = (5+\overline{CD}) : 4$, $5(5+\overline{CD}) = 40$

$5\overline{CD} = 15$　∴ $\overline{CD} = 3 (cm)$　　🖩 **3 cm**

0492 △ABC∽△EDC (AA 닮음)이므로

$\overline{AB} : \overline{ED} = \overline{BC} : \overline{DC}$에서

$\overline{AB} : 1.6 = 18 : 1.2$　∴ $\overline{AB} = 24 (m)$

따라서 나무의 높이는 24 m이다.　　🖩 **24 m**

0493 $\triangle ABD$와 $\triangle ACE$에서

$\angle ADB = \angle AEC = 90°$, $\angle A$는 공통

$\therefore \triangle ABD \backsim \triangle ACE$ (AA 닮음)

$\overline{AB} : \overline{AC} = \overline{AD} : \overline{AE}$이고

$\overline{AD} : \overline{DC} = 3 : 1$에서

$\overline{AD} = 8 \times \dfrac{3}{4} = 6 \text{(cm)}$이므로

$10 : 8 = 6 : (10 - \overline{BE})$

$48 = 10(10 - \overline{BE})$

$10\overline{BE} = 52$

$\therefore \overline{BE} = \dfrac{26}{5} \text{(cm)}$ 답 ④

0494 $\overline{AH}^2 = \overline{BH} \times \overline{CH}$에서

$4^2 = \overline{BH} \times 2$

$\therefore \overline{BH} = 8 \text{(cm)}$

$\therefore \triangle ABH = \dfrac{1}{2} \times 8 \times 4 = 16 \text{(cm}^2)$ 답 ⑤

0495 $\square ABCD$는 평행사변형이므로 $\overline{AD} /\!/ \overline{BC}$이다.

$\triangle APD$와 $\triangle MPB$에서

$\angle DAP = \angle BMP$ (엇각), $\angle APD = \angle MPB$ (맞꼭지각)

$\therefore \triangle APD \backsim \triangle MPB$ (AA 닮음)

$\overline{DP} : \overline{BP} = \overline{AD} : \overline{MB} = 2 : 1$이므로

$\overline{BP} = \dfrac{1}{3}\overline{BD}$

$\quad = \dfrac{1}{3} \times 9 = 3 \text{(cm)}$ 답 **3 cm**

0496 두 원기둥 A, B의 높이의 비가 $12 : 18 = 2 : 3$이므로 닮음비는 $2 : 3$이다.   ㉮

이때 원기둥 A의 밑면의 반지름의 길이를 r cm라 하면

$r : 6 = 2 : 3$

$3r = 12$

$\therefore r = 4$ ㉯

따라서 원기둥 A의 밑면의 둘레의 길이는

$2\pi \times 4 = 8\pi \text{(cm)}$ ㉰

답 **8π cm**

단계	채점 요소	배점
㉮	두 원기둥 A, B의 닮음비 구하기	40%
㉯	원기둥 A의 밑면의 반지름의 길이 구하기	40%
㉰	원기둥 A의 밑면의 둘레의 길이 구하기	20%

0497 $\triangle ADE \backsim \triangle ABC$ (AA 닮음)이고 닮음비는

$\overline{AD} : \overline{AB} = 6 : 10 = 3 : 5$ ㉮

$\therefore \triangle ADE : \triangle ABC = 3^2 : 5^2 = 9 : 25$ ㉯

$\therefore \square DBCE : \triangle ABC = (25 - 9) : 25$

$\qquad\qquad\qquad\qquad = 16 : 25$ ㉰

이때 $\square DBCE$의 넓이가 32 cm^2이므로

$32 : \triangle ABC = 16 : 25$

$16\triangle ABC = 800$

$\therefore \triangle ABC = 50 \text{(cm}^2)$ ㉱

답 **50 cm²**

단계	채점 요소	배점
㉮	$\triangle ADE$와 $\triangle ABC$의 닮음비 구하기	30%
㉯	$\triangle ADE$와 $\triangle ABC$의 넓이의 비 구하기	30%
㉰	$\square DBCE$와 $\triangle ABC$의 넓이의 비 구하기	20%
㉱	$\triangle ABC$의 넓이 구하기	20%

0498 $\overline{AC}^2 = \overline{CH} \times \overline{CB}$에서

$5^2 = 3 \times (3 + y)$, $3y = 16$

$\therefore y = \dfrac{16}{3}$ ㉮

$\overline{AB}^2 = \overline{BH} \times \overline{BC}$에서

$x^2 = \dfrac{16}{3} \times \left(\dfrac{16}{3} + 3\right) = \left(\dfrac{20}{3}\right)^2$

$\therefore x = \dfrac{20}{3}$ ㉯

$\therefore x + y = \dfrac{20}{3} + \dfrac{16}{3} = 12$ ㉰

답 **12**

단계	채점 요소	배점
㉮	y의 값 구하기	40%
㉯	x의 값 구하기	40%
㉰	$x + y$의 값 구하기	20%

0499 $\triangle AOP$와 $\triangle COQ$에서

$\overline{PO} = \overline{QO}$, $\angle APO = \angle CQO$ (엇각), $\angle AOP = \angle COQ = 90°$

$\therefore \triangle AOP \equiv \triangle COQ$ (ASA 합동)

$\therefore \overline{CO} = \overline{AO} = 5 \text{ cm}$ ㉮

한편 △ABC와 △POA에서

∠ABC=∠POA=90°, ∠ACB=∠PAO (엇각)

∴ △ABC∽△POA (AA 닮음) ·········· ㉯

$\overline{AC}:\overline{PA}=\overline{BC}:\overline{OA}$이므로

$10:\overline{PA}=8:5$, $8\overline{PA}=50$

$\therefore \overline{PA}=\dfrac{25}{4}(cm)$

또 $\overline{AB}:\overline{PO}=\overline{BC}:\overline{OA}$이므로

$6:\overline{PO}=8:5$, $8\overline{PO}=30$

$\therefore \overline{PO}=\dfrac{15}{4}(cm)$ ·········· ㉰

$\therefore$ (△AOP의 둘레의 길이)$=\overline{AO}+\overline{OP}+\overline{PA}$

$=5+\dfrac{15}{4}+\dfrac{25}{4}$

$=15(cm)$ ·········· ㉱

目 15 cm

단계	채점 요소	배점
㉮	$\overline{CO}$의 길이 구하기	20%
㉯	△ABC∽△POA임을 알기	20%
㉰	$\overline{PA}$, $\overline{PO}$의 길이 구하기	40%
㉱	△AOP의 둘레의 길이 구하기	20%

0500 [1단계]에서 지워지는 정삼각형의 한 변의 길이는 처음 정삼각형의 한 변의 길이의 $\dfrac{1}{2}$이다.

[2단계]에서 새로 지워지는 정삼각형의 한 변의 길이는 처음 정삼각형의 한 변의 길이의 $\dfrac{1}{2^2}$이다.

$\vdots$

같은 방법으로 [n단계]에서 새로 지워지는 정삼각형의 한 변의 길이는 처음 정삼각형의 한 변의 길이의 $\dfrac{1}{2^n}$ (n은 자연수)이다.

따라서 [4단계]에서 새로 지워지는 정삼각형의 한 변의 길이는 처음 정삼각형의 한 변의 길이의 $\dfrac{1}{2^4}$이고, [7단계]에서 새로 지워지는 정삼각형의 한 변의 길이는 처음 정삼각형의 한 변의 길이의 $\dfrac{1}{2^7}$이므로 [4단계]에서 새로 지워지는 정삼각형과 [7단계]에서 새로 지워지는 정삼각형의 닮음비는

$\dfrac{1}{2^4}:\dfrac{1}{2^7}=2^3:1=8:1$ **目 8:1**

0501 △DEF와 △ABC에서

∠DEF=∠BAE+∠ABE

$=$∠CBF+∠ABE=∠ABC

∠DFE=∠CBF+∠BCF

$=$∠ACD+∠BCF=∠ACB

∴ △DEF∽△ABC (AA 닮음)

닮음비는 $\overline{EF}:\overline{BC}=5:10=1:2$이므로

$\overline{DE}:6=1:2$ $\therefore \overline{DE}=3(cm)$

$\overline{DF}:8=1:2$ $\therefore \overline{DF}=4(cm)$

$\therefore$ (△DEF의 둘레의 길이)$=\overline{DE}+\overline{EF}+\overline{FD}$

$=3+5+4$

$=12(cm)$ **目 ②**

0502 △ABE와 △GED에서

∠A=∠EGD=90° ······ ㉠

∠ABE+∠AEB=90°, ∠AEB+∠GED=90°이므로

∠ABE=∠GED ······ ㉡

㉠, ㉡에 의해 △ABE∽△GED (AA 닮음)

$\overline{AB}:\overline{GE}=\overline{BE}:\overline{ED}$이고

$\overline{BE}=\overline{BC}=20$ cm, $\overline{ED}=20-12=8(cm)$이므로

$16:\overline{EG}=20:8$

$20\overline{EG}=128$

$\therefore \overline{EG}=\dfrac{32}{5}(cm)$ **目 $\dfrac{32}{5}$ cm**

0503 $6:(6+10)=8:x$이므로

$6x=128$ $\therefore x=\dfrac{64}{3}$ 답 $\dfrac{64}{3}$

0504 $x:8=12:(16-12)$이므로

$4x=96$ $\therefore x=24$ 답 **24**

0505 $10:(16-10)\neq12:6$이므로

$\overline{BC}/\!\!/\overline{DE}$가 아니다. 답 **×**

0506 $12:9=8:6$이므로 $\overline{BC}/\!\!/\overline{DE}$이다. 답 **○**

0507 $6:8=x:4$이므로

$8x=24$ $\therefore x=3$ 답 **3**

0508 $x:12=(10-6):6$이므로

$6x=48$ $\therefore x=8$ 답 **8**

0509 $10:x=15:(15-6)$이므로

$15x=90$ $\therefore x=6$ 답 **6**

0510 $12:10=16:x$이므로

$12x=160$ $\therefore x=\dfrac{40}{3}$ 답 $\dfrac{40}{3}$

0511 $6:9=10:x$이므로

$6x=90$ $\therefore x=15$ 답 **15**

0512 $12:x=9:6$이므로

$9x=72$ $\therefore x=8$ 답 **8**

0513 □AGFD는 평행사변형이므로

$\overline{GF}=\overline{AD}=14$ 답 **14**

0514 △ABH에서 $9:(9+12)=\overline{EG}:(28-14)$이므로

$21\overline{EG}=126$ $\therefore \overline{EG}=6$ 답 **6**

0515 $\overline{EF}=\overline{EG}+\overline{GF}=6+14=20$ 답 **20**

0516 △ABC에서 $5:(5+3)=\overline{EG}:10$이므로

$8\overline{EG}=50$ $\therefore \overline{EG}=\dfrac{25}{4}$ 답 $\dfrac{25}{4}$

0517 △ACD에서 $3:(3+5)=\overline{GF}:6$이므로

$8\overline{GF}=18$ $\therefore \overline{GF}=\dfrac{9}{4}$ 답 $\dfrac{9}{4}$

0518 $\overline{EF}=\overline{EG}+\overline{GF}=\dfrac{25}{4}+\dfrac{9}{4}=\dfrac{17}{2}$ 답 $\dfrac{17}{2}$

0519 △ABE∽△CDE (AA 닮음)이므로

$\overline{BE}:\overline{DE}=\overline{AB}:\overline{CD}=6:12=1:2$ 답 **1 : 2**

0520 △ABE∽△CDE (AA 닮음)이므로

$\overline{AE}:\overline{CE}=\overline{AB}:\overline{CD}=6:12=1:2$

$\therefore \overline{CA}:\overline{CE}=(2+1):2=3:2$ 답 **3 : 2**

0521 △BCD에서 $\overline{BF}:\overline{FC}=\overline{BE}:\overline{ED}=1:2$이므로

$4:\overline{FC}=1:2$ $\therefore \overline{FC}=8$ 답 **8**

0522 $4:(4+2)=x:12$이므로 $6x=48$ $\therefore x=8$

$4:2=6:y$이므로 $4y=12$ $\therefore y=3$

$\therefore x+y=8+3=11$ 답 **11**

0523 답 (개) $\angle\mathbf{ADE}$ (내) $\angle\mathbf{A}$ (대) $\mathbf{AA}$ (라) $\overline{\mathbf{BC}}$

0524 △FDA에서 $\overline{AD}/\!\!/\overline{BE}$이므로

$\overline{FB}:\overline{FA}=\overline{BE}:\overline{AD}$에서

$2:(2+4)=\overline{BE}:8,\ 6\overline{BE}=16$

$\therefore \overline{BE}=\dfrac{8}{3}$(cm)

$\therefore \overline{CE}=\overline{BC}-\overline{BE}=8-\dfrac{8}{3}=\dfrac{16}{3}$(cm) 답 $\dfrac{16}{3}$ **cm**

0525 점 I가 △ABC의 내심이므로

$\angle DBI=\angle IBC$

$\overline{DE}/\!\!/\overline{BC}$이므로 $\angle DIB=\angle IBC$

따라서 $\angle DBI=\angle DIB$이므로

$\overline{DI}=\overline{DB}=10-6=4$

같은 방법으로

$\overline{EI}=\overline{EC}=15-9=6$

$\therefore \overline{DE}=\overline{DI}+\overline{IE}=4+6=10$

$\overline{AD}:\overline{AB}=\overline{DE}:\overline{BC}$이므로

$6:10=10:\overline{BC},\ 6\overline{BC}=100$

$\therefore \overline{BC}=\dfrac{50}{3}$ 답 $\dfrac{50}{3}$

0526 $12:16=x:20$이므로

$16x=240$ $\quad \therefore x=15$

$12:16=18:y$이므로

$12y=288$ $\quad \therefore y=24$

$\therefore x+y=15+24=39$ **답 39**

0527 $\overline{AE}\,/\!/\,\overline{BC}$이므로 $\overline{AE}:\overline{BC}=\overline{AF}:\overline{CF}$에서

$\overline{AE}:25=12:30,\ 30\overline{AE}=300$

$\therefore \overline{AE}=10$ **답 10**

0528 $\overline{AB}\,/\!/\,\overline{CD}$이므로

$\overline{AB}:\overline{CD}=\overline{BG}:\overline{CG}$에서

$6:(3+12)=4:x,\ 6x=60$ $\quad \therefore x=10$

또 $\overline{GC}\,/\!/\,\overline{EF}$이므로

$\overline{DF}:\overline{DC}=\overline{EF}:\overline{GC}$에서

$12:(12+3)=y:10,\ 15y=120$ $\quad \therefore y=8$

$\therefore x-y=10-8=2$ **답 2**

0529 $\overline{AP}:\overline{FP}=2:3$이므로

$2:3=4:x,\ 2x=12$

$\therefore x=6$ .... **㉮**

$\overline{AP}:\overline{CP}=2:5$이므로

$2:5=4:y,\ 2y=20$

$\therefore y=10$ .... **㉯**

$\therefore x+y=6+10=16$ .... **㉰**

답 16

단계	채점 요소	배점
㉮	x의 값 구하기	40 %
㉯	y의 값 구하기	40 %
㉰	$x+y$의 값 구하기	20 %

0530 $12:(12+x)=3:5$이므로

$3(12+x)=60,\ 3x=24$

$\therefore x=8$

$5:3=y:6$이므로

$3y=30$ $\quad \therefore y=10$

$\therefore x+y=8+10=18$ **답 18**

0531 $(9-\overline{FE}):4=\overline{FE}:8$이므로

$4\overline{FE}=8(9-\overline{FE})$

$12\overline{FE}=72$

$\therefore \overline{FE}=6(cm)$ **답 6 cm**

0532 $\overline{DC}\,/\!/\,\overline{FE}$이므로

$\overline{AE}:\overline{EC}=\overline{AF}:\overline{FD}=9:3=3:1$

또 $\overline{BC}\,/\!/\,\overline{DE}$이므로

$\overline{AD}:\overline{DB}=\overline{AE}:\overline{EC}=3:1$에서

$12:\overline{DB}=3:1,\ 3\overline{DB}=12$

$\therefore \overline{DB}=4(cm)$ **답 4 cm**

0533 $\overline{BC}\,/\!/\,\overline{EF}$이므로

$\overline{AF}:\overline{FC}=\overline{AE}:\overline{EB}=5:3$

$\overline{EC}\,/\!/\,\overline{DF}$이므로 $\overline{AF}:\overline{FC}=\overline{AD}:\overline{DE}$에서

$5:3=(5-\overline{DE}):\overline{DE}$

$5\overline{DE}=3(5-\overline{DE}),\ 8\overline{DE}=15$

$\therefore \overline{DE}=\dfrac{15}{8}(cm)$ **답 $\dfrac{15}{8}$ cm**

0534 ③ $\overline{AB}:\overline{AD}=\overline{AC}:\overline{AE}=4:3$이므로 $\overline{BC}\,/\!/\,\overline{DE}$이다.

⑤ $\overline{AB}:\overline{AD}=\overline{AC}:\overline{AE}=3:1$이므로 $\overline{BC}\,/\!/\,\overline{DE}$이다.

답 ③, ⑤

0535 $\overline{BD}:\overline{DA}=\overline{BE}:\overline{EC}=1:1$이므로

$\overline{AC}\,/\!/\,\overline{DE}$ **답 $\overline{DE}$**

0536 ①, ④ $\overline{CE}:\overline{CA}\neq\overline{CD}:\overline{CB}$

②, ⑤ $\overline{AF}:\overline{AB}=\overline{AE}:\overline{AC}=1:2$이므로 $\overline{BC}\,/\!/\,\overline{FE}$

$\triangle AFE$와 $\triangle ABC$에서

$\angle A$는 공통, $\angle AFE=\angle B$ (동위각)

이므로 $\triangle AFE\infty\triangle ABC$ (AA 닮음)

③ $\overline{BD}:\overline{BC}\neq\overline{BF}:\overline{BA}$ **답 ②, ⑤**

0537 $10:6=\overline{BD}:(8-\overline{BD})$이므로

$6\overline{BD}=10(8-\overline{BD}),\ 16\overline{BD}=80$

$\therefore \overline{BD}=5(cm)$ **답 5 cm**

0538 **답 ㈎ $\angle AEC$ ㈏ $\angle ACE$ ㈐ $\angle ACE$**

㈑ 이등변 ㈒ $\overline{AC}$ ㈓ $\overline{DC}$

0539 $\overline{BD}:\overline{CD}=\overline{AB}:\overline{AC}=9:6=3:2$이므로

$24:\triangle ADC=3:2$

$3\triangle ADC=48$

$\therefore \triangle ADC=16(cm^2)$ **답 16 cm²**

0540 $\overline{AD}$는 $\angle A$의 이등분선이므로

$\overline{AB}:\overline{AC}=\overline{BD}:\overline{CD}$에서

$16:10=x:5,\ 10x=80$

$\therefore x=8$ .... **㉮**

또 $\overline{AD} \parallel \overline{EC}$이므로

$\overline{BA} : \overline{AE} = \overline{BD} : \overline{DC}$에서

$16 : y = 8 : 5,\ 8y = 80$ $\qquad \therefore y = 10$

— ㉯

$\therefore x + y = 8 + 10 = 18$

— ㉰

🔲 **18**

단계	채점 요소	배점
㉮	x의 값 구하기	40 %
㉯	y의 값 구하기	40 %
㉰	$x+y$의 값 구하기	20 %

0541 $\overline{AB} : \overline{AC} = \overline{BD} : \overline{CD}$에서

$\overline{AB} : 6 = 4 : 3,\ 3\overline{AB} = 24$

$\therefore \overline{AB} = 8(cm)$

$\overline{AC} \parallel \overline{ED}$이므로 $\overline{BE} : \overline{BA} = \overline{BD} : \overline{BC}$에서

$\overline{BE} : 8 = 4 : (4+3),\ 7\overline{BE} = 32$

$\therefore \overline{BE} = \dfrac{32}{7}(cm)$ 🔲 $\dfrac{32}{7}$ **cm**

0542 $\triangle ABD : \triangle ADC = \overline{BD} : \overline{CD} = \overline{AB} : \overline{AC}$
$\qquad\qquad\qquad\qquad = 20 : 16 = 5 : 4$

이므로 $\triangle ABD = \dfrac{5}{5+4}\triangle ABC = \dfrac{5}{9} \times 162 = 90(cm^2)$

이때 $\dfrac{1}{2} \times 20 \times \overline{DE} = 90$이므로 $\overline{DE} = 9(cm)$ 🔲 ②

0543 $\overline{BE}$는 $\angle ABC$의 이등분선이므로

$\overline{BA} : \overline{BC} = \overline{AE} : \overline{CE}$에서

$\overline{BA} : 20 = 6 : 10,\ 10\overline{BA} = 120$

$\therefore \overline{BA} = 12(cm)$

$\overline{CD}$는 $\angle ACB$의 이등분선이므로

$\overline{CA} : \overline{CB} = \overline{AD} : \overline{BD}$에서

$(10+6) : 20 = \overline{AD} : (12 - \overline{AD})$

$20\overline{AD} = 16(12 - \overline{AD}),\ 36\overline{AD} = 192$

$\therefore \overline{AD} = \dfrac{16}{3}(cm)$ 🔲 $\dfrac{16}{3}$ **cm**

0544 $4 : 3 = (2 + \overline{CD}) : \overline{CD}$이므로

$4\overline{CD} = 3(2 + \overline{CD})$ $\qquad \therefore \overline{CD} = 6(cm)$ 🔲 **6 cm**

0545 $\overline{AC} : \overline{AB} = \overline{CD} : \overline{BD}$이므로

$\overline{AC} : 8 = (10+5) : 10,\ 10\overline{AC} = 120$

$\therefore \overline{AC} = 12(cm)$ 🔲 **12 cm**

0546 🔲 ㈎ $\angle AFC$ ㈏ $\angle ACF$ ㈐ $\angle ACF$
$\qquad$ ㈑ $\overline{AC}$ ㈒ $\overline{CD}$

0547 $\overline{AD}$가 $\angle A$의 외각의 이등분선이므로

$\overline{BD} : \overline{CD} = \overline{AB} : \overline{AC} = 4 : 3$

$\therefore \overline{BC} : \overline{BD} = 1 : 4$

따라서 $\triangle ABC : \triangle ABD = 1 : 4$이므로

$4 : \triangle ABD = 1 : 4$

$\therefore \triangle ABD = 16(cm^2)$ 🔲 **16 cm²**

0548 $\overline{AC} : \overline{AB} = \overline{CD} : \overline{BD}$이므로

$\overline{AC} : 14 = (18+9) : 18,\ 18\overline{AC} = 378$

$\therefore \overline{AC} = 21(cm)$

— ㉮

$\overline{AD} \parallel \overline{EB}$이므로

$\overline{AC} : \overline{EC} = \overline{DC} : \overline{BC}$에서

$21 : \overline{EC} = (18+9) : 9,\ 27\overline{EC} = 189$

$\therefore \overline{EC} = 7(cm)$

— ㉯

🔲 **7 cm**

단계	채점 요소	배점
㉮	$\overline{AC}$의 길이 구하기	50 %
㉯	$\overline{EC}$의 길이 구하기	50 %

0549 $\overline{AB} : \overline{AC} = \overline{BP} : \overline{CP}$이므로

$8 : 6 = 4 : \overline{CP},\ 8\overline{CP} = 24$

$\therefore \overline{CP} = 3(cm)$

또 $\overline{AB} : \overline{AC} = \overline{BQ} : \overline{CQ}$이므로

$8 : 6 = (7 + \overline{CQ}) : \overline{CQ},\ 8\overline{CQ} = 6(7 + \overline{CQ})$

$2\overline{CQ} = 42$ $\qquad \therefore \overline{CQ} = 21(cm)$ 🔲 **21 cm**

0550 오른쪽 그림과 같이 $\overline{BA}$의
연장선 위에 점 E를 잡으면

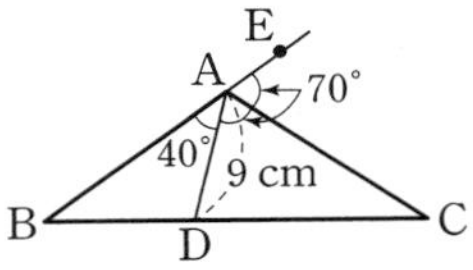

$\angle EAC = 180° - (40° + 70°) = 70°$

즉, $\angle EAC = \angle DAC$이므로 $\overline{AC}$는
$\triangle ABD$에서 $\angle A$의 외각의 이등분선이다.

$\overline{AB} : \overline{AD} = \overline{BC} : \overline{DC}$에서

$\overline{AB} : 9 = (2+3) : 3,\ 3\overline{AB} = 45$

$\therefore \overline{AB} = 15(cm)$ 🔲 **15 cm**

0551 $(x-4) : 4 = 9 : 6$이므로

$6(x-4) = 36,\ 6x = 60$

$\therefore x = 10$ 🔲 ②

0552 $12 : 18 = 10 : x$이므로

$12x = 180$ $\qquad \therefore x = 15$

$12 : 18 = y : 9$이므로 $18y = 108$ $\qquad \therefore y = 6$

$\therefore x - y = 15 - 6 = 9$ 🔲 **9**

0553 $6:9=x:6$이므로

$9x=36$ $\quad\therefore x=4$

$y:9=5:6$이므로

$6y=45$ $\quad\therefore y=7.5$

$\therefore x+y=4+7.5=11.5$ **답 ②**

0554 $a:12=20:10$이므로

$10a=240$ $\quad\therefore a=24$

$9:24=b:20$이므로

$24b=180$ $\quad\therefore b=\dfrac{15}{2}$

$\dfrac{15}{2}:10=\dfrac{27}{2}:c$이므로

$\dfrac{15}{2}c=135$

$\therefore c=18$

$\therefore a+2b-c=24+2\times\dfrac{15}{2}-18=21$ **답 21**

0555 오른쪽 그림과 같이 점 A를 지나고 $\overline{DC}$에 평행한 직선과 $\overline{EF}$, $\overline{BC}$의 교점을 각각 G, H라 하면

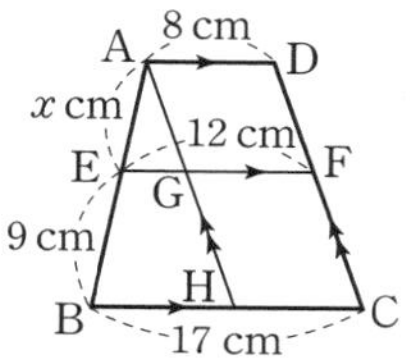

$\overline{GF}=\overline{HC}=\overline{AD}=8\,cm$이므로

$\overline{EG}=12-8=4(cm)$,

$\overline{BH}=17-8=9(cm)$

$\triangle ABH$에서 $x:(x+9)=4:9$이므로

$9x=4(x+9)$, $5x=36$

$\therefore x=\dfrac{36}{5}$ **답 $\dfrac{36}{5}$**

0556 $4:5=x:6$이므로

$5x=24$ $\quad\therefore x=\dfrac{24}{5}$

오른쪽 그림과 같이 직선 p에 평행한 직선 p'을 그으면

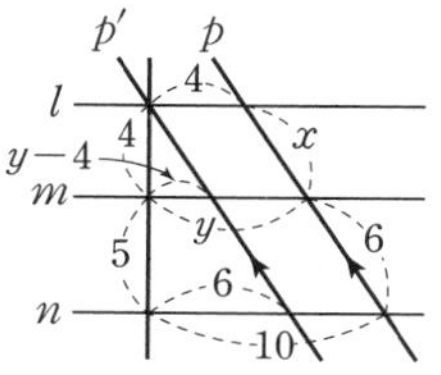

$4:(4+5)=(y-4):6$이므로

$9(y-4)=24$, $9y=60$

$\therefore y=\dfrac{20}{3}$

$\therefore xy=\dfrac{24}{5}\times\dfrac{20}{3}=32$ **답 32**

0557 $\triangle CDA$에서 $\overline{CF}:\overline{CD}=\overline{GF}:\overline{AD}$이므로

$4:(4+8)=x:12$, $12x=48$

$\therefore x=4$

$\triangle ABC$에서 $\overline{EG}:\overline{BC}=\overline{AG}:\overline{AC}=\overline{DF}:\overline{DC}$이므로

$10:y=8:(8+4)$, $8y=120$

$\therefore y=15$

$\therefore x+y=4+15=19$ **답 19**

0558 $\triangle DBC$에서 $\overline{DF}:\overline{DC}=\overline{PF}:\overline{BC}$이므로

$4:(4+2)=\overline{PF}:9$, $6\overline{PF}=36$

$\therefore \overline{PF}=6(cm)$ **㉮**

또 $\triangle ACD$에서 $\overline{CF}:\overline{CD}=\overline{QF}:\overline{AD}$이므로

$2:(2+4)=\overline{QF}:6$, $6\overline{QF}=12$

$\therefore \overline{QF}=2(cm)$ **㉯**

$\therefore \overline{PQ}=\overline{PF}-\overline{QF}=6-2=4(cm)$ **㉰**

답 4 cm

단계	채점 요소	배점
㉮	$\overline{PF}$의 길이 구하기	40%
㉯	$\overline{QF}$의 길이 구하기	40%
㉰	$\overline{PQ}$의 길이 구하기	20%

유형 UP 본문 p.87

0559 $\triangle AOD \backsim \triangle COB$ (AA 닮음)이므로

$\overline{DO}:\overline{BO}=\overline{AD}:\overline{CB}=4:6=2:3$

$\triangle ABD$에서 $\overline{BO}:\overline{BD}=\overline{EO}:\overline{AD}$이므로

$3:(3+2)=\overline{EO}:4$, $5\overline{EO}=12$

$\therefore \overline{EO}=\dfrac{12}{5}(cm)$

$\triangle DBC$에서 $\overline{DO}:\overline{DB}=\overline{OF}:\overline{BC}$이므로

$2:(2+3)=\overline{OF}:6$, $5\overline{OF}=12$

$\therefore \overline{OF}=\dfrac{12}{5}(cm)$

$\therefore \overline{EF}=\overline{EO}+\overline{OF}=\dfrac{12}{5}+\dfrac{12}{5}=\dfrac{24}{5}(cm)$ **답 $\dfrac{24}{5}$ cm**

0560 $\triangle AOD \backsim \triangle COB$ (AA 닮음)이므로

$\overline{AO}:\overline{CO}=\overline{AD}:\overline{CB}=a:b$

$\triangle ABC$에서 $\overline{AO}:\overline{AC}=\overline{EO}:\overline{BC}$이므로

$a:(a+b)=\overline{EO}:b$, $(a+b)\overline{EO}=ab$

$\therefore \overline{EO}=\dfrac{ab}{a+b}$ **답 ④**

0561 $\triangle ABC$에서 $\overline{AO}:\overline{OC}=\overline{AE}:\overline{EB}=3:4$

$\triangle AOD \backsim \triangle COB$ (AA 닮음)이므로

$\overline{AD}:\overline{CB}=\overline{AO}:\overline{CO}$에서

$9:\overline{BC}=3:4$, $3\overline{BC}=36$

$\therefore \overline{BC}=12(cm)$ **답 12 cm**

0562 $\overline{AE} : \overline{AB} = \overline{EG} : \overline{BC}$, $\overline{DF} : \overline{DC} = \overline{GF} : \overline{BC}$

이때 $\overline{AE} : \overline{AB} = \overline{DF} : \overline{DC}$이므로

$\overline{EG} = \overline{GF} = \dfrac{1}{2}\overline{EF} = \dfrac{1}{2} \times 16 = 8\,(cm)$

$\triangle ABD$에서 $\overline{BE} : \overline{BA} = \overline{EG} : \overline{AD} = 8 : 12 = 2 : 3$이므로

$\overline{AE} : \overline{AB} = 1 : 3$

따라서 $\triangle ABC$에서 $\overline{AE} : \overline{AB} = \overline{EG} : \overline{BC}$이므로

$1 : 3 = 8 : \overline{BC}$ $\quad \therefore \overline{BC} = 24\,(cm)$ **🖹 24 cm**

0563 $\triangle ABE \backsim \triangle CDE$ (AA 닮음)이므로

$\overline{BE} : \overline{DE} = \overline{AB} : \overline{CD} = 8 : 12 = 2 : 3$

$\triangle BCD$에서 $\overline{BE} : \overline{BD} = \overline{EF} : \overline{DC}$이므로

$2 : (2+3) = \overline{EF} : 12$, $5\overline{EF} = 24$

$\therefore \overline{EF} = \dfrac{24}{5}\,(cm)$ **🖹 $\dfrac{24}{5}$ cm**

0564 $\triangle BCD$에서 $\overline{BF} : \overline{BC} = \overline{EF} : \overline{DC} = 6 : 15 = 2 : 5$

$\triangle ABC$에서 $\overline{EF} : \overline{AB} = \overline{CF} : \overline{CB}$이므로

$6 : \overline{AB} = 3 : 5$, $3\overline{AB} = 30$ $\quad \therefore \overline{AB} = 10\,(cm)$ **🖹 10 cm**

0565 $\triangle AEB \backsim \triangle DEC$ (AA 닮음)이므로

$\overline{BE} : \overline{CE} = \overline{AB} : \overline{DC} = 10 : 15 = 2 : 3$

$\triangle BCD$에서 $\overline{BE} : \overline{BC} = \overline{BF} : \overline{BD}$이므로

$2 : (2+3) = \overline{BF} : 20$, $5\overline{BF} = 40$

$\therefore \overline{BF} = 8\,(cm)$ **🖹 8 cm**

0566 오른쪽 그림과 같이 점 E에서 $\overline{BC}$에 내린 수선의 발을 H라 하면

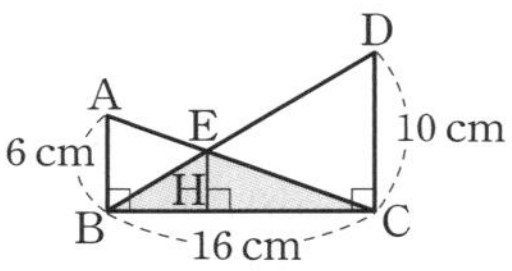

$\angle ABC = \angle EHC = \angle DCB = 90°$

이므로 $\overline{AB} /\!/ \overline{EH} /\!/ \overline{DC}$

━━━━━━━━━━━━━━ ㉮

$\triangle ABE \backsim \triangle CDE$ (AA 닮음)이므로

$\overline{BE} : \overline{DE} = \overline{AB} : \overline{CD} = 6 : 10 = 3 : 5$

━━━━━━━━━━━━━━ ㉯

$\triangle BCD$에서 $\overline{BE} : \overline{BD} = \overline{EH} : \overline{DC}$이므로

$3 : (3+5) = \overline{EH} : 10$, $8\overline{EH} = 30$

$\therefore \overline{EH} = \dfrac{15}{4}\,(cm)$

━━━━━━━━━━━━━━ ㉰

$\therefore \triangle EBC = \dfrac{1}{2} \times \overline{BC} \times \overline{EH}$

$\qquad\qquad = \dfrac{1}{2} \times 16 \times \dfrac{15}{4} = 30\,(cm^2)$

━━━━━━━━━━━━━━ ㉱

🖹 30 cm²

단계	채점 요소	배점
㉮	$\overline{AB} /\!/ \overline{EH} /\!/ \overline{DC}$임을 알기	20%
㉯	$\overline{BE} : \overline{DE}$ 구하기	30%
㉰	$\overline{EH}$의 길이 구하기	30%
㉱	$\triangle EBC$의 넓이 구하기	20%

📖 **중단원 마무리하기** 본문 p.88~89

0567 $6 : (6-4) = 9 : x$이므로 $6x = 18$ $\quad \therefore x = 3$

$4 : 6 = 8 : y$이므로 $4y = 48$ $\quad \therefore y = 12$

$\therefore y - x = 12 - 3 = 9$ **🖹 9**

0568 $\triangle AFD$에서 $\overline{AP} : \overline{PD} = \overline{AE} : \overline{EF}$이므로

$3 : 2 = 18 : \overline{EF}$, $3\overline{EF} = 36$

$\therefore \overline{EF} = 12\,(cm)$

$\triangle BCE$에서 $\overline{BF} : \overline{FE} = \overline{BD} : \overline{DC}$이므로

$\overline{BF} : 12 = 2 : 3$, $3\overline{BF} = 24$

$\therefore \overline{BF} = 8\,(cm)$ **🖹 ③**

0569 $4 : 8 = 5 : \overline{AB}$이므로

$4\overline{AB} = 40$ $\quad \therefore \overline{AB} = 10\,(cm)$

$4 : 8 = 6 : \overline{BC}$이므로

$4\overline{BC} = 48$ $\quad \therefore \overline{BC} = 12\,(cm)$

$\therefore (\triangle ABC$의 둘레의 길이$) = \overline{AB} + \overline{BC} + \overline{CA}$

$\qquad\qquad\qquad\qquad = 10 + 12 + 8$

$\qquad\qquad\qquad\qquad = 30\,(cm)$ **🖹 30 cm**

0570 $\overline{AE} : \overline{AC} = \overline{GE} : \overline{FC} = \overline{DG} : \overline{BF} = 6 : 8 = 3 : 4$

이므로 $\overline{AE} : (\overline{AE} + 3) = 3 : 4$

$4\overline{AE} = 3(\overline{AE} + 3)$

$\therefore \overline{AE} = 9\,(cm)$ **🖹 ④**

0571 ① $16 : 4 \neq 15 : 5$

② $4 : 2 \neq 3 : 1$

③ $4 : 2 \neq 5 : 3$

④ $6 : 2 = 9 : 3$이므로 $\overline{BC} /\!/ \overline{DE}$이다.

⑤ $4 : 15 \neq 3 : 9$ **🖹 ④**

0572 $\triangle ADC = \dfrac{1}{2} \times 5 \times 12 = 30\,(cm^2)$

$\triangle ABD : \triangle ADC = \overline{BD} : \overline{CD} = \overline{AB} : \overline{AC} = 12 : 15 = 4 : 5$

이므로 $\triangle ABD : 30 = 4 : 5$

$5\triangle ABD = 120$ $\quad \therefore \triangle ABD = 24\,(cm^2)$ **🖹 24 cm²**

0573 $\overline{AD}$는 $\angle A$의 이등분선이므로

$\overline{AB} : \overline{AC} = \overline{BD} : \overline{CD}$ ······ ㉠

또 $\overline{AE}$는 $\angle A$의 외각의 이등분선이므로

$\overline{AB} : \overline{AC} = \overline{BE} : \overline{CE}$ ······ ㉡

㉠, ㉡에 의해 $\overline{BE} : \overline{CE} = \overline{BD} : \overline{CD}$이므로

$(12 + \overline{CE}) : \overline{CE} = 7 : 5, \ 7\overline{CE} = 5(12 + \overline{CE})$

$2\overline{CE} = 60$ $\therefore \overline{CE} = 30(\text{cm})$ **월 30 cm**

0574 $6 : 10 = x : 12$이므로 $10x = 72$ $\therefore x = \dfrac{36}{5}$

$6 : 10 = 8 : y$이므로 $6y = 80$ $\therefore y = \dfrac{40}{3}$

$\therefore xy = \dfrac{36}{5} \times \dfrac{40}{3} = 96$ **월 96**

0575 오른쪽 그림에서 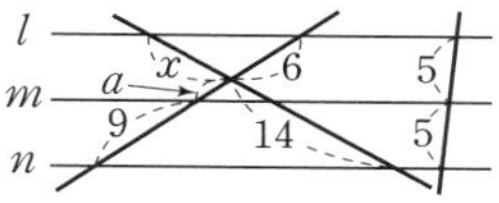
$(6 + a) : 9 = 5 : 5$이므로
$5(6 + a) = 45, \ 5a = 15$ $\therefore a = 3$
$x : 14 = 6 : (3 + 9)$이므로 $12x = 84$ $\therefore x = 7$ **월 7**

0576 오른쪽 그림과 같이 점 A를 지나고 $\overline{DC}$에 평행한 직선과 $\overline{EF}$, $\overline{BC}$의 교점을 각각 G, H라 하면 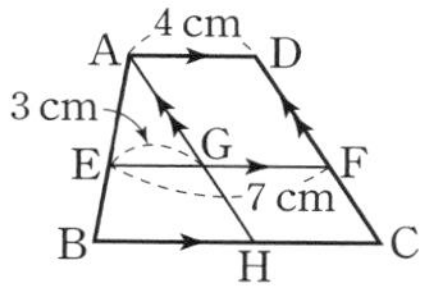
$\overline{GF} = \overline{HC} = \overline{AD} = 4 \text{ cm}$이므로
$\overline{EG} = 7 - 4 = 3(\text{cm})$
$\triangle ABH$에서 $\overline{AE} : \overline{EB} = 3 : 2$이므로
$\overline{AE} : \overline{AB} = \overline{EG} : \overline{BH}$에서
$3 : 5 = 3 : \overline{BH}$ $\therefore \overline{BH} = 5(\text{cm})$
$\therefore \overline{BC} = \overline{BH} + \overline{HC} = 5 + 4 = 9(\text{cm})$ **월 ③**

0577 $\triangle AOD \varpropto \triangle COB$ (AA 닮음)이므로
$\overline{AO} : \overline{CO} = \overline{AD} : \overline{CB} = 12 : 24 = 1 : 2$
$\triangle ABC$에서 $\overline{AO} : \overline{AC} = \overline{EO} : \overline{BC}$이므로
$1 : 3 = \overline{EO} : 24, \ 3\overline{EO} = 24$ $\therefore \overline{EO} = 8(\text{cm})$ **월 8 cm**

0578 $\triangle ABE \varpropto \triangle CDE$ (AA 닮음)이므로
$\overline{AE} : \overline{CE} = \overline{AB} : \overline{CD} = 15 : 30 = 1 : 2$
$\triangle ABC$에서 $\overline{EF} : \overline{AB} = \overline{CE} : \overline{CA}$이므로 $x : 15 = 2 : 3$
$3x = 30$ $\therefore x = 10$
또 $\overline{CE} : \overline{EA} = \overline{CF} : \overline{FB}$이므로 $2 : 1 = (33 - y) : y$
$2y = 33 - y$ $\therefore y = 11$ **월 $x = 10, \ y = 11$**

0579 $\overline{DE} \parallel \overline{BC}$이므로
$\overline{AE} : \overline{EC} = \overline{AD} : \overline{DB} = 12 : 8 = 3 : 2$

-- ㉮

또 $\overline{FE} \parallel \overline{DC}$이므로
$\overline{AF} : \overline{FD} = \overline{AE} : \overline{EC} = 3 : 2$

-- ㉯

$\therefore \overline{AF} = \overline{AD} \times \dfrac{3}{3 + 2} = 12 \times \dfrac{3}{5} = \dfrac{36}{5}(\text{cm})$

-- ㉰

월 $\dfrac{36}{5}$ cm

단계	채점 요소	배점
㉮	$\overline{AE} : \overline{EC}$ 구하기	40%
㉯	$\overline{AF} : \overline{FD}$ 구하기	40%
㉰	$\overline{AF}$의 길이 구하기	20%

0580 $\overline{AE} = 2\overline{EB}$에서 $\overline{AE} : \overline{EB} = 2 : 1$
$\triangle ABC$에서 $\overline{AE} : \overline{AB} = \overline{EN} : \overline{BC}$이므로
$2 : 3 = \overline{EN} : 24, \ 3\overline{EN} = 48$ $\therefore \overline{EN} = 16(\text{cm})$

-- ㉮

$\triangle ABD$에서 $\overline{BE} : \overline{BA} = \overline{EM} : \overline{AD}$이므로
$1 : 3 = \overline{EM} : 21, \ 3\overline{EM} = 21$ $\therefore \overline{EM} = 7(\text{cm})$

-- ㉯

$\therefore \overline{MN} = \overline{EN} - \overline{EM} = 16 - 7 = 9(\text{cm})$

-- ㉰

월 9 cm

단계	채점 요소	배점
㉮	$\overline{EN}$의 길이 구하기	40%
㉯	$\overline{EM}$의 길이 구하기	40%
㉰	$\overline{MN}$의 길이 구하기	20%

0581 $\triangle ABC \varpropto \triangle BDC$ (AA 닮음)이므로
$\overline{AB} : \overline{BD} = \overline{AC} : \overline{BC} = 12 : 9 = 4 : 3$
또 $\overline{AC} : \overline{BC} = \overline{BC} : \overline{DC}$에서 $12 : 9 = 9 : \overline{DC}, \ 12\overline{DC} = 81$
$\therefore \overline{DC} = \dfrac{27}{4}(\text{cm})$ $\therefore \overline{AD} = 12 - \dfrac{27}{4} = \dfrac{21}{4}(\text{cm})$
한편 $\overline{BE}$는 $\angle ABD$의 이등분선이므로
$\overline{AE} : \overline{DE} = \overline{BA} : \overline{BD} = 4 : 3$
$\therefore \overline{DE} = \dfrac{3}{7}\overline{AD} = \dfrac{3}{7} \times \dfrac{21}{4} = \dfrac{9}{4}(\text{cm})$ **월 $\dfrac{9}{4}$ cm**

0582 오른쪽 그림과 같이 점 A를 지나고 $\overline{CD}$에 평행한 직선과 $\overline{IJ}$, $\overline{BC}$의 교점을 각각 K, L이라 하면 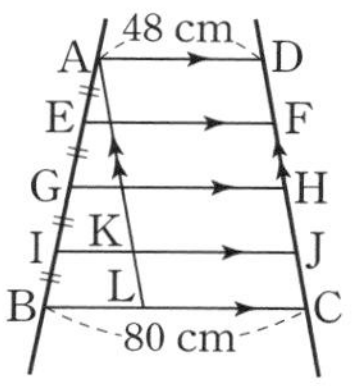
$\overline{KJ} = \overline{LC} = \overline{AD} = 48 \text{ cm}$
$\therefore \overline{BL} = 80 - 48 = 32(\text{cm})$
$\overline{AI} : \overline{AB} = 3 : 4$이고
$\triangle ABL$에서 $\overline{IK} \parallel \overline{BL}$이므로
$\overline{IK} : 32 = 3 : 4, \ 4\overline{IK} = 96$
$\therefore \overline{IK} = 24(\text{cm})$
$\therefore \overline{IJ} = \overline{IK} + \overline{KJ} = 24 + 48 = 72(\text{cm})$
따라서 새로 만들 다리의 길이는 72 cm이다. **월 72 cm**

📝 교과서문제 정복하기

본문 p.91

0583 $\overline{MN}\,/\!/\,\overline{BC}$이므로 $\angle ABC = \angle AMN = 80°$

$\therefore x = 80$ **🖪 80**

0584 $\overline{BC} = 2\overline{MN} = 2 \times 4 = 8$ $\therefore x = 8$ **🖪 8**

0585 $\overline{AC} = 2\overline{NC} = 2 \times 5 = 10$ $\therefore x = 10$ **🖪 10**

0586 $\overline{BC} = 2\overline{MN} = 2 \times 6 = 12$ $\therefore x = 12$ **🖪 12**

0587 $\triangle ABC$에서

$\overline{MQ} = \dfrac{1}{2}\overline{BC} = \dfrac{1}{2} \times 14 = 7(cm)$ **🖪 7 cm**

0588 $\triangle ACD$에서

$\overline{QN} = \dfrac{1}{2}\overline{AD} = \dfrac{1}{2} \times 8 = 4(cm)$ **🖪 4 cm**

0589 $\overline{MN} = \overline{MQ} + \overline{QN} = 7 + 4 = 11(cm)$ **🖪 11 cm**

0590 $\triangle ABD$에서 $\overline{MP} = \dfrac{1}{2}\overline{AD} = \dfrac{1}{2} \times 8 = 4(cm)$

$\therefore \overline{PQ} = \overline{MQ} - \overline{MP} = 7 - 4 = 3(cm)$ **🖪 3 cm**

0591 $\triangle ABD = \dfrac{1}{2}\triangle ABC = \dfrac{1}{2} \times 20 = 10(cm^2)$

                      🖪 10 cm²

0592 $\triangle ABC = 2\triangle ADC = 2 \times 6 = 12(cm^2)$ **🖪 12 cm²**

0593 $6 : x = 2 : 1$이므로 $2x = 6$ $\therefore x = 3$

$8 : y = 2 : 1$이므로 $2y = 8$ $\therefore y = 4$ **🖪 $x=3,\ y=4$**

0594 $x : 3 = 2 : 1$ $\therefore x = 6$

$y = 2\overline{CE} = 2 \times 5 = 10$ **🖪 $x=6,\ y=10$**

0595 $x = \overline{AD} = 4$

$y : 9 = 2 : 3$이므로 $3y = 18$ $\therefore y = 6$ **🖪 $x=4,\ y=6$**

0596 $16 : x = 2 : 1$이므로 $2x = 16$ $\therefore x = 8$

$12 : y = 2 : 3$이므로 $2y = 36$ $\therefore y = 18$ **🖪 $x=8,\ y=18$**

0597 $\triangle ABG = \dfrac{1}{3}\triangle ABC = \dfrac{1}{3} \times 18 = 6(cm^2)$ **🖪 6 cm²**

0598 $\triangle GBD = \dfrac{1}{6}\triangle ABC = \dfrac{1}{6} \times 18 = 3(cm^2)$ **🖪 3 cm²**

0599 $\triangle AFG + \triangle AGE = \dfrac{1}{6}\triangle ABC + \dfrac{1}{6}\triangle ABC$

                  $= \dfrac{1}{3}\triangle ABC = \dfrac{1}{3} \times 18$

                  $= 6(cm^2)$ **🖪 6 cm²**

0600 $\triangle ABG + \triangle AGC = \dfrac{1}{3}\triangle ABC + \dfrac{1}{3}\triangle ABC$

                  $= \dfrac{2}{3}\triangle ABC = \dfrac{2}{3} \times 18$

                  $= 12(cm^2)$ **🖪 12 cm²**

📖 유형 익히기

본문 p.92~96

0601 $\overline{BM} = \overline{MA},\ \overline{BN} = \overline{NC}$이므로

$\overline{AC} = 2\overline{MN} = 2 \times 8 = 16(cm)$ $\therefore x = 16$

$\overline{MN}\,/\!/\,\overline{AC}$이므로 $\angle BMN = \angle A = 70°$ (동위각)

$\triangle MBN$에서 $\angle BNM = 180° - (70° + 65°) = 45°$

$\therefore y = 45$

$\therefore y - x = 45 - 16 = 29$ **🖪 29**

0602 삼각형의 두 변의 중점을 연결한 선분의 성질에 의해

$\triangle DBC$에서 $\overline{BC} = 2\overline{MN} = 2 \times 9 = 18(cm)$

$\triangle ABC$에서 $\overline{PQ} = \dfrac{1}{2}\overline{BC} = \dfrac{1}{2} \times 18 = 9(cm)$

$\therefore \overline{PR} = \overline{PQ} - \overline{RQ} = 9 - 5 = 4(cm)$ **🖪 ⑤**

0603 삼각형의 두 변의 중점을 연결한 선분의 성질에 의해

$\overline{EG} = \dfrac{1}{2}\overline{AB},\ \overline{GF} = \dfrac{1}{2}\overline{DC}$이므로

$\overline{EG} + \overline{GF} = \dfrac{1}{2}(\overline{AB} + \overline{DC}) = \dfrac{1}{2} \times 18 = 9(cm)$

$\therefore (\triangle EGF$의 둘레의 길이$) = \overline{EG} + \overline{GF} + \overline{EF}$

                        $= 9 + 7$

                        $= 16(cm)$ **🖪 16 cm**

0604 삼각형의 두 변의 중점을 연결한 선분의 성질에 의해

$\overline{AN} = \overline{NC}$이므로

$\overline{NC} = \dfrac{1}{2}\overline{AC} = \dfrac{1}{2} \times 16 = 8(cm)$ $\therefore x = 8$

$\overline{BC} = 2\overline{MN} = 2 \times 5 = 10(cm)$ $\therefore y = 10$

$\therefore x + y = 8 + 10 = 18$ **🖪 18**

0605 삼각형의 두 변의 중점을 연결한 선분의 성질에 의해

$\overline{DF} = \dfrac{1}{2}\overline{BG} = \dfrac{1}{2} \times 6 = 3$ $\quad \therefore x = 3$

$\overline{GC} = 2\overline{FE} = 2 \times 6 = 12$ $\quad \therefore y = 12$

$\therefore xy = 3 \times 12 = 36$ **目 36**

0606 삼각형의 두 변의 중점을 연결한 선분의 성질에 의해
$\overline{BC} = 2\overline{DE} = 2 \times 18 = 36\,(\text{cm})$

─────────────────────────────────── ㉮

□DBFE는 평행사변형이므로
$\overline{BF} = \overline{DE} = 18\,\text{cm}$

─────────────────────────────────── ㉯

$\therefore \overline{FC} = \overline{BC} - \overline{BF}$
$\qquad = 36 - 18 = 18\,(\text{cm})$

─────────────────────────────────── ㉰

目 18 cm

단계	채점 요소	배점
㉮	$\overline{BC}$의 길이 구하기	40%
㉯	$\overline{BF}$의 길이 구하기	40%
㉰	$\overline{FC}$의 길이 구하기	20%

0607 △ABC에서 삼각형의 두 변의 중점을 연결한 선분의 성질에 의해

$\overline{MN} = \dfrac{1}{2}\overline{AB} = \dfrac{1}{2} \times 14 = 7\,(\text{cm}),\ \overline{MN} /\!/ \overline{AB}$

따라서 $\overline{PN} /\!/ \overline{DC}$이므로 △BCD에서 삼각형의 두 변의 중점을 연결한 선분의 성질에 의해

$\overline{PN} = \dfrac{1}{2}\overline{DC} = \dfrac{1}{2} \times 10 = 5\,(\text{cm})$

$\therefore \overline{MP} = \overline{MN} - \overline{PN} = 7 - 5 = 2\,(\text{cm})$ **目 2 cm**

0608 삼각형의 두 변의 중점을 연결한 선분의 성질에 의해

$\overline{DE} = \dfrac{1}{2}\overline{AC} = \dfrac{1}{2} \times 10 = 5\,(\text{cm})$

$\overline{EF} = \dfrac{1}{2}\overline{AB} = \dfrac{1}{2} \times 6 = 3\,(\text{cm})$

$\overline{DF} = \dfrac{1}{2}\overline{BC} = \dfrac{1}{2} \times 12 = 6\,(\text{cm})$

$\therefore (\triangle DEF\text{의 둘레의 길이}) = \overline{DE} + \overline{EF} + \overline{FD}$
$\qquad\qquad\qquad\qquad = 5 + 3 + 6$
$\qquad\qquad\qquad\qquad = 14\,(\text{cm})$ **目 14 cm**

0609 $(\triangle ABC\text{의 둘레의 길이}) = \overline{AB} + \overline{BC} + \overline{CA}$
$\qquad\qquad = 2(\overline{EF} + \overline{DF} + \overline{DE})$
$\qquad\qquad = 2 \times (\triangle DEF\text{의 둘레의 길이})$
$\qquad\qquad = 2 \times 9 = 18\,(\text{cm})$

目 18 cm

0610 삼각형의 두 변의 중점을 연결한 선분의 성질에 의해

$\overline{EH} = \overline{FG} = \dfrac{1}{2}\overline{BD} = \dfrac{1}{2} \times 16 = 8\,(\text{cm})$

$\overline{EF} = \overline{HG} = \dfrac{1}{2}\overline{AC} = \dfrac{1}{2} \times 12 = 6\,(\text{cm})$

$\therefore (\square EFGH\text{의 둘레의 길이}) = \overline{EF} + \overline{FG} + \overline{GH} + \overline{HE}$
$\qquad\qquad\qquad\qquad = 6 + 8 + 6 + 8$
$\qquad\qquad\qquad\qquad = 28\,(\text{cm})$ **目 28 cm**

0611 마름모 ABCD의 각 변의 중점을 연결하여 만든 □PQRS는 직사각형이다.

─────────────────────────────────── ㉮

삼각형의 두 변의 중점을 연결한 선분의 성질에 의해

$\overline{PS} = \dfrac{1}{2}\overline{BD} = \dfrac{1}{2} \times 12 = 6\,(\text{cm})$

─────────────────────────────────── ㉯

$\overline{PQ} = \dfrac{1}{2}\overline{AC} = \dfrac{1}{2} \times 10 = 5\,(\text{cm})$

─────────────────────────────────── ㉰

$\therefore \square PQRS = \overline{PS} \times \overline{PQ}$
$\qquad\qquad = 6 \times 5 = 30\,(\text{cm}^2)$

─────────────────────────────────── ㉱

目 30 cm²

단계	채점 요소	배점
㉮	□PQRS가 직사각형임을 알기	30%
㉯	$\overline{PS}$의 길이 구하기	30%
㉰	$\overline{PQ}$의 길이 구하기	30%
㉱	□PQRS의 넓이 구하기	10%

0612 $\overline{AD} /\!/ \overline{MN} /\!/ \overline{BC}$이므로 △ABC에서 삼각형의 두 변의 중점을 연결한 선분의 성질에 의해

$\overline{MQ} = \dfrac{1}{2}\overline{BC} = \dfrac{1}{2} \times 10 = 5\,(\text{cm})$

△ABD에서 삼각형의 두 변의 중점을 연결한 선분의 성질에 의해

$\overline{MP} = \dfrac{1}{2}\overline{AD} = \dfrac{1}{2} \times 4 = 2\,(\text{cm})$

$\therefore \overline{PQ} = \overline{MQ} - \overline{MP} = 5 - 2 = 3\,(\text{cm})$ **目 3 cm**

0613 $\overline{AD} /\!/ \overline{MN} /\!/ \overline{BC}$이므로 △ABC에서 삼각형의 두 변의 중점을 연결한 선분의 성질에 의해

$\overline{ME} = \dfrac{1}{2}\overline{BC} = \dfrac{1}{2} \times 10 = 5\,(\text{cm})$

$\therefore x = 5$

△ACD에서 삼각형의 두 변의 중점을 연결한 선분의 성질에 의해

$\overline{EN} = \dfrac{1}{2}\overline{AD} = \dfrac{7}{2}\,(\text{cm})$

$\therefore y = \dfrac{7}{2}$

$\therefore x - y = 5 - \dfrac{7}{2} = \dfrac{3}{2}$ **目 $\dfrac{3}{2}$**

0614 $\overline{AD} /\!/ \overline{MN} /\!/ \overline{BC}$이므로 △ABD에서 삼각형의 두 변의
중점을 연결한 선분의 성질에 의해

$\overline{MP}=\dfrac{1}{2}\overline{AD}=\dfrac{1}{2}\times 4=2(\mathrm{cm})$

$\therefore \overline{MQ}=\overline{MP}+\overline{PQ}=2+3=5(\mathrm{cm})$

따라서 △ABC에서 삼각형의 두 변의 중점을 연결한 선분의 성
질에 의해

$\overline{BC}=2\overline{MQ}=2\times 5=10(\mathrm{cm})$ 📋 **10 cm**

0615 오른쪽 그림과 같이 $\overline{BD}$를 그어
$\overline{MN}$과 $\overline{BD}$의 교점을 P라 하자.
$\overline{AD} /\!/ \overline{MN} /\!/ \overline{BC}$이므로 △ABD에서 삼각
형의 두 변의 중점을 연결한 선분의 성질에
의해

$\overline{MP}=\dfrac{1}{2}\overline{AD}=\dfrac{3}{2}(\mathrm{cm})$

$\therefore \overline{PN}=\overline{MN}-\overline{MP}=5-\dfrac{3}{2}=\dfrac{7}{2}(\mathrm{cm})$

따라서 △DBC에서 삼각형의 두 변의 중점을 연결한 선분의 성
질에 의해

$\overline{BC}=2\overline{PN}=2\times \dfrac{7}{2}=7(\mathrm{cm})$ 📋 **7 cm**

0616 $\triangle ABP=\dfrac{1}{2}\triangle ABM=\dfrac{1}{2}\times \dfrac{1}{2}\triangle ABC$

$=\dfrac{1}{4}\triangle ABC=\dfrac{1}{4}\times 24$

$=6(\mathrm{cm}^2)$ 📋 **6 cm²**

0617 $\triangle PBQ=\dfrac{1}{3}\triangle ABM=\dfrac{1}{3}\times \dfrac{1}{2}\triangle ABC=\dfrac{1}{6}\triangle ABC$이
므로

$\triangle ABC=6\triangle PBQ=6\times 5=30(\mathrm{cm}^2)$ 📋 **30 cm²**

0618 $\triangle ABD=\dfrac{1}{2}\triangle ABC=\dfrac{1}{2}\times 30=15(\mathrm{cm}^2)$

이때 △ABD의 넓이에서

$\dfrac{1}{2}\times \overline{BD}\times 6=15$

$\therefore \overline{BD}=5(\mathrm{cm})$ 📋 **5 cm**

0619 $\triangle ABM=\triangle AMC$이고
$\triangle PBM=\triangle PMC$이므로
$\triangle APC=\triangle ABP=8\,\mathrm{cm}^2$

이때 $\triangle AMC=\dfrac{1}{2}\triangle ABC=\dfrac{1}{2}\times 24=12(\mathrm{cm}^2)$이므로

$\triangle PMC=\triangle AMC-\triangle APC$

$=12-8=4(\mathrm{cm}^2)$ 📋 **4 cm²**

0620 점 G는 △ABC의 무게중심이므로

$\overline{GD}=\dfrac{1}{3}\overline{AD}=\dfrac{1}{3}\times 36=12(\mathrm{cm})$

또 점 G′은 △GBC의 무게중심이므로

$\overline{GG'}=\dfrac{2}{3}\overline{GD}=\dfrac{2}{3}\times 12=8(\mathrm{cm})$ 📋 **8 cm**

0621 점 G는 △ABC의 무게중심이므로

$\overline{GD}=\dfrac{1}{2}\overline{AG}=\dfrac{1}{2}\times 10=5(\mathrm{cm})$ $\therefore x=5$

$\overline{BC}=2\overline{BD}=2\times 8=16(\mathrm{cm})$ $\therefore y=16$

$\therefore x+y=5+16=21$ 📋 **21**

0622 점 G′은 △GBC의 무게중심이므로

$\overline{GD}=3\overline{G'D}=3\times 3=9(\mathrm{cm})$

점 G는 △ABC의 무게중심이므로

$\overline{AD}=3\overline{GD}=3\times 9=27(\mathrm{cm})$ 📋 **27 cm**

0623 점 M은 △ABC의 외심이므로

$\overline{AM}=\overline{BM}=\overline{CM}=\dfrac{1}{2}\times 18=9(\mathrm{cm})$

점 G는 △ABC의 무게중심이므로

$\overline{CG}=\dfrac{2}{3}\overline{CM}=\dfrac{2}{3}\times 9=6(\mathrm{cm})$ 📋 **6 cm**

0624 △BCE에서 $\overline{BD}=\overline{DC}$, $\overline{BE} /\!/ \overline{DF}$이므로

$\overline{BE}=2\overline{DF}=2\times 9=18$

$\therefore x=18$

점 G는 △ABC의 무게중심이므로

$\overline{BG}=\dfrac{2}{3}\overline{BE}=\dfrac{2}{3}\times 18=12$

$\therefore y=12$

$\therefore x+y=18+12=30$ 📋 **④**

0625 점 G는 △ABC의 무게중심이므로

$\overline{GD}=\dfrac{1}{2}\overline{AG}=\dfrac{1}{2}\times 12=6(\mathrm{cm})$

$\therefore \overline{AD}=12+6=18(\mathrm{cm})$

△ADC에서 삼각형의 두 변의 중점을 연결한 선분의 성질에 의해

$\overline{EF}=\dfrac{1}{2}\overline{AD}=\dfrac{1}{2}\times 18=9(\mathrm{cm})$ 📋 **9 cm**

0626 점 G는 △ABC의 무게중심이므로

$\overline{AG}=\dfrac{2}{3}\overline{AD}$

△ABD에서 삼각형의 두 변의 중점을 연결한 선분의 성질에 의해

$\overline{EF}=\dfrac{1}{2}\overline{AD}$

$\therefore \overline{AG}:\overline{EF}=\dfrac{2}{3}\overline{AD}:\dfrac{1}{2}\overline{AD}=4:3$ 📋 **③**

0627 점 G는 △ABC의 무게중심이므로

$\overline{AG} = 2\overline{GM} = 2 \times 3 = 6$ $\quad \therefore x = 6$

또 $\overline{BM} = \overline{MC} = \frac{1}{2} \times 12 = 6$이고

△ADG∽△ABM (AA 닮음)이므로

$\overline{AG} : \overline{AM} = \overline{DG} : \overline{BM}$에서

$2 : 3 = y : 6$, $3y = 12$ $\quad \therefore y = 4$

$\therefore xy = 6 \times 4 = 24$ 　　　　　　　　　　　답 ③

0628 △EFG∽△BDG (AA 닮음)이므로

$\overline{FG} : \overline{DG} = \overline{EG} : \overline{BG} = 1 : 2$

이때 $\overline{GD} = \frac{1}{3}\overline{AD} = \frac{1}{3} \times 9 = 3$(cm)이므로

$\overline{FG} : 3 = 1 : 2$, $2\overline{FG} = 3$

$\therefore \overline{FG} = \frac{3}{2}$(cm) 　　　　　　　　　　답 ②

다른 풀이

△ADC에서 삼각형의 두 변의 중점을 연결한 선분의 성질에 의해

$\overline{AF} = \frac{1}{2}\overline{AD} = \frac{9}{2}$(cm)

또 점 G는 △ABC의 무게중심이므로

$\overline{AG} = \frac{2}{3}\overline{AD} = \frac{2}{3} \times 9 = 6$(cm)

$\therefore \overline{FG} = \overline{AG} - \overline{AF}$

$\qquad = 6 - \frac{9}{2} = \frac{3}{2}$(cm)

0629 $\overline{BD} = \overline{DM}$, $\overline{ME} = \overline{EC}$이므로

$\overline{DE} = \overline{DM} + \overline{ME} = \frac{1}{2}\overline{BM} + \frac{1}{2}\overline{MC}$

$\qquad = \frac{1}{2}(\overline{BM} + \overline{MC}) = \frac{1}{2}\overline{BC}$

$\qquad = \frac{1}{2} \times 12 = 6$(cm) 　　　　　　　⑦

△AGG′과 △ADE에서

$\overline{AG} : \overline{AD} = \overline{AG'} : \overline{AE} = 2 : 3$, ∠A는 공통이므로

△AGG′∽△ADE (SAS 닮음) 　　　　　　　　④

따라서 $\overline{GG'} : \overline{DE} = \overline{AG} : \overline{AD} = 2 : 3$이므로

$\overline{GG'} : 6 = 2 : 3$, $3\overline{GG'} = 12$

$\therefore \overline{GG'} = 4$(cm) 　　　　　　　　　　　　㉓

답 **4 cm**

단계	채점 요소	배점
⑦	$\overline{DE}$의 길이 구하기	30%
④	△AGG′∽△ADE임을 알기	30%
㉓	$\overline{GG'}$의 길이 구하기	40%

0630 오른쪽 그림과 같이 $\overline{BG}$를 그으면

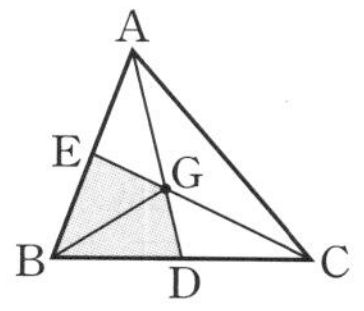

□EBDG = △EBG + △GBD

$\qquad = \frac{1}{6}$△ABC $+ \frac{1}{6}$△ABC

$\qquad = \frac{1}{3}$△ABC $= \frac{1}{3} \times 60$

$\qquad = 20$(cm²) 　　　　　　　　답 **20 cm²**

0631 (1) △ABE $= \frac{1}{2}$△ABC $= \frac{1}{2} \times 48 = 24$(cm²)

$\quad$ △DBE $= \frac{1}{2}$△ABE $= \frac{1}{2} \times 24 = 12$(cm²)

$\quad$ △DBE에서 $\overline{BE} : \overline{GE} = 3 : 1$이므로

$\quad$ △DGE $= \frac{1}{3}$△DBE $= \frac{1}{3} \times 12 = 4$(cm²)

(2) △ABD $= \frac{1}{2}$△ABC $= \frac{1}{2} \times 48 = 24$(cm²)

$\quad$ $\overline{EF} /\!/ \overline{BC}$이므로 $\overline{AE} : \overline{EB} = \overline{AG} : \overline{GD} = 2 : 1$

$\quad \therefore$ △AED $= \frac{2}{3}$△ABD $= \frac{2}{3} \times 24 = 16$(cm²)

답 (1) **4 cm²**　(2) **16 cm²**

0632 오른쪽 그림과 같이 $\overline{AG}$를 그으면

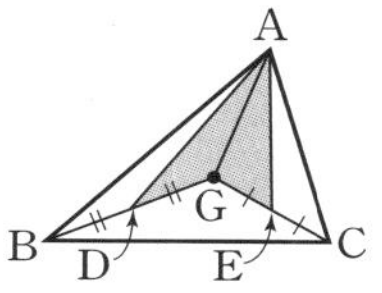

(색칠한 부분의 넓이)

$= $△ADG $+ $△AGE

$= \frac{1}{2}$△ABG $+ \frac{1}{2}$△AGC

$= \frac{1}{2} \times \frac{1}{3}$△ABC $+ \frac{1}{2} \times \frac{1}{3}$△ABC

$= \frac{1}{6}$△ABC $+ \frac{1}{6}$△ABC

$= \frac{1}{3}$△ABC $= \frac{1}{3} \times 18 = 6$(cm²) 　　답 **6 cm²**

0633 △GG′C $= \frac{2}{3}$△GDC이므로

△GDC $= \frac{3}{2}$△GG′C $= \frac{3}{2} \times 6 = 9$(cm²)
　　　　　　　　　　　　　　　　　　　　⑦

또 △GDC $= \frac{1}{3}$△ADC이므로

△ADC $= 3$△GDC $= 3 \times 9 = 27$(cm²)
　　　　　　　　　　　　　　　　　　　　④

그런데 △ADC $= \frac{1}{2}$△ABC이므로

△ABC $= 2$△ADC $= 2 \times 27 = 54$(cm²)
　　　　　　　　　　　　　　　　　　　　㉓

답 **54 cm²**

단계	채점 요소	배점
⑦	△GDC의 넓이 구하기	40%
④	△ADC의 넓이 구하기	30%
㉓	△ABC의 넓이 구하기	30%

0634 오른쪽 그림과 같이 $\overline{AC}$를 그어 $\overline{BD}$와의 교점을 O라 하면 두 점 P, Q는

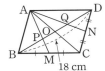

각각 △ABC, △ACD의 무게중심이므로

$\overline{BP}=2\overline{PO}$, $\overline{DQ}=2\overline{QO}$

이때 $\overline{BO}=\overline{DO}$이므로 $\overline{PO}=\overline{QO}$

$\therefore \overline{BP}=\overline{PQ}=\overline{QD}$

$\therefore \overline{PQ}=\dfrac{1}{3}\overline{BD}=\dfrac{1}{3}\times18=6\,(\text{cm})$　　　🖪 **6 cm**

참고

평행사변형에서 두 대각선은 서로 다른 것을 이등분한다.

0635 $\overline{AO}=\overline{CO}$, $\overline{BM}=\overline{CM}$이므로 점 P는 △ABC의 무게중심이다.

$\therefore \overline{BO}=3\overline{PO}=3\times2=6\,(\text{cm})$

$\therefore \overline{BD}=2\overline{BO}=2\times6=12\,(\text{cm})$　　　🖪 **12 cm**

0636 오른쪽 그림과 같이 $\overline{AC}$를 그으면 두 점 P, Q는 각각 △ABC, △ACD의 무게중심이므로

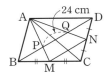

$\overline{BP}=\overline{PQ}=\overline{QD}$

$\therefore \overline{BD}=3\overline{PQ}=3\times24=72\,(\text{cm})$

따라서 △BCD에서 삼각형의 두 변의 중점을 연결한 선분의 성질에 의해

$\overline{MN}=\dfrac{1}{2}\overline{BD}=\dfrac{1}{2}\times72=36\,(\text{cm})$　　🖪 **36 cm**

다른 풀이

$\overline{AC}$를 그으면 두 점 P, Q는 각각 △ABC, △ACD의 무게중심이므로

$\overline{AP}:\overline{AM}=\overline{AQ}:\overline{AN}=2:3$

$\therefore$ △APQ∽△AMN (SAS 닮음)

따라서 $\overline{PQ}:\overline{MN}=2:3$이므로

$24:\overline{MN}=2:3$, $2\overline{MN}=72$

$\therefore \overline{MN}=36\,(\text{cm})$

0637 (1) 점 P는 △ABC의 무게중심이므로

$\triangle APO=\dfrac{1}{6}\triangle ABC=\dfrac{1}{6}\times\dfrac{1}{2}\square ABCD=\dfrac{1}{12}\square ABCD$

$=\dfrac{1}{12}\times48=4\,(\text{cm}^2)$

(2) 오른쪽 그림과 같이 $\overline{PC}$, $\overline{QC}$를 그으면 점 P는 △ABC의 무게중심이므로

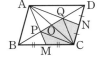

$\square OPMC=\triangle PMC+\triangle PCO$

$=\dfrac{1}{6}\triangle ABC+\dfrac{1}{6}\triangle ABC$

$=\dfrac{1}{3}\triangle ABC=\dfrac{1}{3}\times\dfrac{1}{2}\square ABCD$

$=\dfrac{1}{6}\square ABCD=\dfrac{1}{6}\times48=8\,(\text{cm}^2)$

같은 방법으로 점 Q는 △ACD의 무게중심이므로

$\square OCNQ=8\,\text{cm}^2$

$\therefore$ (색칠한 부분의 넓이)$=\square OPMC+\square OCNQ$

$=8+8=16\,(\text{cm}^2)$

🖪 (1) **4 cm²** (2) **16 cm²**

참고

(1) △ABP=△APQ

$=\triangle AQD$

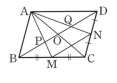

$=\dfrac{1}{3}\triangle ABD$

$=\dfrac{1}{6}\square ABCD$

(2) $\square OPMC=\square OCNQ=\dfrac{1}{6}\square ABCD$

(3) △PBM=△PMC=△QCN=△QND

$=\dfrac{1}{12}\square ABCD$

(4) $\triangle MCN=\dfrac{1}{8}\square ABCD$

(5) $\square PMNQ=\dfrac{5}{24}\square ABCD$

🏃 **유형 UP**　　　　　　본문 p.97

0638 △ABF에서 삼각형의 두 변의 중점을 연결한 선분의 성질에 의해

$\overline{DE}=\dfrac{1}{2}\overline{BF}=\dfrac{1}{2}\times12=6\,(\text{cm})$

△DCE에서 삼각형의 두 변의 중점을 연결한 선분의 성질에 의해

$\overline{GF}=\dfrac{1}{2}\overline{DE}=\dfrac{1}{2}\times6=3\,(\text{cm})$　　🖪 ②

0639 △DCE에서 삼각형의 두 변의 중점을 연결한 선분의 성질에 의해

$\overline{DE}=2\overline{GF}=2\times6=12\,(\text{cm})$　　　　　🔵**가**

△ABF에서 삼각형의 두 변의 중점을 연결한 선분의 성질에 의해

$\overline{BF}=2\overline{DE}=2\times12=24\,(\text{cm})$　　　　　🔵**나**

$\therefore \overline{BG}=\overline{BF}-\overline{GF}$

$=24-6=18\,(\text{cm})$　　　　　🔵**다**

🖪 **18 cm**

단계	채점 요소	배점
㉮	$\overline{DE}$의 길이 구하기	40 %
㉯	$\overline{BF}$의 길이 구하기	40 %
㉰	$\overline{BG}$의 길이 구하기	20 %

0640 $\overline{EP}=x$ cm라 하면

△AFD에서 삼각형의 두 변의 중점을 연결한 선분의 성질에 의해

$\overline{FD}=2\overline{EP}=2x\,(cm)$

△BCE에서 삼각형의 두 변의 중점을 연결한 선분의 성질에 의해

$\overline{EC}=2\overline{FD}=4x\,(cm)$

$\overline{EC}=\overline{EP}+\overline{PC}$에서

$4x=x+9$이므로 $3x=9$

$\therefore x=3$　$\therefore \overline{EP}=3$ cm

답 **3 cm**

0641 오른쪽 그림과 같이 점 F를 지나고 $\overline{BC}$에 평행한 직선을 그어 $\overline{AB}$와 만나는 점을 G라 하자.

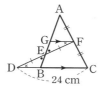

△GEF≡△BED (ASA 합동)이므로

$\overline{GF}=\overline{BD}$

△ABC에서 삼각형의 두 변의 중점을 연결한 선분의 성질에 의해 $\overline{BC}=2\overline{GF}=2\overline{BD}$

이때 $\overline{DC}=\overline{DB}+\overline{BC}=\overline{DB}+2\overline{DB}=3\overline{DB}$이므로

$3\overline{DB}=24$　$\therefore \overline{DB}=8\,(cm)$

답 ③

0642 오른쪽 그림과 같이 점 D를 지나고 $\overline{BC}$에 평행한 직선을 그어 $\overline{AC}$와 만나는 점을 G라 하자.

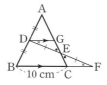

△ABC에서 삼각형의 두 변의 중점을 연결한 선분의 성질에 의해

$\overline{DG}=\dfrac{1}{2}\overline{BC}=\dfrac{1}{2}\times 10=5\,(cm)$

이때 △DEG≡△FEC (ASA 합동)이므로

$\overline{CF}=\overline{GD}=5$ cm

답 ③

0643 오른쪽 그림과 같이 점 D를 지나고 $\overline{BC}$에 평행한 직선을 그어 $\overline{AC}$와 만나는 점을 G라 하자.

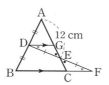

△ABC에서 삼각형의 두 변의 중점을 연결한 선분의 성질에 의해

$\overline{AG}=\overline{GC}$

이때 △DEG≡△FEC (ASA 합동)이므로

$\overline{EG}=\overline{EC}$

따라서 $\overline{AE}=3\overline{EC}$이므로

$12=3\overline{EC}$　$\therefore \overline{EC}=4\,(cm)$

답 **4 cm**

0644 오른쪽 그림과 같이 점 E를 지나고 $\overline{BC}$에 평행한 직선을 그어 $\overline{AD}$, $\overline{AC}$와 만나는 점을 각각 G, H라 하자.

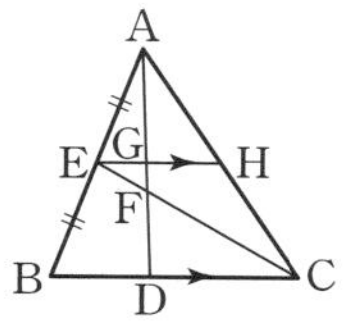

△ABD에서 삼각형의 두 변의 중점을 연결한 선분의 성질에 의해

$\overline{AG}=\overline{GD}$

△EFG∽△CFD (AA 닮음)이고

$\overline{EG}=k\,(k>0)$라 하면

$\overline{BD}=2\overline{EG}=2k$, $\overline{DC}=3k$이므로

$\overline{GF}:\overline{DF}=\overline{EG}:\overline{CD}$에서

$\overline{GF}:\overline{DF}=k:3k=1:3$

$\overline{AG}:\overline{GF}:\overline{FD}=\overline{GD}:\overline{GF}:\overline{FD}$

　　　　　　　$=(\overline{GF}+\overline{FD}):\overline{GF}:\overline{FD}$

　　　　　　　$=(1+3):1:3$

　　　　　　　$=4:1:3$

$\therefore \overline{AF}:\overline{FD}=(4+1):3=5:3$

답 **5 : 3**

📖 **중단원 마무리하기**　　　본문 p.98~99

0645 ㈎ **2**　㈏ △**AMN**　㈐ $\overline{BC}$　㈑ **1 : 2**　㈒ $\dfrac{1}{2}\overline{BC}$

0646 △ADG에서 삼각형의 두 변의 중점을 연결한 선분의 성질에 의해

$\overline{EF}=\dfrac{1}{2}\overline{DG}=\dfrac{1}{2}\times 8=4\,(cm)$

△BCF에서 삼각형의 두 변의 중점을 연결한 선분의 성질에 의해

$\overline{BF}=2\overline{DG}=2\times 8=16\,(cm)$

$\therefore \overline{BE}=\overline{BF}-\overline{EF}$

　　　$=16-4=12\,(cm)$

답 **12 cm**

0647 ㄱ. $\overline{BE}=\overline{EC}$, $\overline{BD}=\overline{DA}$이므로 $\overline{DE}\,/\!/\,\overline{AC}$

ㄴ. $\overline{DE}=\dfrac{1}{2}\overline{AC}$, $\overline{EF}=\dfrac{1}{2}\overline{AB}$

이때 $\overline{AC}$, $\overline{AB}$의 길이가 같은지 알 수 없으므로 $\overline{DE}=\overline{EF}$라 할 수 없다.

ㄷ. $\overline{CF}=\overline{FA}$, $\overline{CE}=\overline{EB}$이므로 $\overline{FE}\,/\!/\,\overline{AB}$

$\therefore \angle DBE=\angle FEC$ (동위각)

ㄹ. △ABC와 △ADF에서

$\overline{AB}:\overline{AD}=\overline{AC}:\overline{AF}=2:1$, ∠A는 공통

이므로 △ABC∽△ADF (SAS 닮음)

ㅁ. $\overline{DF}:\overline{BC}=1:2$

답 ㄱ, ㄷ, ㄹ

0648 $\overline{PQ}=\overline{SR}=\dfrac{1}{2}\overline{AC}=\dfrac{1}{2}\times10=5(cm)$

$\overline{PS}=\overline{QR}=\dfrac{1}{2}\overline{BD}=\dfrac{1}{2}\times10=5(cm)$

$\therefore$ ($\square$PQRS의 둘레의 길이)$=\overline{PQ}+\overline{QR}+\overline{RS}+\overline{SP}$
$=5+5+5+5=20(cm)$

目 20 cm

참고
직사각형의 두 대각선의 길이는 서로 같다.

0649 두 점 E, F는 각각 $\overline{AB}$, $\overline{DC}$의 중점이므로
$\overline{AD}/\!/\overline{EF}/\!/\overline{BC}$

$\triangle$ABC에서 삼각형의 두 변의 중점을 연결한 선분의 성질에 의해

$\overline{EG}=\dfrac{1}{2}\overline{BC}=\dfrac{1}{2}\times6=3(cm)$

$\overline{EG}=\overline{GH}=\overline{HF}=3\ cm$이므로

$\overline{EH}=3+3=6(cm)$

따라서 $\triangle$ABD에서 삼각형의 두 변의 중점을 연결한 선분의 성질에 의해

$\overline{AD}=2\overline{EH}=2\times6=12(cm)$

目 ④

0650 점 G는 $\triangle$ABC의 무게중심이므로

$\overline{BG}:\overline{GE}=2:1$에서

$8:x=2:1,\ 2x=8$

$\therefore x=4$

$\triangle$ADF에서 $\overline{GE}/\!/\overline{DF}$이므로

$\overline{GE}:\overline{DF}=\overline{AG}:\overline{AD}=2:3$에서

$4:y=2:3,\ 2y=12$

$\therefore y=6$

$\therefore y-x=6-4=2$

目 2

다른 풀이
점 G는 $\triangle$ABC의 무게중심이므로

$\overline{BG}:\overline{GE}=2:1$에서

$8:x=2:1,\ 2x=8$

$\therefore x=4$

$\triangle$BCE에서 삼각형의 두 변의 중점을 연결한 선분의 성질에 의해

$\overline{DF}=\dfrac{1}{2}\overline{BE}=\dfrac{1}{2}\times(8+4)=6$

$\therefore y=6$

$\therefore y-x=6-4=2$

0651 ③ $\overline{AG}=\dfrac{2}{3}\overline{AD}$, $\overline{BG}=\dfrac{2}{3}\overline{BE}$, $\overline{CG}=\dfrac{2}{3}\overline{CF}$

이때 $\overline{AD}$, $\overline{BE}$, $\overline{CF}$의 길이가 같은지 알 수 없으므로
$\overline{AG}=\overline{BG}=\overline{CG}$라 할 수 없다.

⑤ $\triangle$GAB$=\triangle$GAF$+\triangle$GFB$=\dfrac{1}{6}\triangle$ABC$+\dfrac{1}{6}\triangle$ABC

$=\dfrac{1}{3}\triangle$ABC

$\square$GDCE$=\triangle$GDC$+\triangle$GCE$=\dfrac{1}{6}\triangle$ABC$+\dfrac{1}{6}\triangle$ABC

$=\dfrac{1}{3}\triangle$ABC

$\therefore \triangle$GAB$=\square$GDCE

目 ③

0652 $\triangle$G′BD$=\dfrac{1}{3}\triangle$GBD$=\dfrac{1}{3}\times\dfrac{1}{6}\triangle$ABC

$=\dfrac{1}{18}\triangle$ABC$=\dfrac{1}{18}\times72$

$=4(cm^2)$

目 4 cm²

0653 오른쪽 그림과 같이 $\overline{BD}$를 그어 $\overline{AC}$와의 교점을 O라 하면 $\square$ABCD는 평행사변형이므로

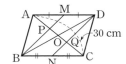

$\overline{AO}=\overline{CO}=\dfrac{1}{2}\overline{AC}$

$=\dfrac{1}{2}\times30=15(cm)$

두 점 P, Q는 각각 $\triangle$ABD, $\triangle$DBC의 무게중심이므로

$\overline{PO}=\dfrac{1}{3}\overline{AO}=\dfrac{1}{3}\times15=5(cm)$

$\overline{QO}=\dfrac{1}{3}\overline{CO}=\dfrac{1}{3}\times15=5(cm)$

$\therefore \overline{PQ}=\overline{PO}+\overline{OQ}=5+5=10(cm)$

目 10 cm

0654 $\triangle$ABF에서 삼각형의 두 변의 중점을 연결한 선분의 성질에 의해

$\overline{DE}/\!/\overline{BF}$, $\overline{BF}=2\overline{DE}$

또 $\triangle$DCE에서 삼각형의 두 변의 중점을 연결한 선분의 성질에 의해

$\overline{PF}=\dfrac{1}{2}\overline{DE}$

이때 $\overline{BF}=2\overline{DE}$에서 $6+\dfrac{1}{2}\overline{DE}=2\overline{DE}$, $\dfrac{3}{2}\overline{DE}=6$

$\therefore \overline{DE}=4(cm)$

目 4 cm

0655 오른쪽 그림과 같이 점 E를 지나고 $\overline{BD}$에 평행한 직선을 그어 $\overline{AC}$와 만나는 점을 G라 하자.

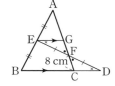

$\triangle$EFG$\equiv\triangle$DFC (ASA 합동)이므로

$\overline{GF}=\overline{CF}=8\ cm$

$\triangle$ABC에서 삼각형의 두 변의 중점을 연결한 선분의 성질에 의해

$\overline{AG}=\overline{GC}=\overline{GF}+\overline{FC}=8+8=16(cm)$

$\therefore \overline{AF}=\overline{AG}+\overline{GF}=16+8=24(cm)$

目 ④

0656 점 G'은 $\triangle GBC$의 무게중심이므로

$\overline{GG'} : \overline{G'D} = 2 : 1$에서

$4 : \overline{G'D} = 2 : 1$, $2\overline{G'D} = 4$

$\therefore \overline{G'D} = 2 \, (\text{cm})$

$\therefore \overline{GD} = 4 + 2 = 6 \, (\text{cm})$

.... ㉮

또 점 G는 $\triangle ABC$의 무게중심이므로

$\overline{AD} : \overline{GD} = 3 : 1$에서 $\overline{AD} : 6 = 3 : 1$

$\therefore \overline{AD} = 18 \, (\text{cm})$

.... ㉯

답 **18 cm**

단계	채점 요소	배점
㉮	$\overline{GD}$의 길이 구하기	50%
㉯	$\overline{AD}$의 길이 구하기	50%

0657 점 G는 $\triangle ABC$의 무게중심이므로

$\overline{AD} : \overline{GD} = 3 : 1$

$\therefore \triangle EDG = \dfrac{1}{3} \triangle AED$ .... ㉠

.... ㉮

$\triangle ABD$에서 $\overline{EG} \, /\!/ \, \overline{BD}$이므로

$\overline{AE} : \overline{AB} = \overline{AG} : \overline{AD} = 2 : 3$

$\therefore \triangle AED = \dfrac{2}{3} \triangle ABD$

$= \dfrac{2}{3} \times \dfrac{1}{2} \triangle ABC$

$= \dfrac{1}{3} \triangle ABC$ .... ㉡

.... ㉯

㉠, ㉡에서

$\triangle EDG = \dfrac{1}{3} \times \dfrac{1}{3} \triangle ABC$

$= \dfrac{1}{9} \triangle ABC$

$= \dfrac{1}{9} \times 54 = 6 \, (\text{cm}^2)$

.... ㉰

답 **6 cm²**

단계	채점 요소	배점
㉮	$\triangle EDG = \dfrac{1}{3}\triangle AED$임을 알기	30%
㉯	$\triangle AED = \dfrac{1}{3}\triangle ABC$임을 알기	40%
㉰	$\triangle EDG$의 넓이 구하기	30%

0658 $\triangle ABD$에서 삼각형의 두 변의 중점을 연결한 선분의 성질에 의해

$\overline{AB} \, /\!/ \, \overline{EG}$, $\overline{EG} = \dfrac{1}{2} \overline{AB}$ .... ㉠

$\therefore \angle EGD = \angle ABD = 30° \, (\text{동위각})$

$\triangle BCD$에서 삼각형의 두 변의 중점을 연결한 선분의 성질에 의해

$\overline{GF} \, /\!/ \, \overline{DC}$, $\overline{GF} = \dfrac{1}{2} \overline{DC}$ .... ㉡

$\therefore \angle BGF = \angle BDC = 100° \, (\text{동위각})$

즉, $\angle DGF = 180° - 100° = 80°$이므로

$\angle EGF = \angle EGD + \angle DGF$

$= 30° + 80° = 110°$

이때 등변사다리꼴 $ABCD$에서 $\overline{AB} = \overline{DC}$이므로 ㉠, ㉡에서

$\overline{EG} = \overline{GF}$

따라서 $\triangle GFE$는 이등변삼각형이므로

$\angle GFE = \dfrac{1}{2} \times (180° - 110°) = 35°$

답 **35°**

0659 오른쪽 그림과 같이 $\overline{BD}$를 그으면 $\overline{AM} = \overline{MB}$, $\overline{AN} = \overline{ND}$이므로 점 E는 $\triangle ABD$의 무게중심이다.

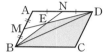

따라서 $\overline{DE} = 2\overline{EM}$이므로

$\triangle BDE = 2\triangle BEM$

$= 2 \times 10 = 20 \, (\text{cm}^2)$

$\therefore \triangle BCD = \triangle ABD = 3\triangle BDE$

$= 3 \times 20 = 60 \, (\text{cm}^2)$

$\therefore \square BCDE = \triangle BDE + \triangle BCD$

$= 20 + 60 = 80 \, (\text{cm}^2)$

답 **80 cm²**

08 피타고라스 정리

III. 도형의 닮음과 피타고라스 정리

본문 p.101, 103

0660 $x^2=3^2+4^2=25$
그런데 $x>0$이므로 $x=5$　　　　　　　　　　　**답 5**

0661 $x^2+6^2=10^2$, $x^2=64$
그런데 $x>0$이므로 $x=8$　　　　　　　　　　　**답 8**

0662 $x^2=8^2+15^2=289$
그런데 $x>0$이므로 $x=17$　　　　　　　　　　**답 17**

0663 $15^2+x^2=25^2$, $x^2=400$
그런데 $x>0$이므로 $x=20$　　　　　　　　　　**답 20**

0664 $5^2+x^2=13^2$, $x^2=144$
그런데 $x>0$이므로 $x=12$
$y^2=9^2+12^2=225$
그런데 $y>0$이므로 $y=15$　　　　　**답 $x=12$, $y=15$**

0665 $x^2=18^2+24^2=900$
그런데 $x>0$이므로 $x=30$
$y^2=30^2+40^2=2500$
그런데 $y>0$이므로 $y=50$　　　　　**답 $x=30$, $y=50$**

0666 **답** ㈎ **SAS** ㈏ **△LBF** ㈐ **□BFML**
　　　　㈑ **□LMGC** ㈒ $\overline{BC}^2$

0667 ㄱ. $2^2+3^2\neq4^2$
ㄴ. $4^2+3^2=5^2$ (직각삼각형)
ㄷ. $12^2+5^2=13^2$ (직각삼각형)
ㄹ. $8^2+15^2=17^2$ (직각삼각형)
ㅁ. $12^2+9^2\neq14^2$
ㅂ. $15^2+12^2\neq20^2$　　　　　　　　**답 ㄴ, ㄷ, ㄹ**

0668 $3^2>2^2+2^2$　∴ 둔각삼각형　　**답 둔각삼각형**

0669 $15^2=9^2+12^2$　∴ 직각삼각형　　**답 직각삼각형**

0670 $9^2<6^2+8^2$　∴ 예각삼각형　　**답 예각삼각형**

0671 $6^2>3^2+4^2$　∴ 둔각삼각형　　**답 둔각삼각형**

0672 $7^2<4^2+6^2$　∴ 예각삼각형　　**답 예각삼각형**

0673 $17^2=8^2+15^2$　∴ 직각삼각형　　**답 직각삼각형**

0674 $5^2+6^2=4^2+x^2$　∴ $x^2=45$　　**답 45**

0675 $8^2+x^2=6^2+9^2$　∴ $x^2=53$　　**답 53**

0676 $10^2+8^2=x^2+12^2$　∴ $x^2=20$　　**답 20**

0677 $6^2+5^2=7^2+x^2$　∴ $x^2=12$　　**답 12**

0678 $6^2+8^2=5^2+x^2$　∴ $x^2=75$　　**답 75**

0679 $3^2+x^2=4^2+5^2$　∴ $x^2=32$　　**답 32**

0680 $4^2+8^2=x^2+6^2$　∴ $x^2=44$　　**답 44**

0681 $x^2+3^2=4^2+2^2$　∴ $x^2=11$　　**답 11**

0682 (색칠한 부분의 넓이)$=26+13$
　　　　　　　　　　　　$=39(\text{cm}^2)$　　**답 39 cm²**

0683 (색칠한 부분의 넓이)$=24-8$
　　　　　　　　　　　　$=16(\text{cm}^2)$　　**답 16 cm²**

0684 (색칠한 부분의 넓이)$=23+12$
　　　　　　　　　　　　$=35(\text{cm}^2)$　　**답 35 cm²**

0685 (색칠한 부분의 넓이)$=\triangle ABC$
　　　　　　　　　　　　$=\dfrac{1}{2}\times6\times4$
　　　　　　　　　　　　$=12(\text{cm}^2)$　　**답 12 cm²**

유형 익히기

본문 p.104 ~ 107

0686 직각삼각형 ABC의 넓이가 6 cm²이므로
$\dfrac{1}{2}\times4\times\overline{AC}=6$　∴ $\overline{AC}=3(\text{cm})$
$\overline{AB}^2=4^2+3^2=25$
그런데 $\overline{AB}>0$이므로 $\overline{AB}=5(\text{cm})$　　**답 5 cm**

0687 마름모의 두 대각선은 서로를 수직이등분하므로
$\overline{AC}\perp\overline{BD}$, $\overline{AO}=\overline{CO}$, $\overline{BO}=\overline{DO}$
따라서 직각삼각형 ABO에서
$\overline{AO}=\dfrac{1}{2}\times32=16(cm)$, $\overline{BO}=\dfrac{1}{2}\times24=12(cm)$이므로
$\overline{AB}^2=12^2+16^2=400$
그런데 $\overline{AB}>0$이므로 $\overline{AB}=20(cm)$　　**冒 20 cm**

0688 넓이가 81 cm²인 정사각형의 한 변의 길이는 9 cm이고,
넓이가 9 cm²인 정사각형의 한 변의 길이는 3 cm이므로
$x^2=(9+3)^2+9^2=225$
그런데 $x>0$이므로 $x=15$　　**冒 15**

0689 △ABC에서 $\overline{AB}^2=8^2+6^2=100$
그런데 $\overline{AB}>0$이므로 $\overline{AB}=10(cm)$

$\qquad\qquad\qquad\qquad\qquad\qquad\qquad\qquad$ **㉮**

이때 직각삼각형에서 빗변의 중점은 외심과 일치하므로
$\overline{CD}=\overline{AD}=\overline{BD}=\dfrac{1}{2}\overline{AB}=\dfrac{1}{2}\times10=5(cm)$

$\qquad\qquad\qquad\qquad\qquad\qquad\qquad\qquad$ **㉯**

$\therefore \overline{CG}=\dfrac{2}{3}\overline{CD}=\dfrac{2}{3}\times5=\dfrac{10}{3}(cm)$

$\qquad\qquad\qquad\qquad\qquad\qquad\qquad\qquad$ **㉰**

冒 $\dfrac{10}{3}$ cm

단계	채점 요소	배점
㉮	$\overline{AB}$의 길이 구하기	40%
㉯	$\overline{CD}$의 길이 구하기	30%
㉰	$\overline{CG}$의 길이 구하기	30%

0690 △AHC에서 $\overline{AH}^2=20^2-16^2=144$
그런데 $\overline{AH}>0$이므로 $\overline{AH}=12(cm)$
△ABH에서 $\overline{AB}^2=5^2+12^2=169$
그런데 $\overline{AB}>0$이므로 $\overline{AB}=13(cm)$　　**冒 13 cm**

0691 △ABD에서 $\overline{AB}^2=10^2-6^2=64$
그런데 $\overline{AB}>0$이므로 $\overline{AB}=8(cm)$
△ABC에서 $\overline{AC}^2=(6+9)^2+8^2=289$
그런데 $\overline{AC}>0$이므로 $\overline{AC}=17(cm)$　　**冒 17 cm**

0692 △ABD에서 $\overline{AD}^2=26^2-10^2=576$
그런데 $\overline{AD}>0$이므로 $\overline{AD}=24$
△ADC에서 $\overline{CD}^2=30^2-24^2=324$
그런데 $\overline{CD}>0$이므로 $\overline{CD}=18$
따라서 △ADC의 둘레의 길이는
$24+18+30=72$　　**冒 72**

0693 △ABC에서 $\overline{BC}^2=20^2-12^2=256$
그런데 $\overline{BC}>0$이므로 $\overline{BC}=16(cm)$
삼각형의 각의 이등분선의 성질에 의하여
$\overline{BD}:\overline{CD}=\overline{AB}:\overline{AC}=20:12=5:3$
$\therefore \overline{CD}=\dfrac{3}{8}\overline{BC}=\dfrac{3}{8}\times16=6(cm)$
$\therefore △ADC=\dfrac{1}{2}\times6\times12=36(cm^2)$

冒 36 cm²

참고
삼각형의 각의 이등분선의 성질
△ABC에서 ∠A의 이등분선이 $\overline{BC}$와 만
나는 점을 D라 하면
$\overline{AB}:\overline{AC}=\overline{BD}:\overline{CD}$

0694 오른쪽 그림과 같이 꼭짓점 A에서
$\overline{BC}$에 내린 수선의 발을 H라 하자.
$\overline{HC}=\overline{AD}=12$ cm
$\therefore \overline{BH}=\overline{BC}-\overline{HC}$
$\qquad=17-12=5(cm)$
△ABH에서
$\overline{AH}^2=13^2-5^2=144$
그런데 $\overline{AH}>0$이므로
$\overline{AH}=12(cm)$
$\therefore \square ABCD=\dfrac{1}{2}\times(12+17)\times12=174(cm^2)$　　**冒 174 cm²**

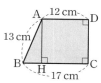

0695 오른쪽 그림과 같이 대각선
$\overline{AC}$를 그으면 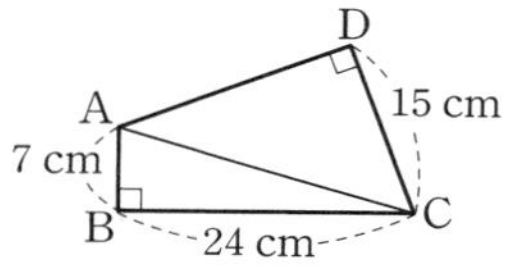
△ABC에서
$\overline{AC}^2=24^2+7^2=625$
△ACD에서
$\overline{AD}^2=625-15^2=400$
그런데 $\overline{AD}>0$이므로
$\overline{AD}=20(cm)$
따라서 □ABCD의 둘레의 길이는
$7+24+15+20=66(cm)$　　**冒 66 cm**

0696 오른쪽 그림과 같이 꼭짓점 A에
서 $\overline{BC}$에 내린 수선의 발을 H라 하자. 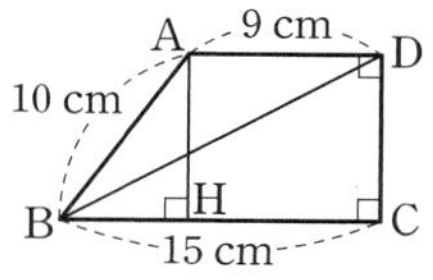
$\overline{HC}=\overline{AD}=9$ cm
$\therefore \overline{BH}=15-9=6(cm)$
△ABH에서
$\overline{AH}^2=10^2-6^2=64$
그런데 $\overline{AH}>0$이므로 $\overline{AH}=8(cm)$
△DBC에서 $\overline{DC}=\overline{AH}=8$ cm이므로
$\overline{BD}^2=15^2+8^2=289$
그런데 $\overline{BD}>0$이므로 $\overline{BD}=17(cm)$　　**冒 17 cm**

0697 오른쪽 그림과 같이 두 꼭짓점 A, D에서 $\overline{BC}$에 내린 수선의 발을 각각 E, F라 하자.

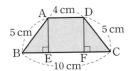

$\overline{EF}=\overline{AD}=4\,\text{cm}$

─────────────────── ㉮

□ABCD가 등변사다리꼴이므로

$\overline{BE}=\overline{FC}=\dfrac{1}{2}\times(10-4)=3(\text{cm})$

─────────────────── ㉯

△ABE에서 $\overline{AE}^2=5^2-3^2=16$

그런데 $\overline{AE}>0$이므로 $\overline{AE}=4(\text{cm})$

─────────────────── ㉰

$\therefore$ □ABCD$=\dfrac{1}{2}\times(4+10)\times4=28(\text{cm}^2)$

─────────────────── ㉱

답 **28 cm²**

단계	채점 요소	배점
㉮	$\overline{EF}$의 길이 구하기	20%
㉯	$\overline{BE}$의 길이 구하기	20%
㉰	$\overline{AE}$의 길이 구하기	30%
㉱	□ABCD의 넓이 구하기	30%

0698 $\overline{AH}=14-8=6(\text{cm})$

△AEH에서 $\overline{EH}^2=8^2+6^2=100$

따라서 □EFGH는 정사각형이므로

□EFGH$=\overline{EH}^2=100(\text{cm}^2)$

답 **100 cm²**

0699 $\overline{AE}=\overline{CG}=8\,\text{cm}$이므로 △ABE에서

$\overline{BE}^2=17^2-8^2=225$

그런데 $\overline{BE}>0$이므로 $\overline{BE}=15(\text{cm})$

$\overline{BF}=\overline{CG}=8\,\text{cm}$이므로 $\overline{EF}=15-8=7(\text{cm})$

따라서 □EFGH는 한 변의 길이가 7 cm인 정사각형이므로 둘레의 길이는

$4\times7=28(\text{cm})$

답 **28 cm**

0700 △ABC≡△CDE이므로 △ACE는 ∠ACE$=90°$인 직각이등변삼각형이다.

△ACE의 넓이에서

$\dfrac{1}{2}\overline{AC}^2=200,\ \overline{AC}^2=400$

그런데 $\overline{AC}>0$이므로 $\overline{AC}=20(\text{cm})$

△ABC에서 $\overline{BC}^2=20^2-12^2=256$

그런데 $\overline{BC}>0$이므로 $\overline{BC}=16(\text{cm})$

$\overline{CD}=\overline{AB}=12\,\text{cm}$이므로

$\overline{BD}=\overline{BC}+\overline{CD}=16+12=28(\text{cm})$

$\overline{DE}=\overline{BC}=16\,\text{cm}$이므로

□ABDE$=\dfrac{1}{2}\times(12+16)\times28=392(\text{cm}^2)$

답 ④

0701 오른쪽 그림과 같이 $\overline{EA}$, $\overline{EC}$를 그으면

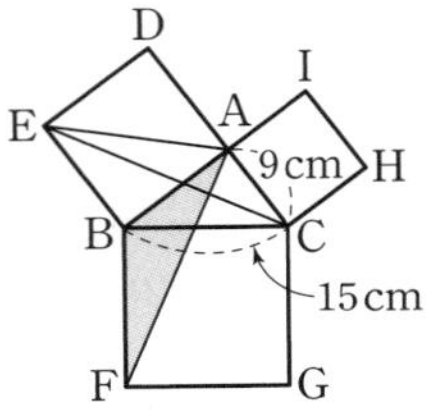

△ABF≡△EBC (SAS 합동)이므로

△ABF=△EBC

또 $\overline{DC}$∥$\overline{EB}$이므로

△EBC=△EBA

이때 △ABC에서 $\overline{AB}^2=15^2-9^2=144$

그런데 $\overline{AB}>0$이므로 $\overline{AB}=12(\text{cm})$

$\therefore$ △ABF=△EBA$=\dfrac{1}{2}$□ADEB

$=\dfrac{1}{2}\times12\times12=72(\text{cm}^2)$

답 **72 cm²**

0702 $\overline{DC}$∥$\overline{EB}$이므로 △EBA=△EBC

△ABF≡△EBC (SAS 합동)이므로 △ABF=△EBC

$\overline{BF}$∥$\overline{AM}$이므로 △ABF=△BFL

$\therefore$ △EBA=△EBC=△ABF=△BFL

따라서 넓이가 다른 것은 ② △BCH이다.

답 ②

0703 $\overline{BC}^2=\overline{AB}^2+\overline{AC}^2$

$=$□AFGB$+$□ACDE

$=120+49=169$

그런데 $\overline{BC}>0$이므로 $\overline{BC}=13(\text{cm})$

답 **13 cm**

0704 △ABC에서 $\overline{AB}^2=12^2-6^2=108$

$\therefore$ △FDG$=\dfrac{1}{2}$□BDGF$=\dfrac{1}{2}\overline{AB}^2$

$=\dfrac{1}{2}\times108=54(\text{cm}^2)$

답 **54 cm²**

0705 ㄱ. $3^2+4^2=5^2$ (직각삼각형)

ㄴ. $6^2+6^2\neq10^2$

ㄷ. $5^2+12^2=13^2$ (직각삼각형)

ㄹ. $7^2+24^2=25^2$ (직각삼각형)

ㅁ. $9^2+15^2\neq20^2$

ㅂ. $12^2+16^2\neq18^2$

답 ㄱ, ㄷ, ㄹ

0706 (i) 가장 긴 막대의 길이가 6 cm일 때

$3^2+x^2=6^2$ $\therefore x^2=27$

(ii) 가장 긴 막대의 길이가 x cm일 때

$3^2+6^2=x^2$ $\therefore x^2=45$

(i), (ii)에서 $x^2=27$ 또는 $x^2=45$

답 **27, 45**

0707 ① $7^2<4^2+6^2$ $\therefore$ 예각삼각형

② $9^2>4^2+8^2$ $\therefore$ 둔각삼각형

③ $9^2<6^2+7^2$ $\therefore$ 예각삼각형

④ $10^2<6^2+9^2$ $\therefore$ 예각삼각형

⑤ $15^2=9^2+12^2$ $\therefore$ 직각삼각형

답 ②

0708 ① $4^2 > 2^2 + 3^2$ ∴ 둔각삼각형
② $6^2 < 3^2 + 6^2$ ∴ 예각삼각형
③ $6^2 < 4^2 + 5^2$ ∴ 예각삼각형
④ $12^2 > 6^2 + 8^2$ ∴ 둔각삼각형
⑤ $17^2 = 8^2 + 15^2$ ∴ 직각삼각형   **目 ②, ③**

0709 $\overline{BE}^2 + \overline{CD}^2 = \overline{DE}^2 + \overline{BC}^2$ 이므로
$4^2 + 5^2 = x^2 + 6^2$ ∴ $x^2 = 5$ **目 5**

0710 △ABC에서 삼각형의 두 변의 중점을 연결한 선분의 성질에 의해
$\overline{DE} = \dfrac{1}{2}\overline{AC} = \dfrac{1}{2} \times 10 = 5\,(\text{cm})$
$\overline{AE}^2 + \overline{CD}^2 = \overline{DE}^2 + \overline{AC}^2$ 이므로
$7^2 + x^2 = 5^2 + 10^2$
∴ $x^2 = 76$ **目 76**

0711 △ABC에서 $\overline{BC}^2 = 8^2 + 6^2 = 100$
∴ $\overline{BE}^2 + \overline{CD}^2 = \overline{DE}^2 + \overline{BC}^2$
$\qquad = 4^2 + 100 = 116$ **目 116**

0712 △ADE에서 $\overline{DE}^2 = 3^2 + 2^2 = 13$
──────────────────── ㉮

△ABE에서 $\overline{BE}^2 = (3+5)^2 + 2^2 = 68$
──────────────────── ㉯

따라서 $\overline{BE}^2 + \overline{CD}^2 = \overline{DE}^2 + \overline{BC}^2$ 이므로
$\overline{BC}^2 - \overline{CD}^2 = \overline{BE}^2 - \overline{DE}^2$
$\qquad = 68 - 13 = 55$
──────────────────── ㉰
   目 55

단계	채점 요소	배점
㉮	$\overline{DE}^2$의 값 구하기	30%
㉯	$\overline{BE}^2$의 값 구하기	30%
㉰	$\overline{BC}^2 - \overline{CD}^2$의 값 구하기	40%

0713 $\overline{AB}^2 + \overline{CD}^2 = \overline{AD}^2 + \overline{BC}^2$ 이므로
$y^2 + 5^2 = x^2 + 6^2$
∴ $y^2 - x^2 = 11$ **目 11**

0714 $\overline{AP}^2 + \overline{CP}^2 = \overline{BP}^2 + \overline{DP}^2$ 이므로
$\overline{DP}^2 - \overline{CP}^2 = \overline{AP}^2 - \overline{BP}^2$
$\qquad = 5^2 - 4^2 = 9$ **目 9**

0715 △ABO에서
$\overline{AB}^2 = 2^2 + 3^2 = 13$
∴ $\overline{AD}^2 + \overline{BC}^2 = \overline{AB}^2 + \overline{CD}^2 = 13 + 6^2 = 49$ **目 49**

0716 △ABD에서 $\overline{BD}^2 = 20^2 + 15^2 = 625$
그런데 $\overline{BD} > 0$ 이므로 $\overline{BD} = 25$
──────────────────── ㉮

△ABP에서 $\overline{AB} \times \overline{AD} = \overline{AP} \times \overline{BD}$ 이므로
$15 \times 20 = \overline{AP} \times 25$ ∴ $\overline{AP} = 12$
──────────────────── ㉯

$\overline{AB}^2 = \overline{BP} \times \overline{BD}$ 이므로
$15^2 = \overline{BP} \times 25$ ∴ $\overline{BP} = 9$
∴ $\overline{DP} = \overline{BD} - \overline{BP} = 25 - 9 = 16$
──────────────────── ㉰

$\overline{AP}^2 + \overline{CP}^2 = \overline{BP}^2 + \overline{DP}^2$ 이므로
$12^2 + \overline{CP}^2 = 9^2 + 16^2$ ∴ $\overline{CP}^2 = 193$
──────────────────── ㉱
   目 193

단계	채점 요소	배점
㉮	$\overline{BD}$의 길이 구하기	20%
㉯	$\overline{AP}$의 길이 구하기	20%
㉰	$\overline{BP}$, $\overline{DP}$의 길이 구하기	30%
㉱	$\overline{CP}^2$의 값 구하기	30%

유형 UP
본문 p.108

0717 $P + Q = R$ 이므로
$P + Q + R = 2R = 2 \times \left(\dfrac{1}{2} \times \pi \times 6^2\right) = 36\pi$ **目 36π**

0718 $S_1 + S_2 = (\overline{BC}$를 지름으로 하는 반원의 넓이$)$
$\qquad\qquad = \dfrac{1}{2} \times \pi \times 8^2 = 32\pi$ **目 ③**

0719 $(\overline{BC}$를 지름으로 하는 반원의 넓이$) = 12\pi + 6\pi$
$\qquad\qquad\qquad\qquad\qquad = 18\pi\,(\text{cm}^2)$
이므로 $\dfrac{1}{2} \times \pi \times \left(\dfrac{\overline{BC}}{2}\right)^2 = 18\pi$, $\overline{BC}^2 = 144$
그런데 $\overline{BC} > 0$ 이므로 $\overline{BC} = 12\,(\text{cm})$ **目 12 cm**

0720 $\overline{BC}$를 지름으로 하는 반원의 넓이가 8π cm²이므로
$\dfrac{1}{2} \times \pi \times \left(\dfrac{\overline{BC}}{2}\right)^2 = 8\pi$, $\overline{BC}^2 = 64$
그런데 $\overline{BC} > 0$ 이므로 $\overline{BC} = 8\,(\text{cm})$
△ABC에서 $\overline{AB}^2 = 6^2 + 8^2 = 100$
그런데 $\overline{AB} > 0$ 이므로 $\overline{AB} = 10\,(\text{cm})$
∴ $(\overline{AB}$를 지름으로 하는 반원의 둘레의 길이$)$
$\qquad = 10 + \dfrac{1}{2} \times 2\pi \times 5$
$\qquad = 10 + 5\pi\,(\text{cm})$ **目 $(10+5\pi)$ cm**

0721 △ABC에서

$\overline{AB}^2=15^2-9^2=144$

그런데 $\overline{AB}>0$이므로 $\overline{AB}=12$(cm)

∴ (색칠한 부분의 넓이)$=$△ABC

$$=\frac{1}{2}\times12\times9$$

$$=54(\text{cm}^2)$$

답 **54 cm²**

0722 (색칠한 부분의 넓이)$=$△ABC$=30$ cm²이므로

⋯⋯ ㉮

$\dfrac{1}{2}\times\overline{AB}\times5=30$

∴ $\overline{AB}=12$(cm)

⋯⋯ ㉯

△ABC에서

$\overline{BC}^2=12^2+5^2=169$

그런데 $\overline{BC}>0$이므로

$\overline{BC}=13$(cm)

⋯⋯ ㉰

답 **13 cm**

단계	채점 요소	배점
㉮	(색칠한 부분의 넓이)$=$△ABC임을 알기	30 %
㉯	$\overline{AB}$의 길이 구하기	30 %
㉰	$\overline{BC}$의 길이 구하기	40 %

0723 (색칠한 부분의 넓이)$=2$△ABC

$$=2\times\left(\frac{1}{2}\times8\times6\right)$$

$$=48(\text{cm}^2)$$

답 **48 cm²**

0724 △ABC에서 $\overline{AB}^2+\overline{AC}^2=10^2$

이때 $\overline{AB}=\overline{AC}$이므로 $2\overline{AB}^2=100$, $\overline{AB}^2=50$

∴ (색칠한 부분의 넓이)$=$△ABC

$$=\frac{1}{2}\times\overline{AB}^2=\frac{1}{2}\times50$$

$$=25(\text{cm}^2)$$

답 **25 cm²**

📖 **중단원** 마무리하기   본문 p.109 ~ 110

0725 $\overline{AB}^2=30^2-24^2=324$

그런데 $\overline{AB}>0$이므로 $\overline{AB}=18$(cm)

∴ △ABC$=\dfrac{1}{2}\times24\times18=216$(cm²)

답 **216 cm²**

0726 △ABH에서 $\overline{BH}^2=20^2-12^2=256$

그런데 $\overline{BH}>0$이므로 $\overline{BH}=16$(cm)

∴ $\overline{CH}=\overline{BC}-\overline{BH}=21-16=5$(cm)

△AHC에서 $\overline{AC}^2=5^2+12^2=169$

그런데 $\overline{AC}>0$이므로 $\overline{AC}=13$(cm)

답 ②

0727 일차방정식 $3x+4y=12$의 그래프에서 x절편은 4, y절편은 3이므로

$\overline{OA}=4$, $\overline{OB}=3$

△BOA에서 $\overline{AB}^2=4^2+3^2=25$

그런데 $\overline{AB}>0$이므로 $\overline{AB}=5$

이때 $\overline{OA}\times\overline{OB}=\overline{AB}\times\overline{OH}$이므로

$4\times3=5\times\overline{OH}$ ∴ $\overline{OH}=\dfrac{12}{5}$

답 $\dfrac{12}{5}$

0728 $\overline{EF}^2=25$에서 $\overline{EF}>0$이므로 $\overline{EF}=5$(cm)

$\overline{BF}=\overline{AE}=4$ cm이므로

$\overline{BE}=\overline{BF}+\overline{FE}=4+5=9$(cm)

△ABE에서 $\overline{AB}^2=9^2+4^2=97$

∴ □ABCD$=\overline{AB}^2=97$(cm²)

답 **97 cm²**

0729 ① △EBA와 △ECA는 높이는 같지만 $\overline{EB}=\overline{AC}$인지는 알 수 없으므로 반드시 △EBA$=$△ECA라고 할 수 없다.

②, ④, ⑤ △EBC$=$△ABF$=$△LBF$=\dfrac{1}{2}$□BFML

∴ □ADEB$=$□BFML

③ △BCH$=$△GCA$=$△GCL$=\dfrac{1}{2}$□LMGC

답 ③

0730 오른쪽 그림과 같이 $\overline{AC}$를 그으면 △ACD에서

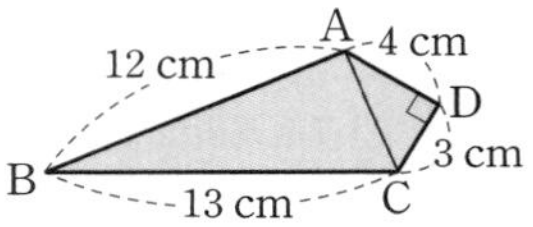

$\overline{AC}^2=3^2+4^2=25$

그런데 $\overline{AC}>0$이므로 $\overline{AC}=5$(cm)

△ABC에서 $12^2+5^2=13^2$

즉, $\overline{AB}^2+\overline{AC}^2=\overline{BC}^2$이므로

△ABC는 $\angle BAC=90°$인 직각삼각형이다.

∴ □ABCD$=$△ABC$+$△ACD

$$=\frac{1}{2}\times12\times5+\frac{1}{2}\times3\times4$$

$$=30+6=36(\text{cm}^2)$$

답 **36 cm²**

0731 (i) 빗변의 길이가 x일 때

$4^2+5^2=x^2$ ∴ $x^2=41$

(ii) 빗변의 길이가 5일 때

$x^2+4^2=5^2$ ∴ $x^2=9$

(i), (ii)에서 x^2의 값은 9, 41이다.

답 **9, 41**

0732 ㄱ. $x=4$이면 $8^2>4^2+6^2$이므로 둔각삼각형이다.

ㄴ. $x=6$이면 $8^2<6^2+6^2$이므로 예각삼각형이다.

ㄷ. $x=10$이면 $10^2=6^2+8^2$이므로 직각삼각형이다.

ㄹ. $x=12$이면 $12^2>6^2+8^2$이므로 둔각삼각형이다.

따라서 옳은 것은 ㄱ, ㄴ, ㄷ이다. **圄 ㄱ, ㄴ, ㄷ**

0733 삼각형의 두 변의 중점을 연결한 선분의 성질에 의해

$\overline{DE}=\dfrac{1}{2}\overline{BC}=\dfrac{1}{2}\times12=6$

$\therefore \overline{BE}^2+\overline{CD}^2=\overline{DE}^2+\overline{BC}^2=6^2+12^2=180$ **圄 180**

0734 $\overline{AB}^2+\overline{CD}^2=\overline{AD}^2+\overline{BC}^2$이므로

$5^2+6^2=\overline{AD}^2+7^2$ $\therefore \overline{AD}^2=12$

$\triangle AOD$에서 $\overline{AO}^2=12-3^2=3$ **圄 3**

0735 $\overline{AP}^2+\overline{CP}^2=\overline{BP}^2+\overline{DP}^2$이므로

$4^2+18^2=\overline{BP}^2+14^2$, $\overline{BP}^2=144$

그런데 $\overline{BP}>0$이므로 $\overline{BP}=12(\text{km})$

따라서 집 P에서 공원 B로 가는 데 걸리는 시간은

$\dfrac{12}{12}=1$(시간) **圄 1시간**

0736 $P+Q=R$이므로 $32\pi+Q=50\pi$ $\therefore Q=18\pi$

$\dfrac{1}{2}\times\pi\times\left(\dfrac{\overline{AC}}{2}\right)^2=18\pi$, $\overline{AC}^2=144$

그런데 $\overline{AC}>0$이므로 $\overline{AC}=12$ **圄 ①**

0737 천막의 세로의 길이를 x m라 하
면 설치된 천막을 옆에서 본 모습은 오른
쪽 그림과 같다.

점 D에서 $\overline{AB}$에 내린 수선의 발을 H라

하면 $\overline{DH}=\overline{BC}=4$ m

또 $\overline{BH}=\overline{CD}=2$ m이므로

$\overline{AH}=\overline{AB}-\overline{HB}=5-2=3(\text{m})$

이때 직각삼각형 AHD에서 $x^2=4^2+3^2=25$

그런데 $x>0$이므로 $x=5$

즉, 천막의 세로의 길이는 5 m이다. **㉮**

$\therefore$ (천막의 넓이)$=4\times5=20(\text{m}^2)$ **㉯**

圄 20 m²

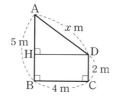

단계	채점 요소	배점
㉮	직각삼각형을 찾아 천막의 세로의 길이 구하기	70 %
㉯	천막의 넓이 구하기	30 %

0738 $\overline{AC}^2=36$이고 $\overline{AC}>0$이므로 $\overline{AC}=6(\text{cm})$ **㉮**

또 $\overline{BC}^2=100$이고 $\overline{BC}>0$이므로 $\overline{BC}=10(\text{cm})$ **㉯**

$\triangle ABC$에서 $\overline{AB}^2=10^2-6^2=64$

그런데 $\overline{AB}>0$이므로 $\overline{AB}=8(\text{cm})$ **㉰**

$\therefore \triangle ABC=\dfrac{1}{2}\times8\times6=24(\text{cm}^2)$ **㉱**

圄 24 cm²

단계	채점 요소	배점
㉮	$\overline{AC}$의 길이 구하기	30 %
㉯	$\overline{BC}$의 길이 구하기	30 %
㉰	$\overline{AB}$의 길이 구하기	30 %
㉱	$\triangle ABC$의 넓이 구하기	10 %

0739 $\triangle ABC$에서

$\overline{BC}^2=20^2+15^2=625$

그런데 $\overline{BC}>0$이므로 $\overline{BC}=25$

$\overline{AC}^2=\overline{CB}\times\overline{CH}$이므로

$15^2=25\times\overline{CH}$

$\therefore \overline{CH}=9$

$\triangle AHC$에서 $\overline{AH}^2=15^2-9^2=144$

그런데 $\overline{AH}>0$이므로 $\overline{AH}=12$

직각삼각형에서 빗변의 중점은 외심과 일치하므로

$\overline{AM}=\overline{BM}=\overline{CM}=\dfrac{1}{2}\overline{BC}=\dfrac{25}{2}$

$\therefore \overline{MH}=\overline{CM}-\overline{CH}=\dfrac{25}{2}-9=\dfrac{7}{2}$

$\triangle AMH$에서 $\overline{AH}\times\overline{MH}=\overline{AM}\times\overline{PH}$이므로

$12\times\dfrac{7}{2}=\dfrac{25}{2}\times\overline{PH}$

$\therefore \overline{PH}=\dfrac{84}{25}$ **圄 $\dfrac{84}{25}$**

0740 오른쪽 그림과 같이 대각선 BD를 그
으면

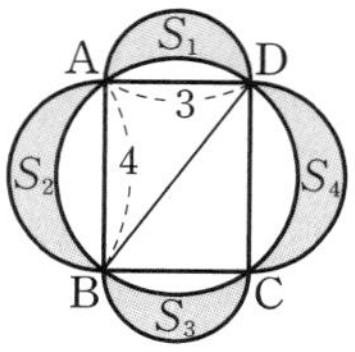

$S_1+S_2=\triangle ABD$

$S_3+S_4=\triangle DBC$

$\therefore$ (색칠한 부분의 넓이)

$=\triangle ABD+\triangle DBC$

$=\square ABCD$

$=3\times4=12$ **圄 12**

09 경우의 수

Ⅳ. 확률

교과서문제 정복하기

본문 p.113, 115

0741 1, 2, 3, 4, 5, 6이므로 구하는 경우의 수는 6이다. 답 6

0742 3 미만의 눈은 1, 2이므로 구하는 경우의 수는 2이다. 답 2

0743 3의 배수의 눈은 3, 6이므로 구하는 경우의 수는 2이다. 답 2

0744 6의 약수의 눈은 1, 2, 3, 6이므로 구하는 경우의 수는 4이다. 답 4

0745 2의 배수는 2, 4, 6, 8, 10이므로 구하는 경우의 수는 5이다. 답 5

0746 8의 약수는 1, 2, 4, 8이므로 구하는 경우의 수는 4이다. 답 4

0747 7 이상의 수는 7, 8, 9, 10이므로 구하는 경우의 수는 4이다. 답 4

0748 소수는 2, 3, 5, 7이므로 구하는 경우의 수는 4이다. 답 4

0749 $3+3=6$ 답 6

0750 $3+2=5$ 답 5

0751 $4+2=6$ 답 6

0752 답 3

0753 답 2

0754 $3+2=5$ 답 5

0755 $2\times2\times2=8$ 답 8

0756 $6\times6=36$ 답 36

0757 $2\times6=12$ 답 12

0758 $2\times3=6$ 답 6

0759 $4\times3\times2\times1=24$ 답 24

0760 $4\times3=12$ 답 12

0761 $4\times3\times2=24$ 답 24

0762 $5\times4\times3\times2\times1=120$ 답 120

0763 A, C를 한 명으로 생각하여 3명을 한 줄로 세우는 경우의 수는 $3\times2\times1=6$
이때 A, C가 자리를 바꾸는 경우의 수는 2이므로 구하는 경우의 수는 $6\times2=12$ 답 12

0764 A, B, C를 한 명으로 생각하여 2명을 한 줄로 세우는 경우의 수는 $2\times1=2$
이때 A, B, C가 자리를 바꾸는 경우의 수는 $3\times2\times1=6$
따라서 구하는 경우의 수는
$2\times6=12$ 답 12

0765 부모님을 한 명으로 생각하여 4명을 한 줄로 세우는 경우의 수는
$4\times3\times2\times1=24$
이때 부모님이 자리를 바꾸는 경우의 수는 2이므로 구하는 경우의 수는
$24\times2=48$ 답 48

0766 십의 자리에 올 수 있는 숫자는 1, 2, 3, 4의 4개, 일의 자리에 올 수 있는 숫자는 십의 자리의 숫자를 제외한 3개이다.
따라서 구하는 두 자리 자연수의 개수는
$4\times3=12$(개) 답 12개

0767 백의 자리에 올 수 있는 숫자는 1, 2, 3, 4의 4개, 십의 자리에 올 수 있는 숫자는 백의 자리의 숫자를 제외한 3개, 일의 자리에 올 수 있는 숫자는 백의 자리와 십의 자리의 숫자를 제외한 2개이다.
따라서 구하는 세 자리 자연수의 개수는
$4\times3\times2=24$(개) 답 24개

0768 십의 자리에 올 수 있는 숫자는 1, 2, 3, 4, 5의 5개, 일의 자리에 올 수 있는 숫자는 십의 자리의 숫자를 제외한 5개이다.
따라서 구하는 두 자리 자연수의 개수는
$5\times5=25$(개) 답 25개

0769 백의 자리에 올 수 있는 숫자는 1, 2, 3, 4, 5의 5개, 십의 자리에 올 수 있는 숫자는 백의 자리의 숫자를 제외한 5개, 일의 자리에 올 수 있는 숫자는 백의 자리와 십의 자리의 숫자를 제외한 4개이다.

따라서 구하는 세 자리 자연수의 개수는

$5 \times 5 \times 4 = 100$(개)

冒 100개

0770 천의 자리에 올 수 있는 숫자는 1, 2, 3, 4, 5의 5개, 백의 자리에 올 수 있는 숫자는 천의 자리의 숫자를 제외한 5개, 십의 자리에 올 수 있는 숫자는 천의 자리와 백의 자리의 숫자를 제외한 4개, 일의 자리에 올 수 있는 숫자는 천의 자리, 백의 자리, 십의 자리의 숫자를 제외한 3개이다.

따라서 구하는 네 자리 자연수의 개수는

$5 \times 5 \times 4 \times 3 = 300$(개)

冒 300개

0771 冒 **4**

0772 반장 1명을 뽑는 경우의 수는 4, 반장을 제외한 3명 중에서 부반장 1명을 뽑는 경우의 수는 3이므로 구하는 경우의 수는

$4 \times 3 = 12$

冒 12

0773 반장 1명을 뽑는 경우의 수는 4, 반장을 제외한 3명 중에서 부반장 1명을 뽑는 경우의 수는 3, 반장, 부반장을 제외한 2명 중에서 총무 1명을 뽑는 경우의 수는 2이므로 구하는 경우의 수는

$4 \times 3 \times 2 = 24$

冒 24

0774 $\dfrac{4 \times 3}{2} = 6$

冒 6

0775 $\dfrac{4 \times 3 \times 2}{3 \times 2 \times 1} = 4$

冒 4

0776 $\dfrac{6 \times 5}{2} = 15$

冒 15

0777 冒 **5**

0778 반장 1명을 뽑는 경우의 수는 5, 반장을 제외한 4명 중에서 부반장 1명을 뽑는 경우의 수는 4이므로 구하는 경우의 수는

$5 \times 4 = 20$

冒 20

0779 반장 1명을 뽑는 경우의 수는 5, 반장을 제외한 4명 중에서 부반장 1명을 뽑는 경우의 수는 4, 반장, 부반장을 제외한 3명 중에서 총무 1명을 뽑는 경우의 수는 3이므로 구하는 경우의 수는

$5 \times 4 \times 3 = 60$

冒 60

0780 남학생 3명 중에서 대표 1명을 뽑는 경우의 수는 3, 여학생 2명 중에서 대표 1명을 뽑는 경우의 수는 2이다.

따라서 구하는 경우의 수는

$3 \times 2 = 6$

冒 6

유형 익히기

본문 p.116~121

0781 두 주사위에서 나오는 눈의 수를 순서쌍으로 나타내면 두 눈의 수의 합이 8인 경우는 (2, 6), (3, 5), (4, 4), (5, 3), (6, 2)이므로 구하는 경우의 수는 5이다.

冒 5

0782 ① 3의 배수는 3, 6, 9, 12, 15, 18이므로 경우의 수는 6이다.

② 12의 약수는 1, 2, 3, 4, 6, 12이므로 경우의 수는 6이다.

③ 홀수는 1, 3, …, 19이므로 경우의 수는 10이다.

④ 소수는 2, 3, 5, 7, 11, 13, 17, 19이므로 경우의 수는 8이다.

⑤ 6 이상 15 미만의 수는 6, 7, …, 14이므로 경우의 수는 9이다.

冒 ③

0783 1000원을 지불하는 방법을 표로 나타내면 다음과 같다.

500원(개)	2	1	1	1	0	0	0
100원(개)	0	5	4	3	10	9	8
50원(개)	0	0	2	4	0	2	4

따라서 구하는 방법의 수는 7이다.

冒 7

0784 1750원을 지불하는 방법을 표로 나타내면 다음과 같다.

500원(개)	3	3	2
100원(개)	2	1	5
50원(개)	1	3	5

따라서 구하는 방법의 수는 3이다.

冒 3

0785 두 개의 주사위 A, B에서 나오는 눈의 수를 순서쌍으로 나타내면

두 눈의 수의 차가 1인 경우는

(1, 2), (2, 1), (2, 3), (3, 2), (3, 4), (4, 3), (4, 5), (5, 4), (5, 6), (6, 5)의 10가지이고,

두 눈의 수의 차가 4인 경우는

(1, 5), (2, 6), (5, 1), (6, 2)의 4가지이므로

구하는 경우의 수는

$10 + 4 = 14$

冒 ②

0786 4의 배수가 나오는 경우는 4, 8, 12, 16, 20의 5가지이고, 9의 배수가 나오는 경우는 9, 18의 2가지이므로 구하는 경우의 수는

$5+2=7$

답 ②

0787 홀수가 나오는 경우는 1, 3, 5, 7, 9의 5가지이고

·· ㉮

8의 약수가 나오는 경우는 1, 2, 4, 8의 4가지이다.

·· ㉯

그런데 1은 두 가지 경우에 모두 포함되므로 구하는 경우의 수는

$5+4-1=8$

·· ㉰

답 8

단계	채점 요소	배점
㉮	홀수가 나오는 경우의 수 구하기	30 %
㉯	8의 약수가 나오는 경우의 수 구하기	30 %
㉰	홀수 또는 8의 약수가 나오는 경우의 수 구하기	40 %

0788 버스로 가는 경우는 4가지, 지하철로 가는 경우는 2가지이므로 구하는 경우의 수는

$4+2=6$

답 6

0789 개를 입양하는 경우는 5가지, 고양이를 입양하는 경우는 3가지이므로 구하는 경우의 수는

$5+3=8$

답 8

0790 A 회사 제품을 사는 경우는 3가지, B 회사 제품을 사는 경우는 4가지, C 회사 제품을 사는 경우는 2가지이므로 구하는 경우의 수는

$3+4+2=9$

답 ⑤

0791 락이 나오는 경우는 5가지, 힙합이 나오는 경우는 3가지이므로 구하는 경우의 수는

$5+3=8$

답 ④

0792 학교에서 서점으로 가는 길이 4가지, 서점에서 집으로 가는 길이 3가지이므로 구하는 방법의 수는

$4×3=12$

답 ③

0793 등산로를 한 가지 선택하여 올라가는 방법은 5가지, 그 각각에 대하여 다른 길을 선택하여 내려오는 방법은 4가지이므로 구하는 방법의 수는

$5×4=20$

답 20

0794 의류 매장에서 나와 통로로 가는 방법은 4가지, 통로에서 신발 매장으로 들어가는 방법은 2가지이므로 구하는 방법의 수는

$4×2=8$

답 8

0795 (i) A → B → C로 가는 방법의 수: $2×3=6$
(ii) A → C로 바로 가는 방법의 수: 1
따라서 구하는 방법의 수는

$6+1=7$

답 ⑤

0796 한국 영화 1편을 선택하는 경우는 3가지, 외국 영화 1편을 선택하는 경우는 6가지이므로 구하는 경우의 수는

$3×6=18$

답 18

0797 과일을 선택하는 경우는 4가지, 채소를 선택하는 경우는 5가지이므로 만들 수 있는 주스의 종류는

$4×5=20$(가지)

답 20가지

0798 자음 한 개를 선택하는 경우는 4가지, 모음 한 개를 선택하는 경우는 2가지이므로 만들 수 있는 글자의 개수는

$4×2=8$(개)

답 8개

0799 상자를 선택하는 경우는 3가지, 포장지를 선택하는 경우는 7가지, 리본을 선택하는 경우는 2가지이므로 구하는 경우의 수는

$3×7×2=42$

답 42

0800 주사위 1개를 던질 때 나올 수 있는 경우는 1, 2, 3, 4, 5, 6의 6가지이고, 동전 한 개를 던질 때 나올 수 있는 경우는 앞면, 뒷면의 2가지이므로 구하는 경우의 수는

$6×2×2=24$

답 ④

0801 2의 배수의 눈이 나오는 경우는 2, 4, 6의 3가지이고, 6의 약수의 눈이 나오는 경우는 1, 2, 3, 6의 4가지이므로 구하는 경우의 수는

$3×4=12$

답 12

0802 동전 2개가 서로 다른 면이 나오는 경우는 (앞, 뒤), (뒤, 앞)의 2가지이고, 주사위의 눈이 3의 배수가 나오는 경우는 3, 6의 2가지이므로 구하는 경우의 수는

$2×2=4$

답 4

0803 각 전구는 켜진 경우, 꺼진 경우의 2가지가 있고, 전구가 모두 꺼진 경우는 신호로 생각하지 않으므로 만들 수 있는 신호의 개수는

$2 \times 2 \times 2 \times 2 \times 2 - 1 = 32 - 1 = 31$(개)

답 31개

0804 5개 중에서 3개를 뽑아 한 줄로 세우는 경우의 수와 같으므로

$5 \times 4 \times 3 = 60$

답 60

0805 4개를 한 줄로 세우는 경우의 수와 같으므로

$4 \times 3 \times 2 \times 1 = 24$

답 24

0806 미나를 제외한 3명을 나란히 앉히고, 오른쪽에서 두 번째 자리에 미나를 앉히면 되므로 구하는 경우의 수는

$3 \times 2 \times 1 = 6$

답 6

0807 아버지와 어머니 사이에 자녀 3명이 한 줄로 서는 경우의 수는

$3 \times 2 \times 1 = 6$

이때 아버지와 어머니가 자리를 바꾸는 경우의 수는 2이므로 구하는 경우의 수는

$6 \times 2 = 12$

답 12

0808 경은, 태경이를 한 명으로 생각하여 5명을 한 줄로 세우는 경우의 수는

$5 \times 4 \times 3 \times 2 \times 1 = 120$

이때 경은, 태경이가 자리를 바꾸는 경우의 수는 2이므로 구하는 경우의 수는

$120 \times 2 = 240$

답 240

0809 수학 문제집 3권을 한 권으로 생각하여 3권을 한 줄로 꽂는 경우의 수는

$3 \times 2 \times 1 = 6$

이때 수학 문제집끼리 자리를 바꾸는 경우의 수는

$3 \times 2 \times 1 = 6$

따라서 구하는 경우의 수는

$6 \times 6 = 36$

답 ③

0810 아름이와 다운이를 한 명으로 생각하고 우리와 나라를 한 명으로 생각하여 2명을 한 줄로 세우는 경우의 수는 $2 \times 1 = 2$

이때 아름이와 다운이가 자리를 바꾸는 경우의 수는 2, 우리와 나라가 자리를 바꾸는 경우의 수는 2이므로 구하는 경우의 수는

$2 \times 2 \times 2 = 8$

답 ④

0811 남학생 2명을 한 명으로 생각하고 여학생 4명을 한 명으로 생각하여 2명을 한 줄로 세우는 경우의 수

$2 \times 1 = 2$

━━━━━━━━━━━━━━━━━━━━━━━━━━━ ㉮

이때 남학생 2명이 자리를 바꾸는 경우의 수는 2, 여학생 4명이 자리를 바꾸는 경우의 수는

$4 \times 3 \times 2 \times 1 = 24$

━━━━━━━━━━━━━━━━━━━━━━━━━━━ ㉯

따라서 구하는 경우의 수는

$2 \times 2 \times 24 = 96$

━━━━━━━━━━━━━━━━━━━━━━━━━━━ ㉰

답 96

단계	채점 요소	배점
㉮	남학생과 여학생을 각각 한 명으로 생각하여 한 줄로 세우는 경우의 수 구하기	30%
㉯	남학생끼리, 여학생끼리 자리를 바꾸는 경우의 수 각각 구하기	50%
㉰	남학생끼리, 여학생끼리 이웃하여 서는 경우의 수 구하기	20%

0812 527보다 큰 수인 경우 백의 자리에 올 수 있는 숫자는 5 또는 7이다.

(i) 5□□인 경우: 532, 537, 572, 573의 4개

(ii) 7□□인 경우: 십의 자리에 올 수 있는 숫자는 7을 제외한 3개, 일의 자리에 올 수 있는 숫자는 십의 자리의 숫자와 7을 제외한 2개이므로 $3 \times 2 = 6$(개)

따라서 527보다 큰 세 자리 자연수의 개수는

$4 + 6 = 10$(개)

답 10개

0813 백의 자리에 올 수 있는 숫자는 6개, 십의 자리에 올 수 있는 숫자는 백의 자리의 숫자를 제외한 5개, 일의 자리에 올 수 있는 숫자는 백의 자리와 십의 자리의 숫자를 제외한 4개이므로 구하는 세 자리 자연수의 개수는

$6 \times 5 \times 4 = 120$(개)

답 ⑤

0814 (1) 십의 자리에 올 수 있는 숫자는 5개, 일의 자리에 올 수 있는 숫자는 십의 자리의 숫자를 제외한 4개이므로 구하는 두 자리 자연수의 개수는

$5 \times 4 = 20$(개)

(2) 홀수가 되려면 일의 자리의 숫자가 1 또는 3 또는 5이어야 한다.

(i) □1인 경우: 십의 자리에 올 수 있는 숫자는 1을 제외한 4개

(ii) □3인 경우: 십의 자리에 올 수 있는 숫자는 3을 제외한 4개

(iii) □5인 경우: 십의 자리에 올 수 있는 숫자는 5를 제외한 4개

따라서 구하는 홀수의 개수는

$4 + 4 + 4 = 12$(개)

답 (1) 20개 (2) 12개

0815 (i) 1□□인 경우: 십의 자리에 올 수 있는 숫자는 1을 제외한 3개, 일의 자리에 올 수 있는 숫자는 1과 십의 자리의 숫자를 제외한 2개이므로

$3 \times 2 = 6$(개)

(ii) 2□□인 경우: 십의 자리에 올 수 있는 숫자는 2를 제외한 3개, 일의 자리에 올 수 있는 숫자는 2와 십의 자리의 숫자를 제외한 2개이므로

$3 \times 2 = 6$(개)

(iii) 3□□인 경우: 십의 자리에 올 수 있는 숫자는 3을 제외한 3개, 일의 자리에 올 수 있는 숫자는 3과 십의 자리의 숫자를 제외한 2개이므로

$3 \times 2 = 6$(개)

(i)~(iii)에서 $6 + 6 + 6 = 18$(개)이므로 20번째에 오는 수는 백의 자리의 숫자가 4인 수 중 두 번째로 작은 수이다.

이때 백의 자리의 숫자가 4인 수는 412, 413, …이므로 구하는 수는 413이다.

답 413

0816 백의 자리에 올 수 있는 숫자는 0을 제외한 4개, 십의 자리에 올 수 있는 숫자는 백의 자리의 숫자를 제외한 4개, 일의 자리에 올 수 있는 숫자는 백의 자리와 십의 자리의 숫자를 제외한 3개이므로 구하는 세 자리 자연수의 개수는

$4 \times 4 \times 3 = 48$(개)

답 ③

0817 (i) 1□인 경우: 일의 자리에 올 수 있는 숫자는 1을 제외한 4개

(ii) 2□인 경우: 일의 자리에 올 수 있는 숫자는 2를 제외한 4개

(iii) 3□인 경우: 30의 1개

따라서 31 미만인 두 자리 자연수의 개수는

$4 + 4 + 1 = 9$(개)

답 9개

0818 같은 숫자를 여러 번 사용할 수 있으므로 천의 자리에 올 수 있는 숫자는 0을 제외한 9개, 백의 자리에 올 수 있는 숫자는 10개, 십의 자리에 올 수 있는 숫자는 10개, 일의 자리에 올 수 있는 숫자는 10개이므로 비밀번호를 만들 수 있는 방법의 수는

$9 \times 10 \times 10 \times 10 = 9000$

답 9000

0819 5의 배수가 되려면 일의 자리의 숫자가 0 또는 5이어야 한다.

(i) □□0인 경우: 백의 자리에 올 수 있는 숫자는 0을 제외한 5개, 십의 자리에 올 수 있는 숫자는 0과 백의 자리의 숫자를 제외한 4개이므로

$5 \times 4 = 20$(개)

.... ㉮

(ii) □□5인 경우: 백의 자리에 올 수 있는 숫자는 0과 5를 제외한 4개, 십의 자리에 올 수 있는 숫자는 5와 백의 자리의 숫자를 제외한 4개이므로

$4 \times 4 = 16$(개)

.... ㉯

따라서 구하는 5의 배수의 개수는

$20 + 16 = 36$(개)

.... ㉰

답 36개

단계	채점 요소	배점
㉮	일의 자리의 숫자가 0인 세 자리 자연수의 개수 구하기	40 %
㉯	일의 자리의 숫자가 5인 세 자리 자연수의 개수 구하기	40 %
㉰	5의 배수의 개수 구하기	20 %

0820 회장 1명을 뽑는 경우의 수는 5, 회장을 제외한 4명 중에서 부회장 1명을 뽑는 경우의 수는 4, 회장과 부회장을 제외한 3명 중에서 총무 1명을 뽑는 경우의 수는 3이므로 구하는 경우의 수는

$5 \times 4 \times 3 = 60$

답 60

0821 A를 제외한 B, C, D, E 4명 중에서 부대표, 총무를 각각 1명씩 뽑으면 되므로 구하는 경우의 수는

$4 \times 3 = 12$

답 ③

0822 $\dfrac{8 \times 7}{2} = 28$

답 28

0823 5명 중에서 100 m 달리기에 나갈 선수 2명을 뽑는 경우의 수는

$\dfrac{5 \times 4}{2} = 10$

나머지 3명 중에서 200 m 달리기에 나갈 선수 1명을 뽑는 경우의 수는 3

따라서 구하는 경우의 수는

$10 \times 3 = 30$

답 30

0824 6명 중에서 자격이 같은 2명을 뽑는 경우의 수와 같으므로

$\dfrac{6 \times 5}{2} = 15$(회)

답 ②

0825 3명 모두 남학생인 경우의 수는

$\dfrac{5 \times 4 \times 3}{3 \times 2 \times 1} = 10$

3명 모두 여학생인 경우의 수는

$\dfrac{4 \times 3 \times 2}{3 \times 2 \times 1} = 4$

따라서 구하는 경우의 수는

$10 + 4 = 14$

답 14

0826 5개의 점 중에서 순서를 생각하지 않고 2개의 점을 뽑는 경우의 수와 같으므로

$\dfrac{5\times4}{2}=10$(개)

圖 10개

0827 (1) 7개의 점 중에서 순서를 생각하지 않고 2개의 점을 뽑는 경우의 수와 같으므로 $\dfrac{7\times6}{2}=21$(개)

················· ㉮

(2) 7개의 점 중에서 순서를 생각하지 않고 3개의 점을 뽑는 경우의 수와 같으므로 $\dfrac{7\times6\times5}{3\times2\times1}=35$(개)

················· ㉯

圖 (1) 21개 (2) 35개

단계	채점 요소	배점
㉮	선분의 개수 구하기	50%
㉯	삼각형의 개수 구하기	50%

본문 p.122

유형 UP

0828 (ⅰ) A 지점에서 P 지점까지 최단 거리로 가는 방법은 3가지
(ⅱ) P 지점에서 B 지점까지 최단 거리로 가는 방법은 2가지 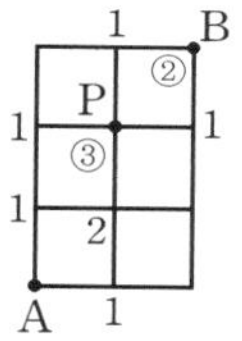
따라서 구하는 방법의 수는
$3\times2=6$

圖 6

0829 (ⅰ) 집에서 서점까지 최단 거리로 가는 방법은 6가지
(ⅱ) 서점에서 학교까지 최단 거리로 가는 방법은 2가지
따라서 구하는 방법의 수는
$6\times2=12$

圖 12

0830 규칙 ㉮, ㉯를 만족시키는 잠금 해제 패턴의 수는 오른쪽 그림의 A 지점에서 B 지점까지 최단 거리로 가는 방법의 수와 같다.
따라서 구하는 방법의 수는 6이다.

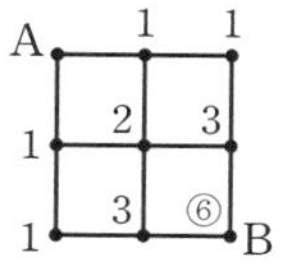

圖 6

0831 A에 칠할 수 있는 색은 4가지, B에 칠할 수 있는 색은 A에 칠한 색을 제외한 3가지, C에 칠할 수 있는 색은 A와 B에 칠한 색을 제외한 2가지이므로 구하는 경우의 수는
$4\times3\times2=24$

圖 24

0832 C에 초록색을 칠한다면 A, B, D, E에 초록색을 제외한 나머지 4가지 색을 한 번씩만 사용하여 칠하는 경우와 같다.
따라서 구하는 경우의 수는
$4\times3\times2\times1=24$

圖 ③

0833 A에 칠할 수 있는 색은 5가지, B에 칠할 수 있는 색은 A에 칠한 색을 제외한 4가지, C에 칠할 수 있는 색은 A와 B에 칠한 색을 제외한 3가지, D에 칠할 수 있는 색은 A와 C에 칠한 색을 제외한 3가지, E에 칠할 수 있는 색은 C와 D에 칠한 색을 제외한 3가지이다.

················· ㉮

따라서 구하는 경우의 수는
$5\times4\times3\times3\times3=540$

················· ㉯

圖 540

단계	채점 요소	배점
㉮	각 부분에 칠할 수 있는 색의 가짓수 구하기	60%
㉯	색을 칠하는 경우의 수 구하기	40%

중단원 마무리하기

본문 p.123~125

0834 유선이가 가위바위보에 져서 술래가 되는 경우를 순서쌍 (원주, 유선, 지영)으로 나타내면
(가위, 보, 가위), (바위, 가위, 바위), (보, 바위, 보)
의 3가지이다.

圖 ①

0835 점 (a, b)가 직선 $2x-y=6$ 위에 있으면 $2a-b=6$을 만족시킨다. 즉, $b=2a-6$을 만족시키는 경우를 순서쌍 (a, b)로 나타내면
$(4, 2), (5, 4), (6, 6)$
이므로 구하는 경우의 수는 3이다.

圖 3

0836 350원을 지불하는 방법을 표로 나타내면 다음과 같다.

100원(개)	3	3	2	2	1	1	0	0
50원(개)	1	0	3	2	5	4	7	6
10원(개)	0	5	0	5	0	5	0	5

따라서 지불하는 방법의 수는 8이다.

圖 ③

0837 바늘이 가리킨 수의 합이 7인 경우는
$(1, 6), (2, 5), (3, 4), (4, 3)$의 4가지
바늘이 가리킨 수의 합이 12인 경우는
$(4, 8), (5, 7), (6, 6)$의 3가지
따라서 구하는 경우의 수는 $4+3=7$

圖 7

0838 $4+7+3=14$ 답 ④

0839 (i) A → P → B → A로 가는 방법의 수:
$2 \times 3 \times 2 = 12$
(ii) A → B → P → A로 가는 방법의 수: $2 \times 3 \times 2 = 12$
따라서 구하는 방법의 수는
$12+12=24$ 답 **24**

0840 $4 \times 3 = 12$ 답 ④

0841 ① 6   ② $2 \times 2 \times 2 = 8$
③ $2 \times 2 \times 2 \times 2 = 16$ ④ $3 \times 3 = 9$
⑤ $2 \times 2 \times 6 = 24$ 답 ⑤

0842 두 눈의 수의 합이 짝수이려면 두 눈의 수가 모두 짝수이거나 모두 홀수이어야 한다.
(i) 두 눈의 수가 모두 짝수인 경우의 수: $3 \times 3 = 9$
(ii) 두 눈의 수가 모두 홀수인 경우의 수: $3 \times 3 = 9$
따라서 구하는 경우의 수는 $9+9=18$ 답 ②

0843 서로 다른 6개 중에서 2개를 뽑아 한 줄로 세우는 경우의 수와 같으므로
$6 \times 5 = 30$ 답 ④

0844 C를 맨 앞에 고정하고 A, B를 한 명으로 생각하여 4명을 한 줄로 세우는 경우의 수는
$4 \times 3 \times 2 \times 1 = 24$
이때 A, B가 자리를 바꾸는 경우의 수는 2이므로
구하는 경우의 수는 $24 \times 2 = 48$ 답 **48**

0845 (i) 35□인 경우: 354의 1개
(ii) 4□□인 경우: $4 \times 3 = 12$(개)
(iii) 5□□인 경우: $4 \times 3 = 12$(개)
따라서 352보다 큰 세 자리 자연수의 개수는
$1+12+12=25$(개) 답 ⑤

0846 3의 배수이려면 각 자리의 숫자의 합이 3의 배수이어야 한다. 두 자리 자연수의 십의 자리의 숫자를 a, 일의 자리의 숫자를 b라 하면
(i) $a+b=3$인 경우: 12, 21, 30의 3개
(ii) $a+b=6$인 경우: 15, 24, 42, 51, 60의 5개
(iii) $a+b=9$인 경우: 18, 27, 36, 45, 54, 63, 72, 81의 8개
(iv) $a+b=12$인 경우: 48, 57, 75, 84의 4개
(v) $a+b=15$인 경우: 78, 87의 2개
따라서 구하는 3의 배수의 개수는
$3+5+8+4+2=22$(개) 답 **22개**

0847 전체 축구팀의 수를 n개라 하면
$\dfrac{n(n-1)}{2}=28$, $n(n-1)=56=8 \times 7$ ∴ $n=8$
따라서 경기에 참가한 축구팀은 모두 8개 팀이다. 답 ②

0848 직선 l 위의 한 점을 선택하는 경우는 4가지, 직선 m 위의 한 점을 선택하는 경우는 6가지이므로 구하는 선분의 개수는
$4 \times 6 = 24$(개) 답 **24개**

0849 A에 칠할 수 있는 색은 4가지, B에 칠할 수 있는 색은 A에 칠한 색을 제외한 3가지, C에 칠할 수 있는 색은 A와 B에 칠한 색을 제외한 2가지, D에 칠할 수 있는 색은 A와 B와 C에 칠한 색을 제외한 1가지이므로 구하는 경우의 수는
$4 \times 3 \times 2 \times 1 = 24$ 답 ④

0850 (i) 2의 배수인 경우: 2, 4, 6, 8의 4가지
⋯⋯ ㉮
(ii) 3의 배수인 경우: 3, 6의 2가지
⋯⋯ ㉯
(iii) 6의 배수인 경우: 6의 1가지
⋯⋯ ㉰
따라서 구하는 경우의 수는 $4+2-1=5$
⋯⋯ ㉱
답 **5**

단계	채점 요소	배점
㉮	2의 배수인 경우의 수 구하기	25 %
㉯	3의 배수인 경우의 수 구하기	25 %
㉰	6의 배수인 경우의 수 구하기	25 %
㉱	2의 배수 또는 3의 배수인 경우의 수 구하기	25 %

0851 (1) 여학생 2명을 한 명으로 생각하여 4명을 한 줄로 세우는 경우의 수는 $4 \times 3 \times 2 \times 1 = 24$
이때 여학생 2명이 자리를 바꾸는 경우의 수는 2이므로 구하는 경우의 수는 $24 \times 2 = 48$
⋯⋯ ㉮
(2) 5명을 한 줄로 세우는 경우의 수는 $5 \times 4 \times 3 \times 2 \times 1 = 120$
⋯⋯ ㉯
∴ (여학생끼리 이웃하지 않게 서는 경우의 수)
= (모든 경우의 수) − (여학생끼리 이웃하여 서는 경우의 수)
$= 120 - 48 = 72$
⋯⋯ ㉰
답 (1) **48** (2) **72**

단계	채점 요소	배점
㉮	여학생끼리 이웃하여 서는 경우의 수 구하기	40 %
㉯	5명을 한 줄로 세우는 경우의 수 구하기	20 %
㉰	여학생끼리 이웃하지 않게 서는 경우의 수 구하기	40 %

0852 짝수가 되려면 일의 자리의 숫자가 0 또는 2 또는 4이어야 한다.

(ⅰ) □□0인 경우: 백의 자리에 올 수 있는 숫자는 0을 제외한 4개, 십의 자리에 올 수 있는 숫자는 0과 백의 자리의 숫자를 제외한 3개이므로 $4 \times 3 = 12$(개)

·· ㉮

(ⅱ) □□2인 경우: 백의 자리에 올 수 있는 숫자는 0과 2를 제외한 3개, 십의 자리에 올 수 있는 숫자는 2와 백의 자리의 숫자를 제외한 3개이므로 $3 \times 3 = 9$(개)

·· ㉯

(ⅲ) □□4인 경우: 백의 자리에 올 수 있는 숫자는 0과 4를 제외한 3개, 십의 자리에 올 수 있는 숫자는 4와 백의 자리의 숫자를 제외한 3개이므로 $3 \times 3 = 9$(개)

·· ㉰

따라서 구하는 짝수의 개수는 $12 + 9 + 9 = 30$(개)

·· ㉱

답 30개

단계	채점 요소	배점
㉮	일의 자리의 숫자가 0인 세 자리 자연수의 개수 구하기	30 %
㉯	일의 자리의 숫자가 2인 세 자리 자연수의 개수 구하기	30 %
㉰	일의 자리의 숫자가 4인 세 자리 자연수의 개수 구하기	30 %
㉱	짝수의 개수 구하기	10 %

0853 (ⅰ) 회장이 남학생인 경우

남학생 3명 중에서 회장 1명을 뽑는 경우의 수는 3

이때 회장으로 뽑힌 1명을 제외한 남학생 2명, 여학생 4명 중에서 부회장을 각각 1명씩 뽑아야 하므로 부회장을 뽑는 경우의 수는 $2 \times 4 = 8$

그러므로 경우의 수는 $3 \times 8 = 24$

·· ㉮

(ⅱ) 회장이 여학생인 경우

여학생 4명 중에서 회장 1명을 뽑는 경우의 수는 4

이때 회장으로 뽑힌 1명을 제외한 남학생 3명, 여학생 3명 중에서 부회장을 각각 1명씩 뽑아야 하므로 부회장을 뽑는 경우의 수는 $3 \times 3 = 9$

그러므로 경우의 수는 $4 \times 9 = 36$

·· ㉯

따라서 구하는 경우의 수는 $24 + 36 = 60$

·· ㉰

답 60

단계	채점 요소	배점
㉮	회장이 남학생인 경우의 수 구하기	40 %
㉯	회장이 여학생인 경우의 수 구하기	40 %
㉰	회장과 부회장을 뽑는 경우의 수 구하기	20 %

0854 a□□□의 꼴인 경우는 $3 \times 2 \times 1 = 6$(개)이고, b□□□의 꼴인 경우는 $3 \times 2 \times 1 = 6$(개)이다.

이때 $cabd$는 c□□□의 꼴 중에서 맨 처음 나오는 단어이다.

따라서 $cabd$는 $6 + 6 + 1 = 13$(번째)에 나온다. **답 ④**

0855 자기 수험 번호가 적힌 의자에 앉는 2명을 선택하는 경우의 수는

$$\frac{5 \times 4}{2} = 10$$

만약 A, B, C, D, E 5명의 학생이 의자에 앉을 때, A, B는 자기 수험 번호가 적힌 의자에 앉고, 나머지 C, D, E는 다른 학생의 수험 번호가 적힌 의자에 앉는다고 하면 그 경우는

(D, E, C), (E, C, D)의 2가지이다.

따라서 구하는 경우의 수는

$10 \times 2 = 20$ **답 20**

0856 ⑴ 7개의 점 중에서 2개의 점을 선택하는 경우의 수는

$$\frac{7 \times 6}{2} = 21$$

이때 지름 위의 4개의 점 중에서 2개의 점을 선택하는 경우의 수는 $\dfrac{4 \times 3}{2} = 6$이고 이 경우는 같은 직선이므로

구하는 직선의 개수는

$21 - 6 + 1 = 16$(개)

⑵ 7개의 점 중에서 3개의 점을 선택하는 경우의 수는

$$\frac{7 \times 6 \times 5}{3 \times 2 \times 1} = 35$$

이때 지름 위의 4개의 점 중에서 3개의 점을 선택하는 경우의 수는 $\dfrac{4 \times 3 \times 2}{3 \times 2 \times 1} = 4$이고 이 경우에는 삼각형이 만들어지지 않으므로 구하는 삼각형의 개수는

$35 - 4 = 31$(개) **답 ⑴ 16개 ⑵ 31개**

0857 오른쪽 그림에서 A 지점에서 B 지점까지 최단 거리로 가려면 Q 지점 또는 R 지점을 반드시 지나야 한다.

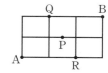

(ⅰ) A → Q → B로 가는 방법의 수는
오른쪽 그림에서
$3 \times 1 = 3$

(ⅱ) A → R → B로 가는 방법의 수는
오른쪽 그림에서
$1 \times 3 = 3$

따라서 A 지점에서 B 지점까지 최단 거리로 가는 방법의 수는

$3 + 3 = 6$ **답 6**

10 확률

0858 (2) 3의 배수는 3, 6, 9이므로 구하는 경우의 수는 3이다.

답 (1) **10** (2) **3** (3) $\dfrac{3}{10}$

0859 (1) $6 \times 6 = 36$

(2) 두 주사위에서 나오는 눈의 수를 순서쌍으로 나타내면 두 눈의 수의 합이 4인 경우는 $(1, 3)$, $(2, 2)$, $(3, 1)$이므로 구하는 경우의 수는 3이다.

(3) $\dfrac{3}{36} = \dfrac{1}{12}$

답 (1) **36** (2) **3** (3) $\dfrac{1}{12}$

0860 모든 경우의 수는 6이고, 검은 공이 나오는 경우의 수는 4이므로 구하는 확률은 $\dfrac{4}{6} = \dfrac{2}{3}$

답 $\dfrac{2}{3}$

0861 주머니 속에 들어 있는 공은 모두 흰 공 또는 검은 공이므로 구하는 확률은 1이다.

답 **1**

0862 주머니 속에는 빨간 공이 없으므로 구하는 확률은 0이다.

답 **0**

0863 두 눈의 수의 합이 2보다 작은 경우는 없으므로 구하는 확률은 0이다.

답 **0**

0864 두 눈의 수의 차가 6 이상인 경우는 없으므로 구하는 확률은 0이다.

답 **0**

0865 두 눈의 수의 합은 항상 12 이하이므로 구하는 확률은 1이다.

답 **1**

0866 두 눈의 수의 곱은 항상 36 이하이므로 구하는 확률은 1이다.

답 **1**

0867 모든 경우의 수는 $6 \times 6 = 36$

두 눈의 수의 합이 5인 경우는

$(1, 4)$, $(2, 3)$, $(3, 2)$, $(4, 1)$

의 4가지이므로 구하는 확률은

$\dfrac{4}{36} = \dfrac{1}{9}$

답 $\dfrac{1}{9}$

0868 (두 눈의 수의 합이 5가 아닐 확률)

$=1-$(두 눈의 수의 합이 5일 확률)

$=1-\dfrac{1}{9}=\dfrac{8}{9}$

답 $\dfrac{8}{9}$

0869 모든 경우의 수는 $2 \times 2 = 4$

두 개 모두 앞면이 나오는 경우는 (앞, 앞)의 1가지이므로 구하는 확률은 $\dfrac{1}{4}$이다.

답 $\dfrac{1}{4}$

0870 (적어도 하나는 뒷면이 나올 확률)

$=1-$(두 개 모두 앞면이 나올 확률)

$=1-\dfrac{1}{4}=\dfrac{3}{4}$

답 $\dfrac{3}{4}$

0871 (1) 모든 경우의 수는 10이고, 빨간 공이 나오는 경우의 수는 2이므로 구하는 확률은 $\dfrac{2}{10} = \dfrac{1}{5}$

(2) 모든 경우의 수는 10이고, 노란 공이 나오는 경우의 수는 5이므로 구하는 확률은 $\dfrac{5}{10} = \dfrac{1}{2}$

(3) 빨간 공이 나올 확률은 $\dfrac{2}{10}$, 노란 공이 나올 확률은 $\dfrac{5}{10}$이므로 구하는 확률은

$\dfrac{2}{10} + \dfrac{5}{10} = \dfrac{7}{10}$

답 (1) $\dfrac{1}{5}$ (2) $\dfrac{1}{2}$ (3) $\dfrac{7}{10}$

0872 3의 배수는 3, 6, 9의 3가지이므로 그 확률은 $\dfrac{3}{10}$

5의 배수는 5, 10의 2가지이므로 그 확률은 $\dfrac{2}{10}$

따라서 구하는 확률은 $\dfrac{3}{10} + \dfrac{2}{10} = \dfrac{5}{10} = \dfrac{1}{2}$

답 $\dfrac{1}{2}$

0873 4의 배수는 4, 8의 2가지이므로 그 확률은 $\dfrac{2}{10}$

6의 배수는 6의 1가지이므로 그 확률은 $\dfrac{1}{10}$

따라서 구하는 확률은 $\dfrac{2}{10} + \dfrac{1}{10} = \dfrac{3}{10}$

답 $\dfrac{3}{10}$

0874 (2) 소수는 2, 3, 5의 3가지이므로 구하는 확률은

$\dfrac{3}{6} = \dfrac{1}{2}$

(3) 동전에서 앞면이 나올 확률은 $\dfrac{1}{2}$이고, 주사위에서 소수의 눈이 나올 확률은 $\dfrac{1}{2}$이므로 구하는 확률은

$\dfrac{1}{2} \times \dfrac{1}{2} = \dfrac{1}{4}$

답 (1) $\dfrac{1}{2}$ (2) $\dfrac{1}{2}$ (3) $\dfrac{1}{4}$

0875 3 미만의 눈은 1, 2의 2가지이므로 첫 번째에 3 미만의 눈이 나올 확률은 $\dfrac{2}{6}=\dfrac{1}{3}$

5 이상의 눈은 5, 6의 2가지이므로 두 번째에 5 이상의 눈이 나올 확률은 $\dfrac{2}{6}=\dfrac{1}{3}$

따라서 구하는 확률은 $\dfrac{1}{3}\times\dfrac{1}{3}=\dfrac{1}{9}$ 　　　🖹 $\dfrac{1}{9}$

0876 짝수의 눈은 2, 4, 6의 3가지이므로 첫 번째에 짝수의 눈이 나올 확률은 $\dfrac{3}{6}=\dfrac{1}{2}$

4의 약수의 눈은 1, 2, 4의 3가지이므로 두 번째에 4의 약수의 눈이 나올 확률은 $\dfrac{3}{6}=\dfrac{1}{2}$

따라서 구하는 확률은

$\dfrac{1}{2}\times\dfrac{1}{2}=\dfrac{1}{4}$ 　　　🖹 $\dfrac{1}{4}$

0877 6의 약수의 눈은 1, 2, 3, 6의 4가지이므로 첫 번째에 6의 약수의 눈이 나올 확률은 $\dfrac{4}{6}=\dfrac{2}{3}$

소수의 눈은 2, 3, 5의 3가지이므로 두 번째에 소수의 눈이 나올 확률은 $\dfrac{3}{6}=\dfrac{1}{2}$

따라서 구하는 확률은

$\dfrac{2}{3}\times\dfrac{1}{2}=\dfrac{1}{3}$ 　　　🖹 $\dfrac{1}{3}$

0878 $\dfrac{1}{3}\times\dfrac{1}{4}=\dfrac{1}{12}$ 　　　🖹 $\dfrac{1}{12}$

0879 첫 번째에 흰 공을 꺼낼 확률은 $\dfrac{4}{7}$이고, 두 번째에 흰 공을 꺼낼 확률도 $\dfrac{4}{7}$이므로 구하는 확률은

$\dfrac{4}{7}\times\dfrac{4}{7}=\dfrac{16}{49}$ 　　　🖹 $\dfrac{16}{49}$

0880 첫 번째에 검은 공을 꺼낼 확률은 $\dfrac{3}{7}$이고, 두 번째에 검은 공을 꺼낼 확률도 $\dfrac{3}{7}$이므로 구하는 확률은

$\dfrac{3}{7}\times\dfrac{3}{7}=\dfrac{9}{49}$ 　　　🖹 $\dfrac{9}{49}$

0881 첫 번째에 빨간 공을 꺼낼 확률은 $\dfrac{3}{8}$이고, 두 번째에 빨간 공을 꺼낼 확률은 $\dfrac{2}{7}$이므로 구하는 확률은

$\dfrac{3}{8}\times\dfrac{2}{7}=\dfrac{3}{28}$ 　　　🖹 $\dfrac{3}{28}$

0882 첫 번째에 파란 공을 꺼낼 확률은 $\dfrac{5}{8}$이고, 두 번째에 파란 공을 꺼낼 확률은 $\dfrac{4}{7}$이므로 구하는 확률은

$\dfrac{5}{8}\times\dfrac{4}{7}=\dfrac{5}{14}$ 　　　🖹 $\dfrac{5}{14}$

0883 첫 번째에 당첨 제비를 뽑을 확률은 $\dfrac{3}{10}$이고, 두 번째에 당첨 제비를 뽑을 확률도 $\dfrac{3}{10}$이므로 구하는 확률은

$\dfrac{3}{10}\times\dfrac{3}{10}=\dfrac{9}{100}$ 　　　🖹 $\dfrac{9}{100}$

0884 첫 번째에 당첨 제비를 뽑을 확률은 $\dfrac{3}{10}$이고, 두 번째에 당첨 제비를 뽑을 확률은 $\dfrac{2}{9}$이므로 구하는 확률은

$\dfrac{3}{10}\times\dfrac{2}{9}=\dfrac{1}{15}$ 　　　🖹 $\dfrac{1}{15}$

0885 (색칠한 부분을 맞힐 확률) $=\dfrac{(색칠한\ 부분의\ 넓이)}{(도형의\ 전체\ 넓이)}$
$=\dfrac{5}{9}$ 　　　🖹 $\dfrac{5}{9}$

0886 (구하는 확률) $=\dfrac{(소수가\ 적힌\ 부분의\ 넓이)}{(도형의\ 전체\ 넓이)}$
$=\dfrac{4}{10}=\dfrac{2}{5}$ 　　　🖹 $\dfrac{2}{5}$

📷 유형 익히기 171

본문 p.130~134

0887 모든 경우의 수는 $4\times4=16$

23 이상인 경우 십의 자리에 올 수 있는 숫자는 2 또는 3 또는 4이다.

(ⅰ) 2□인 경우 : 23, 24의 2가지

(ⅱ) 3□인 경우 : 일의 자리에 올 수 있는 숫자는 4가지

(ⅲ) 4□인 경우 : 일의 자리에 올 수 있는 숫자는 4가지

따라서 23 이상인 경우의 수는 $2+4+4=10$이므로 구하는 확률은 $\dfrac{10}{16}=\dfrac{5}{8}$ 　　　🖹 $\dfrac{5}{8}$

0888 파란 공이 x개 들어 있다고 하면

(흰 공이 나올 확률) $=\dfrac{6}{6+4+x}=\dfrac{2}{5}$

$20+2x=30$ 　　 ∴ $x=5$

따라서 파란 공의 개수는 5개이다. 　　　🖹 ②

0889 모든 경우의 수는

$5 \times 4 \times 3 \times 2 \times 1 = 120$

　　　　　　　　　　　　　　　　　　　　　　⑦

남학생 3명이 이웃하여 서는 경우의 수는

$(3 \times 2 \times 1) \times (3 \times 2 \times 1) = 36$

　　　　　　　　　　　　　　　　　　　　　　④

따라서 구하는 확률은

$\dfrac{36}{120} = \dfrac{3}{10}$

　　　　　　　　　　　　　　　　　　　　　　④

답 $\dfrac{3}{10}$

단계	채점 요소	배점
⑦	모든 경우의 수 구하기	40 %
④	남학생 3명이 이웃하여 서는 경우의 수 구하기	40 %
④	남학생 3명이 이웃하여 설 확률 구하기	20 %

0890 (1) 모든 경우의 수는 $8 \times 7 = 56$

유진이가 부회장으로 뽑히는 경우의 수는 유진이를 제외한 7명 중 회장 1명을 뽑는 경우의 수와 같으므로 7

따라서 구하는 확률은

$\dfrac{7}{56} = \dfrac{1}{8}$

(2) 모든 경우의 수는 $\dfrac{8 \times 7 \times 6}{3 \times 2 \times 1} = 56$

유진이가 대의원으로 뽑히는 경우의 수는 유진이를 제외한 7명 중 대의원 2명을 뽑는 경우의 수와 같으므로

$\dfrac{7 \times 6}{2} = 21$

따라서 구하는 확률은

$\dfrac{21}{56} = \dfrac{3}{8}$

답 (1) $\dfrac{1}{8}$ (2) $\dfrac{3}{8}$

0891 모든 경우의 수는 $6 \times 6 = 36$

$3x + y < 10$을 만족시키는 경우를 순서쌍 (x, y)로 나타내면

(i) $x = 1$일 때, $(1, 1), (1, 2), (1, 3), (1, 4), (1, 5), (1, 6)$의 6가지

(ii) $x = 2$일 때, $(2, 1), (2, 2), (2, 3)$의 3가지

따라서 $3x + y < 10$인 경우의 수는 $6 + 3 = 9$이므로 구하는 확률은 $\dfrac{9}{36} = \dfrac{1}{4}$

답 ①

0892 모든 경우의 수는 $6 \times 6 = 36$

$3x - y = 5$를 만족시키는 경우를 순서쌍 (x, y)로 나타내면

$(2, 1), (3, 4)$의 2가지이므로 구하는 확률은

$\dfrac{2}{36} = \dfrac{1}{18}$

답 $\dfrac{1}{18}$

0893 모든 경우의 수는 $6 \times 6 = 36$

일차함수 $y = ax + b$의 그래프가 점 $(2, 8)$을 지나므로

$8 = 2a + b$, 즉 $2a + b = 8$을 만족시키는 경우를 순서쌍 (a, b)로 나타내면

$(1, 6), (2, 4), (3, 2)$

의 3가지이다.

따라서 구하는 확률은 $\dfrac{3}{36} = \dfrac{1}{12}$

답 $\dfrac{1}{12}$

0894 모든 경우의 수는 $6 \times 6 = 36$

$ax = b$에서 $x = \dfrac{b}{a}$

$\dfrac{b}{a}$가 정수이려면 b는 a의 배수이어야 한다.

이를 만족시키는 경우를 순서쌍 (a, b)로 나타내면

$(1, 1), (1, 2), (1, 3), (1, 4), (1, 5), (1, 6), (2, 2),$
$(2, 4), (2, 6), (3, 3), (3, 6), (4, 4), (5, 5), (6, 6)$

의 14가지이다.

따라서 구하는 확률은 $\dfrac{14}{36} = \dfrac{7}{18}$

답 $\dfrac{7}{18}$

0895 ① $\dfrac{5}{6}$　② 0　③ 1　④ $\dfrac{1}{2}$　⑤ $\dfrac{1}{3}$　답 ③

0896 ㄷ. $q = 1 - p$이다.　　　　　　답 ㄱ, ㄴ

0897 (중기네 반이 이길 확률)

= (광수네 반이 질 확률)

= 1 - (광수네 반이 이길 확률)

= $1 - \dfrac{5}{8} = \dfrac{3}{8}$

답 $\dfrac{3}{8}$

0898 (1) 모든 경우의 수는 $6 \times 6 = 36$

두 개의 주사위를 던질 때, 서로 같은 눈이 나오는 경우는 6가지이므로 그 확률은 $\dfrac{6}{36} = \dfrac{1}{6}$

∴ (서로 다른 눈이 나올 확률)

= 1 - (서로 같은 눈이 나올 확률)

= $1 - \dfrac{1}{6} = \dfrac{5}{6}$

(2) 모든 경우의 수는 $\dfrac{4 \times 3}{2} = 6$

A가 뽑히는 경우의 수는 A를 제외한 3명 중에서 대표 1명을 뽑는 경우의 수와 같으므로 3

따라서 A가 뽑힐 확률은 $\dfrac{3}{6} = \dfrac{1}{2}$

∴ (A가 뽑히지 않을 확률) = 1 - (A가 뽑힐 확률)

= $1 - \dfrac{1}{2} = \dfrac{1}{2}$

답 (1) $\dfrac{5}{6}$ (2) $\dfrac{1}{2}$

0899 모든 경우의 수는 $\dfrac{7 \times 6}{2} = 21$

2명 모두 남학생이 뽑히는 경우의 수는 $\dfrac{4 \times 3}{2} = 6$이므로 그 확률

은 $\dfrac{6}{21} = \dfrac{2}{7}$

∴ (적어도 한 명은 여학생이 뽑힐 확률)

$\quad = 1 - $ (2명 모두 남학생이 뽑힐 확률)

$\quad = 1 - \dfrac{2}{7} = \dfrac{5}{7}$ 　　　　　　　　　🅐 $\dfrac{5}{7}$

0900 모든 경우의 수는 $2 \times 2 \times 2 = 8$

세 문제 모두 틀리는 경우의 수는 1이므로 그 확률은 $\dfrac{1}{8}$이다.

∴ (적어도 한 문제는 맞힐 확률)

$\quad = 1 - $ (세 문제 모두 틀릴 확률)

$\quad = 1 - \dfrac{1}{8} = \dfrac{7}{8}$ 　　　　　　　　　🅐 ⑤

0901 모든 경우의 수는 $6 \times 6 = 36$

두 개 모두 5가 아닌 눈이 나오는 경우의 수는 $5 \times 5 = 25$이므로

그 확률은 $\dfrac{25}{36}$이다.

∴ (적어도 한 개는 5의 눈이 나올 확률)

$\quad = 1 - $ (두 개 모두 5가 아닌 눈이 나올 확률)

$\quad = 1 - \dfrac{25}{36} = \dfrac{11}{36}$ 　　　　　　　🅐 $\dfrac{11}{36}$

0902 어느 면에도 색칠되지 않은 작은 정육면체의 개수는

$2 \times 2 \times 2 = 8$(개)

즉, 한 개의 작은 정육면체를 선택했을 때 어느 면에도 색칠되어

있지 않은 정육면체일 확률은 $\dfrac{8}{64} = \dfrac{1}{8}$

∴ (적어도 한 면이 색칠된 정육면체일 확률)

$\quad = 1 - $ (어느 면에도 색칠되지 않은 정육면체일 확률)

$\quad = 1 - \dfrac{1}{8} = \dfrac{7}{8}$ 　　　　　　　　🅐 $\dfrac{7}{8}$

0903 모든 경우의 수는 $6 \times 6 = 36$

(i) 두 눈의 수의 합이 3인 경우는

　$(1, 2)$, $(2, 1)$

　의 2가지이므로 그 확률은 $\dfrac{2}{36}$

(ii) 두 눈의 수의 합이 6인 경우는

　$(1, 5)$, $(2, 4)$, $(3, 3)$, $(4, 2)$, $(5, 1)$

　의 5가지이므로 그 확률은 $\dfrac{5}{36}$

따라서 구하는 확률은

$\dfrac{2}{36} + \dfrac{5}{36} = \dfrac{7}{36}$ 　　　　　　　　🅐 $\dfrac{7}{36}$

0904 전체 학생 수는 $6 + 9 + 8 + 7 = 30$(명)

국어를 좋아하는 학생이 6명이므로 한 명을 선택할 때, 국어를 좋아하는 학생일 확률은 $\dfrac{6}{30}$

또 수학을 좋아하는 학생이 8명이므로 한 명을 선택할 때, 수학을 좋아하는 학생일 확률은 $\dfrac{8}{30}$

따라서 구하는 확률은

$\dfrac{6}{30} + \dfrac{8}{30} = \dfrac{14}{30} = \dfrac{7}{15}$ 　　　　　🅐 $\dfrac{7}{15}$

0905 모든 경우의 수는 $4 \times 4 = 16$

(i) 두 자리 자연수가 10 이하인 경우는 10의 1가지이므로 그 확률은 $\dfrac{1}{16}$

(ii) 두 자리 자연수가 23 이상인 경우는 23, 24, 30, 31, 32, 34,

　40, 41, 42, 43의 10가지이므로 그 확률은 $\dfrac{10}{16}$

따라서 구하는 확률은

$\dfrac{1}{16} + \dfrac{10}{16} = \dfrac{11}{16}$ 　　　　　　　🅐 ④

0906 2의 배수가 적힌 카드가 나올 확률은 $\dfrac{15}{30}$

5의 배수가 적힌 카드가 나올 확률은 $\dfrac{6}{30}$

2와 5의 공배수, 즉 10의 배수가 적힌 카드가 나올 확률은 $\dfrac{3}{30}$

따라서 구하는 확률은

$\dfrac{15}{30} + \dfrac{6}{30} - \dfrac{3}{30} = \dfrac{18}{30} = \dfrac{3}{5}$ 　　　🅐 $\dfrac{3}{5}$

0907 A 주머니에서 흰 공이 나올 확률은 $\dfrac{5}{9}$이고, B 주머니에서 파란 공이 나올 확률은 $\dfrac{2}{5}$이므로 구하는 확률은

$\dfrac{5}{9} \times \dfrac{2}{5} = \dfrac{2}{9}$ 　　　　　　　　　🅐 $\dfrac{2}{9}$

0908 자유투를 성공할 확률은 $\dfrac{80}{100} = \dfrac{4}{5}$이므로

(두 번 모두 성공할 확률)$= \dfrac{4}{5} \times \dfrac{4}{5} = \dfrac{16}{25}$ 　🅐 $\dfrac{16}{25}$

0909 서로 다른 동전 2개를 던질 때 모든 경우의 수는 $2 \times 2 = 4$이고, 같은 면이 나오는 경우는 (앞, 앞), (뒤, 뒤)의 2가지이므로 그 확률은 $\dfrac{2}{4} = \dfrac{1}{2}$

또 주사위 1개를 던질 때 모든 경우의 수는 6이고, 소수의 눈이 나오는 경우는 2, 3, 5의 3가지이므로 그 확률은 $\dfrac{3}{6} = \dfrac{1}{2}$

따라서 구하는 확률은 $\dfrac{1}{2} \times \dfrac{1}{2} = \dfrac{1}{4}$ 　　🅐 $\dfrac{1}{4}$

0910 4종류의 핫도그 중에서 치즈 핫도그를 선택할 확률은 $\dfrac{1}{4}$

또 3종류의 소스 중에서 2가지를 선택하는 경우의 수는

$\dfrac{3\times2}{2}=3$이고 칠리소스를 포함한 소스 2가지를 선택하는 경우

의 수는 2이므로 그 확률은 $\dfrac{2}{3}$

따라서 구하는 확률은

$\dfrac{1}{4}\times\dfrac{2}{3}=\dfrac{1}{6}$ 目 $\dfrac{1}{6}$

0911 A, B 두 주머니에서 모두 흰 공을 꺼낼 확률은

$\dfrac{2}{6}\times\dfrac{3}{5}=\dfrac{1}{5}$

A, B 두 주머니에서 모두 빨간 공을 꺼낼 확률은

$\dfrac{4}{6}\times\dfrac{2}{5}=\dfrac{4}{15}$

따라서 구하는 확률은

$\dfrac{1}{5}+\dfrac{4}{15}=\dfrac{7}{15}$ 目 $\dfrac{7}{15}$

0912 동전은 앞면, 주사위는 3의 배수의 눈이 나올 확률은

$\dfrac{1}{2}\times\dfrac{2}{6}=\dfrac{1}{6}$

동전은 뒷면, 주사위는 소수의 눈이 나올 확률은

$\dfrac{1}{2}\times\dfrac{3}{6}=\dfrac{1}{4}$

따라서 구하는 확률은

$\dfrac{1}{6}+\dfrac{1}{4}=\dfrac{5}{12}$ 目 ④

0913 A 접시를 선택하여 고기 만두를 집을 확률은

$\dfrac{1}{2}\times\dfrac{3}{5}=\dfrac{3}{10}$

B 접시를 선택하여 고기 만두를 집을 확률은

$\dfrac{1}{2}\times\dfrac{2}{5}=\dfrac{1}{5}$

따라서 구하는 확률은

$\dfrac{3}{10}+\dfrac{1}{5}=\dfrac{1}{2}$ 目 $\dfrac{1}{2}$

0914 $a+b$가 짝수이려면 a, b가 모두 짝수이거나 모두 홀수

이어야 한다. 이때 a, b가 홀수일 확률은 각각 $1-\dfrac{3}{4}=\dfrac{1}{4}$,

$1-\dfrac{4}{9}=\dfrac{5}{9}$이므로

($a+b$가 짝수일 확률)

$=$(a, b가 모두 짝수일 확률)$+$(a, b가 모두 홀수일 확률)

$=\dfrac{3}{4}\times\dfrac{4}{9}+\dfrac{1}{4}\times\dfrac{5}{9}$

$=\dfrac{12}{36}+\dfrac{5}{36}=\dfrac{17}{36}$ 目 $\dfrac{17}{36}$

0915 첫 번째에 파란 공을 꺼낼 확률은 $\dfrac{4}{10}=\dfrac{2}{5}$이고

두 번째에 파란 공을 꺼낼 확률도 $\dfrac{4}{10}=\dfrac{2}{5}$이므로

구하는 확률은

$\dfrac{2}{5}\times\dfrac{2}{5}=\dfrac{4}{25}$ 目 $\dfrac{4}{25}$

0916 첫 번째에 짝수가 나올 확률은 $\dfrac{5}{10}=\dfrac{1}{2}$이고

두 번째에 10의 약수가 나올 확률은 $\dfrac{4}{10}=\dfrac{2}{5}$이므로

구하는 확률은

$\dfrac{1}{2}\times\dfrac{2}{5}=\dfrac{1}{5}$ 目 $\dfrac{1}{5}$

0917 (i) A가 당첨 제비를 뽑고 B가 당첨 제비를 뽑을 확률은

$\dfrac{3}{15}\times\dfrac{2}{14}=\dfrac{1}{35}$

(ii) A가 당첨 제비를 뽑지 않고 B가 당첨 제비를 뽑을 확률은

$\dfrac{12}{15}\times\dfrac{3}{14}=\dfrac{6}{35}$

따라서 구하는 확률은

$\dfrac{1}{35}+\dfrac{6}{35}=\dfrac{1}{5}$ 目 $\dfrac{1}{5}$

0918 (i) 첫 번째에 노란 공, 두 번째에 파란 공을 꺼낼 확률은

$\dfrac{3}{5}\times\dfrac{2}{4}=\dfrac{3}{10}$ ㉮

(ii) 첫 번째에 파란 공, 두 번째에 노란 공을 꺼낼 확률은

$\dfrac{2}{5}\times\dfrac{3}{4}=\dfrac{3}{10}$ ㉯

따라서 구하는 확률은

$\dfrac{3}{10}+\dfrac{3}{10}=\dfrac{3}{5}$ ㉰

     目 $\dfrac{3}{5}$

단계	채점 요소	배점
㉮	첫 번째에 노란 공, 두 번째에 파란 공을 꺼낼 확률 구하기	40 %
㉯	첫 번째에 파란 공, 두 번째에 노란 공을 꺼낼 확률 구하기	40 %
㉰	두 공이 서로 다른 색일 확률 구하기	20 %

0919 (적어도 한 개의 제품이 불량품일 확률)

$=1-$(두 개의 제품 모두 불량품이 아닐 확률)

$=1-\dfrac{7}{9}\times\dfrac{6}{8}$

$=1-\dfrac{7}{12}=\dfrac{5}{12}$ 目 $\dfrac{5}{12}$

0920 두 타자가 안타를 칠 확률은 각각 $0.3=\dfrac{3}{10}$, $0.25=\dfrac{1}{4}$ 이므로 두 타자가 모두 안타를 치지 못할 확률은

$$\left(1-\dfrac{3}{10}\right)\times\left(1-\dfrac{1}{4}\right)=\dfrac{7}{10}\times\dfrac{3}{4}=\dfrac{21}{40}$$

∴ (적어도 한 타자는 안타를 칠 확률)

= 1−(두 타자 모두 안타를 치지 못할 확률)

= $1-\dfrac{21}{40}=\dfrac{19}{40}$ 답 ③

0921 A, B, C 세 사람이 모두 맞히지 못할 확률은

$$\left(1-\dfrac{1}{3}\right)\times\left(1-\dfrac{1}{2}\right)\times\left(1-\dfrac{3}{4}\right)=\dfrac{2}{3}\times\dfrac{1}{2}\times\dfrac{1}{4}=\dfrac{1}{12}$$

∴ (새가 총에 맞을 확률)

= 1−(세 사람이 모두 맞히지 못할 확률)

= $1-\dfrac{1}{12}=\dfrac{11}{12}$ 답 $\dfrac{11}{12}$

0922 현진이가 이 문제를 풀지 못할 확률은

$$1-\dfrac{3}{4}=\dfrac{1}{4}$$

━━━━━━━━━━━━━━━━━━━ ㉮

창민이가 이 문제를 풀 확률을 x라 하면 풀지 못할 확률은 $1-x$ 이고, 두 사람 모두 이 문제를 풀지 못할 확률이 $\dfrac{1}{10}$이므로

$$\dfrac{1}{4}\times(1-x)=\dfrac{1}{10}$$

━━━━━━━━━━━━━━━━━━━ ㉯

$1-x=\dfrac{2}{5}$ ∴ $x=\dfrac{3}{5}$

따라서 창민이가 이 문제를 풀 확률은 $\dfrac{3}{5}$이다.

━━━━━━━━━━━━━━━━━━━ ㉰

답 $\dfrac{3}{5}$

단계	채점 요소	배점
㉮	현진이가 이 문제를 풀지 못할 확률 구하기	20 %
㉯	미지수를 정하고 방정식 세우기	40 %
㉰	창민이가 이 문제를 풀 확률 구하기	40 %

0923 A가 합격할 확률은 $\dfrac{2}{3}$이고 B가 불합격할 확률은

$1-\dfrac{3}{5}=\dfrac{2}{5}$이므로 구하는 확률은

$$\dfrac{2}{3}\times\dfrac{2}{5}=\dfrac{4}{15}$$ 답 $\dfrac{4}{15}$

0924 (두 사람이 만나지 못할 확률)

= 1−(두 사람 모두 약속을 지킬 확률)

= $1-\left(1-\dfrac{1}{3}\right)\times\left(1-\dfrac{4}{5}\right)$

= $1-\dfrac{2}{3}\times\dfrac{1}{5}=1-\dfrac{2}{15}=\dfrac{13}{15}$ 답 $\dfrac{13}{15}$

0925 모든 경우의 수는 $3\times3=9$

은주, 현주가 내는 것을 순서쌍 (은주, 현주)로 나타내면 비기는 경우는

(가위, 가위), (바위, 바위), (보, 보)

의 3가지이므로 그 확률은

$$\dfrac{3}{9}=\dfrac{1}{3}$$

현주가 이기는 경우는

(가위, 바위), (바위, 보), (보, 가위)

의 3가지이므로 그 확률은

$$\dfrac{3}{9}=\dfrac{1}{3}$$

따라서 구하는 확률은

$$\dfrac{1}{3}\times\dfrac{1}{3}\times\dfrac{1}{3}=\dfrac{1}{27}$$ 답 $\dfrac{1}{27}$

0926 (1) 모든 경우의 수는 $3\times3\times3=27$

세 사람이 모두 다른 것을 내는 경우의 수는 $3\times2\times1=6$이므로 그 확률은

$$\dfrac{6}{27}=\dfrac{2}{9}$$

세 사람이 모두 같은 것을 내는 경우의 수는 3이므로 그 확률은

$$\dfrac{3}{27}=\dfrac{1}{9}$$

∴ (비길 확률) = (모두 다른 것을 낼 확률)

                 + (모두 같은 것을 낼 확률)

            = $\dfrac{2}{9}+\dfrac{1}{9}=\dfrac{1}{3}$

(2) 모든 경우의 수는 $3\times3\times3=27$

A, B, C가 내는 것을 순서쌍 (A, B, C)로 나타내면

(ⅰ) A만 이기는 경우는

(가위, 보, 보), (바위, 가위, 가위), (보, 바위, 바위)

의 3가지이므로 그 확률은

$$\dfrac{3}{27}=\dfrac{1}{9}$$

(ⅱ) A와 B가 같이 이기는 경우는

(가위, 가위, 보), (바위, 바위, 가위), (보, 보, 바위)

의 3가지이므로 그 확률은

$$\dfrac{3}{27}=\dfrac{1}{9}$$

(ⅲ) A와 C가 같이 이기는 경우는

(가위, 보, 가위), (바위, 가위, 바위), (보, 바위, 보)

의 3가지이므로 그 확률은

$$\dfrac{3}{27}=\dfrac{1}{9}$$

따라서 구하는 확률은

$$\dfrac{1}{9}+\dfrac{1}{9}+\dfrac{1}{9}=\dfrac{1}{3}$$ 답 (1) $\dfrac{1}{3}$ (2) $\dfrac{1}{3}$

0927 주사위를 던져 3의 배수의 눈이 나올 확률은
$\dfrac{2}{6}=\dfrac{1}{3}$이다.

이때 4회 이내에 A가 이기려면 A는 1회 또는 3회에 이겨야 한다.

(i) 1회에 A가 이길 확률은 $\dfrac{1}{3}$

(ii) 3회에 A가 이길 확률은

$$\left(1-\dfrac{1}{3}\right)\times\left(1-\dfrac{1}{3}\right)\times\dfrac{1}{3}=\dfrac{2}{3}\times\dfrac{2}{3}\times\dfrac{1}{3}=\dfrac{4}{27}$$

따라서 구하는 확률은

$\dfrac{1}{3}+\dfrac{4}{27}=\dfrac{13}{27}$ 🖪 $\dfrac{13}{27}$

0928 한 번의 경기에서 주아가 이길 확률은 $1-\dfrac{2}{3}=\dfrac{1}{3}$이다.

(i) 용진 − 용진의 순서로 이길 확률은

$\dfrac{2}{3}\times\dfrac{2}{3}=\dfrac{4}{9}$

(ii) 용진 − 주아 − 용진의 순서로 이길 확률은

$\dfrac{2}{3}\times\dfrac{1}{3}\times\dfrac{2}{3}=\dfrac{4}{27}$

(iii) 주아 − 용진 − 용진의 순서로 이길 확률은

$\dfrac{1}{3}\times\dfrac{2}{3}\times\dfrac{2}{3}=\dfrac{4}{27}$

따라서 구하는 확률은

$\dfrac{4}{9}+\dfrac{4}{27}+\dfrac{4}{27}=\dfrac{20}{27}$ 🖪 $\dfrac{20}{27}$

0929 A팀이 이길 확률은 $\dfrac{1}{2}$이고, A팀이 한 경기를 더 이기면 우승한다.

(i) A팀이 4번째 경기에서 이길 확률은 $\dfrac{1}{2}$

(ii) A팀이 4번째 경기에서 지고 5번째 경기에서 이길 확률은

$\left(1-\dfrac{1}{2}\right)\times\dfrac{1}{2}=\dfrac{1}{4}$

따라서 A팀이 우승할 확률은

$\dfrac{1}{2}+\dfrac{1}{4}=\dfrac{3}{4}$ 🖪 $\dfrac{3}{4}$

0930 원판 A에서 소수는 2, 3이므로 원판 A에서 소수가 적힌 부분을 맞힐 확률은 $\dfrac{2}{4}=\dfrac{1}{2}$이다.

원판 B에서 소수는 5, 7이므로 원판 B에서 소수가 적힌 부분을 맞힐 확률은 $\dfrac{2}{5}$이다.

따라서 구하는 확률은

$\dfrac{1}{2}\times\dfrac{2}{5}=\dfrac{1}{5}$ 🖪 $\dfrac{1}{5}$

0931 세 원의 반지름의 길이의 비가 1 : 2 : 3이므로 반지름의 길이를 각각 x, $2x$, $3x$라 하면 세 원의 넓이는 각각 πx^2, $4\pi x^2$, $9\pi x^2$이다.

∴ (3점을 얻을 확률)$=\dfrac{(3\text{점 부분의 넓이})}{(\text{도형의 전체 넓이})}$

$=\dfrac{9\pi x^2-4\pi x^2}{9\pi x^2}=\dfrac{5}{9}$ 🖪 $\dfrac{5}{9}$

0932 점 P가 꼭짓점 A에서 출발하여 주사위를 첫 번째 던진 후에 꼭짓점 C에 위치하려면 주사위의 눈의 수가 2 또는 6이어야 하므로 그 확률은 $\dfrac{2}{6}=\dfrac{1}{3}$

또 점 P가 꼭짓점 C에서 출발하여 주사위를 두 번째 던진 후에 꼭짓점 B에 위치하려면 주사위의 눈의 수가 3이어야 하므로 그 확률은 $\dfrac{1}{6}$

따라서 구하는 확률은

$\dfrac{1}{3}\times\dfrac{1}{6}=\dfrac{1}{18}$ 🖪 $\dfrac{1}{18}$

중단원 마무리하기

본문 p.136~138

0933 ① 모든 경우의 수는 $2\times2=4$
모두 앞면이 나오는 경우는 (앞, 앞)의 1가지이므로 그 확률은 $\dfrac{1}{4}$

② 모든 경우의 수는 $6\times6=36$
두 주사위의 눈의 수를 순서쌍으로 나타내면 두 눈의 수의 합이 5인 경우는
$(1, 4), (2, 3), (3, 2), (4, 1)$
의 4가지이므로 그 확률은
$\dfrac{4}{36}=\dfrac{1}{9}$

③ 모든 경우의 수는 20이고, 20의 약수인 경우는
1, 2, 4, 5, 10, 20
의 6가지이므로 그 확률은
$\dfrac{6}{20}=\dfrac{3}{10}$

④ 모든 경우의 수는 $\dfrac{4\times3}{2}=6$
A가 뽑히는 경우의 수는 3이므로 그 확률은 $\dfrac{3}{6}=\dfrac{1}{2}$

⑤ 모든 경우의 수는 $5\times4\times3\times2\times1=120$
A, B가 양 끝에 서는 경우의 수는
$(3\times2\times1)\times2=12$
이므로 그 확률은
$\dfrac{12}{120}=\dfrac{1}{10}$ 🖪 ⑤

0934 모든 경우의 수는 $\frac{4\times3\times2}{3\times2\times1}=4$

삼각형이 만들어지는 경우는 $(2\,cm,\,3\,cm,\,4\,cm)$,
$(2\,cm,\,4\,cm,\,5\,cm)$, $(3\,cm,\,4\,cm,\,5\,cm)$의 3가지이므로
구하는 확률은 $\frac{3}{4}$이다.　　　　　　　　　　답 $\dfrac{3}{4}$

0935 ③ $p+q=1$이므로 $p=1-q$　　　　　답 ③

0936 모든 경우의 수는 $6\times5\times4\times3\times2\times1=720$
B, C가 이웃하여 서는 경우의 수는
$(5\times4\times3\times2\times1)\times2=240$
이므로 그 확률은 $\frac{240}{720}=\frac{1}{3}$
∴ (B, C가 이웃하여 서지 않을 확률)
　=1-(B, C가 이웃하여 설 확률)
　$=1-\frac{1}{3}=\frac{2}{3}$　　　　　　　　　　답 $\dfrac{2}{3}$

0937 모든 경우의 수는 $2\times2\times2\times2=16$
네 개 모두 뒷면이 나오는 경우는 1가지이므로 그 확률은 $\frac{1}{16}$이다.
∴ (적어도 한 개는 앞면이 나올 확률)
　=1-(네 개 모두 뒷면이 나올 확률)
　$=1-\frac{1}{16}=\frac{15}{16}$　　　　　　　　답 $\dfrac{15}{16}$

0938 모든 경우의 수는 $2\times2\times2\times2=16$
개가 나오는 경우는
(등, 등, 배, 배), (등, 배, 등, 배), (등, 배, 배, 등),
(배, 등, 등, 배), (배, 등, 배, 등), (배, 배, 등, 등)
의 6가지이므로 그 확률은 $\frac{6}{16}$
걸이 나오는 경우는
(등, 배, 배, 배), (배, 등, 배, 배), (배, 배, 등, 배), (배, 배, 배, 등)
의 4가지이므로 그 확률은 $\frac{4}{16}$
따라서 개나 걸이 나올 확률은
$\frac{6}{16}+\frac{4}{16}=\frac{5}{8}$　　　　　　　　답 $\dfrac{5}{8}$

0939 전구에 불이 들어오려면 A, B의 스위치가 모두 닫혀야 하므로 구하는 확률은
$\frac{2}{5}\times\frac{3}{4}=\frac{3}{10}$　　　　　　　　答 ②

0940 열차가 정시보다 늦게 도착할 확률은
$1-\left(\frac{7}{12}+\frac{1}{4}\right)=\frac{1}{6}$
따라서 구하는 확률은
$\frac{1}{4}\times\frac{1}{6}=\frac{1}{24}$　　　　　　　　答 $\dfrac{1}{24}$

0941 (한 발만 명중시킬 확률)
=(첫 번째는 명중시키고 두 번째는 실패할 확률)
　+(첫 번째는 실패하고 두 번째는 명중시킬 확률)
$=\frac{6}{10}\times\left(1-\frac{6}{10}\right)+\left(1-\frac{6}{10}\right)\times\frac{6}{10}$
$=\frac{6}{25}+\frac{6}{25}=\frac{12}{25}$　　　　　　답 $\dfrac{12}{25}$

0942 비가 온 것을 ○, 비가 오지 않은 것을 ×로 나타내면 다음과 같다.

금	토	일
○	×	○
○	○	○

따라서 금요일에 비가 왔을 때, 일요일에도 비가 올 확률은
$\left(1-\frac{2}{5}\right)\times\frac{1}{3}+\frac{2}{5}\times\frac{2}{5}=\frac{9}{25}$　答 $\dfrac{9}{25}$

0943 첫 번째에 빨간 공이 나올 확률은 $\frac{4}{9}$
두 번째에 빨간 공이 나올 확률은 $\frac{3}{8}$
세 번째에 흰 공이 나올 확률은 $\frac{3}{7}$
따라서 구하는 확률은
$\frac{4}{9}\times\frac{3}{8}\times\frac{3}{7}=\frac{1}{14}$　　　　　答 $\dfrac{1}{14}$

0944 두 사람 중 한 사람만 맞혀도 풍선은 터지므로
(풍선이 터질 확률)=1-(두 사람 모두 맞히지 못할 확률)
$=1-\left(1-\frac{2}{3}\right)\times\left(1-\frac{4}{7}\right)$
$=1-\frac{1}{3}\times\frac{3}{7}$
$=1-\frac{1}{7}=\frac{6}{7}$　　　　　　　　　답 $\dfrac{6}{7}$

0945 (세 문제 중 적어도 한 문제는 맞힐 확률)
=1-(세 문제 모두 틀릴 확률)
$=1-\left(1-\frac{1}{5}\right)\times\left(1-\frac{1}{5}\right)\times\left(1-\frac{1}{5}\right)$
$=1-\frac{64}{125}=\frac{61}{125}$　　　　　　답 $\dfrac{61}{125}$

0946 (두 눈의 수의 곱이 짝수일 확률)

=1−(두 눈의 수가 모두 홀수일 확률)

$=1-\dfrac{3}{6}\times\dfrac{3}{6}=\dfrac{3}{4}$ 답 $\dfrac{3}{4}$

0947 모든 경우의 수는 $3\times3=9$

비기는 경우는 (가위, 가위), (바위, 바위), (보, 보)의 3가지이므로 그 확률은 $\dfrac{3}{9}=\dfrac{1}{3}$

∴ (승부가 결정될 확률)=1−(비길 확률)

$=1-\dfrac{1}{3}=\dfrac{2}{3}$ 답 ⑤

0948 A의 승률이 $0.6=\dfrac{3}{5}$이므로 B의 승률은 $1-\dfrac{3}{5}=\dfrac{2}{5}$이다.

이때 세 번째 경기에서 A가 우승하려면 A−B−A 또는 B−A−A의 순서로 이겨야 한다.

(i) A−B−A의 순서로 이길 확률은

$\dfrac{3}{5}\times\dfrac{2}{5}\times\dfrac{3}{5}=\dfrac{18}{125}$

(ii) B−A−A의 순서로 이길 확률은

$\dfrac{2}{5}\times\dfrac{3}{5}\times\dfrac{3}{5}=\dfrac{18}{125}$

따라서 구하는 확률은

$\dfrac{18}{125}+\dfrac{18}{125}=\dfrac{36}{125}$ 답 ②

0949 도형의 전체 넓이는 $\pi\times6^2=36\pi\,(\mathrm{cm}^2)$

표적 B의 넓이는 $\pi\times4^2-\pi\times2^2=16\pi-4\pi=12\pi\,(\mathrm{cm}^2)$

따라서 화살이 표적 B에 맞을 확률은

$\dfrac{12\pi}{36\pi}=\dfrac{1}{3}$ 답 $\dfrac{1}{3}$

0950 (i) 해가 1인 경우: $x=1$을 $ax-b=0$에 대입하면 $a-b=0$, 즉 $a=b$이고 이를 만족시키는 경우를 순서쌍 $(a,\,b)$로 나타내면 $(1,\,1)$, $(2,\,2)$, $(3,\,3)$, $(4,\,4)$, $(5,\,5)$, $(6,\,6)$의 6가지이므로 그 확률은 $\dfrac{6}{36}$

       ㉮

(ii) 해가 5인 경우: $x=5$를 $ax-b=0$에 대입하면 $5a-b=0$, 즉 $5a=b$이고 이를 만족시키는 경우를 순서쌍 $(a,\,b)$로 나타내면 $(1,\,5)$의 1가지이므로 그 확률은 $\dfrac{1}{36}$

       ㉯

따라서 구하는 확률은

$\dfrac{6}{36}+\dfrac{1}{36}=\dfrac{7}{36}$

       ㉰

답 $\dfrac{7}{36}$

단계	채점 요소	배점
㉮	해가 1일 확률 구하기	40%
㉯	해가 5일 확률 구하기	40%
㉰	해가 1 또는 5일 확률 구하기	20%

0951 (i) A 주머니에서 흰 공, B 주머니에서 검은 공을 꺼낼 확률은

$\dfrac{4}{7}\times\dfrac{4}{6}=\dfrac{8}{21}$

       ㉮

(ii) A 주머니에서 검은 공, B 주머니에서 흰 공을 꺼낼 확률은

$\dfrac{3}{7}\times\dfrac{2}{6}=\dfrac{1}{7}$

       ㉯

따라서 구하는 확률은

$\dfrac{8}{21}+\dfrac{1}{7}=\dfrac{11}{21}$

       ㉰

답 $\dfrac{11}{21}$

단계	채점 요소	배점
㉮	A 주머니에서 흰 공, B 주머니에서 검은 공을 꺼낼 확률 구하기	40%
㉯	A 주머니에서 검은 공, B 주머니에서 흰 공을 꺼낼 확률 구하기	40%
㉰	두 공이 서로 다른 색일 확률 구하기	20%

0952 두 명 모두 불합격할 확률은

$\left(1-\dfrac{2}{5}\right)\times\left(1-\dfrac{1}{3}\right)=\dfrac{3}{5}\times\dfrac{2}{3}=\dfrac{2}{5}$

       ㉮

따라서 구하는 확률은

$1-\dfrac{2}{5}=\dfrac{3}{5}$

       ㉯

답 $\dfrac{3}{5}$

단계	채점 요소	배점
㉮	두 명 모두 불합격할 확률 구하기	60%
㉯	적어도 한 명은 합격할 확률 구하기	40%

0953 주사위를 두 번 던졌을 때, 점 P가 꼭짓점 C에 오려면 두 눈의 수의 합이 2 또는 7 또는 12이어야 한다.

       ㉮

두 눈의 수의 합이 2인 경우는 $(1,\,1)$의 1가지이므로 그 확률은 $\dfrac{1}{36}$

       ㉯

두 눈의 수의 합이 7인 경우는

$(1, 6), (2, 5), (3, 4), (4, 3), (5, 2), (6, 1)$

의 6가지이므로 그 확률은

$$\frac{6}{36}$$

··· ㉢

두 눈의 수의 합이 12인 경우는 $(6, 6)$의 1가지이므로
그 확률은

$$\frac{1}{36}$$

··· ㉣

따라서 구하는 확률은

$$\frac{1}{36}+\frac{6}{36}+\frac{1}{36}=\frac{2}{9}$$

··· ㉤

답 $\dfrac{2}{9}$

단계	채점 요소	배점
㉮	점 P가 꼭짓점 C에 올 조건 구하기	20 %
㉯	두 눈의 수의 합이 2일 확률 구하기	20 %
㉢	두 눈의 수의 합이 7일 확률 구하기	20 %
㉣	두 눈의 수의 합이 12일 확률 구하기	20 %
㉤	점 P가 꼭짓점 C에 올 확률 구하기	20 %

0954 4개의 점을 택하여 만들 수 있는 직사
각형은

ADEB, BEFC, DGHE, EHIF, ADFC,
DGIF, AGHB, BHIC, AGIC, BDHF

의 10개이고, 이 중에서 정사각형은

ADEB, BEFC, DGHE, EHIF, AGIC, BDHF

의 6개이다.

따라서 구하는 확률은

$$\frac{6}{10}=\frac{3}{5}$$

답 $\dfrac{3}{5}$

0955 모든 경우의 수는 $6\times6\times6=216$

주사위를 세 번 던져서 11의 위치에 있으려면 2의 배수가 두 번,
3의 배수가 한 번 나와야 한다. 이때 6의 눈이 나오는 경우에는
움직이지 않으므로 6을 제외한 2의 배수는 2, 4이고, 6을 제외한
3의 배수는 3이다.

즉, 주어진 조건을 만족시키는 경우는

$(3, 2, 2), (3, 2, 4), (3, 4, 2), (3, 4, 4), (2, 3, 2),$

$(2, 3, 4), (4, 3, 2), (4, 3, 4), (2, 2, 3), (2, 4, 3),$

$(4, 2, 3), (4, 4, 3)$

의 12가지이므로 구하는 확률은

$$\frac{12}{216}=\frac{1}{18}$$

답 $\dfrac{1}{18}$

0956 모든 경우의 수는 $6\times6=36$

$5a+b$가 4의 배수인 경우를 순서쌍 (a, b)로 나타내면

$a=1$일 때, $(1, 3)$의 1가지

$a=2$일 때, $(2, 2), (2, 6)$의 2가지

$a=3$일 때, $(3, 1), (3, 5)$의 2가지

$a=4$일 때, $(4, 4)$의 1가지

$a=5$일 때, $(5, 3)$의 1가지

$a=6$일 때, $(6, 2), (6, 6)$의 2가지

이므로 그 경우의 수는 $1+2+2+1+1+2=9$

따라서 구하는 확률은

$$\frac{9}{36}=\frac{1}{4}$$

답 $\dfrac{1}{4}$

0957 공이 B로 나오는 경우는 다음과 같이 3가지이다.

이때 각 갈림길에서 공이 어느 한쪽으로 빠져나갈 확률은 모두
$\dfrac{1}{2}$이므로 각 경우의 확률은 모두 $\dfrac{1}{2}\times\dfrac{1}{2}\times\dfrac{1}{2}=\dfrac{1}{8}$이다.

따라서 구하는 확률은

$$\frac{1}{8}+\frac{1}{8}+\frac{1}{8}=\frac{3}{8}$$

답 $\dfrac{3}{8}$

01 이등변삼각형 본문 140~141쪽

01 △BCD에서 $\overline{BC}=\overline{BD}$이므로

$\angle BDC=\angle C=66°$

$\therefore \angle DBC=180°-(66°+66°)=48°$

△ABC에서 $\overline{AB}=\overline{AC}$이므로

$\angle ABC=\angle C=66°$

$\therefore \angle ABD=\angle ABC-\angle DBC$

$\qquad =66°-48°=18°$　　　**답 18°**

02 $\angle BEA=\angle a$, $\angle CDA=\angle b$라 하면

△BAE, △CAD가 각각 이등변삼각형이므로

$\angle BAE=\angle BEA=\angle a$, $\angle CAD=\angle CDA=\angle b$이고

$\angle B=180°-2\angle a$, $\angle C=180°-2\angle b$

△ADE에서 $32°+\angle a+\angle b=180°$　　$\therefore \angle a+\angle b=148°$

$\therefore \angle B+\angle C=(180°-2\angle a)+(180°-2\angle b)$

$\qquad\qquad\qquad =360°-2(\angle a+\angle b)$

$\qquad\qquad\qquad =360°-2\times148°=64°$　　**답 64°**

03 이등변삼각형의 꼭지각의 이등분선은 밑변을 수직이등분하

므로 $\overline{AD}\perp\overline{BC}$이고

$\overline{BD}=\dfrac{1}{2}\overline{BC}=\dfrac{1}{2}\times10=5(cm)$

또 $\overline{AE}:\overline{ED}=2:1$이므로

$\overline{ED}=\dfrac{1}{2+1}\overline{AD}=\dfrac{1}{3}\times12=4(cm)$

$\therefore \triangle BDE=\dfrac{1}{2}\times\overline{BD}\times\overline{ED}=\dfrac{1}{2}\times5\times4=10(cm^2)$　　**답 ②**

04 $\angle B=\angle a$라 하면

△EBD에서 $\overline{EB}=\overline{ED}$이므로 $\angle EDB=\angle B=\angle a$

$\angle DEA=\angle B+\angle EDB=\angle a+\angle a=2\angle a$

△DEA에서 $\overline{DE}=\overline{DA}$이므로 $\angle DAE=\angle DEA=2\angle a$

△ABD에서 $\angle ADC=\angle B+\angle DAB=\angle a+2\angle a=3\angle a$

△ADC에서 $\overline{AD}=\overline{AC}$이므로 $\angle ACD=\angle ADC=3\angle a$

△ABC에서 $\angle a+3\angle a+96°=180°$

$4\angle a=84°$　　$\therefore \angle a=21°$

△ADC에서 $\angle ADC=\angle ACD=3\angle a=3\times21°=63°$이므로

$\angle DAC=180°-(63°+63°)=54°$　　**답 ④**

05 △ABC에서 $\overline{AB}=\overline{AC}$이므로

$\angle ABC=\angle ACB=\dfrac{1}{2}\times(180°-44°)=68°$

$\therefore \angle ACE=180°-\angle ACB=180°-68°=112°$

이때 $\angle ACD=\angle DCE$이므로

$\angle ACD=\dfrac{1}{2}\angle ACE=\dfrac{1}{2}\times112°=56°$

$\angle BCD=\angle ACB+\angle ACD$

$\qquad\quad =68°+56°=124°$

△CBD에서 $\overline{CB}=\overline{CD}$이므로

$\angle BDC=\dfrac{1}{2}\times(180°-124°)=28°$　　**답 ①**

06 △ABC에서 $\angle B=\angle C$이므로

$\overline{AC}=\overline{AB}=8 cm$

오른쪽 그림과 같이 $\overline{AD}$를 그으면

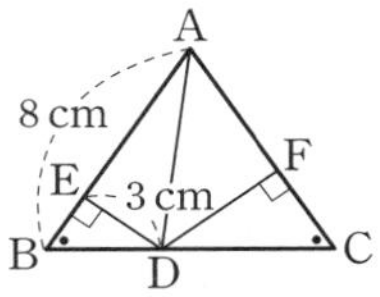

△ABC=△ABD+△ADC이므로

$30=\dfrac{1}{2}\times8\times3+\dfrac{1}{2}\times8\times\overline{DF}$

$30=12+4\overline{DF}$, $4\overline{DF}=18$

$\therefore \overline{DF}=\dfrac{9}{2}(cm)$　　**답 ③**

07 △ABC에서 $\overline{AB}=\overline{AC}$이므로

$\angle ABC=\angle ACB=\dfrac{1}{2}\times(180°-48°)=66°$

△BCE와 △CBD에서

$\angle BEC=\angle CDB=90°$, $\overline{BC}$는 공통, $\angle CBE=\angle BCD$

이므로 △BCE≡△CBD(RHA 합동)

따라서 $\angle BCE=\angle CBD=180°-(90°+66°)=24°$이므로

△BCF에서 $\angle CFD=24°+24°=48°$　　**답 ②**

08 △ADB와 △CEA에서

$\angle BDA=\angle AEC=90°$, $\overline{AB}=\overline{CA}$,

$\angle DBA=90°-\angle BAD=\angle EAC$

이므로 △ADB≡△CEA(RHA 합동)

따라서 $\overline{AE}=\overline{BD}=8 cm$, $\overline{EC}=\overline{DA}=14-8=6(cm)$이므로

△ABC=(사각형 DBCE의 넓이)$-$(△ADB+△CEA)

$\qquad\quad =\dfrac{1}{2}\times(8+6)\times14-\left(\dfrac{1}{2}\times8\times6+\dfrac{1}{2}\times8\times6\right)$

$\qquad\quad =98-(24+24)=50(cm^2)$　　**답 ②**

09 △BCD와 △BED에서

$\angle BCD=\angle BED=90°$, $\overline{BD}$는 공통, $\overline{BC}=\overline{BE}$

이므로 △BCD≡△BED(RHS 합동)

$\therefore \overline{DE}=\overline{DC}=6 cm$

이때 △ABC가 직각이등변삼각형이므로 $\angle A=45°$

따라서 △AED에서 $\angle ADE=\angle A=45°$이므로

△AED는 $\overline{EA}=\overline{ED}$인 직각이등변삼각형이다.

$\therefore \overline{AE}=\overline{DE}=6 cm$

$\therefore \triangle AED=\dfrac{1}{2}\times6\times6=18(cm^2)$　　**답 ②**

10 오른쪽 그림과 같이 점 D에서 $\overline{AC}$에 내린 수선의 발을 E라 하면 △ABD와 △AED에서

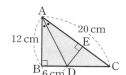

$\angle ABD=\angle AED=90°$,
$\overline{AD}$는 공통, $\angle BAD=\angle EAD$
이므로 △ABD≡△AED(RHA 합동)
따라서 $\overline{ED}=\overline{BD}=6$ cm이므로
△ABC=△ABD+△ADC

$$=\frac{1}{2}\times6\times12+\frac{1}{2}\times20\times6$$
$$=36+60=96(cm^2)$$

답 ④

11 △ABC에서 $\overline{AB}=\overline{AC}$이므로
$\angle B=\angle C=\frac{1}{2}\times(180°-68°)=56°$
△DBE와 △ECF에서
$\overline{DB}=\overline{EC}$, $\overline{BE}=\overline{CF}$, $\angle B=\angle C$
이므로 △DBE≡△ECF(SAS 합동)
∴ $\overline{DE}=\overline{EF}$, $\angle BED=\angle CFE$, $\angle BDE=\angle CEF$
∴ $\angle DEF=180°-(\angle BED+\angle CEF)$
$$=180°-(\angle BED+\angle BDE)$$
$$=\angle B=56°$$
이때 △DEF가 $\overline{ED}=\overline{EF}$인 이등변삼각형이므로
$\angle x=\frac{1}{2}\times(180°-56°)=62°$

답 ④

12 △BCD는 $\overline{CB}=\overline{CD}$인 이등변
삼각형이므로 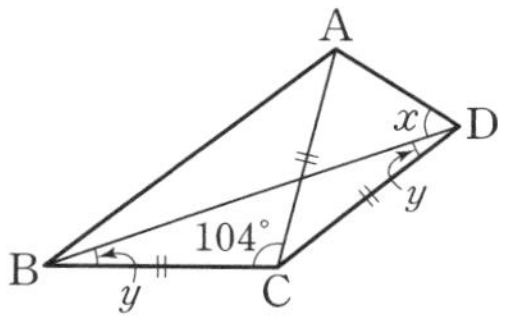
$\angle ADB=\angle x$,
$\angle CBD=\angle CDB=\angle y$라 하면
△CAD는 $\overline{CA}=\overline{CD}$인 이등변삼각형이므로
$\angle ACD=180°-2(\angle x+\angle y)$ ······ ㉠
△CBD에서 $\angle ACD=180°-(\angle y+\angle y+104°)$ ······ ㉡
㉠, ㉡에서 $180°-2(\angle x+\angle y)=180°-(\angle y+\angle y+104°)$
$2\angle x=104°$ ∴ $\angle x=52°$
∴ $\angle ADB=\angle x=52°$

답 ⑤

13 $\angle DAC=\angle DCA=\angle x$라 하면 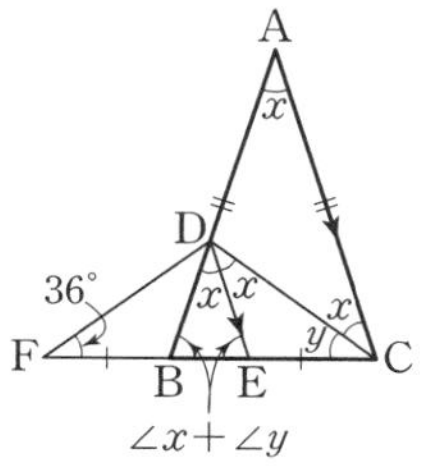
$\angle EDC=\angle DCA=\angle x$ (엇각)
$\angle BDE=\angle DAC=\angle x$ (동위각)
△ABC는 $\overline{AB}=\overline{AC}$인 이등변삼각형이므로
$\angle DCE=\angle y$라 하면
$\angle ABC=\angle ACB=\angle x+\angle y$
△DEC에서 $\angle DEB=\angle x+\angle y$이므로
△DBE는 $\overline{DB}=\overline{DE}$인 이등변삼각형이다.

△DBF와 △DEC에서
$\overline{DB}=\overline{DE}$, $\angle DBF=\angle DEC$, $\overline{BF}=\overline{EC}$
이므로 △DBF≡△DEC(SAS 합동)
즉, $\angle DCE=\angle DFB=36°$ ∴ $\angle y=36°$
한편 △DBE에서 $\angle x+(\angle x+\angle y)+(\angle x+\angle y)=180°$이므로 $3\angle x+2\angle y=180°$, $3\angle x+2\times36°=180°$
$3\angle x=108°$ ∴ $\angle x=36°$ ∴ $\angle DAC=\angle x=36°$

답 **36°**

02 삼각형의 외심과 내심

Ⅰ. 삼각형의 성질

본문 142~143쪽

01 △OBE와 △OAE의 넓이가 같고, △OBF와 △OCF의 넓이가 같으므로
△ABC=2×(사각형 EBFO의 넓이)+2△ODA
$$=2\times18+2\times\left(\frac{1}{2}\times5\times4\right)$$
$$=36+20=56(cm^2)$$

답 **56 cm²**

02 $\angle AOH=180°-(90°+28°)=62°$
점 O가 △ABC의 외심이므로 $\overline{OA}=\overline{OB}=\overline{OC}$
따라서 △OAB는 이등변삼각형이므로 $\angle B=\angle OAB$
$\angle AOH=\angle B+\angle OAB=2\angle B=62°$
∴ $\angle B=31°$

답 ①

03 점 D가 직각삼각형 ABH의 외심이므로 $\overline{DA}=\overline{DB}=\overline{DH}$
즉, △DBH는 이등변삼각형이므로
$\angle BDH=180°-(76°+76°)=28°$
또 $\overline{AC}$∥$\overline{DE}$이므로 $\angle BDE=\angle BAC=62°$(동위각)
∴ $\angle HDE=\angle BDE-\angle BDH=62°-28°=34°$

답 **34°**

04 $\angle BAC=180°\times\frac{4}{4+5+6}=180°\times\frac{4}{15}=48°$
∴ $\angle BOC=2\angle BAC=2\times48°=96°$

답 ④

05 점 I가 △ABC의 내심이므로 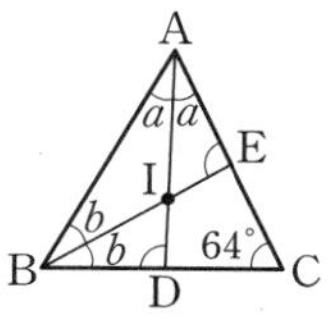
$\angle BAI=\angle IAE=\angle a$,
$\angle ABI=\angle IBD=\angle b$라 하면
△ABC에서 $2(\angle a+\angle b)+64°=180°$
$2(\angle a+\angle b)=116°$ ∴ $\angle a+\angle b=58°$
△ADC에서 $\angle ADB=\angle a+64°$
△BEC에서 $\angle AEB=\angle b+64°$
∴ $\angle ADB+\angle AEB=(\angle a+64°)+(\angle b+64°)$
$$=(\angle a+\angle b)+128°$$
$$=58°+128°=186°$$

답 ②

06 $\overline{IB}$, $\overline{IC}$를 그으면 $\overline{DE}$ // $\overline{BC}$이므로

∠DIB=∠IBC(엇각)

점 I가 △ABC의 내심이므로

∠DBI=∠IBC

∴ ∠DBI=∠DIB

따라서 $\overline{DI}$=$\overline{DB}$=5 cm

같은 방법으로 $\overline{EI}$=$\overline{EC}$=6 cm

∴ $\overline{DE}$=$\overline{DI}$+$\overline{EI}$=5+6=11(cm) 답 ③

07 이등변삼각형의 내심은 꼭지각의 이등분선 위에 있고, 꼭지각의 이등분선은 밑변을 수직이등분하므로 $\overline{AD}\perp\overline{BC}$

△ABC의 내접원의 반지름의 길이를 r cm라 하면

△ABC의 넓이에서

$\dfrac{1}{2}\times r\times(10+10+12)=\dfrac{1}{2}\times12\times8$

$16r=48$ ∴ $r=3$

∴ $\overline{AE}=\overline{AD}-\overline{ED}$

$=8-2\times3=2(cm)$ 답 ③

08 오른쪽 그림과 같이 △ABC의 내접원과 세 변의 접점을 각각 D, E, F라 하고, $\overline{ID}$, $\overline{IE}$를 그으면 사각형 DBEI는 정사각형이다.

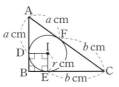

$\overline{AD}=\overline{AF}=a$ cm,

$\overline{CE}=\overline{CF}=b$ cm라 하고, △ABC의 내접원의 반지름의 길이를 r cm라 하면

$\overline{AC}=a+b=15$ cm

$\overline{AB}+\overline{BC}=(a+r)+(r+b)$

$=(a+b)+2r$

$=15+2r=21(cm)$

$2r=6$ ∴ $r=3$

따라서 △ABC의 내접원의 반지름의 길이는 3 cm이다. 답 ③

09 점 O가 △ABC의 외심이므로

∠BOC=2∠A=2×44°=88°

△OBC에서 $\overline{OB}=\overline{OC}$이므로

∠OBC=$\dfrac{1}{2}\times(180°-88°)=46°$

한편 △ABC에서 $\overline{AB}=\overline{AC}$이므로

∠ABC=∠ACB=$\dfrac{1}{2}\times(180°-44°)=68°$

점 I가 △ABC의 내심이므로

∠IBC=$\dfrac{1}{2}$∠ABC=$\dfrac{1}{2}\times68°=34°$

∠ICB=$\dfrac{1}{2}$∠ACB=$\dfrac{1}{2}\times68°=34°$

따라서 ∠OBI=∠OBC-∠IBC=46°-34°=12°이므로

∠OBI+∠ICB=12°+34°=46° 답 ①

10 점 O가 △ABC의 외심이므로

∠AOC=2∠B=2×68°=136°

또 점 O가 △ACD의 외심이므로

∠D=$\dfrac{1}{2}\times(360°-136°)=112°$

점 I가 △ACD의 내심이므로

∠AIC=90°+$\dfrac{1}{2}$∠D

$=90°+\dfrac{1}{2}\times112°=146°$ 답 ⑤

11 오른쪽 그림과 같이 △ABC의 내접원과 세 변의 접점을 각각 D, E, F라 하고, $\overline{IF}$를 그으면 사각형 IECF는 정사각형이다.

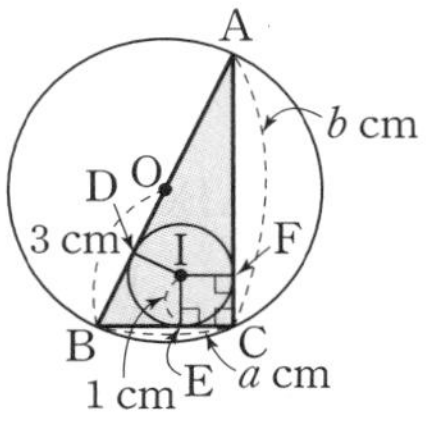

$\overline{BC}=a$ cm, $\overline{CA}=b$ cm라 하면

$\overline{BD}=\overline{BE}=(a-1)$ cm,

$\overline{AD}=\overline{AF}=(b-1)$ cm

이때 $\overline{AB}=2\overline{OB}=2\times3=6(cm)$이므로

$(a-1)+(b-1)=6$ ∴ $a+b=8$

∴ △ABC=$\dfrac{1}{2}\times1\times(a+b+6)$

$=\dfrac{1}{2}\times1\times(8+6)=7(cm^2)$ 답 **7 cm²**

12 △ABC에서 $\overline{AB}=\overline{AC}$이므로

∠ACB=$\dfrac{1}{2}\times(180°-76°)=52°$

∴ ∠ICD=$\dfrac{1}{2}$∠ACB=$\dfrac{1}{2}\times52°=26°$

△ABC의 외심 O는 세 변의 수직이등분선의 교점이므로

∠ODC=90°

따라서 △DEC에서

∠DEC=180°-(90°+26°)=64° 답 **64°**

13 $\overline{AD}$ // $\overline{BC}$이므로 ∠ADB=∠DBC=∠x (엇각)

△ABD가 이등변삼각형이므로 꼭짓점 A와 내심 I를 지나는 직선은 $\overline{BD}$와 수직이다.

∴ ∠DAE=90°-∠x

△BCD에서 $\overline{BC}=\overline{BD}$이므로

∠BDC=$\dfrac{1}{2}\times(180°-∠x)=90°-\dfrac{1}{2}∠x$

점 I'이 △BCD의 내심이므로

∠BDE=$\dfrac{1}{2}$∠BDC=$\dfrac{1}{2}\times\left(90°-\dfrac{1}{2}∠x\right)=45°-\dfrac{1}{4}∠x$

△AED에서

$(90°-∠x)+∠x+\left(45°-\dfrac{1}{4}∠x\right)+55°=180°$

$\dfrac{1}{4}$∠x=10° ∴ ∠x=40° 답 **40°**

03 평행사변형

II. 사각형의 성질
본문 144~145쪽

01 $\angle BEA = \angle DAE$(엇각)이므로 $\triangle ABE$는 이등변삼각형이다.
$\therefore \overline{BE} = \overline{BA} = 8\,\text{cm}$
또 $\angle CFD = \angle ADF$(엇각)이므로 $\triangle DFC$는 이등변삼각형이다.
$\therefore \overline{CF} = \overline{CD} = \overline{AB} = 8\,\text{cm}$
이때 $\overline{BC} = \overline{AD} = 10\,\text{cm}$이므로
$\overline{BF} = \overline{BC} - \overline{CF} = 10 - 8 = 2\,(\text{cm})$
$\therefore \overline{FE} = \overline{BE} - \overline{BF} = 8 - 2 = 6\,(\text{cm})$
답 ④

02 $\angle MCE = \angle DCE$(접은 각)
$\overline{AF}\,/\!/\,\overline{CD}$이므로 $\angle ECD = \angle AFE$(엇각)
$\therefore \angle MCE = \angle AFE$
따라서 $\triangle MCF$는 이등변삼각형이므로
$\overline{MF} = \overline{MC} = \overline{CD} = \overline{AB} = 12\,\text{cm}$
$\overline{AM} = \dfrac{1}{2}\overline{AB} = \dfrac{1}{2} \times 12 = 6\,(\text{cm})$이므로
$\overline{AF} = \overline{MF} - \overline{AM} = 12 - 6 = 6\,(\text{cm})$
답 **6 cm**

03 $\angle C = \angle x$라 하면 $\angle BAD = \angle C = \angle x$이므로
$\angle BAH = \angle DAH = \dfrac{1}{2}\angle x$
또 $\angle B + \angle C = 180°$이므로 $\angle B = 180° - \angle x$
$\square ABEH$에서 $\dfrac{1}{2}\angle x + (180° - \angle x) + 145° + 90° = 360°$
$\dfrac{1}{2}\angle x = 55°$ $\therefore \angle x = 110°$
$\therefore \angle C = \angle x = 110°$
답 **110°**

04 $\angle ADC = \angle B = 56°$이고 $\angle ADE : \angle EDC = 3 : 1$이므로
$\angle ADE = \dfrac{3}{3+1}\angle ADC = \dfrac{3}{4} \times 56° = 42°$
$\triangle AED$에서 $\angle EAD = 180° - (88° + 42°) = 50°$
한편 $\angle BAD + \angle B = 180°$이므로
$\angle BAD = 180° - 56° = 124°$
$\therefore \angle BAE = \angle BAD - \angle EAD$
$\qquad = 124° - 50° = 74°$
답 **74°**

05 $\angle ADP = \angle CDP = \angle a$,
$\angle BCP = \angle DCP = \angle b$라 하면
$\angle ADC + \angle BCD = 180°$이므로
$2\angle a + 2\angle b = 180°$
$\therefore \angle a + \angle b = 90°$
따라서 $\triangle PCD$에서
$\angle DPC = 180° - (\angle a + \angle b) = 180° - 90° = 90°$
답 **90°**

06 $\angle AEC = \angle x$라 하면
$\angle EAC = \angle DAE$
$\qquad = \angle AEC$(엇각) $= \angle x$
이고 평행사변형의 대각의 크기는 같
으므로 $\angle D = \angle B = 68°$
$\triangle ACD$에서 $2\angle x + 54° + 68° = 180°$
$2\angle x = 58°$ $\therefore \angle x = 29°$
$\therefore \angle AEC = \angle x = 29°$
답 ②

07 $\square ABCD$가 평행사변형이므로
$\triangle BCD = \triangle ABD = 6\,\text{cm}^2$
$\overline{BC} = \overline{CE}$, $\overline{DC} = \overline{CF}$에서 $\square BFED$는 평행사변형이므로
$\triangle BCD = \triangle DCE = \triangle CFE = \triangle BFC = 6\,\text{cm}^2$
$\therefore \square BFED = 4 \times 6 = 24\,(\text{cm}^2)$
답 ③

08 ④ $\triangle PAB + \triangle PCD = \triangle PDA + \triangle PBC$
$\qquad\qquad = \dfrac{1}{2}\square ABCD$
답 ④

09 $\overline{ED} = \overline{OC} = \overline{AO}$이고,
$\overline{ED}\,/\!/\,\overline{OC}$에서 $\overline{ED}\,/\!/\,\overline{AO}$이므로
$\square AODE$는 평행사변형이다.
따라서 $\overline{AF} = \overline{DF}$, $\overline{OF} = \overline{EF}$이므로
$\overline{AD} = 2\overline{AF}$, $\overline{AB} = \overline{CD} = \overline{OE} = 2\overline{OF}$
$\therefore (\square ABCD$의 둘레의 길이$) = 2(\overline{AB} + \overline{AD})$
$\qquad\qquad\qquad = 4(\overline{OF} + \overline{AF})$
$\qquad\qquad\qquad = 4 \times 32 = 128\,(\text{cm})$
답 ⑤

다른 풀이
$\triangle AOF$와 $\triangle DEF$에서
$\overline{OA} = \overline{OC} = \overline{ED}$, $\angle AOF = \angle DEF$(엇각),
$\angle OAF = \angle EDF$(엇각)
이므로 $\triangle AOF \equiv \triangle DEF$(ASA합동)
따라서 $\overline{AF} = \overline{DF}$, $\overline{OF} = \overline{EF}$이므로
$\overline{AD} = 2\overline{AF}$, $\overline{AB} = \overline{CD} = \overline{OE} = 2\overline{OF}$
$\therefore (\square ABCD$의 둘레의 길이$) = 2(\overline{AB} + \overline{AD})$
$\qquad\qquad\qquad = 4(\overline{OF} + \overline{AF})$
$\qquad\qquad\qquad = 4 \times 32 = 128\,(\text{cm})$

10 점 P가 점 A를 출발한 지 x초 후에
$\overline{AP} = 4x\,(\text{cm})$, $\overline{CQ} = 6(x-4)\,(\text{cm})$
이때 $\square APCQ$가 평행사변형이 되려면 $\overline{AP} = \overline{CQ}$이어야 하므로
$4x = 6(x-4)$, $-2x = -24$
$\therefore x = 12$
따라서 $\square APCQ$가 평행사변형이 되는 것은 점 P가 출발한 지 12초 후이다.
답 ⑤

실력 Up⁺ **87**

11 $\overline{AE}/\!/\overline{FC}$이고 두 점 E, F가 각각 $\overline{AB}$, $\overline{CD}$의 중점이므로 $\overline{AE}=\overline{FC}$가 되어 □AECF는 평행사변형이다.

따라서 $\overline{AF}/\!/\overline{EC}$

오른쪽 그림과 같이 대각선 AC를 긋고 $\overline{AC}$와 $\overline{BD}$의 교점을 O라 하면

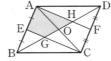

△AOH와 △COG에서

$\overline{OA}=\overline{OC}$, ∠OAH=∠OCG(엇각),

∠AOH=∠COG(맞꼭지각)

이므로 △AOH≡△COG(ASA합동)

따라서 △AOH=△COG이므로

□AEGH=□AEGO+△AOH=□AEGO+△COG

$$=△AEC=\frac{1}{4}□ABCD$$

$$=\frac{1}{4}×60=15(cm^2)$$

目 **15 cm²**

12 (ⅰ) 점 P가 점 B와 일치할 때,

∠BAQ=∠DAQ=∠AQB(엇각)이므로

$\overline{BQ}=\overline{BA}=8$ cm

(ⅱ) 점 P가 점 C와 일치할 때,

∠QAC=∠DAQ=∠AQC(엇각)이므로

$\overline{CQ}=\overline{CA}=12$ cm

즉, $\overline{BQ}=\overline{BC}+\overline{CQ}=10+12=22(cm)$

따라서 점 P가 점 B에서 점 C까지 움직이는 동안 점 Q가 움직인 거리는

$22-8=14(cm)$

目 ①

13

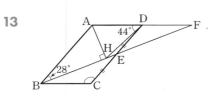

위의 그림과 같이 $\overline{AD}$의 연장선과 $\overline{BE}$의 연장선의 교점을 F라 하자.

△EBC와 △EFD에서

$\overline{EC}=\overline{ED}$, ∠BCE=∠FDE (엇각),

∠BEC=∠FED(맞꼭지각)

이므로 △EBC≡△EFD(ASA합동)

∴ $\overline{DF}=\overline{CB}=\overline{AD}$

이때 △AHF는 직각삼각형이므로 점 D는 △AHF의 외심이다.

따라서 $\overline{AD}=\overline{DF}=\overline{DH}$이므로 △DHF는 이등변삼각형이다.

∴ $∠AFH=\frac{1}{2}×44°=22°$

즉, ∠EBC=∠EFD=∠AFH=22°

또 ∠BEC=∠ABE=28°(엇각)이므로

△BCE에서 ∠C=180°-(28°+22°)=130°

目 **130°**

---

04 여러 가지 사각형

01 ∠BAE=∠EAC=∠x라 하면

△ECA에서 $\overline{EC}=\overline{EA}$이므로

∠ECA=∠EAC=∠x

$\overline{AD}/\!/\overline{BC}$이므로

∠DAC=∠ACE=∠x(엇각)

이때 ∠DAB=90°이므로 3∠x=90°

∴ ∠x=30°

따라서 △ECA에서

∠AEC=180°-(30°+30°)=120°

目 ③

02 □ABCD가 마름모이므로

$\overline{AB}=\overline{BC}=\overline{CD}=\overline{DA}$

$$=\frac{1}{4}×32=8(cm)$$

△ABC에서 ∠B=60°이고 $\overline{BA}=\overline{BC}$이므로 △ABC는 정삼각형이다.

∴ $\overline{AC}=\overline{AB}=8$ cm

目 ②

03 오른쪽 그림과 같이 $\overline{AC}$를 그으면

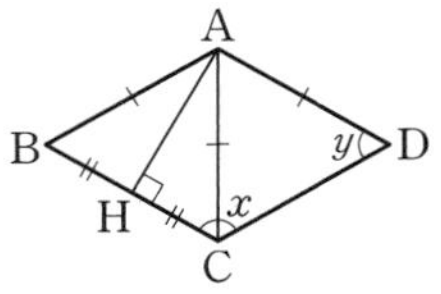

△ABH와 △ACH에서

$\overline{BH}=\overline{CH}$, $\overline{AH}$는 공통,

∠AHB=∠AHC

이므로 △ABH≡△ACH(SAS 합동)

∴ $\overline{AB}=\overline{AC}$

이때 $\overline{AB}=\overline{BC}$이므로 △ABC는 정삼각형이다.

즉, ∠B=60°이므로 ∠y=∠D=∠B=60°

또 ∠x+∠y=180°이므로 ∠x=120°

∴ ∠x-∠y=120°-60°=60°

目 ②

04 △ABE와 △CBE에서

$\overline{AB}=\overline{CB}$, $\overline{BE}$는 공통, ∠ABE=∠CBE

이므로 △ABE≡△CBE(SAS 합동)

∴ ∠AEB=∠CEB=68°

한편 □ABCD가 정사각형이므로

∠ADB=45°

따라서 △AED에서

∠DAE+45°=68°

∴ ∠DAE=23°

目 **23°**

05 △DBC에서

∠DBC=180°-(85°+60°)=35°

∠ADB=∠DBC=35°(엇각)이므로

△ABD에서 ∠x+∠y+35°=180°

∴ ∠x+∠y=145°

目 ③

06 오른쪽 그림과 같이 꼭짓점 A를 지나고 $\overline{DC}$에 평행한 직선이 $\overline{BC}$와 만나는 점을 E라 하면 □AECD는 평행사변형이므로

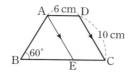

$\overline{EC}=\overline{AD}=6$ cm, $\overline{AE}=\overline{DC}=10$ cm

또 $\angle C=\angle B=60°$에서 $\angle AEB=\angle C=60°$이므로 △ABE는 정삼각형이다.

즉, $\overline{BE}=\overline{AE}=10$ cm이고 $\overline{AB}=\overline{DC}=10$ cm이므로

(□ABCD의 둘레의 길이)$=10+10+6+10+6=42$(cm)

目 42 cm

07 △AOE와 △COF에서

$\overline{AO}=\overline{CO}$, $\angle AOE=\angle COF=90°$, $\angle EAO=\angle FCO$ (엇각)

이므로 △AOE≡△COF(ASA 합동)

∴ $\overline{EO}=\overline{FO}$

즉, □AFCE는 두 대각선이 서로 다른 것을 수직이등분하므로 마름모이다.

이때 $\overline{AE}=16-6=10$(cm)이므로

(□AFCE의 둘레의 길이)$=4\overline{AE}$

$=4\times10=40$(cm)

目 40 cm

08 두 대각선이 서로 다른 것을 이등분하는 것은 평행사변형, 직사각형, 마름모, 정사각형의 4개이므로 $a=4$

두 대각선의 길이가 같은 것은 등변사다리꼴, 직사각형, 정사각형의 3개이므로 $b=3$

두 대각선이 수직으로 만나는 것은 마름모, 정사각형의 2개이므로 $c=2$

∴ $a+b+c=4+3+2=9$

目 9

09 $\overline{AC}\parallel\overline{BF}$이므로 △ABC=△AFC

$\overline{AD}\parallel\overline{EG}$이므로 △ADE=△ADG

∴ (오각형 ABCDE의 넓이)$=$△ABC$+$△ACD$+$△ADE

$=$△AFC$+$△ACD$+$△ADG

$=$△AFG$=$△AFD$+$△ADG

$=42+(38-24)$

$=56$(cm²)

目 ①

10 $\triangle EOC=\dfrac{2}{5}\triangle EBC=\dfrac{2}{5}\times\dfrac{4}{7}\triangle ABC$

$=\dfrac{8}{35}\triangle ABC$

이때 △EOC의 넓이가 16 cm²이므로

$\dfrac{8}{35}\triangle ABC=16$

∴ $\triangle ABC=16\times\dfrac{35}{8}=70$(cm²)

目 70 cm²

11 $\overline{AD}\parallel\overline{BC}$이므로 △ABE=△DBE

$\overline{BD}\parallel\overline{EF}$이므로 △DBE=△DBF

$\overline{AB}\parallel\overline{DC}$이므로 △DBF=△AFD

∴ △ABE=△DBE=△DBF=△AFD

目 ⑤

12 $\overline{AD}\parallel\overline{BC}$이므로 △ABC=△DBC에서

△ABO$+$△OBC$=$△OCD$+$△OBC

∴ △ABO=△OCD=20 cm²

이때 $\overline{OB}:\overline{OD}=3:2$이므로

△ABO : △AOD$=3:2$

∴ $\triangle AOD=\dfrac{2}{3}\triangle ABO$

$=\dfrac{2}{3}\times20=\dfrac{40}{3}$(cm²)

目 $\dfrac{40}{3}$ cm²

13 $\angle BAD=180°-74°=106°$이므로

$\angle PAD=106°-60°=46°$

이때 $\overline{AD}=\overline{AB}=\overline{AP}$에서 △APD는 이등변삼각형이다.

∴ $\angle x=\dfrac{1}{2}\times(180°-46°)=67°$

또 $\angle CBP=74°-60°=14°$이고 $\overline{BC}=\overline{BA}=\overline{BP}$에서 △BCP는 이등변삼각형이다.

∴ $\angle BCP=\dfrac{1}{2}\times(180°-14°)=83°$

이때 $\angle BCD=\angle BAD=106°$이므로

$\angle y=106°-83°=23°$

∴ $\angle x+\angle y=67°+23°=90°$

目 ④

14 오른쪽 그림과 같이 $\overline{BD}$를 그으면 $\overline{AD}\parallel\overline{BC}$이므로

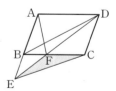

△DBF=△ABF=15 cm²

또 $\overline{AE}\parallel\overline{DC}$이므로

△BED=△BEC

∴ △FEC=△BEC$-$△BEF

$=$△BED$-$△BEF

$=$△DBF$=15$ cm²

目 15 cm²

Ⅲ. 도형의 닮음과 피타고라스 정리

05 **도형의 닮음** 본문 148~149쪽

01 ② 한 내각의 크기가 같은 두 마름모는 대응각의 크기가 모두 같고 네 변의 길이의 비가 같으므로 항상 닮음이다.

目 ②

02 ① 점 B의 대응점은 점 F이다.

② $\overline{AB}:\overline{EF}=6:10=3:5$이므로

□ABCD와 □EFGH의 닮음비는 $3:5$이다.

③ $\overline{BC}:\overline{FG}=3:5$

④ $\overline{CD}:8=3:5$이므로 $5\overline{CD}=24$ $\therefore \overline{CD}=\dfrac{24}{5}(cm)$

⑤ $\angle G=\angle C=75°$, $\angle E=\angle A=90°$이므로 □EFGH에서

$\angle F=360°-(90°+125°+75°)=70°$ 답 ④

03 $\overline{AO}:\overline{BO}=4:6=2:3$이므로 △AOB와 △BOC,

△BOC와 △COD의 닮음비는 모두 $2:3$이다.

$\overline{BO}:\overline{CO}=2:3$에서 $6:\overline{CO}=2:3$, $2\overline{CO}=18$

$\therefore \overline{CO}=9(cm)$

$\overline{CO}:\overline{DO}=2:3$에서 $9:\overline{DO}=2:3$이므로 $2\overline{DO}=27$

$\therefore \overline{DO}=\dfrac{27}{2}(cm)$

$\therefore \overline{CO}+\overline{DO}=9+\dfrac{27}{2}=\dfrac{45}{2}(cm)$ 답 ②

04 △ADE와 △AFG에서

$\overline{AD}:\overline{AF}=\overline{AE}:\overline{AG}=1:2$, $\angle A$는 공통

이므로 △ADE∽△AFG(SAS 닮음)

또 △ADE와 △ABC에서

$\overline{AD}:\overline{AB}=\overline{AE}:\overline{AC}=1:3$, $\angle A$는 공통

이므로 △ADE∽△ABC(SAS 닮음)

즉, 세 삼각형 ADE, AFG, ABC의 닮음비가 $1:2:3$이므로

넓이의 비는 $1^2:2^2:3^2=1:4:9$이다.

$\therefore$ □DFGE : □FBCG$=(4-1):(9-4)$

$=3:5$ 답 ④

05 두 구의 단면의 넓이의 비가 $4:25=2^2:5^2$이므로 닮음비는 $2:5$이고 부피의 비는 $2^3:5^3=8:125$이다.

구 O의 부피를 x cm³라 하면

$x:\dfrac{125}{2}\pi=8:125$

$125x=500\pi$ $\therefore x=4\pi$

따라서 구 O의 부피는 4π cm³이다. 답 4π cm³

06 물이 채워져 있는 부분의 원뿔과 그릇의 높이의 비가

$4:12=1:3$이므로 부피의 비는 $1^3:3^3=1:27$이다.

더 부어야 하는 물의 양을 x cm³라 하면

$1:(27-1)=6\pi:x$

$\therefore x=26\times 6\pi=156\pi$

따라서 더 부어야 하는 물의 양은 156π cm³이다. 답 ④

07 △ABC와 △ACD에서

$\overline{AB}:\overline{AC}=\overline{AC}:\overline{AD}=2:1$, $\angle A$는 공통

$\therefore$ △ABC∽△ACD(SAS 닮음)

즉, $\overline{BC}:\overline{CD}=2:1$에서 $9:\overline{CD}=2:1$, $2\overline{CD}=9$

$\therefore \overline{CD}=\dfrac{9}{2}(cm)$ 답 ⑤

08 △ABC와 △DAC에서

$\angle ABC=\angle DAC$, $\angle C$는 공통

$\therefore$ △ABC∽△DAC(AA 닮음)

즉, $\overline{AC}:\overline{DC}=\overline{BC}:\overline{AC}$이므로 $4:\overline{DC}=8:4$

$8\overline{DC}=16$ $\therefore \overline{DC}=2(cm)$

$\therefore \overline{BD}=\overline{BC}-\overline{DC}=8-2=6(cm)$ 답 **6 cm**

09 $\overline{AB}^2=\overline{BD}\times\overline{BC}$이므로

$20^2=16\times\overline{BC}$ $\therefore \overline{BC}=25(cm)$

$\overline{CD}=\overline{BC}-\overline{BD}=25-16=9(cm)$

또 $\overline{AD}^2=\overline{DB}\times\overline{DC}$이므로 $\overline{AD}^2=16\times 9=144$

그런데 $\overline{AD}>0$이므로 $\overline{AD}=12(cm)$

$\therefore$ △ADC$=\dfrac{1}{2}\times\overline{AD}\times\overline{CD}=\dfrac{1}{2}\times 12\times 9=54(cm^2)$ 답 ⑤

10 △AFE와 △CFB에서

$\angle EAF=\angle BCF$(엇각), $\angle AFE=\angle CFB$(맞꼭지각)

$\therefore$ △AFE∽△CFB(AA 닮음)

즉, $\overline{AF}:\overline{CF}=\overline{AE}:\overline{CB}$이므로

$6:9=\overline{AE}:18$, $9\overline{AE}=108$ $\therefore \overline{AE}=12(cm)$

이때 $\overline{AD}=\overline{BC}=18$ cm이므로

$\overline{DE}=\overline{AD}-\overline{AE}=18-12=6(cm)$ 답 **6 cm**

11 $\overline{AD}=\overline{FD}=14$ cm이므로 $\overline{AB}=14+16=30(cm)$

즉, 정삼각형 ABC의 한 변의 길이는 30 cm이다.

이때 $\overline{BF}=\overline{BC}-\overline{FC}=30-20=10(cm)$

한편 △DBF에서 $\angle B=60°$이므로

$\angle BDF+\angle BFD=120°$ ····· ㉠

$\angle DFE=60°$이므로 $\angle BFD+\angle CFE=120°$ ····· ㉡

㉠, ㉡에 의해 $\angle BDF=\angle CFE$

또 $\angle B=\angle C$이므로

△DBF∽△FCE(AA 닮음)

따라서 △DBF와 △FCE의 닮음비는

$\overline{DB}:\overline{FC}=16:20=4:5$이고

(△DBF의 둘레의 길이)$=16+10+14=40(cm)$이므로

(△CEF의 둘레의 길이)$=40\times\dfrac{5}{4}=50(cm)$ 답 ①

12 큰 쇠공과 작은 쇠공의 닮음비가 $10:2=5:1$이므로 부피의 비는 $5^3:1^3=125:1$

따라서 큰 쇠공 1개를 녹여 작은 쇠공 125개를 만들 수 있다.

큰 쇠공과 작은 쇠공의 겉넓이의 비는 $5^2:1^2=25:1$이므로 작은 쇠공 1개의 겉넓이를 S라 하면

(작은 쇠공 125개의 겉넓이의 합)$=125S$

(큰 쇠공 1개의 겉넓이)$=25S$

따라서 만들어진 모든 작은 쇠공의 겉넓이의 합과 큰 쇠공 1개의 겉넓이의 비는

$125S:25S=5:1$　　　　　　　　　　　　**답 ②**

13 $\triangle QED \sim \triangle QGB$(AA 닮음)이고

$\overline{ED}=\dfrac{1}{2}\overline{AD}=\dfrac{1}{2}\overline{BC}$, $\overline{BG}=\dfrac{3}{4}\overline{BC}$이므로

닮음비는 $\overline{ED}:\overline{GB}=\dfrac{1}{2}\overline{BC}:\dfrac{3}{4}\overline{BC}=2:3$

즉, $\overline{QD}:\overline{QB}=2:3$이므로 $\overline{QD}=2a$ cm, $\overline{QB}=3a$ cm라 하면

$\overline{BD}=2a+3a=5a$(cm)

또 $\triangle PBF \sim \triangle PDE$(AA 닮음)이고

$\overline{BF}=\dfrac{1}{4}\overline{BC}$, $\overline{ED}=\dfrac{1}{2}\overline{BC}$이므로 닮음비는 $\overline{BF}:\overline{DE}=1:2$

즉, $\overline{PB}:\overline{PD}=1:2$에서 $\overline{PB}=\dfrac{1}{3}\overline{BD}=\dfrac{5}{3}a$(cm)

$\overline{PQ}=\overline{QB}-\overline{PB}=3a-\dfrac{5}{3}a=\dfrac{4}{3}a$(cm)

$\overline{BP}:\overline{PQ}:\overline{QD}=\dfrac{5}{3}a:\dfrac{4}{3}a:2a=5:4:6$

이때 $\triangle EBD=\dfrac{1}{2}\triangle ABD=\dfrac{1}{4}\square ABCD$

$\qquad\qquad=\dfrac{1}{4}\times120=30$(cm^2)

$\therefore \triangle EPQ=\triangle EBD\times\dfrac{4}{5+4+6}=30\times\dfrac{4}{15}=8$(cm^2)　**답 ①**

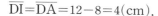

06 평행선과 선분의 길이의 비 　　본문 150~151쪽

Ⅲ. 도형의 닮음과 피타고라스 정리

01 $\overline{AE}:\overline{AC}=8:12=2:3$이므로

$\overline{AE}:\overline{EC}=2:(3-2)=2:1$　　　　　　　**답 ①**

02 점 I는 $\triangle ABC$의 내심이므로 오른쪽 그림과 같이 $\overline{AI}$, $\overline{BI}$를 그으면 $\triangle DAI$, $\triangle EBI$는 이등변삼각형이다. 즉,

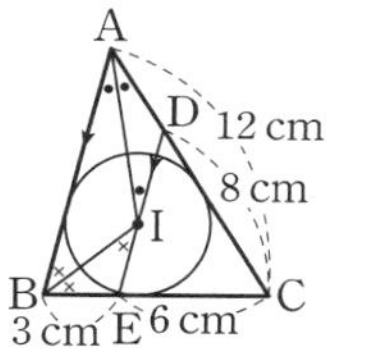

$\overline{DI}=\overline{DA}=12-8=4$(cm),

$\overline{EI}=\overline{EB}=3$ cm

$\therefore \overline{DE}=\overline{DI}+\overline{EI}=4+3=7$(cm)

이때 $\overline{CD}:\overline{CA}=\overline{DE}:\overline{AB}$이므로

$8:12=7:\overline{AB}$, $8\overline{AB}=84$

$\therefore \overline{AB}=\dfrac{21}{2}$(cm)　　　　　　　　　　**답 $\dfrac{21}{2}$ cm**

03 $\overline{BC}/\!/\overline{DE}$이므로

$\overline{AE}:\overline{EC}=\overline{AD}:\overline{DB}=12:6=2:1$

$\overline{DC}/\!/\overline{FE}$이므로

$\overline{AF}:\overline{FD}=\overline{AE}:\overline{EC}=2:1$

$\therefore \overline{FD}=12\times\dfrac{1}{2+1}=4$(cm)　　　　　　**답 4 cm**

04 $\overline{AE}:\overline{EG}=\overline{AD}:\overline{DF}=5:3$이므로

$\overline{AF}:\overline{FH}=\overline{AE}:\overline{EG}=5:3$

즉, $8:\overline{FH}=5:3$에서 $5\overline{FH}=24$　$\therefore \overline{FH}=\dfrac{24}{5}$(cm)

$\overline{AG}:\overline{GC}=\overline{AF}:\overline{FH}=5:3$이고

$\overline{AH}:\overline{HB}=\overline{AG}:\overline{GC}=5:3$이므로

$\left(8+\dfrac{24}{5}\right):\overline{HB}=5:3$에서 $5\overline{HB}=\dfrac{192}{5}$

$\therefore \overline{HB}=\dfrac{192}{25}$(cm)　　　　　　　　**답 $\dfrac{192}{25}$ cm**

05 $\triangle ABC \sim \triangle EAC$(AA 닮음)이므로

닮음비는 $\overline{BC}:\overline{AC}=15:10=3:2$

즉, $\overline{AC}:\overline{EC}=3:2$에서 $10:\overline{EC}=3:2$, $3\overline{EC}=20$

$\therefore \overline{EC}=\dfrac{20}{3}$(cm)

$\therefore \overline{BE}=\overline{BC}-\overline{EC}=15-\dfrac{20}{3}=\dfrac{25}{3}$(cm)

$\triangle ABE$에서 $\overline{AD}$가 $\angle A$의 이등분선이므로

$\overline{AB}:\overline{AE}=\overline{BD}:\overline{ED}$

이때 $\overline{AB}:\overline{AE}=3:2$이므로 $\overline{BD}:\overline{ED}=3:2$

$\therefore \overline{DE}=\overline{BE}\times\dfrac{2}{3+2}=\dfrac{25}{3}\times\dfrac{2}{5}=\dfrac{10}{3}$(cm)　**답 ④**

06 $\overline{AB}:\overline{AC}=\overline{BD}:\overline{CD}$이므로

$9:6=\overline{BD}:\overline{CD}$

즉, $\overline{BD}:\overline{CD}=3:2$이므로 $\overline{BD}=3k$ cm, $\overline{CD}=2k$ cm라 하면

$\overline{AB}:\overline{AC}=\overline{BE}:\overline{CE}$에서

$9:6=(5k+\overline{CE}):\overline{CE}$

$9\overline{CE}=6(5k+\overline{CE})$, $3\overline{CE}=30k$　$\therefore \overline{CE}=10k$

$\therefore \overline{BD}:\overline{DC}:\overline{CE}=3k:2k:10k$

$\qquad\qquad\qquad\qquad\quad=3:2:10$　　　　　**답 3 : 2 : 10**

07 $x:21=2:(2+5)$이므로 $7x=42$　$\therefore x=6$

$2:5=4:y$이므로 $2y=20$　$\therefore y=10$

$\therefore x+y=6+10=16$　　　　　　　　　　　**답 ⑤**

08 답 ④

09 오른쪽 그림과 같이 직선 p에 평행한 직선 p'을 그으면
$2:(2+8)=2:(x-6)$이므로
$2(x-6)=20$, $2x=32$
$\therefore x=16$

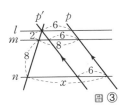

답 ③

10 오른쪽 그림과 같이 점 A를 지나고 $\overline{DC}$에 평행한 직선을 그어 $\overline{EF}$, $\overline{BC}$와 만나는 점을 각각 P, Q라 하면 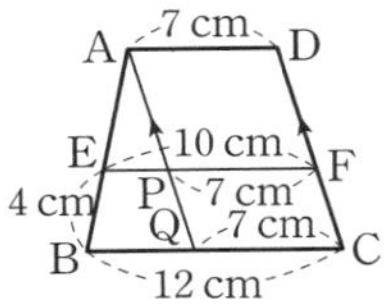
$\overline{AD}=\overline{PF}=\overline{QC}=7\,\mathrm{cm}$이므로
$\overline{EP}=10-7=3(\mathrm{cm})$,
$\overline{BQ}=12-7=5(\mathrm{cm})$
$\triangle ABQ$에서 $\overline{AE}:(\overline{AE}+4)=3:5$이므로
$5\overline{AE}=3(\overline{AE}+4)$, $2\overline{AE}=12$
$\therefore \overline{AE}=6(\mathrm{cm})$

답 ④

11 $\triangle ABE \circ \triangle CDE$(AA 닮음)이므로
$\overline{AE}:\overline{CE}=\overline{AB}:\overline{CD}=6:9=2:3$
$\triangle CEF \circ \triangle CAB$(AA 닮음)이고
닮음비는 $\overline{CE}:\overline{CA}=3:(3+2)=3:5$이므로
$\triangle CEF$와 $\triangle CAB$의 넓이의 비는 $3^2:5^2=9:25$이다.
즉, $18:\triangle ABC=9:25$이므로 $9\triangle ABC=450$
$\therefore \triangle ABC=50(\mathrm{cm}^2)$

답 ③

12 오른쪽 그림과 같이 $\overline{BA}$의 연장선을 그으면 $\angle DAC=85°$이므로 $\overline{AC}$는 $\triangle ABD$에서 $\angle A$의 외각의 이등분선이다.
따라서 $\overline{AB}:\overline{AD}=\overline{BC}:\overline{DC}$이므로
$\overline{AB}:20=(1+5):5$, $5\overline{AB}=120$
$\therefore \overline{AB}=24(\mathrm{cm})$

답 ②

13 오른쪽 그림과 같이 $\overline{EF}$의 연장선을 그어 $\overline{AB}$, $\overline{CD}$와 만나는 점을 각각 M, N이라 하자. 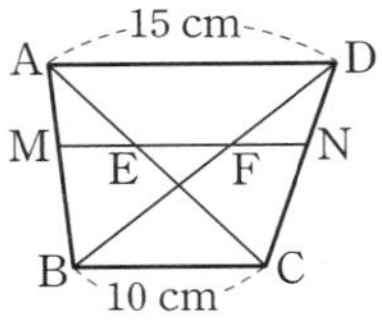
$\triangle ABD$에서
$\overline{MF}:\overline{AD}=\overline{BF}:\overline{BD}$
$\qquad\quad=3:(3+2)=3:5$
이므로 $\overline{MF}:15=3:5$, $5\overline{MF}=45$
$\therefore \overline{MF}=9(\mathrm{cm})$
$\triangle ABC$에서
$\overline{ME}:\overline{BC}=\overline{AE}:\overline{AC}=2:(2+3)=2:5$
이므로 $\overline{ME}:10=2:5$, $5\overline{ME}=20$ $\therefore \overline{ME}=4(\mathrm{cm})$
$\therefore \overline{EF}=\overline{MF}-\overline{ME}=9-4=5(\mathrm{cm})$

답 **5 cm**

07 삼각형의 무게중심

01 $\triangle BCD$에서 삼각형의 두 변의 중점을 연결한 선분의 성질에 의해
$\overline{FG}=\dfrac{1}{2}\overline{CD}=\dfrac{1}{2}\times 10=5(\mathrm{cm})$
이때 $\overline{EG}:\overline{FG}=3:5$이므로 $\overline{EG}:5=3:5$
$5\overline{EG}=15$ $\therefore \overline{EG}=3(\mathrm{cm})$
$\therefore \overline{AB}=2\overline{EG}=2\times 3=6(\mathrm{cm})$

답 ③

02 $\triangle ABD$에서 삼각형의 두 변의 중점을 연결한 선분의 성질에 의해 $\overline{DF}=\overline{FB}$이므로
$\triangle DFC=\triangle FBC=\dfrac{1}{2}\triangle DBC=\dfrac{1}{4}\square ABCD$
$\qquad\qquad=\dfrac{1}{4}\times 40=10(\mathrm{cm}^2)$

답 ②

03 삼각형의 두 변의 중점을 연결한 선분의 성질에 의해
$(\triangle DEF$의 둘레의 길이$)=\overline{DE}+\overline{EF}+\overline{DF}$
$\qquad=\dfrac{1}{2}\overline{AC}+\dfrac{1}{2}\overline{BA}+\dfrac{1}{2}\overline{BC}$
$\qquad=\dfrac{1}{2}\times(\triangle ABC$의 둘레의 길이$)$
$\qquad=\dfrac{1}{2}\times 32=16(\mathrm{cm})$

답 **16 cm**

04 오른쪽 그림과 같이 $\overline{BC}$의 중점을 E라 하고 $\overline{AE}$, $\overline{DE}$를 그으면 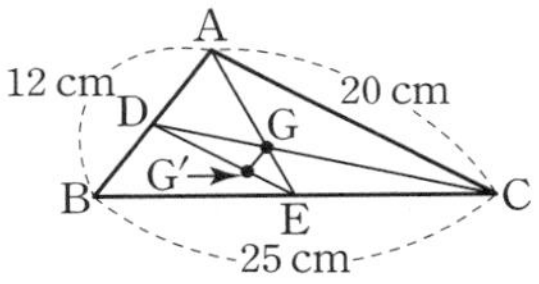
$\overline{AG}:\overline{GE}=2:1$,
$\overline{DG'}:\overline{G'E}=2:1$이므로
$\overline{AD}/\!/\overline{GG'}$
$\therefore \overline{GG'}=\dfrac{1}{3}\overline{AD}=\dfrac{1}{3}\times\dfrac{1}{2}\overline{AB}=\dfrac{1}{6}\times 12=2(\mathrm{cm})$

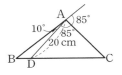

답 ②

05 오른쪽 그림과 같이 $\overline{BC}$의 중점을 M이라 하고 $\overline{AM}$, $\overline{DM}$을 그으면
$\overline{AP}:\overline{PM}=\overline{DQ}:\overline{QM}=2:1$이므로
$\overline{PQ}=\dfrac{1}{3}\overline{AD}=\dfrac{1}{3}\times 11=\dfrac{11}{3}(\mathrm{cm})$
오른쪽 그림과 같이 $\overline{CD}$의 중점을 N이라 하고 $\overline{AN}$, $\overline{BN}$을 그으면
$\overline{AR}:\overline{RN}=\overline{BQ}:\overline{QN}=2:1$이므로
$\overline{QR}=\dfrac{1}{3}\overline{AB}=\dfrac{1}{3}\times 16=\dfrac{16}{3}(\mathrm{cm})$
$\therefore \overline{PQ}+\overline{QR}=\dfrac{11}{3}+\dfrac{16}{3}=9(\mathrm{cm})$

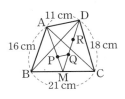

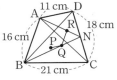

답 **9 cm**

06 오른쪽 그림과 같이 대각선 BD를 그 으면 두 점 P, Q는 각각 △ABD, △BCD 의 무게중심이므로 $\overline{AP}=\overline{PQ}=\overline{QC}$

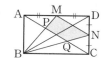

$\therefore \triangle BPQ=\dfrac{1}{3}\triangle ABC=\dfrac{1}{6}\square ABCD=\dfrac{1}{6}\times 48=8(cm^2)$

$\overline{BP}:\overline{PM}=\overline{BQ}:\overline{QN}=2:1$이므로

△BPQ∽△BMN에서

△BPQ : △BMN=$2^2:3^2=4:9$

즉, △BPQ : □MPQN=4 : (9-4)=4 : 5이므로

8 : □MPQN=4 : 5, 4□MPQN=40

$\therefore$ □MPQN=10(cm²)　　　📝 ③

07 $\overline{DF}=a$ cm라 하면 △AEC에서 삼각형의 두 변의 중점을 연결한 선분의 성질에 의해

$\overline{AE}/\!/\overline{DF}$, $\overline{AE}=2\overline{DF}=2a$(cm)

또 △DBF에서 삼각형의 두 변의 중점을 연결한 선분의 정리에 의해

$\overline{PD}=\overline{BP}=\dfrac{1}{2}\overline{BD}=\dfrac{1}{2}\times 25=\dfrac{25}{2}$(cm),

$\overline{PE}=\dfrac{1}{2}\overline{DF}=\dfrac{1}{2}a$(cm)

이때 △APQ∽△FDQ(AA 닮음)이므로

$\overline{PQ}:\overline{DQ}=\overline{AP}:\overline{FD}=\left(2a-\dfrac{1}{2}a\right):a=3:2$

$\therefore \overline{PQ}=\overline{PD}\times\dfrac{3}{3+2}=\dfrac{25}{2}\times\dfrac{3}{5}=\dfrac{15}{2}$(cm)　📝 ④

08 $\overline{EG}=a$ cm라 하면 △DFC에서 삼각형의 두 변의 중점을 연결한 선분의 성질에 의해

$\overline{EG}/\!/\overline{DF}$, $\overline{DF}=2\overline{EG}=2a$(cm)

△EBG에서 삼각형의 두 변의 중점을 연결한 선분의 성질에 의해

$\overline{BH}=\overline{HE}$, $\overline{HF}=\dfrac{1}{2}\overline{EG}=\dfrac{1}{2}a$(cm)

$\therefore \overline{DH}:\overline{HF}=\left(2a-\dfrac{1}{2}a\right):\dfrac{1}{2}a=3:1$

△BFH의 넓이를 b cm²라 하면

△DBH=△DHE=$3b$ cm²이므로

△DBE=$3b+3b=6b$(cm²)

△ABC=3△DBE=$3\times 6b=18b$(cm²)

△ABC의 넓이가 90 cm²이므로 $18b=90$　　$\therefore b=5$

$\therefore$ △BFH=5 cm²　　　📝 **5 cm²**

09 오른쪽 그림과 같이 점 B에서 $\overline{CE}$에 평행한 선분을 그어 $\overline{AD}$와 만나는 점을 G 라 하면

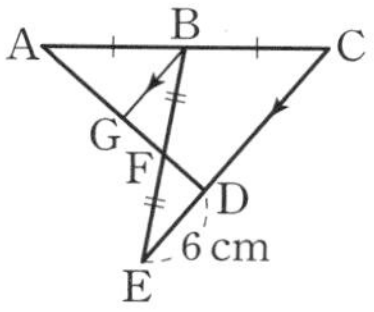

△BGF≡△EDF(ASA 합동)이므로

$\overline{BG}=\overline{ED}=6$ cm

△ADC에서 삼각형의 두 변의 중점을 연결한 선분의 성질에 의해 $\overline{CD}=2\overline{BG}=2\times 6=12$(cm)

📝 ⑤

10 △AFC에서 삼각형의 두 변의 중점을 연결한 선분의 성질에 의해 $\overline{ED}=\dfrac{1}{2}\overline{FC}$이므로 $\overline{ED}:\overline{BF}=1:3$

이때 △GDE∽△GBF(AA 닮음)이므로

$\overline{GE}:\overline{GF}=\overline{ED}:\overline{FB}=1:3$

또 $\overline{AE}=\overline{EF}$이므로 $\overline{AE}:\overline{EG}:\overline{GF}=4:1:3$

$\therefore \overline{AG}:\overline{GF}=(4+1):3=5:3$

📝 ⑤

11 오른쪽 그림과 같이 $\overline{PE}$, $\overline{PF}$, $\overline{PG}$ 의 연장선이 $\overline{AB}$, $\overline{AD}$, $\overline{DC}$와 만나는 점 을 각각 Q, R, S라 하면 세 점 Q, R, S 는 각 변의 중점이다.

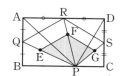

$\therefore$ □QPSR=$\dfrac{1}{2}$□ABCD=$\dfrac{1}{2}\times 180=90$(cm²)

$\overline{PE}:\overline{PQ}=\overline{PF}:\overline{PR}=\overline{PG}:\overline{PS}=2:3$이므로

△PFE : △PRQ=$2^2:3^2=4:9$

△PGF : △PSR=$2^2:3^2=4:9$

$\therefore$ □EPGF=△PFE+△PGF=$\dfrac{4}{9}$△PRQ+$\dfrac{4}{9}$△PSR

$\qquad =\dfrac{4}{9}$□QPSR=$\dfrac{4}{9}\times 90=40$(cm²)　📝 ①

12 △ABC∽△ADF(SAS 닮음)이고 닮음비가 2 : 1이므로 넓이의 비는 $2^2:1^2=4:1$이다.

즉, △ADF=$\dfrac{1}{4}$△ABC=$\dfrac{1}{4}\times 80=20$(cm²)

$\overline{DG}=\overline{GF}$이므로 △AGF=$\dfrac{1}{2}$△ADF=$\dfrac{1}{2}\times 20=10$(cm²)

$\overline{AG}=\overline{GE}$이고 $\overline{DG}=\overline{GF}$, $\overline{DF}=\overline{FP}$이므로 $\overline{GF}:\overline{FP}=1:2$

즉, 점 F는 △AEP의 무게중심이므로

△AEP=6△AGF=$6\times 10=60$(cm²)　📝 ①

13 오른쪽 그림과 같이 점 R를 지나고 $\overline{AD}$에 평행한 선분을 그어 $\overline{BC}$와 만나 는 점을 H라 하면 △ABD에서 $\overline{BR}:\overline{BA}=\overline{HR}:\overline{DA}=1:4$이므로

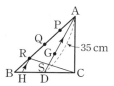

$\overline{HR}=\dfrac{1}{4}\overline{DA}=\dfrac{1}{4}\times 35=\dfrac{35}{4}$(cm)

또 $\overline{BH}:\overline{HD}=\overline{BR}:\overline{RA}=1:3$이고

$\overline{BD}=\overline{DC}$이므로 $\overline{HD}:\overline{DC}=3:4$

△CRH에서 $\overline{CD}:\overline{CH}=\overline{SD}:\overline{RH}$에서 4 : (4+3)=$\overline{SD}:\dfrac{35}{4}$

$7\overline{SD}=35$　　$\therefore \overline{SD}=5$(cm)　　📝 **5 cm**

실력 Up⁺　**93**

08 피타고라스 정리

본문 154쪽

01 △ABC에서 $\overline{AC}^2 = 1^2 + 1^2 = 2$

△ACD에서 $\overline{AD}^2 = 2 + 1^2 = 3$

△ADE에서 $\overline{AE}^2 = 3 + 1^2 = 4$

그런데 $\overline{AE} > 0$이므로 $\overline{AE} = 2$(cm)　　　**답** ①

02 ∠BAC = 45° + 45° = 90°이므로

△ABC에서 $9^2 + 12^2 = \overline{BC}^2$, $\overline{BC}^2 = 225$

그런데 $\overline{BC} > 0$이므로 $\overline{BC} = 15$(cm)

이때 삼각형의 각의 이등분선의 성질에 의해

$\overline{BD} : \overline{CD} = \overline{AB} : \overline{AC} = 9 : 12 = 3 : 4$

즉, $\overline{BD} = 15 \times \dfrac{3}{3+4} = \dfrac{45}{7}$(cm),

$\overline{CD} = 15 \times \dfrac{4}{3+4} = \dfrac{60}{7}$(cm)

$\therefore x = \dfrac{45}{7}, y = \dfrac{60}{7}$　　$\therefore y - x = \dfrac{15}{7}$　　**답** ②

03 △ABD에서 $\overline{BD}^2 = 4^2 + 3^2 = 25$

그런데 $\overline{BD} > 0$이므로 $\overline{BD} = 5$(cm)

△ABD에서 $\overline{AD}^2 = \overline{DE} \times \overline{DB}$이므로

$4^2 = \overline{DE} \times 5$　　$\therefore \overline{DE} = \dfrac{16}{5}$(cm)

$\therefore \overline{BE} = \overline{BD} - \overline{ED} = 5 - \dfrac{16}{5} = \dfrac{9}{5}$(cm)

△ABE에서 $\overline{AE}^2 = 3^2 - \left(\dfrac{9}{5}\right)^2 = \dfrac{144}{25}$

그런데 $\overline{AE} > 0$이므로 $\overline{AE} = \dfrac{12}{5}$(cm)

△AED의 넓이에서 $\dfrac{1}{2} \times \dfrac{16}{5} \times \dfrac{12}{5} = \dfrac{1}{2} \times 4 \times \overline{EF}$

$2\overline{EF} = \dfrac{96}{25}$　　$\therefore \overline{EF} = \dfrac{48}{25}$(cm)　　**답** ⑤

04 오른쪽 그림과 같이 점 A에서 $\overline{BC}$에 내린 수선의 발을 H라 하면

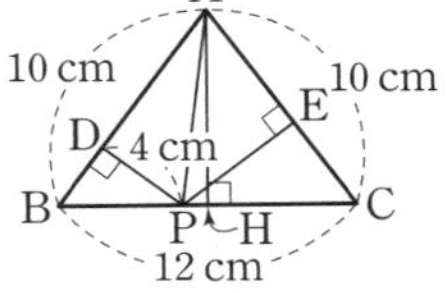

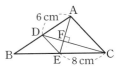

$\overline{BH} = \overline{CH} = \dfrac{1}{2}\overline{BC}$

$= \dfrac{1}{2} \times 12 = 6$(cm)

이므로 $\overline{AH}^2 = 10^2 - 6^2 = 64$

그런데 $\overline{AH} > 0$이므로 $\overline{AH} = 8$(cm)

△ABC = △ABP + △APC에서

$\dfrac{1}{2} \times 12 \times 8 = \dfrac{1}{2} \times 10 \times 4 + \dfrac{1}{2} \times 10 \times \overline{PE}$

$48 = 20 + 5\overline{PE}$, $5\overline{PE} = 28$

$\therefore \overline{PE} = \dfrac{28}{5}$(cm)　　**답** ②

05 오른쪽 그림과 같이 $\overline{DE}$를 그으면 삼각형의 두 변의 중점을 연결한 선분의 성질에 의해

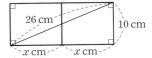

$\overline{DE} = \dfrac{1}{2}\overline{AC}$

$\overline{AE} \perp \overline{CD}$이므로 $6^2 + 8^2 = \overline{AC}^2 + \left(\dfrac{1}{2}\overline{AC}\right)^2$

$\dfrac{5}{4}\overline{AC}^2 = 100$　　$\therefore \overline{AC}^2 = 80$　　**답** 80

06 밑면의 둘레의 길이를 x cm라 하고 오른쪽 그림과 같이 전개도로 나타내면 실은 밑변의 길이가 $2x$ cm이고 높이가 10 cm인 직각삼각형의 대각선의 길이와 같다.

즉, $(2x)^2 + 10^2 = 26^2$이므로 $4x^2 = 576$, $x^2 = 144$

그런데 $x > 0$이므로 $x = 12$

따라서 밑면의 둘레의 길이는 12 cm이다.　　**답** ①

09 경우의 수

본문 155~156쪽

01 600원짜리 음료수 2개의 가격은 1200원이므로 1200원을 지불하는 방법을 표로 나타내면 다음과 같다.

500원(개)	2	2	2	1	1	1	1
100원(개)	2	1	0	7	6	5	4
50원(개)	0	2	4	0	2	4	6

따라서 구하는 방법의 수는 7이다.　　**답** ②

02 주사위에서 나오는 눈의 수를 순서쌍으로 나타내면

두 눈의 수의 차가 3인 경우는

(1, 4), (2, 5), (3, 6), (4, 1), (5, 2), (6, 3)의 6가지

두 눈의 수의 차가 5인 경우는 (1, 6), (6, 1)의 2가지

따라서 구하는 경우의 수는 6 + 2 = 8　　**답** 8

03 분모가 2일 때, 1보다 큰 분수는 $\dfrac{3}{2}$, $\dfrac{5}{2}$, $\dfrac{7}{2}$, $\dfrac{11}{2}$의 4개

분모가 3일 때, 1보다 큰 분수는 $\dfrac{5}{3}$, $\dfrac{7}{3}$, $\dfrac{11}{3}$의 3개

분모가 5일 때, 1보다 큰 분수는 $\dfrac{7}{5}$, $\dfrac{11}{5}$의 2개

분모가 7일 때, 1보다 큰 분수는 $\dfrac{11}{7}$의 1개

따라서 1보다 큰 분수는 4 + 3 + 2 + 1 = 10(개)　　**답** ③

04 학교에서 분식점까지 가는 길이 4가지, 분식점에서 집까지 가는 길이 3가지이므로 구하는 방법의 수는

$4 \times 3 = 12$

답 ②

05 밥을 고르는 경우는 2가지, 국을 고르는 경우는 3가지, 반찬을 고르는 경우는 3가지이므로 식단을 짜는 경우의 수는

$2 \times 3 \times 3 = 18$

답 ⑤

06 지후, 서은, 여울이가 동아리에 가입하는 경우가 각각 4가지이므로 구하는 경우의 수는

$4 \times 4 \times 4 = 64$

답 ③

07 짝수가 되려면 일의 자리의 숫자가 0 또는 2 또는 4이어야 한다.
(i) □□0인 경우 : $4 \times 3 = 12$(개)
(ii) □□2인 경우 : $3 \times 3 = 9$(개)
(iii) □□4인 경우 : $3 \times 3 = 9$(개)
따라서 짝수의 개수는
$12 + 9 + 9 = 30$(개)

답 ④

08 ① $4 \times 3 \times 2 \times 1 = 24$
② $2 \times 2 = 4$
③ $\dfrac{5 \times 4}{2} = 10$
④ 주사위에서 나오는 눈의 수를 순서쌍으로 나타내면
 두 눈의 수의 합이 8인 경우는
 $(2, 6), (3, 5), (4, 4), (5, 3), (6, 2)$의 5가지
 두 눈의 수의 합이 9인 경우는
 $(3, 6), (4, 5), (5, 4), (6, 3)$의 4가지
 두 눈의 수의 합이 10인 경우는
 $(4, 6), (5, 5), (6, 4)$의 3가지
 두 눈의 수의 합이 11인 경우는 $(5, 6), (6, 5)$의 2가지
 두 눈의 수의 합이 12인 경우는 $(6, 6)$의 1가지
 ∴ $5 + 4 + 3 + 2 + 1 = 15$
⑤ $5 \times 4 = 20$

답 ①

09 서로 다른 종류의 사탕 5개 중에서
2개를 꺼내는 경우의 수 $\dfrac{5 \times 4}{2} = 10$　∴ $a = 10$
3개를 꺼내는 경우의 수 $\dfrac{5 \times 4 \times 3}{3 \times 2 \times 1} = 10$　∴ $b = 10$
∴ $a + b = 10 + 10 = 20$

답 ①

10 4명 중에서 자격이 같은 2명을 뽑는 경우의 수와 같으므로 총 경기 수는

$\dfrac{4 \times 3}{2} = 6$(번)

답 ①

11 직선 위의 5개의 점 중에서 순서를 생각하지 않고 2개의 점을 뽑는 경우의 수와 같으므로 $\dfrac{5 \times 4}{2} = 10$(개)

답 10개

12 A에 칠할 수 있는 색은 4가지, B에 칠할 수 있는 색은 A에 칠한 색을 제외한 3가지, C에 칠할 수 있는 색은 B에 칠한 색을 제외한 3가지이므로 구하는 방법의 수는

$4 \times 3 \times 3 = 36$

답 ①

13 (i) 첫 번째 뽑은 카드에 적힌 수가 1인 경우는 나머지 두 장의 카드에 적힌 수의 합이 5이어야 하므로
 $(1, 4), (2, 3), (3, 2), (4, 1)$의 4가지
(ii) 첫 번째 뽑은 카드에 적힌 수가 2인 경우는 나머지 두 장의 카드에 적힌 수의 합이 4이어야 하므로
 $(1, 3), (2, 2), (3, 1)$의 3가지
(iii) 첫 번째 뽑은 카드에 적힌 수가 3인 경우는 나머지 두 장의 카드에 적힌 수의 합이 3이어야 하므로
 $(1, 2), (2, 1)$의 2가지
(iv) 첫 번째 뽑은 카드에 적힌 수가 4인 경우는 나머지 두 장의 카드에 적힌 수의 합이 2이어야 하므로
 $(1, 1)$의 1가지
따라서 구하는 경우의 수는 $4 + 3 + 2 + 1 = 10$

답 ③

14 연립방정식 $\begin{cases} 2x + (a+2)y = 5 \\ bx + 3y = 1 \end{cases}$ 이 해를 갖지 않으려면

$\dfrac{2}{b} = \dfrac{a+2}{3} \neq \dfrac{5}{1}$이어야 한다.

따라서 이를 만족시키는 순서쌍 (a, b)는 $(1, 2), (4, 1)$의 2개이다.

답 2개

Ⅳ. 확률

10 확률

본문 157~158쪽

01 모든 경우의 수는 $6 \times 6 = 36$
두 눈의 수의 합이 7인 경우는
$(1, 6), (2, 5), (3, 4), (4, 3), (5, 2), (6, 1)$의 6가지이므로
구하는 확률은 $\dfrac{6}{36} = \dfrac{1}{6}$

답 ③

02 $\dfrac{1}{a}$이 순환소수가 되려면 a를 소인수분해했을 때 2나 5 이외의 소인수가 있어야 한다.
2부터 10까지의 자연수 중에서 2나 5 이외의 소인수가 있는 수는
3, 6, 7, 9의 4개이므로 구하는 확률은 $\dfrac{4}{9}$이다.

답 ④

03 모든 경우의 수는 $3 \times 2 \times 1 = 6$

①, ②, ③ A(또는 B 또는 C)의 자리를 고정하고 나머지 2명을 한 줄로 세우면 되므로 $2 \times 1 = 2$

즉, 그 확률은 $\dfrac{2}{6} = \dfrac{1}{3}$

④ 이웃하는 A, B 두 사람을 한 명으로 생각하면 두 명이 한 줄로 서는 경우의 수는 $2 \times 1 = 2$이고, 그 각각에 대하여 A, B가 서로 자리를 바꾸는 경우의 수가 2이므로 $2 \times 2 = 4$

즉, 그 확률은 $\dfrac{4}{6} = \dfrac{2}{3}$

⑤ A와 B 사이에 C가 서는 경우의 수는 1이고, A, B가 서로 자리를 바꾸는 경우의 수가 2이므로 $1 \times 2 = 2$

즉, 그 확률은 $\dfrac{2}{6} = \dfrac{1}{3}$

따라서 확률이 나머지 넷과 다른 하나는 ④이다.　　　답 ④

04 모든 경우의 수는 $6 \times 5 = 30$

점 (x, y)가 제3사분면 위의 점이려면 x, y가 모두 음수이어야 하므로 그 경우의 수는 $3 \times 4 = 12$

따라서 구하는 확률은 $\dfrac{12}{30} = \dfrac{2}{5}$　　　답 ③

05 모든 경우의 수는 $3 \times 3 = 9$

두 사람이 서로 같은 것을 내는 경우는

(가위, 가위), (바위, 바위), (보, 보)의 3가지이므로 그 확률은

$\dfrac{3}{9} = \dfrac{1}{3}$

$\therefore$ (두 사람이 서로 다른 것을 낼 확률)

　　$= 1 - $(두 사람이 서로 같은 것을 낼 확률)

　　$= 1 - \dfrac{1}{3} = \dfrac{2}{3}$　　　답 ④

06 모든 경우의 수는 $6 \times 6 = 36$

일차방정식 $ax + by = 13$의 그래프가 점 $(1, 2)$를 지날 때 $a + 2b = 13$이고, 이를 만족시키는 경우를 순서쌍 (a, b)로 나타내면 $(1, 6)$, $(3, 5)$, $(5, 4)$의 3가지이므로 그 확률은

$\dfrac{3}{36} = \dfrac{1}{12}$

따라서 구하는 확률은 $1 - \dfrac{1}{12} = \dfrac{11}{12}$　　　답 $\dfrac{11}{12}$

07 세아네 반 학생 중에서 한 명을 뽑을 때,

안경을 쓴 학생일 확률은 $\dfrac{60}{100} = \dfrac{3}{5}$

(오른손잡이일 확률) $= 1 - $(왼손잡이일 확률)

　　　　　　　　$= 1 - \dfrac{20}{100} = \dfrac{80}{100} = \dfrac{4}{5}$

따라서 구하는 확률은 $\dfrac{3}{5} \times \dfrac{4}{5} = \dfrac{12}{25}$　　　답 $\dfrac{12}{25}$

08 두 수의 합이 짝수가 되려면 두 수 모두 짝수이거나 두 수 모두 홀수이어야 한다.

두 카드에 적힌 수가 모두 짝수일 확률은 $\dfrac{2}{5} \times \dfrac{2}{5} = \dfrac{4}{25}$

두 카드에 적힌 수가 모두 홀수일 확률은 $\dfrac{3}{5} \times \dfrac{3}{5} = \dfrac{9}{25}$

따라서 구하는 확률은

$\dfrac{4}{25} + \dfrac{9}{25} = \dfrac{13}{25}$　　　답 ③

09 둘 다 파란 공을 꺼낼 확률은 $\dfrac{6}{10} \times \dfrac{5}{9} = \dfrac{1}{3}$

둘 다 빨간 공을 꺼낼 확률은 $\dfrac{4}{10} \times \dfrac{3}{9} = \dfrac{2}{15}$

따라서 구하는 확률은

$\dfrac{1}{3} + \dfrac{2}{15} = \dfrac{7}{15}$　　　답 ①

10 (적어도 한 명이 성공할 확률)

$= 1 - $(두 명 모두 실패할 확률)

$= 1 - \left(1 - \dfrac{3}{5}\right) \times \left(1 - \dfrac{2}{3}\right) = 1 - \dfrac{2}{5} \times \dfrac{1}{3}$

$= 1 - \dfrac{2}{15} = \dfrac{13}{15}$　　　답 ⑤

11 농구팀은 이기고 축구팀은 질 확률은

$\dfrac{5}{7} \times \left(1 - \dfrac{9}{11}\right) = \dfrac{5}{7} \times \dfrac{2}{11} = \dfrac{10}{77}$

농구팀은 지고 축구팀은 이길 확률은

$\left(1 - \dfrac{5}{7}\right) \times \dfrac{9}{11} = \dfrac{2}{7} \times \dfrac{9}{11} = \dfrac{18}{77}$

따라서 구하는 확률은

$\dfrac{10}{77} + \dfrac{18}{77} = \dfrac{28}{77} = \dfrac{4}{11}$　　　답 ②

12 모든 경우의 수는 $2 \times 2 \times 2 \times 2 \times 2 = 32$

동전을 다섯 번 던져서 앞면이 x번 나온다고 하면 뒷면이 $(5-x)$번 나오므로 점 P가 -1의 위치에 있으려면

$x \times (+1) + (5-x) \times (-2) = -1$, $3x = 9$　　$\therefore x = 3$

즉, 앞면이 3번, 뒷면이 2번 나오는 경우는

(앞, 앞, 앞, 뒤, 뒤), (앞, 앞, 뒤, 앞, 뒤), (앞, 앞, 뒤, 뒤, 앞),

(앞, 뒤, 앞, 앞, 뒤), (앞, 뒤, 앞, 뒤, 앞), (앞, 뒤, 뒤, 앞, 앞),

(뒤, 앞, 앞, 앞, 뒤), (뒤, 앞, 앞, 뒤, 앞), (뒤, 앞, 뒤, 앞, 앞),

(뒤, 뒤, 앞, 앞, 앞)의 10가지

따라서 구하는 확률은 $\dfrac{10}{32} = \dfrac{5}{16}$　　　답 ②

13 정훈이와 미나가 같이 놀이동산에 가려면 비가 오지 않고 두 사람 모두 약속을 지켜야 하므로 구하는 확률은

$\left(1 - \dfrac{1}{4}\right) \times \dfrac{3}{5} \times \dfrac{2}{3} = \dfrac{3}{10}$　　　답 $\dfrac{3}{10}$

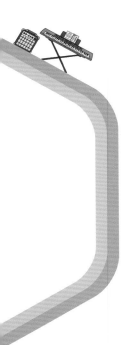

개념원리

RPM

중학 수학 2-2

개념원리

교재 소개

문제 난이도

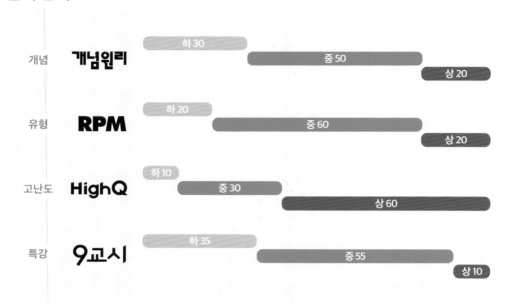

		하	중	상
개념	**개념원리**	하 30	중 50	상 20
유형	**RPM**	하 20	중 60	상 20
고난도	**HighQ**	하 10	중 30	상 60
특강	**9교시**	하 35	중 55	상 10

고등

개념원리 | 수학의 시작　　　　　　　　`개념`

하나를 알면 10개, 20개를 풀 수 있는 개념원리 수학
수학(상), 수학(하), 수학Ⅰ, 수학Ⅱ, 확률과 통계, 미적분, 기하

RPM | 유형의 완성　　　　　　　　`유형`

다양한 유형의 문제를 통해 수학의 문제 해결력을 높일 수 있는 RPM
수학(상), 수학(하), 수학Ⅰ, 수학Ⅱ, 확률과 통계, 미적분, 기하

High Q | 고난도 정복 (고1 내신 대비)　　`고난도`

최고를 향한 핵심 고난도 문제서 High Q
수학(상), 수학(하)

9교시 | 학교 안 개념원리　　　　　　`특강`

쉽고 빠르게 정리하는 9종 교과서 시크릿
수학(상), 수학(하), 수학Ⅰ

중등

개념원리 | 수학의 시작　　　　　　　　`개념`

하나를 알면 10개, 20개를 풀 수 있는 개념원리 수학
중학수학 1-1, 1-2, 2-1, 2-2, 3-1, 3-2

RPM | 유형의 완성　　　　　　　　`유형`

다양한 유형의 문제를 통해 수학의 문제 해결력을 높일 수 있는 RPM
중학수학 1-1, 1-2, 2-1, 2-2, 3-1, 3-2